U0225955

国家出版基金项目
NATIONAL PUBLICATION FOUNDATION

"十三五"国家重点出版物出版规划项目

中 国 土 系 志

Soil Series of China

（中西部卷）

总主编　张甘霖

陕 西 卷
Shaanxi

常庆瑞　齐雁冰　刘梦云　著

科 学 出 版 社
龙 门 书 局
北 京

内 容 简 介

《中国土系志·陕西卷》在对陕西省区域概况和主要土壤类型全面调查研究的基础上，进行了土壤高级分类单元土纲—亚纲—土类—亚类和基层分类单元土族—土系的鉴定和划分。本书上篇论述区域概况、成土因素、成土过程、诊断层和诊断特性、土壤分类的发展以及本次土系调查的概况；下篇重点介绍建立的陕西省典型土系，内容包括每个土系所属的高级分类单元、分布与环境条件、土系特征与变幅、代表性单个土体、对比土系、利用性能综述和参比土种以及相应的理化性质。

本书可供从事土壤学相关学科包括农业、环境、生态和自然地理等的科学研究和教学工作者，以及从事土壤与环境调查的部门和科研机构人员参考。

审图号：GS（2020）3822 号

图书在版编目（CIP）数据

中国土系志. 中西部卷. 陕西卷/张甘霖主编；常庆瑞，齐雁冰，刘梦云著. —北京：龙门书局，2020.12

"十三五"国家重点出版物出版规划项目　国家出版基金项目

ISBN 978-7-5088-5706-0

Ⅰ.①中… Ⅱ.①张… ②常… ③齐… ④刘… Ⅲ.①土壤地理-中国②土壤地理-陕西　Ⅳ.①S159.2

中国版本图书馆 CIP 数据核字（2019）第 291381 号

责任编辑：胡　凯　周　丹　曾佳佳　沈　旭/责任校对：杨聪敏
责任印制：师艳茹/封面设计：许　瑞

科 学 出 版 社
龙 门 书 局　　出版

北京东黄城根北街 16 号
邮政编码：100717
http://www.sciencep.com

中国科学院印刷厂印刷

科学出版社发行　各地新华书店经销

*

2020 年 12 月第 一 版　　开本：787×1092　1/16
2020 年 12 月第一次印刷　　印张：24 3/4
字数：587 000

定价：268.00 元
（如有印装质量问题，我社负责调换）

《中国土系志》编委会顾问

孙鸿烈　　赵其国　　龚子同　　黄鼎成　　王人潮

张玉龙　　黄鸿翔　　李天杰　　田均良　　潘根兴

黄铁青　　杨林章　　张维理　　郧文聚

土系审定小组

组　长　张甘霖

成　员（以姓氏笔画为序）

王天巍　　王秋兵　　龙怀玉　　卢　瑛　　卢升高

刘梦云　　李德成　　杨金玲　　吴克宁　　辛　刚

张凤荣　　张杨珠　　赵玉国　　袁大刚　　黄　标

常庆瑞　　麻万诸　　章明奎　　隋跃宇　　慈　恩

蔡崇法　　漆智平　　翟瑞常　　潘剑君

《中国土系志》编委会

《中国土系志·陕西卷》作者名单

主要作者　　常庆瑞　　齐雁冰　　刘梦云

参编人员　　刘　京　　陈　涛　　高义民　　李粉玲

　　　　　　　　陈　洋　　赵国庆　　王茵茵　　张亮亮

　　　　　　　　刘姣姣　　刘　欢　　虞亚楠　　秦倩如

　　　　　　　　刘丽雯　　吴　娟　　杨玉春　　白丽敏

　　　　　　　　郗　欣　　王　珂　　陈敏辉

丛 书 序 一

土壤分类作为认识和管理土壤资源不可或缺的工具，是土壤学最为经典的学科分支。现代土壤学诞生后，近 150 年来不断发展，日渐加深人们对土壤的系统认识。土壤分类的发展一方面促进了土壤学整体进步，同时也为相邻学科提供了理解土壤和认知土壤过程的重要载体。土壤分类水平的提高也极大地提高了土壤资源管理的水平，为土地利用和生态环境建设提供了重要的科学支撑。在土壤分类体系中，高级单元主要体现土壤的发生过程和地理分布规律，为宏观布局提供科学依据；基层单元主要反映区域特征、层次组合以及物理、化学性状，是区域规划和农业技术推广的基础。

我国幅员辽阔，自然地理条件迥异，人类活动历史悠久，造就了我国丰富多样的土壤资源。自现代土壤学在中国发端以来，土壤学工作者对我国土壤的形成过程、类型、分布规律开展了卓有成效的研究。就土壤基层分类而言，自 20 世纪 30 年代开始，早期的土壤分类引进美国 Marbut 体系，区分了我国亚热带低山丘陵区的土壤类型及其续分单元，同时定名了一批土系，如孝陵卫系、萝岗系、徐闻系等，对后来的土壤分类研究产生了深远的影响。

与此同时，美国土壤系统分类（soil taxonomy）也在建立过程中，当时 Marbut 分类体系中的土系（soil series）没有严格的边界，一个土系的属性空间往往跨越不同的土纲。典型的例子是迈阿密（Miami）系，在系统分类建立后按照属性边界被拆分成为不同土纲的多个土系。我国早期建立的土系也同样具有属性空间变异较大的情形。

20 世纪 50 年代，随着全面学习苏联土壤分类理论，以地带性为基础的发生学土壤分类迅速成为我国土壤分类的主体。1978 年，中国土壤学会召开土壤分类会议，制定了依据土壤地理发生的《中国土壤分类暂行草案》。该分类方案成为随后开展的全国第二次土壤普查中使用的主要依据。通过这次普查，于 20 世纪 90 年代出版了《中国土种志》，其中包含近 3000 个典型土种。这些土种成为各行业使用的重要土壤数据来源。限于当时的认识和技术水平，《中国土种志》所记录的典型土种依然存在"同名异土"和"同土异名"的问题，代表性的土壤剖面没有具体的经纬度位置，也未提供剖面照片，无法了解土种的直观形态特征。

随着"中国土壤系统分类"的建立和发展，在建立了从土纲到亚类的高级单元之后，建立以土系为核心的土壤基层分类体系是"中国土壤系统分类"发展的必然方向。建立我国的典型土系，不但可以从真正意义上使系统完整，全面体现土壤类型的多样性和丰富性，而且可以为土壤利用和管理提供最直接和完整的数据支持。

在科技部国家科技基础性工作专项项目"我国土系调查与《中国土系志》编制"的支持下，以中国科学院南京土壤研究所张甘霖研究员为首，联合全国二十多所大学和相关科研机构的一批中青年土壤科学工作者，经过数年的努力，首次提出了中国土壤系统分类框架内较为完整的土族和土系划分原则与标准，并应用于土族和土系的建立。通过艰苦的野外工作，先后完成了我国东部地区和中西部地区的主要土系调查和鉴别工作。在比土、评土的基础上，总结和建立了具有区域代表性的土系，并编纂了以各省市为分册的《中国土系志》，这是继"中国土壤系统分类"之后我国土壤分类领域的又一重要成果。

作为一个长期从事土壤地理学研究的科技工作者，我见证了该项工作取得的进展和一批中青年土壤科学工作者的成长，深感完善这项成果对中国土壤系统分类具有重要的意义。同时，这支中青年土壤分类工作者队伍的成长也将为未来该领域的可持续发展奠定基础。

对这一基础性工作的进展和前景我深感欣慰。是为序。

中国科学院院士

2017 年 2 月于北京

丛 书 序 二

　　土壤分类和分布研究既是土壤学也是自然地理学中的基础工作。认识和区分土壤类型是理解土壤多样性和开展土壤制图的基础，土壤分类的建立也是评估土壤功能，促进土壤技术转移和实现土壤资源可持续管理的工具。对土壤类型及其分布的勾画是土地资源评价、自然资源区划的重要依据，同时也是诸多地表过程研究所不可或缺的数据来源，因此，土壤分类研究具有显著的基础性，是地球表层系统研究的重要组成部分。

　　我国土壤资源调查和土壤分类工作经历了几个重要的发展阶段。20 世纪 30 年代至 70 年代，老一辈土壤学家在路线调查和区域综合考察的基础上，基本明确了我国土壤的类型特征和宏观分布格局；80 年代开始的全国土壤普查进一步摸清了我国的土壤资源状况，获得了大量的基础数据。当时由于历史条件的限制，我国土壤分类基本沿用了苏联的地理发生分类体系，强调生物气候带的影响，而对母质和时间因素重视不够。此后虽有局部的调查考察，但都没有形成系统的全国性数据集。

　　以诊断层和诊断特性为依据的定量分类是当今国际土壤分类的主流和趋势。自 20 世纪 80 年代开始的"中国土壤系统分类"研究历经 20 多年的努力构建了具有国际先进水平的分类体系，成果获得了国家自然科学奖二等奖。"中国土壤系统分类"完成了亚类以上的高级单元，但对基层分类级别——土族和土系——仅仅开展了一些样区尺度的探索性研究。因此，无论是从土壤系统分类的完整性，还是土壤类型代表性单个土体的数据积累来看，仅有高级单元与实际的需求还有很大距离，这也说明进行土系调查的必要性和紧迫性。

　　在科技部国家科技基础性工作专项的支持下，自 2008 年开始，中国科学院南京土壤研究所联合国内 20 多所大学和科研机构，在张甘霖研究员的带领下，先后承担了"我国土系调查与《中国土系志》编制"（项目编号 2008FY110600）和"我国土系调查与《中国土系志（中西部卷）》编制"（项目编号 2014FY110200）两期研究项目。自项目开展以来，近百名项目参加人员，包括数以百计的研究生，以省区为单位，依据统一的布点原则和野外调查规范，开展了全面的典型土系调查和鉴定。经过 10 多年的努力，参加人员足迹遍布全国各地，克服了种种困难，不畏艰辛，调查了近 7000 个典型土壤单个土体，结合历史土壤数据，建立了近 5000 个我国典型土系；并以省区为单位，完成了我国第一部包含 30 分册、基于定量标准和统一分类原则的土系志，朝着系统建立我国基于定量标准的基层分类体系迈进了重要的一步。这些基础性的数据，无疑是我国自第二次土壤普查以来重要的土壤信息来源，相关成果可望为各行业、部门和相关研究者，特别是土壤质量提升、土地资源评价、水文水资源模拟、生态系统服务评估等工作提供最新的、系统的数据支撑。

　　我欣喜于并祝贺《中国土系志》的出版，相信其对我国土壤分类研究的深入开展、对促进土壤分类在地球表层系统科学研究中的应用有重要的意义。欣然为序。

中国科学院院士

2017 年 3 月于北京

丛书前言

土壤分类的实质和理论基础，是区分地球表面三维土壤覆被这一连续体发生重要变化的边界，并试图将这种变化与土壤的功能相联系。区分土壤属性空间或地理空间变化的理论和实践过程在不断进步，这种演变构成土壤分类学的历史沿革。无论是古代朴素分类体系所使用的土壤颜色或土壤质地，还是现代分类采用的多种物理、化学属性乃至光谱（颜色）和数字特征，都携带或者代表了土壤的某种潜在功能信息。土壤分类正是基于这种属性与功能的相互关系，构建特定的分类体系，为使用者提供土壤功能指标，这些功能可以是农林生产能力，也可以是固存土壤有机碳或者无机碳的潜力或者抵御侵蚀的能力，乃至是否适合作为建筑材料。分类体系也构筑了关于土壤的系统知识，在一定程度上厘清了土壤之间在属性和空间上的距离关系，成为传播土壤科学知识的重要工具。

毫无疑问，对土壤变化区分的精细程度决定了对土壤功能理解和合理利用的水平，所采用的属性指标也决定了其与功能的关联程度。在大陆或国家尺度上，土纲或亚纲级别的分布已经可以比较准确地表达大尺度的土壤空间变化规律。在农场或景观水平，土壤的变化通常从诊断层（发生层）的差异变为颗粒组成或层次厚度等属性的差异，表达这种差异正是土族或土系确立的前提。因此，建立一套与土壤综合功能密切相关的土壤基层单元分类标准，并据此构建亚类以下的土壤分类体系（土族和土系），是对土壤变异精细认识的体现。

基于现代分类体系的土系鉴定工作在我国基本处于空白状态。我国早期（1949年以前）所建立的土系沿用了美国土壤系统分类建立之前的 Marbut 分类原则，基本上都是区域的典型土壤类型，大致可以相当于现代系统分类中的亚类水平，涵盖范围较大。"中国土壤系统分类"研究在完成高级单元之后尝试开展了土系研究，进行了一些局部的探索，建立了一些典型土系，并以海南等地区为例建立了省级尺度的土系概要，但全国范围内的土系鉴定一直未能实现。缺乏土族和土系的分类体系是不完整的，也在一定程度上制约了分类在生产实际中特别是区域土壤资源评价和利用中的应用，因此，建立"中国土壤系统分类"体系下的土族和土系十分必要和紧迫。

所幸，这项工作得到了国家科技基础性工作专项的支持。自2008年开始，我们联合国内20多所大学和科研机构，先后开展了"我国土系调查与《中国土系志》编制"（项目编号2008FY110600）和"我国土系调查与《中国土系志（中西部卷）》编制"（项目编号2014FY110200）两个项目的连续研究，朝着系统建立我国基于定量标准的基层分类体系迈进了重要的一步。经过 10 多年的努力，项目调查了近 7000 个典型土壤单个土体，结合历史土壤数据，建立了近 5000 个我国典型土系，并以省区为单位，完成了我国第一部基于定量标准和统一分类原则的全国土系志。这些基础性的数据，将成为自第二次全国土壤普查以来重要的土壤信息来源，可望为农业、自然资源管理、生态环境建设等部门和相关研究者提供最新的、系统的数据支撑。

项目在执行过程中，得到了两届项目专家小组和项目主管部门、依托单位的长期指导和支持。孙鸿烈院士、赵其国院士、龚子同研究员和其他专家为项目的顺利开展提供了诸多重要的指导。中国科学院前沿科学与教育局、重大科技任务局、科技促进发展局、中国科学院南京土壤研究所以及土壤与农业可持续发展国家重点实验室都持续给予关心和帮助。

值得指出的是，作为研究项目，在有限的资助下只能着眼主要的和典型的土系，难以开展全覆盖式的调查，不可能穷尽亚类单元以下所有的土族和土系，也无法绘制土系分布图。但是，我们有理由相信，随着研究和调查工作的开展，更多的土系会被鉴定，而基于土系的应用将展现巨大的潜力。

由于有关土系的系统工作在国内尚属首次，在国际上可资借鉴的理论和方法也十分有限，因此我们在对于土系划分相关理论的理解和土系划分标准的建立上肯定会存在诸多不足；而且，由于本次土系调查工作在人员和经费方面的局限性以及项目执行期限的限制，书中疏误恐在所难免，希望得到各方的批评与指正！

张甘霖

2017 年 4 月于南京

前　　言

　　土壤分类不仅是土壤科学发展水平的标志，也是区域因地制宜利用土壤资源的基础。以诊断层和诊断特性为基础的标准化和定量化的中国土壤系统分类已经受到世界各国的普遍认可。2014年起，科技部设置了国家科技基础性工作专项"我国土系调查与《中国土系志（中西部卷）》编制"（项目编号2014FY110200）项目，开展了西藏、新疆、青海、甘肃、内蒙古、宁夏、陕西、山西、云南、贵州、广西、四川、重庆、湖南14个省（自治区、直辖市）的中国系统分类基层单元土族—土系的系统性调查研究。西北农林科技大学承担了陕西省的土系调查和土系志编制任务，本书是该专项的主要成果之一。

　　在前期开展东部土系调查与土系志编制的基础上，我国在土系调查方面积累了丰富的经验，在样点布设、野外调查与采样描述、室内测定分析、高级及基层分类检索方面均制定了相应的规范标准，保证了本次调查所建立的土系数据的精度与科学性。《中国土系志·陕西卷》共上、下两篇分9章。上篇（第1～3章）为总论，主要介绍了陕西省的区域概况、成土因素与成土过程特征、土壤诊断层和诊断特性的类型及其特征、土壤分类简史等；下篇（第4～9章）为区域典型土系，详细介绍了所建立的典型土系，包括分布与环境条件、土系特征与变幅、对比土系、利用性能综述、参比土种以及代表性单个土体形态描述、相应的理化性质、利用评价等。此研究成果可以为土地利用、农业生产、生态保护等领域提供科学依据和数据基础。

　　本次土系调查覆盖了陕西省大部分市、县（区），在全面分析整理陕西省第二次土壤普查成果的基础上，依据"成土因素（地貌、母质、利用）+《陕西土种志》+专家经验"的方法，共调查了176个典型土壤剖面，采集并测定分析了766个发生层土样，拍摄了1500多张景观、剖面和新生体等照片，分析并获取近万条土壤理化性质数据，高级分类依据《中国土壤系统分类检索（第三版）》，基层分类单元依据《中国土壤系统分类土族和土系划分标准》，共划分出6个土纲，14个亚纲，25个土类，42个亚类，83个土族，163个土系，是第一本全面反映陕西省土壤系统分类成果的著作。

　　土系调查是一项基础性的工作，野外样品采集耗时耗力，室内分析、数据整理工作烦琐，所幸本课题组成员按部就班、脚踏实地地圆满完成了任务，因此本书的出版凝聚了课题组成员的辛勤付出，你们辛苦了！在土壤分类检索及土系志编制过程中，我们受到经验不足及对分类检索标准理解不透彻的困扰，不断遇到各种疑惑，所幸张甘霖、张凤荣、王秋兵、吴克宁、李德成等专家给予悉心指导，才让本书得以成稿，特此向你们表示感谢！同时感谢参与野外调查、室内测定分析、土系数据库建设的各位研究生！

　　虽然在调查过程中我们走遍了陕西省大部分市、县（区），但毕竟陕西省南北跨度大，地形地貌、气候及水文变化多样，同时该省也是我国农业历史最为悠久的区域之一，土地利用对于土壤的影响不但历时长，而且空间变异大，因此成土因素复杂多样。本次调查所建立的 163 个土系仅能代表陕西省的部分土壤类型，仍有更多的土系有待进一步调查和完善，特别是在我国最能体现古代人民对于土壤形成产生重要影响的塿土的调查方面仍然不够深入，因此本书对陕西省土壤分类和土系建立而言，仅是一个开端，新的土系还有待今后进一步充实。另外，由于编者水平有限，不妥之处在所难免，希望读者给予指正。

作　者

2019 年 10 月 5 日

目　　录

上篇　总　　论

下篇　区域典型土系

上篇 总 论

第 1 章　区域概况与成土因素

1.1　区 域 概 况

1.1.1　区域位置与行政区划

陕西省简称"陕"或"秦"，地处中国内陆腹地，黄河中游，位于东经 105°29′~111°15′，北纬 31°42′~39°35′。东隔黄河与山西省相望，北与内蒙古自治区相毗连，西与宁夏回族自治区和甘肃省相邻，南以米仓山、大巴山主脊与四川省接界，东南与湖北省、河南省接壤。陕西省居于连接中国东、中部地区和西北、西南的重要位置。全省南北长约 878.0 km，东西宽为 517.3 km，南北狭长，总面积 20.56 万 km²。截至 2018 年年底，全省常住人口 3864.4 万人，陕西省辖 10 个设区市，1 个示范区，107 个县级行政区划（表 1-1，图 1-1）。省会为西安市，陕西省人民政府位于西安市新城区新城大院。

陕西省历史悠久，是中华民族及华夏文化的重要发祥地之一，有秦、汉、唐等 10 多个政权或朝代在陕西建都，时间长达 1000 余年。同时，陕西省也是我国古老农业的发祥地之一。

表 1-1　陕西省行政区划（2018 年）

市、示范区	辖市、区	辖县
西安市	新城区、莲湖区、碑林区、未央区、雁塔区、灞桥区、阎良区、长安区、临潼区、高陵区、鄠邑区	蓝田县、周至县
宝鸡市	金台区、渭滨区、陈仓区	陇县、千阳县、凤翔县、麟游县、岐山县、扶风县、眉县、凤县、太白县
咸阳市	秦都区、渭城区、兴平市、彬州市	长武县、淳化县、旬邑县、乾县、永寿县、武功县、三原县、礼泉县、泾阳县
铜川市	耀州区、王益区、印台区	宜君县
渭南市	临渭区、华州区、华阴市、韩城市	大荔县、合阳县、白水县、澄城县、富平县、蒲城县、潼关县
延安市	宝塔区、安塞区	延长县、延川县、子长县、志丹县、富县、黄陵县、黄龙县、洛川县、吴起县、甘泉县、宜川县
榆林市	榆阳区、横山区、神木市	府谷县、佳县、米脂县、清涧县、靖边县、定边县、绥德县、吴堡县、子洲县
汉中市	汉台区、南郑区	城固县、洋县、西乡县、勉县、宁强县、略阳县、镇巴县、留坝县、佛坪县
安康市	汉滨区	宁陕县、石泉县、汉阴县、旬阳县、白河县、紫阳县、岚皋县、平利县、镇坪县
商洛市	商州区	柞水县、镇安县、山阳县、洛南县、丹凤县、商南县
杨凌示范区	杨陵区	

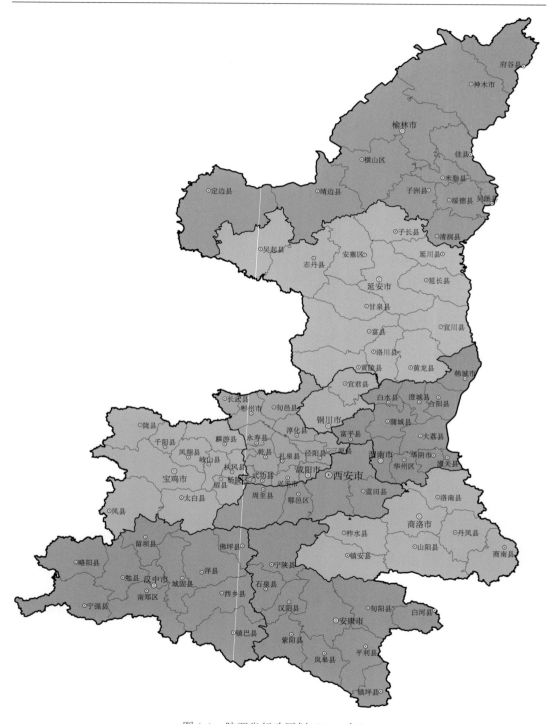

图 1-1 陕西省行政区划（2018 年）

1.1.2 土地利用

截至 2015 年年底，全省土地总面积 30 843.58 万亩[①]，其中农用地 27 927.97 万亩，占土地总面积的 90.55%；建设用地 1403.68 万亩，占土地总面积的 4.55%；其他土地 1511.93 万亩，占土地总面积的 4.90%（表 1-2）。

表 1-2 陕西省土地利用现状（2015 年）

一级类	二级类	三级类	面积/万亩	占土地总面积比例/%	占一级类比例/%
		总计	30 843.58	100	—
农用地		合计	27 927.97	90.55	100
		耕地	5 998.33	19.45	21.48
		园地	1 230.73	3.99	4.41
		林地	16 792.45	54.44	60.13
		牧草地	3 268.10	10.6	11.70
		其他农用地	638.36	2.07	2.28
建设用地		合计	1 403.68	4.55	100
	城乡建设用地	小计	1 160.89	3.76	82.70
		城镇用地	349.17	1.13	24.88
		农村居民点用地	716.54	2.32	51.04
		采矿用地	95.18	0.31	6.78
		其他独立建设用地			
	交通水利建设用地	小计	210.29	0.68	14.98
		铁路用地	22.88	0.07	1.63
		公路用地	129.58	0.42	9.23
		机场用地	2.58	0.01	0.18
		港口码头用地	0.02	0	0
		管道运输用地	1.00	0	0.07
		水库水面	43.60	0.14	3.11
		水工建筑用地	10.63	0.04	0.76
		其他建设用地	32.5	0.11	2.32
其他土地		合计	1 511.93	4.90	100
		水域	344.22	1.12	22.77
		自然保留地	1 167.71	3.78	77.23

注：引自《陕西省"十三五"土地资源保护与开发利用规划》，陕西省国土资源厅，2016。

陕西省土地利用的总体特点：①土地利用区域分异显著。全省按照地貌特征及土地利用状况可以分为陕北、关中和陕南三大地貌区域，其中陕北指关中平原以北的黄土高原区，陕南指关中平原以南的秦巴山区。关中以耕地和林地为主，占区域土地总面积比例分别为 30.32%、41.25%，区内西安、咸阳、宝鸡等城市型用地特征明显，建设用地合

---

① 1 亩≈666.67m²。

计占全省建设用地总规模比例为 56.27%。陕北以林地、牧草地为主，占区域土地总面积比例分别为 42.06%、24.89%，区内富集煤炭、石油、天然气等资源，是全国重要的能源化工基地，工矿用地分布较多。陕南山区以林地为主，占区域土地总面积比例达到 78.96%，盆地、平坝区以耕地为主，是陕南主要的粮食产区。②土地利用率高，农业用地比重大。截至 2015 年年底，全省土地利用率达到 95.10%，土地主导用途为农业用地，农业土地利用率为 90.55%，远高于全国水平（68.11%），在各省（市、自治区）中处于最高水平。③建设用地比例偏低。截至 2015 年年底，全省建设用地面积仅占土地总面积的 4.55%，所占比例远低于中东部及沿海经济发达省份（如北京市 21%、山东省 18%）和周边省份（如河南省 15%）。

1.1.3 社会经济状况

依据"2018 年陕西省国民经济和社会发展统计公报"，全省全年生产总值 24 438.32 亿元，人均生产总值 63 477 元。全年农业增加值 1380.77 亿元，粮食作物播种面积 300.598 万 hm²，粮食产量 1226.31 万 t，森林覆盖率 43.06%。年末全省常住人口 3864.40 万人，按城乡分，城镇常住人口 2246.38 万人，占总人口比重为 58.13%；乡村人口 1618.02 万人，占 41.87%。按性别分，男性 1994.42 万人，占 51.61%；女性 1869.98 万人，占 48.39%，性别比为 106.65。按年龄分，0～14 岁人口占 14.50%，15～64 岁人口占 74.12%，65 岁及以上人口占 11.38%。全年出生人口 41.08 万人，出生率为 10.67‰；死亡人口 24.02 万人，死亡率为 6.24‰；自然增长率为 4.43‰。

1.2 成 土 因 素

1.2.1 地形地貌因素

1）形成过程

陕西地貌是在大地构造、岩性、地壳运动以及生物界诸因素影响下，随着时间、空间的演替而不断发展形成的。秦巴山地在多旋回构造变动之后，在三叠纪印支运动中结束了残留的海域环境，全面褶皱成山。当时还未形成渭河地堑，陕北还是一个内陆拗陷盆地，超覆于三叠系之上的侏罗—白垩系沙页岩，其堆积空间不断向西偏移，陕北单斜构造也愈趋明显。陕西地貌骨架奠定于中生代晚期的燕山运动，它使秦巴山地发生差异断块运动，并伴有大规模花岗岩侵入活动；渭河地堑开始孕育，陕北鄂尔多斯台向斜的周边断裂围限，也转入大面积抬升，在总体格局上陕西地区三大构造地貌单元越来越显著。经历古近纪、新近纪及第四纪内外营力的相互作用，形成陕北高原、关中盆地和秦巴山地的总体特征。山地区表现出山谷相随、岭盆相间、地貌层次清晰的特色；盆地区是平原沃野、阶地叠套、台塬错列的地貌景观；高原区则是黄土丘陵起伏、千沟万壑与北部风沙地貌相依的特点。不同的时期，同一地区的地表结构差异很大；不同的地区，在同一发展阶段，地貌区域特征也呈现出明显的不同，这与每一地貌类型的发展历史是分不开的。

　　2）地形地貌

　　陕西的地貌形态较为复杂，既有崎岖的山岳和辽阔的高原，又有连绵起伏的丘陵和宽广的平原。在全省总土地面积中，黄土高原、丘陵约占全省总土地面积的 45%，山地约占 36%，平原约占 19%。总的地势是南北高，中部低，由西向东倾斜。根据全省地貌形态特征、地质结构和地面组成物质，将全省分为 6 个地貌区，即风沙滩地区、黄土高原丘陵沟壑区、关中盆地区、秦岭山地、汉中安康盆地和大巴山区（图 1-2）。

　　陕北黄土高原海拔 800～1300 m，约占全省总面积的 45%。其北部为风沙区，南部是丘陵沟壑区。经过 50 年来的建设，陕北防护林体系、生态农业、沙漠绿洲等都取得了显著成绩。畜牧业较为发达，煤、石油、天然气储量丰富。

　　关中平原西起宝鸡，东至潼关，平均海拔 520 m。东西长 360 km，面积约占全省土地总面积的 19%。这里地势平坦，交通便利，气候温和，物产丰富，经济发达，粮油产量和国民生产总值约占全省的 2/3，是全省的精华之地，号称“八百里秦川”。

　　陕南秦巴山地包括秦岭、巴山和汉江谷地，约占全省土地总面积的 36%。秦岭在省境内东西长 400～500 km，南北宽约 300 km，海拔 1000～3500 m。秦巴山区是林特产的宝库，汉江谷地土质肥美，物产丰富。

1.2.2　气候条件

　　陕西省地处中纬度偏内陆，由于地形、地理位置与大气环流的影响，具有明显的季风气候和多种气候类型的特点。陕西横跨三个气候带，南北气候差异较大。陕南属北亚热带气候，关中及陕北大部属暖温带气候，陕北北部长城沿线属中温带气候。其总特点：春暖干燥，降水较少，气温回升快而不稳定，多风沙天气；夏季炎热多雨，间有伏旱；秋季凉爽较湿润，气温下降快；冬季寒冷干燥，气温低，雨雪稀少。全省年平均气温 13.7 ℃，自南向北、自东向西递减：陕北 7～12 ℃，关中 12～14 ℃，陕南 14～16 ℃（图 1-3）。1 月平均气温 –11～3.5 ℃，7 月平均气温 21～28 ℃，无霜期 160～250 天，极端最低气温是 –32.7 ℃，极端最高气温是 42.8 ℃。年平均降水量 340～1240 mm（图 1-4）。降水南多北少，陕南为湿润区，关中为半湿润区，陕北为半干旱区。

　　陕西省土壤温度状况表现：秦巴山区及其以北为温性，汉江河谷地区及其以南为热性（图 1-5）。土壤水分状况表现：长城以北为干旱，陕北黄土高原地区和关中盆地为半干润，秦岭以南为湿润，常湿润仅在最南端镇巴县和紫阳县的小部分南部地区存在（图 1-6）。

1.2.3　植被条件

　　陕西境内的自然植被有两大类型，即森林与草原。前者构成了陕西南部、关中地区和陕北南部的植被带，后者组成了陕北北部植被带。全省自南向北为陕南汉江谷地、低山丘陵北亚热带混生常绿阔叶树种的落叶阔叶林带，关中、陕北南部暖温带落叶阔叶林带，陕北北部暖温带森林草原带，长城沿线温带干草原带。森林植物群落具有强大的生物量积累，对土壤形成以及整个自然景观产生巨大的影响。草原植物群落则以其根系及凋落物的腐殖质化在土壤表层积累影响土壤的形成。由于自然环境的变迁及人类活动的影响，现代森林仅分布在山区，即大巴山林区、秦岭林区、关山林区、桥山林区和黄龙

图例

代号 分区
Ⅰ1 定靖平原
Ⅰ2 榆神风沙滩地
Ⅱ1 黄土丘陵沟壑区
Ⅱ2 黄土高原沟壑区
Ⅱ3 子午岭黄龙山土石山地
Ⅲ1 关中东部平原台塬区
Ⅲ2 关中西部平原台塬区
Ⅲ3 千河、麟游盆地丘陵区
Ⅳ1 秦岭北坡山地
Ⅳ2 秦岭南坡山地
Ⅴ1 汉中盆地
Ⅴ2 月河安康盆地
Ⅵ1 米仓山地
Ⅵ2 大巴山地

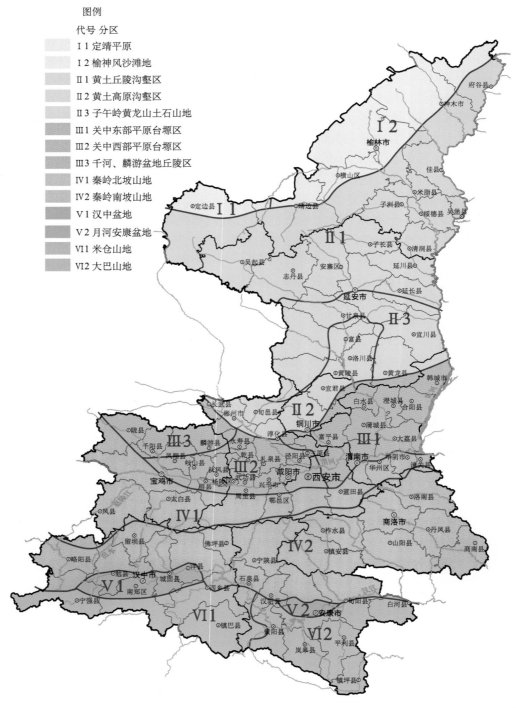

图 1-2　陕西省地貌分区图

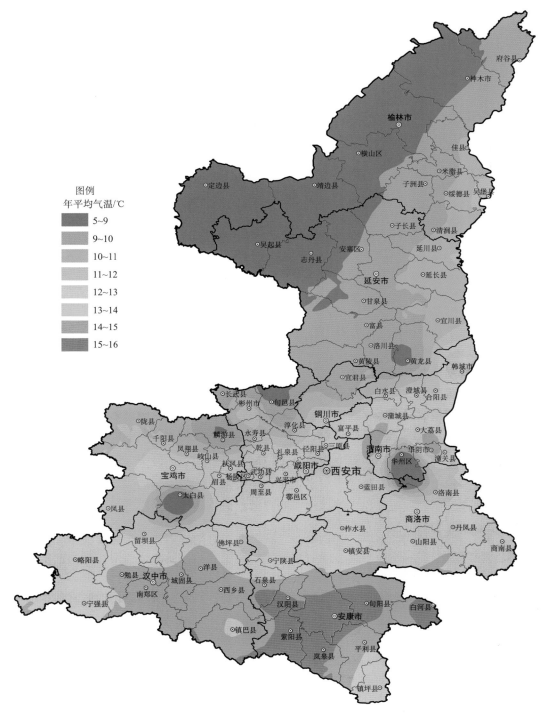

图 1-3　陕西省年平均温度分布图

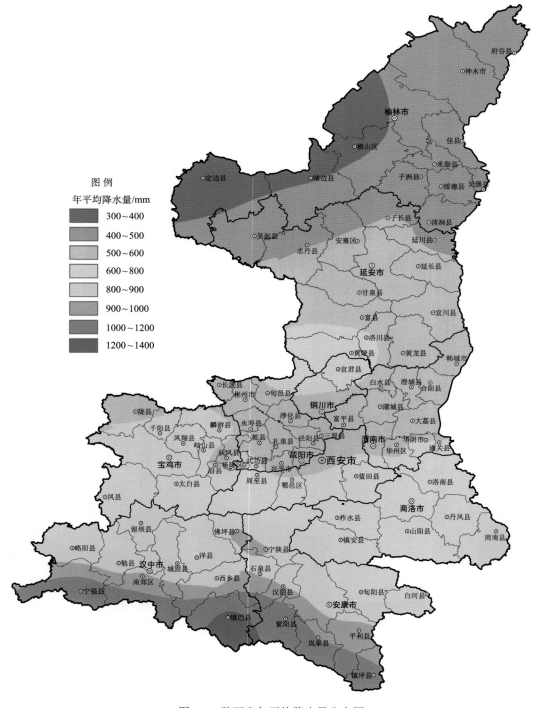

图1-4　陕西省年平均降水量分布图

图 1-5　陕西省 50 cm 深度土壤温度状况图

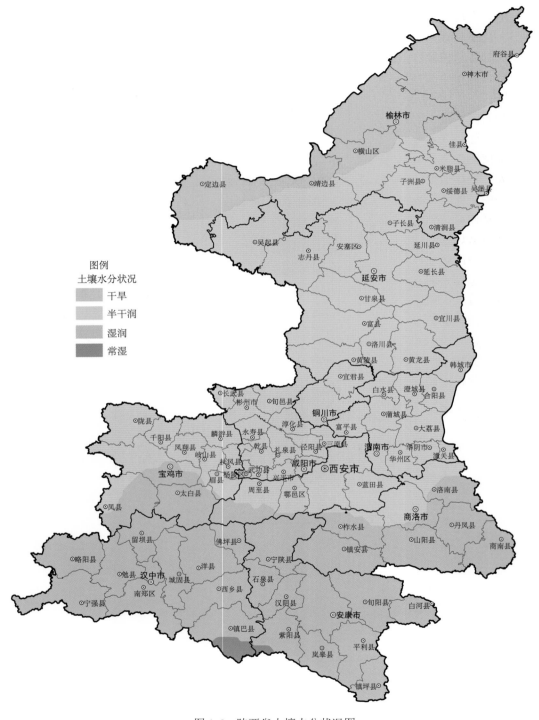

图 1-6　陕西省土壤水分状况图

山林区。秦岭山地，地势高矗，山峦重叠，植被带的垂直分布明显。全省原始森林分布不多，仅小片残存于秦岭和巴山中、高山地，其他都是次生梢林，林相残败。分布在黄土高原的草原植被群落，由于垦殖与水土流失，基本上无成片的，但从沟崖陡坡残留的草本植物区系的成分、类型、结构等方面的特征看，仍可区分出草原植被的群系。

陕南秦巴山地的地带性植被类型是北亚热带常绿落叶阔叶混交林，并且是我国西北地区分布面积最大的唯一的一片亚热带植被类型。陕南山区虽处于我国亚热带的北部边界，但北面高大而宽阔的秦岭山脉构成天然屏障，冬季阻挡北方西伯利亚寒流的侵袭，为喜温植物创造了良好的越冬环境，使这里比同纬度的淮河下游地区温暖得多，自然植被或人工栽培植被的种类都比淮河下游地区丰富。

关中平原的代表性植被类型是落叶阔叶林，并且是我国华北平原暖温带落叶阔叶林向西的延伸部分。但关中平原地势平坦，土壤肥沃，农业开发历史悠久，半坡先民们早在 6000 年以前就在此播种、收获、繁衍和生息，因此，自然植被早已荡然无存。关中平原南缘秦岭山脉北麓植被的基带是暖温带落叶阔叶林带，落叶阔叶林的分布范围由关中平原向北延伸到陕北黄土高原的南部地带。

陕北黄土高原区为暖温带落叶阔叶林和温带草原带，落叶阔叶林与森林草原的分界大致为清涧、延安、安塞、志丹的连线，此线以北为森林草原带，以南为落叶阔叶林带。黄土高原延安以南子午岭、桥山、蚰蜒岭、黄龙山和崂山等地天然森林植被保存较好，而较平坦的黄土塬面、缓坡地和川地早已开辟为农田。陕北长城沿线以北为温带干草原，是我国内蒙古温带草原西端向南的延伸部分。

1.2.4　母质因素

全省成土母质复杂多样，属于水成系列的有冲积与洪积物，属于风成系列的有黄土和风积沙，属于重力作用的有坡积物；广大山地还分布有残积母质。

1）黄土母质

自长城沿线以南，到秦岭北麓，在中生代地层及新生代晚新近系红土之上覆盖一层厚度为几十米至百余米的新黄土（马兰黄土）和老黄土（离石黄土和午城黄土）。新黄土厚 10～20 m，浅黄色；老黄土层在新黄土层之下，色黄略带红，夹有石灰菌丝和结核（料姜石），土层中有古土壤层（红色条带），最多的有 10 余层，每层厚度约 0.5～1 m，最厚的达 2 m。老黄土厚度由几十米至百余米，是构成塬、梁、峁、沟壑谷地形的主体。

2）风沙母质

风沙母质是形成风沙土的物质基础，分布在长城沿线以及关中黄渭洛三角地带。毛乌素沙地的风成沙，其下伏地层，在沙地的北部主要是中生代白垩纪杂色砂页岩；在南部主要是湖泊冲积的沙质黏土沉积物，或现代河流砂质沉积物，这些沉积物的底层是中更新世的萨拉乌苏期强度沙化层。

3）冲积母质和洪积母质

冲积物分布在河漫滩及河流两岸阶地。陕南的汉中盆地与关中的渭河冲积平原是全省两个最大的冲积母质分布区，此外商丹盆地、洛南盆地、月河盆地及泾河、洛河、延河、清涧河、无定河、窟野河等河流两岸阶地都是冲积母质分布区。冲积母质的一个重要特点乃是其机械颗粒成层性的多元结构组合。这种机械颗粒成层性，是由于河流断面上的主流、急流、股流以及洪水、枯水各时期流速所携带的泥沙不同沉积而成的。全省各地的冲积物，陕北较单一，无定河、窟野河等河流两岸的上川地、中川地多为粉粒，下川地多为细砂粒，机械粒级层次组合变化不多。延河、洛河川地以粉粒为主，结构单一，局部地段下部有中、细砂层。渭河平原，南北两岸很不一致，北岸阶地平原基本上是厚层粉粒，南岸川地由于受到秦岭北麓支流泥砾影响，机械粒级层次比较复杂。

洪积母质主要分布在关中和陕南，定边、靖边平原也有少量分布。洪积母质的重要特点是机械粒级无层次，砾泥砂混杂分选差，尤其是洪积扇的中、后缘更为突出。秦岭北麓与北山南麓洪积扇东西连贯，组成洪积扇平原。在秦岭北麓与北山南麓有新（现代）老（新近纪与第四纪）洪积扇重叠厚达百米以上的洪积物。在北山一带的洪积平原下层都是砾砂，东西段的表层常常是砂、泥相间。在秦岭北麓洪积扇平原由眉县至蓝田一带，下部都是砾石层，上部多为泥砂砾混层或互层。

4）残积母质和坡积母质

残积物和坡积物是组成秦岭和巴山山地的主成土母质，后者在黄土高原也有分布。秦巴山地的基岩风化壳，在山高坡陡与植被遭受破坏的地段，水土流失与泥石流严重，形成的残积母质和坡积母质，层体疏松浅薄，一些地段基岩裸露。在山势平缓的缓坡，坡积物层次较厚而紧实。一般的坡地上，残积物与坡积物常混杂在一起。基岩山地残积母质与坡积母质的共同特征是浅薄、疏松、含砾石量多、砾石分选差，当地将这些母质通称为石渣。石渣的大小和形状可因基岩类型略有差异，如板岩、砾岩、片麻岩、大理岩等风化后常形成石块；页岩、千枚岩风化后多成泥质；片岩风化后则多成小石片；花岗岩、石英岩、砂岩风化后多成石块或粗砂。从化学风化来看，陕西省山地基本上属于硅铝风化壳，但米仓山的宁强、南郑中山地区和东秦岭山阳、丹凤、商州等地为石灰岩山地，秦岭南坡柞水、镇安和秦岭北坡眉县斜峪关以上地段大理岩分布广泛。

陕西省境内尚分布有小面积的盐渍风化壳，以定边西北部盐场堡、周台子、白泥井等乡镇的盐湖滩地较为典型，为古代盐湖遗迹，地层 6 m 以内含盐量高达 3%～8%，盐分以氯化钠占优势。关中地区富平、蒲城的卤泊滩及大荔的盐池洼为晚更新世盐湖，地层中盐分属硫酸盐-氯化物型，含盐量不超过 2%，卤泊滩地层含盐量更低，但具碱化特征。

1.2.5　人为因素

长期的农业活动，必然对土壤形成产生明显而深刻的影响。主要有两个方面，一方面是由于垦殖，引起土壤侵蚀，不利于土壤的形成发育。据考古资料表明，黄土高原的旱作农业至少有 2500～3000 年的历史。较长时期的农业垦殖，使黄土高原的自然面貌发生了巨大变化，首先是土壤侵蚀。土壤侵蚀在农业垦殖以前就已开始，但在自然植被覆盖下，这种侵蚀是比较轻微的。人类在黄土高原垦殖之后，侵蚀过程加剧。在缺乏水土保持措施的坡耕地上，不合理的土地利用、单一种植粮食作物和广种薄收的耕作方式，加速了侵蚀过程的发展。随着土壤的破坏和流失，土壤剖面从上至下逐渐被剥蚀，厚度越来越薄，终至黄土母质外露，形成黄土性土（黄绵土）。在黄土性土形成过程中，同时进行着土壤熟化与反熟化两个过程，但由于水土流失不断进行，土壤熟化过程始终较为微弱，所以，水土流失大大减缓了土壤的形成，使全省黄土地区广泛分布着发育微弱或无发育的黄土性土，肥力瘠薄。

影响土壤形成的另一方面是悠久的农业活动，长期的耕种、施肥，熟化和培肥了土壤。在地势平坦的塬地、川台地及河川平原地区，经过长期人为耕作，施用大量土粪，使耕作层不断增厚，在自然土壤上覆盖了一层厚度不等的覆盖层，使原来的自然土壤（褐土、黑垆土）处在埋藏状态，形成了"黄盖垆"，这是长期人为耕种熟化的结果。人为耕种熟化的覆盖层，其颜色和机械组成接近于黄土，但比黄土色稍暗，又比自然土壤腐殖质层色淡，有机质含量比黄土高，具有强石灰反应特征，结构良好，有小陶瓷片、炭渣、砖块碎屑等侵入体。"黄盖垆"的土体构型在农业上具有持水、保肥、既发小苗又发老苗的肥力特征，同时通过施肥增加了黄土中的黏土矿物，增加了土壤养分，使土壤肥力增强。

第 2 章 土 壤 分 类

2.1 土壤分类的历史回顾

陕西是我国古代农业的发祥地之一，远在五六千年前，我们的祖先就在这里开始从事农业生产活动。人们在农业生产实践中，逐步加深了对土壤的认识。为了适应农业生产发展和征收田赋的需要，进行了古代朴素的土壤分类。这种分类主要是以感性认识和生产经验为基础，以土壤颜色、质地、温度和土宜等性质为依据，进行土壤的分类和命名。

我国近代土壤分类科学的研究始于 20 世纪 30 年代初期，基本上采用的是美国 Marbut 于 1935 年提出并经后人修订的土壤分类体系，分类系统为土纲、土类、亚类、土族、土系。土系是基层分类单元，主要是根据土壤的形态特征和性质指标划分的，并以土系局部性质的变化进一步分为土组和土相。

从中华人民共和国成立开始，特别是 1954 年以后，我国土壤分类采用了苏联以土壤发生学为基础的土壤分类体系。苏联土壤发生分类强调土壤的形成条件、成土过程和土壤的地带性，分类系统分为土类、亚类、土种、变种四级（1957 年以后增加土属一级），并侧重于从土壤形成发展过程划分高级分类单元（土类、亚类），按土壤的发育程度和性质划分基层分类单元，土壤命名采用连续命名法。苏联土壤发生分类对我国土壤分类科学影响很大。这种土壤分类由于缺乏客观的定量的土壤性态的划分标准，存在着一定的任意性，特别是不同研究者之间，因其出发点和方法不同，在某些土壤的分类上常常产生不同的认识，使陕西省的土壤分类几经变动。

20 世纪 50 年代末，全国开展了第一次土壤普查鉴定工作，主要调查耕种土壤的类型分布和进行群众认土、用土、改土经验的总结，强调人类生产活动在耕种土壤形成过程中的主导作用，并建立了以耕种土壤为基础的土壤分类。在全国第一次土壤普查中，陕西省土壤分类采用土类、土型、土种和土名的四级分类制。土类是土壤分类系统中的最高单元，反映在人为因素和自然因素共同作用下，所引起的肥力质变过程，作为耕种土壤质量特征的肥力的发生与演变，人为因素起着主导作用。土型反映土壤分布的地形位置、母质来源和成因类型、母岩类型和性质及泥沙组成的不同。土种主要反映在土壤变化过程中肥力（包括水和肥）的量变过程。土名是土壤分类系统中的最小单元，主要反映熟化强弱不同引起的土壤肥力微小的变异和颜色的变化。在这次土壤普查中，全省共划分出 21 个土类，62 个土型，148 个土种，575 个土名。各级分类单元均采用经过整理和提炼的群众名称命名，命名词简意明、通俗易懂。这次普查还确立了许多新的耕种土壤的土类，如塿土、黄泥土、石渣土等。

从 70 年代末开始，全国开展了第二次土壤普查，历时 10 年。这次土壤普查是在统一的调查规范和分类系统的指导下进行的。根据全国土壤分类系统和分类原则，陕西省制定了第二次土壤普查工作分类标准，高级分类单元的划分与全国土壤分类系统保持一致，基层分类单元则结合陕西省实际情况拟定，结合了全省土壤资源的实际状况和土壤分类的经验，在县、地两级土壤分类的基础上，反复比土评土，充实修订，归纳整理，最终全省划分出 22 个土类，49 个亚类，134 个土属，403 个土种。

陕西省第二次土壤普查土壤分类系统见表 2-1。

表 2-1　陕西省第二次土壤普查土壤分类系统

土纲	土类	亚类	土属
钙层土	灰钙土	淡灰钙土	壤质淡灰钙土
	栗钙土	淡栗钙土	壤质淡栗钙土
	黑垆土	黑垆土	砂黑垆土
			黑垆土
		黏化黑垆土	黏化黑垆土
半淋溶土	褐土	褐土	黄土质褐土
			扁砂泥褐土
			青石泥褐土
			砂砾石褐土
		淋溶褐土	黄土质淋溶褐土
			扁砂泥淋溶褐土
			青石泥淋溶褐土
			砂砾石淋溶褐土
			麻骨石淋溶褐土
		石灰性褐土	黄土质石灰性褐土
			扁砂泥石灰性褐土
			青石泥石灰性褐土
			砂砾石石灰性褐土
		塿土	斑斑土
			油土
			立茬土
			灰塿土
			红塿土
			塿墡土
		褐土性土	黄土质褐土性土
			扁砂泥褐土性土
			青石泥褐土性土
			砂砾石褐土性土
			麻骨石褐土性土
淋溶土	黄褐土	黄褐土	黄泥土
			黄泥巴
			红黄泥
	黄棕壤	黄棕壤	扁砂泥黄棕壤
			砂砾石黄棕壤
			麻骨石黄棕壤
			坡洪积黄棕壤

续表

土纲	土类	亚类	土属
淋溶土	黄棕壤	黄棕壤性土	扁砂泥黄棕壤性土
			砂砾石黄棕壤性土
			麻骨石黄棕壤性土
			坡洪积黄棕壤性土
	棕壤	棕壤	黄土质棕壤
			扁砂泥棕壤
			青石泥棕壤
			砂砾石棕壤
			麻骨石棕壤
			坡洪积棕壤
		白浆化棕壤	黄土质白浆化棕壤
			扁砂泥白浆化棕壤
			青石泥白浆化棕壤
			砂砾石白浆化棕壤
			麻骨石白浆化棕壤
		棕壤性土	扁砂泥棕壤性土
			青石泥棕壤性土
			砂砾石棕壤性土
			麻骨石棕壤性土
	暗棕壤	暗棕壤	扁砾泥（扁砂泥）暗棕壤
			青石泥暗棕壤
			麻骨石暗棕壤
			坡洪积暗棕壤
		白浆化暗棕壤	麻骨石白浆化暗棕壤
		暗棕壤性土	麻骨石暗棕壤性土
高山土	亚高山草甸土	亚高山草甸土	麻骨石亚高山草甸土
初育土	风沙土	草原风沙土	流动草原风沙土
			半固定草原风沙土
			固定草原风沙土
		草甸风沙土	流动草甸风沙土
			半固定草甸风沙土
			固定草甸风沙土
	黄绵土	黄绵土	绵沙土
			黄绵土
			黄墡土
	红土	红黏土	红黏土
			红色土
	紫色土	中性紫色土	扁砂泥中性紫色土
			砂砾石中性紫色土
		石灰性紫色土	扁砂泥石灰性紫色土
			砂砾石石灰性紫色土

续表

土纲	土类	亚类	土属
初育土	新积土	冲积土	砂砾质冲积土
			砂质冲积土
			壤质冲积土
			黏壤质冲积土
		新积土	洪积土
			堆垫土
			浸淤土
			坝淤土
	石灰岩土	棕色石灰土	棕色石灰土
			淋溶棕色石灰土
	粗骨土	中性粗骨土	扁砂泥粗骨土
			麻骨石粗骨土
			坡洪积粗骨土
			砂砾石粗骨土
		钙质粗骨土	钙质粗骨土
	石质土	石质土	石质土
人为土	水稻土	淹育性水稻土	冲积洪积型淹育性水稻土
			黄褐土型淹育性水稻土
			黄棕壤型淹育性水稻土
			褐土型淹育性水稻土
		潴育性水稻土	冲积洪积型潴育性水稻土
			黄褐土型潴育性水稻土
			黄棕壤型潴育性水稻土
			褐土型潴育性水稻土
		脱潜性水稻土	冲积洪积型脱潜性水稻土
			黄褐土型脱潜性水稻土
			黄棕壤型脱潜性水稻土
		潜育性水稻土	冲积洪积型潜育性水稻土
			黄褐土型潜育性水稻土
			黄棕壤型潜育性水稻土
		漂洗性水稻土	黄褐土型漂洗性水稻土
半水成土	山地草甸土	山地草甸土	山地草甸土
	潮土	潮土	砂砾质潮土
			砂质潮土
			壤质潮土
			黏壤质潮土
		脱潮土	砂砾质脱潮土
			壤质脱潮土
		湿潮土	砂质湿潮土
			壤质湿潮土
			黏质湿潮土

土纲	土类	亚类	土属
半水成土	潮土	盐化潮土	氯化物硫酸盐盐化潮土
			硫酸盐氯化物盐化潮土
			氯化物盐化潮土
			苏打盐化潮土
水成土	沼泽土	沼泽土	沼泽土
			脱沼泽土
		腐泥沼泽土	壤质腐泥沼泽土
		泥炭沼泽土	泥炭沼泽土
		草甸沼泽土	草甸沼泽土
		盐化沼泽土	硫酸盐氯化物盐化草甸沼泽土
盐碱土	盐土	草甸盐土	硫酸盐氯化物草甸盐土
			氯化物草甸盐土
			氯化物硫酸盐草甸盐土
		残余盐土	硫酸盐氯化物残余盐土
		沼泽盐土	硫酸盐氯化物沼泽盐土
			氯化物沼泽盐土

2.2　本次土系调查

2.2.1　调查方法

1）单个土体位置确定与调查方法

按照项目要求，采用综合地理单元法。首先将搜集的所有图件生成栅格图。其次，将土壤图、土地利用现状图、降水量图、地貌图和高程图进行叠加。再次，综合考虑交通可达性、分布均匀性，确定单个土体的调查位置。最后，生成样点信息表，包括样点编号、所属行政区、经纬度、海拔、土壤类型、地貌类型、土地利用等属性信息。在此基础上结合第二次土壤普查资料中典型剖面的位置信息，确定全省的单个土体调查位置。按照项目总体要求，陕西省不少于 135 个样点，本次调查样点的分布，共选择了 176 个样点（图 2-1）。野外工作时间累计为 80 余天，累计行程约 1.0 万 km，拍摄科考照片 2000 余张，获取各类剖面形态信息近 1 万个，采集发生层土样 766 个。

2）野外土体描述和土壤样品测定

在野外剖面实地确定挖掘点时，主要根据母质类型和地形部位来选择确定剖面。野外剖面按照项目组制定的《野外土壤描述与采样手册》（张甘霖和李德成，2016）进行剖面的挖掘、描述和分层取样。土壤颜色比色依据芒塞尔（Munsell）土色卡判定。

实验室分析测定方法依据《土壤调查实验室分析方法》（张甘霖和龚子同，2012）进行。其中，颗粒组成采用激光粒度仪测定；容重：环刀法；pH：电位法（水土比 2.5∶1）；CaCO_3：气量法；有机质：重铬酸钾-硫酸消化法；全氮（N）：硒粉、硫酸铜、硫酸消化-蒸馏法；全磷（P）：氢氧化钠碱熔-钼锑抗比色法；全钾（K）：氢氧化钠碱熔-火焰

图 2-1　陕西省土系调查剖面点位置示意图

光度法；速效氮（N）：碱解扩散法；有效磷（P）：碳酸氢钠浸提-钼锑抗比色法；速效钾（K）：乙酸铵浸提-火焰光度法；阳离子交换量：乙酸铵（pH 7.0）交换法；交换性钾、钙、钠、镁：1 mol/L 乙酸铵（pH 7.0）浸提，其中交换性钙、镁采用原子吸收光谱法，交换性钾、钠采用火焰光度法；盐分总量：质量法；游离铁用连二亚硫酸钠-柠檬酸-重碳酸钠浸提，无定形铁用酸性草酸铵浸提；黏土矿物类型：X 射线衍射仪鉴定。

2.2.2　土系建立情况

通过对调查的 176 个单个土体的筛选和归并，建立了陕西省土系分布统计（表 2-2），包括 6 个土纲，14 个亚纲，24 个土类，39 个亚类，86 个土族，163 个土系。每个土系的信息详见"下篇　区域典型土系"。

表 2-2　陕西省土系分布统计

土纲	亚纲	土类	亚类	土族	土系
人为土	2	4	7	16	30
盐成土	1	1	1	1	1
潜育土	1	1	1	2	2
淋溶土	2	4	8	18	27
雏形土	4	7	12	37	87
新成土	4	7	10	12	16
合计	14	24	39	86	163

第3章　成土过程与主要土层

3.1　成　土　过　程

陕西省南北空间跨度大，垂直带谱明显，跨越北亚热带、暖温带和中温带三大气候带及黄河流域和长江流域两大水系，我国重要的南北地理分界秦岭山脉横亘中部，地貌复杂多样，兼有高原、山地、丘陵、平原、风沙滩地。复杂的地形，多样的气候、生物及成土母质，决定了陕西省是我国土壤类型众多、成土过程复杂、分布多样的省份之一，形成了众多的土壤类型和丰富的土壤资源。

3.1.1　腐殖化过程

腐殖化过程是指土壤中的粗有机质物质，如植物的根、茎、叶等分解转化为腐殖质的过程，是土壤中普遍存在的过程。陕西省南北水热条件、地形地貌、植被类型差异明显，因此腐殖质的积累过程也具有明显的差异。地处黄土高原区和风沙滩区的干旱半干旱气候条件下的干草原、风沙草地下形成的黄绵土、风沙土及淡栗钙土由于植被生物量相对较少，气候干旱，不利于腐殖化过程的发展。秦巴山区植被丰富，气候温暖湿润，森林植被下形成的棕壤、黄棕壤等土壤类型不但枯落物多，易于腐殖化过程的进行，而且非常有利于腐殖质的积累。关中平原及黄土台塬区的褐土、黑垆土及黄墡土则由于大部分土壤被开垦为农田，进行了人工熟化过程，加速了土壤有机质的分解。同时，由于作物多被收割走，施用有机肥不多，使得土壤有机碳含量不高，一般表层在 10～15 g/kg。不过在一些城市周边的蔬菜种植区域，由于施用大量有机肥，有机碳含量较高，可达 20 g/kg 以上。

在秦巴山区同样存在明显的垂直地带性，特别是在海拔 3000 m 以上的区域，分布有山地草甸土或高山草甸土，生长着茂密的山地草甸草原植被。这里气温低、降水量大，寒冷潮湿，冻土时间长，使夏季产生的大量有机残体的分解受到抑制，有利于有机质的累积，有机碳含量为 25～30 g/kg。

在河流汇集或低洼地区，分布有沼泽土、盐碱土等土壤类型，多生长水生和湿生植物。在积水的还原条件下，厌氧型微生物活跃，极有利于这些有机物质的累积。当地下水位下降时，好氧型微生物活跃起来，使有机质得以分解，呈现黑色；茂盛的植物被洪积物所覆盖而得不到分解时，腐烂形成黑色的粗纤维层，有机碳含量也较高。

3.1.2　黏化过程

黏化过程是指黏粒在剖面中积聚的过程，或指土体中矿质颗粒由粗变细而形成黏粒的过程，通常包括残积黏化和淀积黏化两个过程。在陕西省中南部，水热条件较好，土壤风化发育强烈，有利于黏化过程的进行，但由于水热的空间变异性，具有明显黏化过程的褐土、黄棕壤及棕壤等土壤类型的黏化过程也有明显的区别。

褐土的淋溶作用较弱，处于脱硅的初期阶段，但次生硅酸盐的形成也较为明显，在剖面中部形成明显的褐色黏化层，而钙则在黏化层之下聚集，微形态观察中尽管能观测到铁有微弱移动，但铝基本未见移动，黏土矿物以水云母和蛭石为主。

黄棕壤的淋溶作用较强，剖面中残积黏化和淀积黏化非常活跃，黏化层明显，具有明显的脱硅富铝化过程，黏土矿物除水云母和蛭石外还有一定量的高岭石，不仅黏化层深厚，且通常情况下有铁锰胶膜或结核附着于结构面。

通常情况下棕壤所处地区海拔较高，气候温凉湿润，淋溶作用强，黏粒移动比较明显，黏土矿物处于脱钾阶段，结构面铁锰胶膜或结核不是非常明显。

3.1.3 钙积过程

钙积过程指土壤剖面中碳酸盐的淋溶与淀积过程。陕西省面积最大的黄土母质决定了碳酸盐的移动是土壤形成的重要过程。分布于陕西省北端的淡灰钙土和淡栗钙土所处环境较为干旱，土壤淋溶较弱，仅为弱的季节性淋溶，易溶性盐类、碳酸钙与石膏淋溶较弱，钙积层层位较高，形成多量假菌丝体或斑点状石灰新生体。以黄土母质形成的褐土、壤土、黑垆土和黄绵土由于富含碳酸钙，在成土过程中会发生不同程度的淋溶与淀积，并受到地形、生物和人为活动的强烈影响，钙积层的界限一般不清晰，碳酸钙的淀积形式以假菌丝体状为主，在褐土、壤土下部会出现石灰结核。

3.1.4 人为堆垫过程

分布在陕西关中地区的壤土被认为是受长期农业生产活动——土粪堆垫影响形成的典型人为土壤。作为我国古老农业的发祥地，关中平原曾是历代政治、文化和经济活动的中心。公元前 2300 年左右就有"后稷教民稼穑，树艺五谷"的传说，人们注意到腐烂的杂草有肥田的作用；战国时期已有人工施肥的记载；西汉到北魏时期，新的施肥方法如基肥、追肥和溲种等也迅速发展，并普遍实行秸秆垫圈-踏肥的制肥方法；明清时期粪肥种类及施用量大增，除牲畜粪外，坑土、墙（老）土、灶土等也成为粪肥品种，年施肥量达到 $130\sim670\ kg/hm^2$ 不等，且用于制作粪肥[粪尿与土的比例为 1：（3～4）]的黄土均是取自村庄附近的壤，而非取自耕种田块。这种历时数千年的土粪施用在原耕种土壤表层形成厚度 20～100 cm 不等的堆垫层次。长期的土粪堆垫使壤土剖面分化出堆垫层而使其性质显著区别于下部被埋藏土壤，如覆盖表层有机碳储量增大和加剧形成复合剖面。

3.1.5 氧化还原过程

氧化还原过程是指由于地下水位较高或人为灌水，土体干湿交替，土壤中变价的铁锰物质淋溶与淀积交替，而使土体出现红棕色的铁锈斑纹、棕黑色的锰斑纹或较硬的铁锰结核、红色胶膜等新生体。陕西省水系较为发达，黄河、渭河、嘉陵江、汉江、泾河、洛河等两侧形成潮土及冲积土，在土体的一定部位由于季节性的干湿交替，引起该土层中铁、锰化合物的氧化态与还原态的变化，从而形成一个具有黑色、棕色的锰或铁的结核及在大的通气孔隙中具有锈纹的土层。而大部分潴育型和潜育型水稻土在水稻种植季节受上层滞水的影响，土体处于还原状态，铁锰活性大大提高，与土壤中的某些有机物质发生络合（包括螯合），从而增加铁锰在溶液中的浓度；而在旱耕阶段，土体处于氧化状态，铁锰以红棕色的斑纹、胶膜等状态存在于结构面上。

3.1.6　潜育化过程

潜育化过程是指由于地下水位较高，土系长期处于水分饱和的还原状态，有机质嫌气分解，而铁锰强烈还原，发生潜育过程，形成灰蓝-灰绿色潜育层的过程。陕西省主要包括两种发生潜育化过程的土壤类型，零星分布在地势低洼的区域，一是湖盆或沼泽地区，如陕北的风沙滩地区的低洼处，黄河、渭河与洛河交汇处的低湿地地区；二是潜育型水稻土因地下水位较高而形成明显的潜育层。但在陕北的个别地区由于地下水位的下降，零星分布有脱潜育的土壤。

3.1.7　盐碱化过程

盐碱化过程是盐化过程和碱化过程的总称，通常在干旱半干旱地区，成土母质中的易溶、可溶性盐被淋洗到地下水中，并随着地下水流动迁移到排水不畅的低洼地区，在蒸发量大于降水量的情况下，盐分通过蒸发上行水被携带到地表而聚集的过程。该过程可以分为自然盐碱化过程和人为盐渍化过程（也称次生盐渍化过程），前者零星分布在陕西北部黄土高原与毛乌素沙地接壤的风沙滩区低洼地带及盐湖周围，后者分布在引黄灌区及黄河、渭河交叉的水库淤积回水抬高地下水位的土壤上。陕西省盐碱土分布区地表无植被或有极少的耐盐旱生植物，多为氯化物或硫酸盐-氯化物土壤。

3.1.8　地表侵蚀过程

地表侵蚀过程是指在外营力（水、风等）的作用下，表土随水或风力发生移动的过程。地表侵蚀过程对陕西省的土壤形成过程具有重要的影响，陕西黄土高原地区黄绵土就是在地表侵蚀与土壤发育共同作用下形成的，而零星分布的红土也是地表侵蚀将古黄土直接出露地表而形成的。位于毛乌素沙地的风沙土更是地表风蚀、流沙迁移的结果。

3.2　诊断层与诊断特性

《中国土壤系统分类检索（第三版）》设有 33 个诊断层、20 个诊断现象和 25 个诊断特性，建立的陕西土系涉及 12 个诊断层：淡薄表层、水耕表层、水耕氧化还原层、堆垫表层、黏化层、钙积层、盐积层、暗沃表层、雏形层、暗瘠表层、人为扰动层和灌淤表层；3 个诊断现象：堆垫现象、盐积现象、钙积现象；11 个诊断特性：岩性特征、石质接触面、准石质接触面、人为淤积物质、土壤水分状况、潜育特征、氧化还原特征、土壤温度状况、铁质特性、腐殖质特性和石灰性。

3.2.1　淡薄表层

淡薄表层是指发育程度较差的淡色或较薄的腐殖质表层。淡薄表层出现在 121 个土系中（表 3-1），其中，1 个盐成土土系，1 个潜育土土系，23 个淋溶土土系，83 个雏形土土系和 13 个新成土土系。

表 3-1　淡薄表层统计特征

土纲	厚度/cm		干态明度	有机质/（g/kg）	
	范围	平均		范围	平均
合计	5～40	19.07	4～7	3.9～76.6	16.64
盐成土（1）	18	18	6	10.9	10.9
潜育土（1）	20	20	6	7	7
淋溶土（23）	10～30	18.64	4～6	5.1～43.6	18.79
雏形土（83）	5～40	19.67	4～7	4.3～76.6	16.77
新成土（13）	10～22	15.56	4～6	3.9～21.85	11.37

3.2.2　水耕表层

水耕表层是指在淹水耕作条件下形成的人为表层（包括耕作层和犁底层）。水耕表层出现在 16 个土系中（表 3-2），全部为人为土土系。

表 3-2　水耕表层统计特征

土纲	厚度/cm		干态明度	有机质/（g/kg）	
	范围	平均		范围	平均
人为土（16）	15～20	17.47	5～7	8.1～42.7	27.81

3.2.3　水耕氧化还原层

水耕氧化还原层是指水耕条件下铁锰自水耕表层兼自其下垫土层的上部亚层还原淋溶，或兼有由下面具潜育特征或潜育现象的土层还原上移，并在一定深度中氧化淀积的土层。水耕氧化还原层出现在 17 个土系中（表 3-3），其中，16 个人为土土系，1 个潮湿雏形土土系。

表 3-3　水耕氧化还原层统计特征

土纲	厚度/cm		干态明度	有机质/（g/kg）	
	范围	平均		范围	平均
合计	22～120	51.53	5～7	3.55～26.7	9.71
人为土（16）	22～120	50.69	5～7	5.1～26.7	10.1
雏形土（1）	65	65	6～7	3.55	3.55

3.2.4　堆垫表层/堆垫现象

堆垫表层是指长期施用大量土粪、土杂肥或河塘淤泥等并经耕作熟化而形成的人为表层。堆垫表层出现在 14 个土系中（表 3-4），全部为人为土土系。

表 3-4　堆垫表层统计特征

土纲	厚度/cm		干态明度	有机质/（g/kg）	
	范围	平均		范围	平均
人为土（14）	50～80	59.62	4～6	8.9～26.3	18

堆垫现象是指具有堆垫表层的特征，但厚度为 20～50 cm 者。堆垫现象出现在 15 个土系中，其中，6 个淋溶土土系，9 个雏形土土系。

3.2.5　黏化层

黏化层是指黏粒含量明显高于上覆土层的表下层。其质地分异可以由表层黏粒分散后随悬浮液向下迁移并淀积于一定深度中而形成黏粒淀积层，也可以是由原土层中原生矿物发生土内风化作用就地形成黏粒并聚集而形成的次生黏化层。若表层遭受侵蚀，此层可位于地表或接近地表。黏化层出现在 41 个土系中（表 3-5），其中，14 个人为土土系，27 个淋溶土土系。

表 3-5　黏化层统计特征

土纲	厚度/cm		干态明度	有机质/（g/kg）	
	范围	平均		范围	平均
合计	20～110	64.99	4～7	3.1～28.0	8.23
人为土（14）	20～90	47.86	5～6	6.7～28.0	9.20
淋溶土（27）	20～110	72.08	4～7	3.1～23.4	7.83

3.2.6　钙积层/钙积现象

钙积层是指富含次生碳酸盐的未胶结或未硬结土层。钙积层出现在 38 个土系中（表 3-6），其中，4 个人为土土系，8 个淋溶土土系，25 个雏形土土系，1 个新成土土系。

表 3-6　钙积层基本统计特征

土纲	厚度/cm		干态明度	有机质/（g/kg）		CEC/（cmol/kg）		CaCO₃/（g/kg）	
	范围	平均		范围	平均	范围	平均	范围	平均
合计	20～120	45.47	5～7	2.3～18	7.33	11.55～28.89	15.65	10.59～373.55	190.77
人为土（4）	30～50	41.67	5～6	6～7.5	6.37	12.07～16.43	14.47	127.7～176.7	150.8
淋溶土（8）	40～75	58	5～6	2.3～9.1	6.81	16.53～28.89	21.8	10.59～166.6	145.25
雏形土（25）	20～120	45.64	5～7	3.6～18	8.04	11.55～22.91	15.75	59.25～373.55	208.23
新成土（1）	20	20	6	9.7	9.7	20.33	20.33	173	173

钙积现象是指土层中有一定次生碳酸盐聚积的特征。钙积现象出现在 17 个土系中，其中，5 个淋溶土土系，10 个雏形土土系，2 个新成土土系。

3.2.7　盐积层/盐积现象

盐积层是指在冷水中溶解度大于石膏的易溶性盐富集的土层。盐积层出现在 2 个土系中（表 3-7），其中，1 个盐成土土系，1 个雏形土土系。

表 3-7　盐积层基本统计特征

土纲	厚度/cm		干态明度	有机质/（g/kg）		CEC/（cmol/kg）		CaCO₃/（g/kg）		易溶性盐总量/（g/kg）	
	范围	平均		范围	平均	范围	平均	范围	平均	范围	平均
合计	18～103	60.5	5～6	6.725～10.9	8.81	5.91～11.25	8.58	73.8～196.75	135.28	12.97～31.67	22.32
盐成土（1）	18	18	6	10.9	10.9	5.91	5.91	73.8	73.8	31.67	31.67
雏形土（1）	103	103	5	6.725	6.725	11.25	11.25	196.75	196.75	12.97	12.97

盐积现象是指土层中有一定易溶性盐聚积的特征。盐积现象出现在 10 个土系中，其中，1 个盐成土土系，1 个淋溶土土系，5 个雏形土土系，3 个新成土土系。

3.2.8　暗沃表层

暗沃表层是指有机碳含量高或较高、盐基饱和、结构良好的暗色腐殖质表层。暗沃表层出现在 7 个土系中（表 3-8），其中，1 个潜育土土系，1 个淋溶土土系，4 个雏形土土系，1 个新成土土系。

表 3-8　暗沃表层统计特征

土纲	厚度/cm		干态明度	有机质/（g/kg）	
	范围	平均		范围	平均
合计	15～40	24.14	2～6	9.6～147.6	48.4
潜育土（1）	20	20	3	32.8	32.8
淋溶土（1）	40	40	5	32.4	32.4
雏形土（4）	15～30	19.25	5～6	9.6～41	28.33
新成土（1）	30	30	2	147.6	147.6

3.2.9　雏形层

雏形层是指风化-成土过程中形成的无或基本上无物质淀积，未发生明显黏化，带棕、红棕、红、黄或紫等颜色，且有土壤结构发育的 B 层。雏形层出现在 89 个土系中（表 3-9），其中，5 个淋溶土土系，84 个雏形土土系。

表 3-9　雏形层统计特征

土纲	厚度/cm		干态明度	有机质/（g/kg）	
	范围	平均		范围	平均
合计	12～90	39.82	5～7	2.7～59.7	9.08
淋溶土（5）	20～40	29.67	5～6	6.6～29.3	12.88
雏形土（84）	12～90	40.98	5～7	2.7～21.7	7.95

3.2.10　暗瘠表层

暗瘠表层是指有机碳含量高，盐基不饱和的暗色腐殖质表层。暗瘠表层出现在 5 个土系中（表 3-10），其中，2 个淋溶土土系，2 个雏形土土系，1 个新成土土系。

表 3-10　暗瘠表层统计特征

土纲	厚度/cm		干态明度	有机质/（g/kg）	
	范围	平均		范围	平均
合计	10～20	18	3～6	20～59.7	25.18
淋溶土（2）	10～20	15	4～6	21.6～59.7	27.35
雏形土（2）	18～20	19	3～5	20～22.8	21.4
新成土（1）	20	20	3	26.8	26.8

3.2.11　人为扰动层

人为扰动层是指因平整土地、修筑梯田等形成的耕翻扰动层。土表下 25～100 cm 范围内按体积计有 ≥3% 的杂乱堆积的原诊断层碎屑或保留有原诊断特性的土体碎屑。人为扰动层出现在 5 个土系中，其中，1 个淋溶土土系，4 个雏形土土系。

3.2.12　灌淤表层

灌淤表层是指长期引用富含泥沙的浑水灌溉，水中泥沙逐渐淤积，并经施肥、耕作等交叠作用影响，失去淤积层理而形成的由灌淤物质组成的人为表层。灌淤表层出现在 1 个土系中（表 3-11），为新成土土系。

表 3-11　灌淤表层统计特征

土纲	厚度/cm		干态明度	有机质/（g/kg）	
	范围	平均		范围	平均
新成土（1）	60	60	6	6.9～19.0	11.2

3.2.13　准石质接触面

准石质接触面是指土壤与连续黏结的下垫物质（一般为部分固结的砂岩、粉砂岩、页岩或泥灰岩等沉积岩）之间的界面层，湿时用铁铲可勉强挖开。下垫物质为整块状者，其莫氏硬度＜3；为碎裂块体者，在水中或六偏磷酸钠溶液中振荡 15 h，可或多或少分散。准石质接触面出现在 10 个土系中，其中，9 个雏形土土系，1 个新成土土系。

3.2.14　石质接触面

石质接触面是指土壤与紧实黏结的下垫物质（岩石）之间的界面层，不能用铁铲挖开。下垫物质为整块状者，其莫氏硬度＞3；为碎裂块体者，在水中或六偏磷酸钠溶液中振荡 15 h 不分散。石质接触面出现在 6 个土系中，其中，5 个雏形土土系，1 个新成土土系。

3.2.15　腐殖质特性

腐殖质特性是指热带、亚热带地区土壤或黏质开裂土壤中除 A 层或 A+AB 层有腐殖质的生物积累外，B 层有腐殖质的淋淀积累或重力积累的特性。腐殖质特性出现在 1 个土系中，为雏形土土系。

3.2.16　土壤水分状况

1）半干润土壤水分状况

半干润土壤水分状况是介于干旱和湿润水分状况之间的土壤水分状况。大多数年份 50 cm 深度处年平均土温≥22 ℃或夏季平均土温与冬季平均土温之差＜5 ℃时，土壤水分控制层段的某些部分或其全部每年累计干燥时间≥90 天；而且每年累计 180 天以上或连续 90 天是湿润的。

半干润土壤水分状况出现在 88 个土系中，其中，14 个人为土土系，14 个淋溶土土系，52 个雏形土土系，8 个新成土土系。

2）湿润土壤水分状况

湿润土壤水分状况一般见于湿润气候地区的土壤中，降水分配平均或夏季降水多，土壤贮水量加降水量大致等于或超过蒸散量；大多数年份水分可下渗通过整个土壤。

湿润土壤水分状况出现在 38 个土系中，其中，13 个淋溶土土系，23 个雏形土土系，2 个新成土土系。

3）潮湿土壤水分状况

潮湿土壤水分状况是大多数年份土温＞5 ℃（生物学零度）时的某一时期，全部或某些土层被地下水或毛管水饱和并呈还原状态的土壤水分状况。

潮湿土壤水分状况出现在 17 个土系中，其中，1 个盐成土土系，10 个雏形土土系，6 个新成土土系。

4）干旱土壤水分状况

干旱土壤水分状况是干旱和少数半干旱气候下的土壤水分状况。大多数年份 50 cm 深度处土温＞5℃时，土壤水分控制层段的全部每年累计有一半天数是干燥的；而且 50 cm 深度处土温＞8℃时，水分控制层段某些部分或其全部连续湿润时间不超过 90 天。

干旱土壤水分状况出现在 1 个土系中，为雏形土土系。

5）滞水土壤水分状况

滞水土壤水分状况是地表至 2 m 内存在缓透水黏土层或较浅处有石质接触面或地表有苔藓和枯枝落叶层，使其上部土层在大多数年份中有相当长的湿润期，或部分时间被地表水和/或上层滞水饱和；导致土层中发生氧化还原作用而产生氧化还原特征、潜育特征或潜育现象，或铁质水化作用使原红色土壤的颜色转黄；或由于土体层中存在具一定坡降的缓透水黏土层或石质、准石质接触面，大多数年份某一时期其上部土层被地表水和/或上层滞水饱和并有一定的侧向流动，导致黏粒和/或游离氧化铁侧向淋失的土壤水分状况。

滞水土壤水分状况出现在 2 个土系中，为潜育土土系。

6）人为滞水土壤水分状况

人为滞水土壤水分状况是在水耕条件下由于缓透水犁底层的存在，耕作层被灌溉水饱和的土壤水分状况。大多数年份土温＞5 ℃时至少有 3 个月时间被灌溉水饱和，并呈还原状态。耕作层和犁底层中的还原性铁锰可通过犁底层淋溶至非水分饱和心土层中氧化淀积。在地势低平地区，水稻生长季节地下水位抬高的土壤中人为滞水可能与地下水相连。

人为滞水土壤水分状况出现在 16 个土系中，均为水耕人为土土系。

7）常湿润土壤水分状况

常湿润土壤水分状况是指多云雾地区全年各月水分均能下渗通过整个土壤的很湿的土壤水分状况。

常湿润土壤水分状况出现在 1 个土系中，为常湿雏形土土系。

3.2.17 土壤温度状况

土壤温度状况是指土表下 50 cm 深度处或浅于 50 cm 的石质或准石质接触面处的土壤温度。

（1）温性土壤温度状况：年平均土温≥9 ℃，但＜16 ℃；温性土壤温度出现在 106 个土系中。

（2）热性土壤温度状况：年平均土温≥16 ℃，但＜23 ℃；热性土壤温度出现在 57 个土系中。

3.2.18 潜育特征

潜育特征是还原过程造成的土壤形态特征，即长期被水饱和，导致土壤发生强烈还原留下的特征。潜育特征出现在 8 个土系中，其中，3 个人为土土系，2 个潜育土土系，1 个雏形土土系，2 个新成土土系。

3.2.19 铁质特性

铁质特性是指土壤中游离氧化铁非晶质部分的浸润和赤铁矿、针铁矿微晶的形成，并充分分散于土壤基质内使土壤红化的特性。铁质特性出现在 3 个土系中，其中，2 个人为土土系，1 个淋溶土土系。

3.2.20　石灰性

石灰性是指土表至 50 cm 范围内所有亚层中 CaCO₃ 相当物含量均≥10 g/kg,用 1∶3 HCl 处理有泡沫反应。若某亚层中 CaCO₃ 相当物含量比其上、下亚层高时,则绝对增量不超过 20 g/kg,即低于钙积现象的下限。石灰性出现在 76 个土系中,其中,11 个人为土土系,1 个盐成土土系,1 个潜育土土系,10 个淋溶土土系,45 个雏形土土系,8 个新成土土系。

3.2.21　岩性特征

岩性特征是指土表至 125 cm 范围内土壤性状明显或较明显保留母岩或母质的岩石学性质特征。所建立的 163 个土系中,冲积沉积物岩性特征出现在 15 个土系中,其中,1 个人为土土系,1 个潜育土土系,8 个雏形土土系,5 个新成土土系;碳酸盐岩岩性特征出现在 2 个土系中,为雏形土土系;砂质沉积物岩性特征出现在 4 个土系中,均为新成土土系;紫色砂、页岩岩性特征出现在 2 个土系中,其中,1 个雏形土土系,1 个新成土土系。

3.2.22　人为淤积物质

人为淤积物质是指由人为活动造成的沉积物质,包括:①以灌溉为目的的引用浑水灌溉形成的灌淤物质,②以淤地为目的渠引含高泥沙河水（放淤）或筑坝围埝截留含高泥沙洪水（截淤）造成的截淤物质。前者是灌淤表层的物质基础,后者是淤积人为新成土（俗称淤土）的诊断依据。人为淤积物质出现在 7 个土系中,其中,2 个雏形土土系,5 个新成土土系。

3.2.23　氧化还原特征

氧化还原特征是氧化还原过程形成的土壤性质特征。即由于潮湿土壤水分状况、滞水土壤水分状况或人为滞水土壤水分状况的影响,大多数年份某一时期土壤受季节性水分饱和,发生氧化还原交替作用而形成的特征。

氧化还原特征出现在 51 个土系中,其中,3 个人为土土系,1 个潜育土土系,13 个淋溶土土系,28 个雏形土土系,6 个新成土土系。

下篇　区域典型土系

第4章 人 为 土

4.1 普通潜育水耕人为土

4.1.1 阳平关系（Yangpingguan Series）

土　族：黏壤质长石混合型石灰性热性-普通潜育水耕人为土
拟定者：齐雁冰，常庆瑞，刘梦云

分布与环境条件　分布于陕西省汉中市汉江谷地的低阶地及山丘沟谷低洼地，海拔 400～800 m，成土母质为洪积-冲积物，水田，油-稻轮作或单季稻；北亚热带湿润季风气候，年日照时数 1450～1580 h，年均温 13.5～14.5℃，年均降水量 900～1000 mm，无霜期 247 d。

阳平关系典型景观

土系特征与变幅　诊断层包括水耕表层和水耕氧化还原层；诊断特性包括热性土壤温度状况、人为滞水土壤水分状况、潜育特征和石灰性。土体厚度在 1.2 m 以上，水耕表层厚度为 10～20 cm，之下为潜育层，通体为粉壤土-粉黏壤土，粉粒含量 670～770 g/kg，pH 8.1～8.7。

对比土系　桔园系，同一亚纲，均为河流冲积物成土母质，具有水耕表层和水耕氧化还原层，但不具有潜育特征，且土壤质地为砂质，为不同土族。阜川系，同一亚纲不同土类，潜育特征出现于 50 cm 之下，为底潜简育水耕人为土。

利用性能综述　该土系土体深厚，质地黏，耕性和通透性差，地下水位浅，土体易积水，强度潜育化，养分含量较高。应彻底排水，消除潜育危害。

参比土种　烂泥田。

代表性单个土体　位于陕西省汉中市宁强县阳平关镇小寨子村一组三级阶地，32°55′39″ N，106°04′42″ E，海拔 663 m，河滩地，成土母质为洪积-冲积物，水田，油-稻轮作或单季稻。50 cm 深度土壤温度 16.1℃。野外调查时间为 2016 年 4 月 5 日，编号 61-048。

Ap1：0～15 cm，黄棕色（2.5Y 5/3，干），灰白色（7.5Y 8/1，润），粉壤土，发育中等的直径 2～10 mm 的团块结构，稍松软，中度石灰反应，粒状-小块状结构，松散-松软，向下层波状清晰过渡。

Ap2：15～28 cm，浊黄色（2.5Y 6/3，干），棕灰色（5YR 5/1，润），粉壤土，发育中等的中块状结构，较紧实，中度石灰反应，结构面有约 2%铁锰斑纹，向下层不规则清晰过渡。

Bgr：28～45 cm，浊黄橙色（10YR 6/3，干），淡橄榄灰色（5GY 7/1，润），粉壤土，发育弱的中块状结构，稍紧实，结构面有 3%～5%的铁锈斑纹，中度石灰反应，向下层波状渐变过渡。

Cg：45～120 cm，浊黄橙色（10YR 6/3，干），红灰色（2.5YR 6/1，润），粉黏壤土，烂泥状，无结构，稍松软，中度石灰反应。

阳平关系代表性单个土体剖面

阳平关系代表性单个土体物理性质

| 土层 | 深度 /cm | 砾石* (>2mm，体积分数)/% | 细土颗粒组成(粒径：mm)/(g/kg) | | | 质地 | 容重 /(g/cm³) |
			砂粒 2～0.05	粉粒 0.05～0.002	黏粒 <0.002		
Ap1	0～15	0	80	675	245	粉壤土	1.11
Ap2	15～28	0	30	768	229	粉壤土	1.20
Bgr	28～45	0	55	677	268	粉壤土	1.52
Cg	45～120	0	51	676	273	粉黏壤土	1.63

*砾石：包括>2 mm 的岩石、矿物碎屑及矿质瘤状结核（下同）。

阳平关系代表性单个土体化学性质

深度 /cm	pH (H₂O)	有机质 /(g/kg)	全氮(N) /(g/kg)	全磷(P) /(g/kg)	全钾(K) /(g/kg)	CEC /(cmol/kg)	CaCO₃ /(g/kg)	游离氧化铁 /(g/kg)
0～15	8.1	42.7	2.04	0.48	10.63	20.22	21.6	8.19
15～28	8.3	34.9	1.69	0.60	11.44	18.20	20.1	8.19
28～45	8.5	26.7	1.32	0.27	11.66	16.89	24.0	7.76
45～120	8.7	15.7	0.77	0.72	15.54	14.49	20.0	7.63

4.2　普通铁渗水耕人为土

4.2.1　铁炉沟系（Tielugou Series）

土　族：黏壤质长石混合型非酸性热性-普通铁渗水耕人为土
拟定者：齐雁冰，常庆瑞，刘梦云

分布与环境条件　分布于陕西省汉中市汉江谷地南北侧的河流滩地、山丘沟谷以及局部地势低平的一级阶地上，海拔 420～800 m，母土为冲积-洪积物，物质来源为河流冲积物及少量坡积物；水田，油-稻轮作；北亚热带湿润季风气候，年日照时数 1400～1550 h，年均温 13.5～14.5 ℃，年均降水量 900～1000 mm，无霜期 247 d。

铁炉沟系典型景观

土系特征与变幅　诊断层包括水耕表层、水耕氧化还原层；诊断特性包括热性土壤温度状况、人为滞水土壤水分状况、铁质特性。水耕氧化还原层出现在 50 cm 以下，厚度为 50～70 cm，2%～10%的铁锈斑纹及灰色胶膜。土体厚度在 1.2 m 以上，通体为粉壤土，弱酸性，pH 5.6～7.1。

对比土系　高台系，同一亚类，均具有铁质特性，成土母质均为冲积物，但高台系以冲积性黄土为主，土壤矿物类型为混合型，为不同土族。黄官系，同一亚纲，地形部位同为宽谷缓坡地或高阶地，海拔相对较高，成土母质上有差异，为不同土类。

利用性能综述　该土系一般具有透气性良好的质地，易于耕作，有机质矿化较快，保肥稍差，在排水起旱初期土壤磷易被固定，常使水稻分蘖推迟。利用上应增施有机肥，增施速效磷肥。同时注意灌溉，防止脱潜进一步发展。

参比土种　脱潜沙泥田。

代表性单个土体　位于陕西省汉中市宁强县大安镇铁炉沟村，33°01′27″ N，106°21′29″ E，海拔 786 m，丘陵岗地沟谷丘坡地，成土母质为洪积-冲积物，水田，油-稻轮作或单季稻。地势稍陡峭，土壤发育中等，通体无石灰反应，中部结构面有少量铁锈斑纹，下部结构面有明显的铁锰胶膜，呈暗褐色。50 cm 深度土壤温度 16.0 ℃。野外调查时间为 2016 年 4 月 5 日，编号 61-050。

Ap1：0～15 cm，淡黄色（2.5Y 7/3，干），橄榄灰色（2.5GY 6/1，润），耕作层，粉壤土，发育中等的直径2～10 mm 的团块结构，较松软，较多草本植物根系，向下层平滑清晰过渡。

Ap2：15～30 cm，淡黄色（2.5Y 7/3，干），浊橙色（7.5YR 7/3，润），有 4%岩石碎屑，犁底层，粉壤土，发育中等的直径5～10 mm 的块状结构，较紧实，无石灰反应，较少草本植物根系，结构面有少量铁锈斑纹，并有少量粒径 10 mm 以上的砾石，向下层平滑清晰过渡。

Br1：30～50 cm，淡黄色（2.5Y 7/3，干），橙白色（10YR 8/2，润），粉壤土，块状结构，紧实，结构面有少量灰色胶膜，无石灰反应，较少根系，此层为脱潜层，向下层平滑明显过渡。

铁炉沟系代表性单个土体剖面

Br2：50～80 cm，淡黄色（2.5Y 7/3，干），灰白色（5Y 8/2，润），粉壤土，块状结构，紧实，结构面有 5%～10%的铁锈斑纹，无石灰反应，较少根系，向下层平滑明显过渡。

Br3：80～120 cm，淡黄色（2.5Y 7/3，干），橄榄黑色（5Y 3/1，润），粉壤土，块状结构，紧实，结构面有 2%～5%的铁锈斑纹，结构面有明显铁锰胶膜，暗褐色，无石灰反应。

铁炉沟系代表性单个土体物理性质

土层	深度 /cm	砾石 (>2mm，体积分数)/%	细土颗粒组成(粒径：mm)/(g/kg)			质地	容重 /(g/cm³)
			砂粒 2～0.05	粉粒 0.05～0.002	黏粒 <0.002		
Ap1	0～15	0	20	773	207	粉壤土	1.35
Ap2	15～30	4	24	757	219	粉壤土	1.63
Br1	30～50	0	12	758	230	粉壤土	1.58
Br2	50～80	0	16	757	227	粉壤土	1.59
Br3	80～120	0	37	768	195	粉壤土	1.61

铁炉沟系代表性单个土体化学性质

深度 /cm	pH (H₂O)	有机质 /(g/kg)	全氮(N) /(g/kg)	全磷(P) /(g/kg)	全钾(K) /(g/kg)	CEC /(cmol/kg)	CaCO₃ /(g/kg)	游离氧化铁 /(g/kg)
0～15	5.6	24.7	1.13	0.20	13.16	12.40	0	8.86
15～30	6.6	13.6	0.71	0.23	12.76	11.48	0	9.81
30～50	7.0	10.0	0.51	0.14	11.40	10.20	0	3.90
50～80	7.0	4.9	0.27	0.19	8.24	10.20	0	3.92
80～120	7.1	5.2	0.26	0.23	9.04	20.68	0	3.92

4.2.2 高台系（Gaotai Series）

土　　族：黏壤质混合型非酸性热性-普通铁渗水耕人为土
拟定者：齐雁冰，常庆瑞，刘梦云

分布与环境条件　　分布于陕西省汉中市汉江谷地的低山丘陵地带的坡、梁梯田上，海拔 330～690 m，遭受强烈侵蚀，物质来源以冲积性黄土为主；水田，油-稻轮作；北亚热带湿润季风气候，年日照时数 1500～1600 h，年均温 13.5～14.5 ℃，年均降水量 900～1000 mm，无霜期 230 d。

高台系典型景观

土系特征与变幅　　诊断层包括水耕表层、水耕氧化还原层；诊断特性包括热性土壤温度状况、人为滞水土壤水分状况、铁质特性。该土系土壤在母质形成之后，主要受长期人为水旱轮作的影响，形成水耕人为土。剖面中下部可见铁锰锈纹锈斑，特别是底部，可达 50% 以上。土体厚度 1.2 m 以上，通体为粉黏壤土-粉壤土，中性土，pH 6.1～7.8。

对比土系　　铁炉沟系，同一亚类，均具有铁质特性，成土母质均为冲积物，但铁炉沟系成土母质以混杂的坡积物为主，土壤矿物类型为长石混合型，为不同土族。中所系，同一亚纲，但由于水分湿润，底部出现潜育特征而为不同土类。

利用性能综述　　该土系土层深厚，质地黏重，稳水保肥，水旱轮作，一年两熟，土壤结构不良，胀缩性、黏着性和黏结性强，易耕期短，有"天晴一把刀，下雨黏如胶"之说，尤以旱作整地，犁耕费力。耕层浅薄，作物出苗扎根困难，分蘖较少。土壤有机质含量较低，矿化较慢，养分缺乏。宜隔几年深翻一次，加强灌排管理，防止表层潜育化，增施有机肥及氮磷肥以提高地力。

参比土种　　黄胶泥田。

代表性单个土体　　位于陕西省汉中市南郑区高台镇骑龙村，33°02′24″N，106°49′54″E，海拔 532 m，低丘陵的梯田上，成土母质为黄土状物质，是黄褐土黏化层出露后进行水旱耕作形成的，质地黏重，水田，油-稻轮作。剖面上部积水难以下渗而呈现青灰色，含有一定量的铁锰氧化物，60 cm 以下的氧化还原层无论是结构面还是缝隙里均含有大量的铁锈纹锈斑。通体无石灰反应。50 cm 深度土壤温度 16.2 ℃。野外调查时间为 2016 年 4 月 3 日，编号 61-045。

高台系代表性单个土体剖面

Ap1：0～18 cm，浊黄棕色（10YR 5/4，干），黄灰色（2.5Y 4/1，润），水耕表层，粉黏壤土，发育中等的直径 2～10 mm 的团块结构，稍松软，无石灰反应，较多细草本根系，向下平滑清晰过渡。

Ap2：18～23 cm，浊黄棕色（10YR 5/4，干），橄榄灰色（5GY 6/1，润），犁底层，粉黏壤土，发育中等的直径 5～10 mm 的块状结构，紧实，无石灰反应，较少草本植物根系，向下平滑清晰过渡。

Br1：23～48 cm，浊黄橙色（10YR 6/4，干），棕灰色（7.5YR 5/1，润），粉黏壤土，块状结构，紧实，有少量灰色胶膜，无石灰反应，较少根系，向下平滑清晰过渡。

Br2：48～70 cm，浊黄橙色（10YR 6/4，干），暗灰黄色（2.5Y 5/2，润），粉壤土，棱块状结构，紧实，结构面有较多铁锈纹锈斑和少量铁锰胶膜，无石灰反应，较少根系，向下平滑清晰过渡。

Br3：70～120 cm，浊黄橙色（10YR 6/4，干），灰红色（2.5YR 4/2，润），粉壤土，棱块状结构，紧实，结构面有 50%以上的铁锈纹锈斑和少量铁锰胶膜，无石灰反应，较少根系。

高台系代表性单个土体物理性质

| 土层 | 深度/cm | 砾石(>2mm，体积分数)/% | 细土颗粒组成(粒径：mm)/(g/kg) | | | 质地 | 容重/(g/cm³) |
			砂粒 2～0.05	粉粒 0.05～0.002	黏粒 <0.002		
Ap1	0～18	0	1	684	315	粉黏壤土	1.13
Ap2	18～23	0	20	672	308	粉黏壤土	1.50
Br1	23～48	0	21	679	300	粉黏壤土	1.58
Br2	48～70	0	5	727	268	粉壤土	1.55
Br3	70～120	0	19	757	224	粉壤土	1.55

高台系代表性单个土体化学性质

深度/cm	pH(H₂O)	有机质/(g/kg)	全氮(N)/(g/kg)	全磷(P)/(g/kg)	全钾(K)/(g/kg)	CEC/(cmol/kg)	CaCO₃/(g/kg)	游离氧化铁/(g/kg)
0～18	6.1	28.9	1.24	0.50	9.87	25.72	7.7	11.20
18～23	7.5	11.8	0.52	0.17	10.11	25.48	7.4	11.28
23～48	7.6	9.6	0.49	0.13	9.99	22.03	4.1	10.47
48～70	7.8	6.0	0.31	0.15	10.07	25.72	8.7	10.88
70～120	7.8	4.7	0.28	0.10	12.03	11.32	6.2	10.75

4.3 底潜简育水耕人为土

4.3.1 阜川系（Fuchuan Series）

土　　族：黏壤质混合型石灰性热性-底潜简育水耕人为土
拟定者：齐雁冰，常庆瑞，刘梦云

分布与环境条件　分布于陕西省汉江谷地的河流高阶地及地形较为平坦的山丘台地上，海拔 510～950 m，物质来源以次生黄土为主，底部土壤一般为河流冲积物；水田，油-稻轮作或单季稻；北亚热带湿润季风气候，年日照时数 1400～1700 h，年均温 13.5～14.5 ℃，年均降水量 900～1000 mm，无霜期 252 d。

阜川系典型景观

土系特征与变幅　诊断层包括水耕表层、水耕氧化还原层；诊断特性包括热性土壤温度状况、人为滞水土壤水分状况、潜育特征、石灰性。长期植稻，地下水与灌溉水植稻期连接，旱作期分离，氧化还原特征明显，结构面铁锈斑纹较多，占 5%～10%，地下水位较浅，土壤底部的河流冲积物长期渍水，产生潜育化，粉壤土-粉黏壤土，中性土，pH 6.2～7.8。

对比土系　中所系，同一亚类不同土族，土体中碳酸钙含量低于 10 g/kg，无石灰性。

利用性能综述　该土系所处位置一般为河流高阶地，灌溉条件中等，质地黏重，结持紧实，氧化还原层黏闭托水，稳水保肥，但通透性稍差，水气不协调，养分转化慢，应注重改善排灌条件，增施有机肥。

参比土种　青泥田。

代表性单个土体　位于陕西省汉中市南郑区新集镇分水村，32°59′14″ N，106°43′13.1″ E，海拔 820 m，丘陵岗地宽沟谷地带，成土母质为冲积黄土，水田，麦/油-稻轮作或单季稻。地势平坦，土壤发育中等，通体有石灰反应，中部结构面有较多铁锈斑纹，呈暗褐色。50 cm 深度土壤温度 16.0 ℃。野外调查时间为 2016 年 4 月 3 日，编号 61-043。

Ap1：0～15 cm，浊黄色（2.5Y 6/3，干），灰棕色（7.5YR 5/2，润），粉壤土，发育强的直径2～10 mm的团块结构，较疏松，中等石灰反应，较多草本植物根系，向下层平滑清晰过渡。

Ap2：15～25 cm，浊黄色（2.5Y 6/3，干），灰红色（2.5YR 6/2，润），粉壤土，发育强的直径2～10 mm的团块结构，紧实，中等石灰反应，少量草本植物根系，向下层平滑清晰过渡。

Br：25～90 cm，淡黄色（2.5Y 7/3，干），淡绿灰色（7.5GY 7/1，润），粉黏壤土，发育强的直径5～20 mm的块状结构，紧实，5%～10%的铁锈斑纹，中等石灰反应，向下层平滑渐变过渡。

Bg：90～125 cm，灰黄色（2.5Y 7/2，干），绿黑色（5G 2/1，润），粉黏壤土，发育强的直径5～20 mm的块状结构，紧实，有1%的铁锈斑纹，中等石灰反应。

阜川系代表性单个土体剖面

阜川系代表性单个土体物理性质

土层	深度 /cm	砾石 (>2mm，体积分数)/%	细土颗粒组成(粒径：mm)/(g/kg)			质地	容重 /(g/cm³)
			砂粒 2～0.05	粉粒 0.05～0.002	黏粒 <0.002		
Ap1	0～15	0	6	750	244	粉壤土	1.13
Ap2	15～25	0	5	725	270	粉壤土	1.53
Br	25～90	0	5	699	296	粉黏壤土	1.56
Bg	90～125	0	1	685	314	粉黏壤土	1.60

阜川系代表性单个土体化学性质

深度 /cm	pH (H₂O)	有机质 /(g/kg)	全氮(N) /(g/kg)	全磷(P) /(g/kg)	全钾(K) /(g/kg)	CEC /(cmol/kg)	CaCO₃ /(g/kg)	游离氧化铁 /(g/kg)
0～15	7.8	28.4	1.58	0.35	12.73	10.44	22.3	5.35
15～25	7.3	16.2	1.12	0.28	12.11	10.43	20.5	5.56
25～90	6.7	14.5	0.80	0.12	11.47	10.52	19.4	5.87
90～125	6.2	15.0	0.80	0.11	9.91	10.47	11.9	6.83

4.3.2　中所系（**Zhongsuo Series**）

土　　族：黏壤质长石混合型非酸性热性-底潜简育水耕人为土
拟定者：齐雁冰，常庆瑞，刘梦云

分布与环境条件　分布于陕西省汉中市汉江谷地的河流一、二级阶地、山丘宽谷冲田，海拔 270～800 m，母土为冲积-洪积物，物质来源以河流冲积物及少量坡积物为主；水田，油-稻轮作；北亚热带湿润季风气候，年日照时数 1500～1600 h，年均温 13.5～14.5 ℃，年均降水量 900～1000 mm，无霜期 230 d。

中所系典型景观

土系特征与变幅　诊断层包括水耕表层、水耕氧化还原层；诊断特性包括热性土壤温度状况、人为滞水土壤水分状况、潜育特征。水耕氧化还原层出现在 35 cm 以下，厚度 50～70 cm，3%～5%的铁锈斑纹及灰色胶膜。土体厚度在 1.2 m 以上，通体为粉黏壤土，中性土，pH 6.9～8.0。

对比土系　阜川系，同一亚类不同土族，土体中碳酸钙含量为 10～30 g/kg，有石灰性。

利用性能综述　该土系土层深厚，质地适中，既发小苗也发老苗，表土疏松，旱作易耕，稻作整田微有淀浆板结；有机质矿化较快，氮磷钾养分常失调，应加强灌排管理，增施有机肥，平衡养分供应。

参比土种　塝土田。

代表性单个土体　位于陕西省汉中市南郑区中所镇丁舒营村，33°01′13″ N，106°59′30.9″ E，海拔 500 m，位于汉江二级阶地上，地面平缓，成土母质为冲积物，水田，麦/油-稻轮作或单季稻。表层能观察到少量铁锈斑纹，氧化还原层多为棱块状结构，结构面及缝隙壁能观察到较多的锈纹锈斑及铁锰胶膜，通体无石灰反应，底部有类似潜育特征。50 cm 深度土壤温度 16.2 ℃，黏壤土，野外调查时间为 2016 年 4 月 2 日，编号 61-041。

中所系代表性单个土体剖面

Ap1：0～18 cm，浊黄橙色（10YR 6/4，干），灰黄棕色（10YR 6/2，润），耕作层，粉黏壤土，发育中等的直径 2～10 mm 的团块结构，稍松软，较多草本植物根系，结构体表面有多量铁锈斑纹，向下层平滑清晰过渡。

Ap2：18～25 cm，浊黄棕色（10YR 5/4，干），灰白色（5GY 8/1，润），犁底层，粉黏壤土，发育中等的直径 5～10 mm 的块状结构，较紧实，无石灰反应，较少草本植物根系，根孔和结构面有中量铁锈斑纹，向下层平滑清晰过渡。

Br1：25～45 cm，浊黄棕色（10YR 5/4，干），浊橙色（7.5YR 7/3，润），粉黏壤土，块状结构，紧实，结构面及裂隙面有 3%～5%的铁锈斑纹，呈青灰色，无石灰反应，较少根系，向下层平滑明显过渡。

Br2：45～90 cm，浊黄棕色（10YR 5/3，干），灰白色（5Y 8/1，润），粉黏壤土，棱块状结构，紧实，结构面及裂隙面有 3%～5%的铁锈斑纹及大量铁锰胶膜，呈青灰色，无石灰反应，较少根系，向下层平滑明显过渡。

Bg：90～120 cm，浊黄棕色（10YR 5/3，干），淡绿灰色（7.5GY 7/1，润），粉黏壤土，棱块状结构，紧实，结构面及裂隙面有 3%～5%的铁锈斑纹及大量铁锰胶膜，呈青灰色，无石灰反应，较少根系。

中所系代表性单个土体物理性质

| 土层 | 深度/cm | 砾石(>2mm，体积分数)/% | 细土颗粒组成(粒径：mm)/(g/kg) | | | 质地 | 容重/(g/cm³) |
			砂粒 2～0.05	粉粒 0.05～0.002	黏粒 <0.002		
Ap1	0～18	0	20	608	372	粉黏壤土	1.00
Ap2	18～25	0	22	635	343	粉黏壤土	1.23
Br1	25～45	0	38	637	325	粉黏壤土	1.22
Br2	45～90	0	15	650	335	粉黏壤土	1.35
Bg	90～120	0	33	598	369	粉黏壤土	1.15

中所系代表性单个土体化学性质

深度/cm	pH(H₂O)	有机质/(g/kg)	全氮(N)/(g/kg)	全磷(P)/(g/kg)	全钾(K)/(g/kg)	CEC/(cmol/kg)	CaCO₃/(g/kg)	游离氧化铁/(g/kg)
0～18	7.3	42.4	2.37	0.67	8.37	28.40	6.3	11.30
18～25	7.7	26.7	1.48	0.27	9.06	30.62	4.1	11.95
25～45	8.0	26.4	1.10	0.27	9.13	33.20	7.4	12.12
45～90	7.6	19.9	1.02	0.28	10.48	30.74	5.1	11.42
90～120	6.9	36.8	1.84	0.17	9.89	26.65	4.4	10.67

4.4 普通简育水耕人为土

4.4.1 驿坝系（**Yiba Series**）

土　族：黏壤质混合型非酸性热性-普通简育水耕人为土
拟定者：齐雁冰，常庆瑞，刘梦云

分布与环境条件　分布于陕西省汉江谷地丘陵沟槽地的梯田上，海拔 500～800 m，母土为黄棕壤性土，物质来源以残积及坡积母质为主；水田，油-稻轮作或单季稻；北亚热带湿润季风气候，年日照时数 1600～1750 h，年均温 14～15 ℃，≥10 ℃年积温 4400 ℃，年均降水量 800～900 mm，无霜期237 d。

驿坝系典型景观

土系特征与变幅　诊断层包括水耕表层、水耕氧化还原层；诊断特性包括热性土壤温度状况、人为滞水土壤水分状况。土体厚度在 120 cm 以上，土壤质地上层为壤质土，下部为壤黏土，长期植稻，中下部结构面有较多铁锰胶膜，占 1%～5%，地下水位在 1.5 m 以下，粉壤土-粉黏壤土，通体有弱石灰反应，弱碱性，pH 7.7～8.7。

对比土系　周家山系，同一亚类，地形部位同为沟谷地，土壤物质来源以黄土性母质为主，而驿坝系以黄棕壤性土为主，为不同土族。黄官系，同一土族，地形部位同为宽谷缓坡地，剖面具有明显的二元结构，为不同土系。

利用性能综述　该土系所处位置一般为河流高阶地、沟谷沟槽的梯田上，土层深厚，光热条件较好，水源有保证，土壤养分较高，保水保肥能力较强，但土质较为黏重，结构差，水耕易淀浆板结，耕作稍困难，应重施有机肥，改善土壤结构。

参比土种　胶泥田。

代表性单个土体　位于陕西省汉中市勉县武侯镇驿坝村周家院 12 组，33°03′57″ N，106°32′57″ E，海拔 781 m，丘陵岗地宽沟谷沟槽地带，成土母质为坡积物，水田，油-稻轮作。地势缓坡，土壤发育中等，通体有弱石灰反应，中下部结构面有较多铁锰胶膜，呈灰色。50 cm 深度土壤温度15.9 ℃。野外调查时间为 2016 年 4 月 20 日，编号 61-060。

驿坝系代表性单个土体剖面

Ap1：0～20 cm，浊黄色（2.5Y 6/3，干），黑棕色（5YR 3/1，润），耕作层，粉壤土，发育中等的直径 2～10 mm 的团块结构，较疏松，弱石灰反应，较多草本植物根系，向下层平滑清晰过渡。

Ap2：20～30 cm，浊黄橙色（10YR 6/3，干），灰黄色（2.5Y 6/2，润），犁底层，粉黏壤土，发育中等的直径 5～10 mm 的块状结构，较紧实，弱石灰反应，较少草本植物根系，向下层平滑清晰过渡。

Br1：30～50 cm，浊黄橙色（10YR 6/3，干），灰黄色（2.5Y 7/2，润），粉黏壤土，块状结构，紧实，有少量灰色胶膜，弱石灰反应，较少根系，向下层平滑清晰过渡。

Br2：50～80 cm，淡黄色（2.5Y 7/3，干），灰黄棕色（10YR 5/2，润），粉壤土，块状结构，紧实，有少量灰色胶膜，弱石灰反应，较少根系，向下层平滑清晰过渡。

BC：80～120 cm，淡黄色（2.5Y 7/3，干），黄棕色（2.5Y 5/3，润），粉壤土，块状结构，紧实，结构缝隙有中量灰色铁锰胶膜，弱石灰反应，无根系。

驿坝系代表性单个土体物理性质

| 土层 | 深度 /cm | 砾石 (>2mm，体积分数)/% | 细土颗粒组成(粒径：mm)/(g/kg) | | | 质地 | 容重 /(g/cm³) |
			砂粒 2～0.05	粉粒 0.05～0.002	黏粒 <0.002		
Ap1	0～20	0	217	562	221	粉壤土	1.21
Ap2	20～30	0	14	699	287	粉黏壤土	1.73
Br1	30～50	0	1	724	275	粉黏壤土	1.65
Br2	50～80	0	13	722	265	粉壤土	1.59
BC	80～120	0	19	741	240	粉壤土	1.56

驿坝系代表性单个土体化学性质

深度 /cm	pH (H₂O)	有机质 /(g/kg)	全氮(N) /(g/kg)	全磷(P) /(g/kg)	全钾(K) /(g/kg)	CEC /(cmol/kg)	CaCO₃ /(g/kg)	游离氧化铁 /(g/kg)
0～20	7.7	35.4	2.04	0.79	10.18	20.82	8.3	9.32
20～30	8.1	12.7	0.70	0.43	8.78	15.42	7.5	9.17
30～50	8.7	11.3	0.67	0.66	8.96	14.37	7.9	8.76
50～80	8.6	8.8	0.47	0.28	7.62	11.96	7.0	8.27
80～120	8.4	4.7	0.21	0.21	8.13	12.64	7.9	9.66

4.4.2 黄官系（Huangguan Series）

土　　族：黏壤质混合型非酸性热性-普通简育水耕人为土
拟定者：齐雁冰，常庆瑞，刘梦云

分布与环境条件　分布于陕西省汉江谷地的山地梯田和沟谷岸边，海拔相对较高，一般在 700～1200 m，物质来源以坡积物及残积物为主；水田，油-稻轮作或单季稻；北亚热带湿润季风气候，年日照时数 1500～1600 h，年均温 12.5～13.5 ℃，年均降水量 900～1000 mm，无霜期 230 d。

黄官系典型景观

土系特征与变幅　诊断层包括水耕表层、水耕氧化还原层；诊断特性包括热性土壤温度状况、人为滞水土壤水分状况。水耕氧化还原层出现在 40 cm 以下，厚度为 50～70 cm，有 3%～7% 的铁锈斑纹及灰色胶膜。土体厚度在 1.2 m 以上，土壤质地为粉黏壤土-粉壤土，由于个别地方有冬灌习惯，水入渗到底部后使底部产生类潜育特征，弱酸性，pH 5.5～6.8。

对比土系　驿坝系，同一土族，地形部位同为宽谷缓坡地，剖面不具有二元结构，为不同土系。阜川系，同一土类，地形部位同为沟谷地，但潜育层次厚度大，层次出现在 1 m 左右，而具有潜育特征，为不同亚类。

利用性能综述　该土系所处地域相对海拔较高，日照不足，水冷，气温稍低，土温也低，土壤偏酸，有机质和养分矿化慢，应进行深翻冬炕，促进土壤养分转化，改进灌溉技术，实行湿润灌溉和晒田，提高土温。

参比土种　冷锈黄泥田。

代表性单个土体　位于陕西省汉中市南郑区黄官镇新田村五组路西，33°49′58″ N，106°49′47″ E，海拔 772 m，丘陵岗地宽沟谷地带，成土母质为残、坡积物，水田，油-稻轮作或单季稻。地势缓坡，土壤发育中等，通体无石灰反应，中下部结构面有较多铁锈斑纹及铁锰胶膜。该剖面为二元结构，40 cm 以下为原水耕表层，后人在上部堆垫推平，重新进行水耕，因此在 30～40 cm 深度内有 3%～5% 的砾石分布。50 cm 深度土壤温度 15.4 ℃。野外调查时间为 2016 年 4 月 4 日，编号 61-046。

黄官系代表性单个土体剖面

Ap1：0～15 cm，浊黄橙色（10YR 6/3，干），黑棕色（10YR 2/2，润），水耕表层，粉黏壤土，发育中等的直径 2～10 mm 的团块结构，较松软，无石灰反应，较多细草本根系，向下层平滑清晰过渡。

Ap2：15～22 cm，浊黄橙色（10YR 6/3，干），灰黄色（2.5Y 7/2，润），犁底层，粉壤土，发育中等的直径 5～10 mm 的块状结构，较紧实，无石灰反应，较少草本植物根系，向下层平滑清晰过渡。

Br1：22～40 cm，浊黄橙色（10YR 6/3，干），淡灰色（5Y 7/2，润），粉黏壤土，块状结构，紧实，有少量灰色胶膜，无石灰反应，较少根系，有含量 3%～5%的砾石分布，向下层平滑清晰过渡。

Br2：40～70 cm，浊黄橙色（10YR 6/3，干），灰橄榄色（5Y 5/3，润），粉黏壤土，块状结构，紧实，有少量灰色胶膜，无石灰反应，较少根系，有含量 3%～5%的砾石分布，向下层平滑清晰过渡。

Br3：70～110 cm，浊黄橙色（10YR 6/3，干），浊黄色（2.5Y 6/3，润），粉黏壤土，块状结构，紧实，有少量灰色胶膜，无石灰反应，较少根系，向下层平滑清晰过渡。

Bg：110～130 cm，灰黄棕色（10YR 6/2，干），绿灰色（7.5GY 6/1，润），粉黏壤土，块状结构，紧实，较多铁锰还原物，无石灰反应，较少根系。

黄官系代表性单个土体物理性质

| 土层 | 深度/cm | 砾石(>2mm，体积分数)/% | 细土颗粒组成(粒径：mm)/(g/kg) | | | 质地 | 容重/(g/cm³) |
			砂粒 2～0.05	粉粒 0.05～0.002	黏粒 <0.002		
Ap1	0～15	0	18	699	283	粉黏壤土	1.12
Ap2	15～22	0	39	705	256	粉壤土	1.48
Br1	22～40	3	47	665	288	粉黏壤土	1.64
Br2	40～70	4	15	686	299	粉黏壤土	1.56
Br3	70～110	0	8	653	339	粉黏壤土	1.55
Bg	110～130	0	14	667	319	粉黏壤土	1.46

黄官系代表性单个土体化学性质

深度/cm	pH(H₂O)	有机质/(g/kg)	全氮(N)/(g/kg)	全磷(P)/(g/kg)	全钾(K)/(g/kg)	CEC/(cmol/kg)	CaCO₃/(g/kg)	游离氧化铁/(g/kg)
0～15	5.5	24.5	1.35	0.43	7.52	12.64	6.11	7.57
15～22	5.9	25.7	1.37	0.36	6.75	11.23	4.11	8.11
22～40	6.5	15.1	0.80	0.14	7.72	11.15	0.00	9.08
40～70	6.4	15.2	0.85	0.08	6.88	10.01	0.00	8.26
70～110	6.8	11.4	0.64	0.17	7.03	9.39	0.00	9.52
110～130	6.4	13.2	0.66	0.23	7.54	16.02	0.00	7.00

4.4.3　黄营系（Huangying Series）

土　　族：黏壤质混合型非酸性热性-普通简育水耕人为土
拟定者：齐雁冰，常庆瑞，刘梦云

分布与环境条件　分布于陕西省汉江谷地安康、汉中的河流两岸和高阶地，海拔 400～650 m，母土为河流沉积物；水田，油-稻轮作；北亚热带湿润季风气候，年日照时数 1750～1850 h，年均温 14～15 ℃，≥10 ℃年积温 4000 ℃，年均降水量 600～800 mm，无霜期 263 d。

黄营系典型景观

土系特征与变幅　诊断层包括水耕表层、水耕氧化还原层；诊断特性包括热性土壤温度状况、人为滞水土壤水分状况。成土母质为河流静水沉积物，所处地势低平，地下水位稍高，为 1.5～2 m。全剖面土质黏重，土体微密、紧实，块状或团块状结构，且上下比较均一，土体厚度在 1.2 m 以上，长期植稻，中下部结构面有较多铁锈斑纹及铁锰胶膜，占 3%～5%，黏壤土，通体无石灰反应，中-弱碱性，pH 7.4～8.0。

对比土系　老道寺系，同一土族，地形部位同为河流阶地，海拔相对较低，成土母质为河流冲积-洪积物，土壤质地稍松软，为不同土系。驿坝系，同一土族，地形部位同为沟谷地，但所处地形具有一定的坡度，为不同土系。

利用性能综述　该土系土层深厚，养分含量较高，水资源丰富，种植水稻、小麦、油菜，水旱轮作，一年两熟，但质地黏重，耕作费劲，旱耕易起大土块，作物出苗困难，生产上应推广磷肥沾根插秧，重视种植养地作物，秸秆还田，绿肥翻压，掺沙改土，改善土壤质地和结构。

参比土种　锈胶泥田。

代表性单个土体　位于陕西省安康市汉滨区大同镇黄营村，32°59′48″ N，107°53′05″ E，海拔 273 m，汉江北侧低阶地，成土母质为河流沉积物，水田，麦/油-稻轮作。地势宽平，土壤发育中等，通体无石灰反应，中下部结构面有较多铁锈斑纹和铁锰胶膜，呈灰色。通体土质黏重，紧实。50 cm 深度土壤温度 16.3 ℃。野外调查时间为 2016 年 5 月 26 日，编号 61-088。

黄营系代表性单个土体剖面

Ap1: 0～15 cm，浊黄棕色（10YR 5/4，干），橄榄灰色（5GY 6/1，润），耕作层，粉黏壤土，发育中等的直径 2～10 mm 的团块结构，较疏松，有少量铁锈斑纹，无石灰反应，较多草本植物根系，向下层平滑清晰过渡。

Ap2: 15～30 cm，浊黄橙色（10YR 6/4，干），淡青灰色（5BG 7/1，润），犁底层，粉黏壤土，发育中等的直径 5～10 mm 的块状结构，较紧实，有少量铁锈斑纹，无石灰反应，较少草本植物根系，向下层平滑清晰过渡。

Br1: 30～60 cm，浊黄橙色（10YR 6/4，干），灰黄色（2.5Y 6/2，润），粉壤土，块状结构，紧实，有多量铁锈斑纹及灰色胶膜，无石灰反应，较少根系，向下层平滑清晰过渡。

Br2: 60～80 cm，浊黄橙色（10YR 6/4，干），棕灰色（5YR 4/1，润），粉壤土，块状结构，紧实，有多量铁锈斑纹及灰色胶膜，无石灰反应，无根系，向下层平滑清晰过渡。

BCr: 80～115 cm，浊黄橙色（10YR 6/4，干），灰橄榄色（5Y 6/2，润），粉黏壤土，块状结构，稍松软，结构缝隙有中量灰色铁锰胶膜，无石灰反应，无根系。

黄营系代表性单个土体物理性质

土层	深度/cm	砾石(>2mm，体积分数)/%	细土颗粒组成(粒径：mm)/(g/kg)			质地	容重/(g/cm³)
			砂粒 2～0.05	粉粒 0.05～0.002	黏粒 <0.002		
Ap1	0～15	0	5	708	287	粉黏壤土	1.34
Ap2	15～30	0	18	693	289	粉黏壤土	1.50
Br1	30～60	0	42	725	233	粉壤土	1.60
Br2	60～80	0	27	745	228	粉壤土	1.64
BCr	80～115	0	26	696	278	粉黏壤土	1.63

黄营系代表性单个土体化学性质

深度/cm	pH(H₂O)	有机质/(g/kg)	全氮(N)/(g/kg)	全磷(P)/(g/kg)	全钾(K)/(g/kg)	CEC/(cmol/kg)	CaCO₃/(g/kg)	游离氧化铁/(g/kg)
0～15	7.4	29.3	1.65	0.33	11.40	32.14	0	9.77
15～30	7.6	14.8	0.76	0.26	10.85	32.14	0	11.07
30～60	7.8	7.4	0.39	0.23	10.97	30.33	0	10.60
60～80	8.0	7.3	0.42	0.33	10.22	26.71	0	10.70
80～115	8.0	9.5	0.48	0.34	11.79	28.87	0	10.87

4.4.4 老道寺系（Laodaosi Series）

土 族：黏壤质混合型非酸性热性-普通简育水耕人为土
拟定者：齐雁冰，常庆瑞，刘梦云

分布与环境条件 分布于陕西省汉江谷地汉中地区的河流一、二级阶地上，以及山丘宽谷冲田上部，海拔 400～650 m，母土为河流冲积-洪积物；水田，油-稻轮作；北亚热带湿润季风气候，年日照时数 1700～1750 h，年均温 14～15 ℃，≥10 ℃年积温 4400 ℃，年均降水量 850～980 mm，无霜期 211 d。

老道寺系典型景观

土系特征与变幅 诊断层包括水耕表层、水耕氧化还原层；诊断特性包括热性土壤温度状况、人为滞水土壤水分状况。成土母质为河流冲积-洪积物，所处地势低平，地下水位稍高，土壤受地表水和地下水的共同作用，在土体上部形成潜育层。全剖面土质较轻，且上下比较均一，土体厚度在 1.2 m 以上，长期植稻，中下部结构面有较多铁锈斑纹及铁锰胶膜，占 1%～5%，地下水位在 1.5 m 以下，粉壤土-粉黏壤土，通体无石灰反应，中性，pH 6.6～7.7。

对比土系 周家山系，同一土族，地形部位同为宽谷缓坡地或高阶地，海拔相对较低，但成土母质为黄土，为不同土系。驿坝系，同一土族，地形部位同为沟谷地，但所处地形为坡脚，为不同土系。

利用性能综述 该土系多为种稻时间久远的老水田，土层深厚，质地适中，耕性良好，一年两熟，是水耕人为土中生产性能较好的土壤类型。土壤肥力适中，养分较为平衡，在生产中应注意用养结合，增施有机肥，合理轮作倒茬，不断培肥地力。

参比土种 锈墡土田。

代表性单个土体 位于陕西省汉中市勉县老道寺镇孟家山村，33°10′37″ N，106°52′08″ E，海拔 540 m，汉江二级阶地区，地形平坦，成土母质为河流冲积-洪积物，水田，麦/油-稻轮作。地势宽平，土壤发育中等，通体无石灰反应，中下部结构面有较多铁锈斑纹和铁锰胶膜，呈灰色。50 cm 深度土壤温度 16.0 ℃。野外调查时间为 2016 年 4 月 21 日，编号 61-064。

Ap1：0～18 cm，浊黄棕色（10YR 5/4，干），灰棕色（5YR 4/2，润），耕作层，粉壤土，发育中等的直径 2～10 mm 的团块结构，较疏松，无石灰反应，较多草本植物根系，向下层平滑清晰过渡。

Ap2：18～28 cm，浊黄橙色（10YR 6/4，干），淡灰色（5Y 7/2，润），犁底层，粉壤土，发育中等的直径 5～10 mm 的块状结构，较紧实，无石灰反应，较少草本植物根系，向下层平滑清晰过渡。

Br1：28～50 cm，浊黄橙色（10YR 6/4，干），淡黄橙色（10YR 8/4，润），粉壤土，块状结构，紧实，有少量铁锈斑纹及灰色胶膜，无石灰反应，较少根系，向下层平滑清晰过渡。

Br2：50～75 cm，浊黄橙色（10YR 6/4，干），暗灰黄色（2.5Y 5/2，润），粉壤土，块状结构，紧实，有中量铁锈斑纹及灰色胶膜，无石灰反应，无根系，向下层平滑清晰过渡。

老道寺系代表性单个土体剖面

Br3：75～125 cm，浊黄橙色（10YR 6/4，干），灰橄榄色（7.5Y 6/2，润），粉黏壤土，块状结构，稍松软，结构缝隙有中量灰色铁锰胶膜，无石灰反应，无根系。

老道寺系代表性单个土体物理性质

| 土层 | 深度/cm | 砾石（>2mm，体积分数)/% | 细土颗粒组成(粒径：mm)/(g/kg) | | | 质地 | 容重/(g/cm³) |
			砂粒 2～0.05	粉粒 0.05～0.002	黏粒 <0.002		
Ap1	0～18	0	123	609	268	粉壤土	1.17
Ap2	18～28	0	87	688	225	粉壤土	1.65
Br1	28～50	0	59	696	245	粉壤土	1.60
Br2	50～75	0	20	734	246	粉壤土	1.70
Br3	75～125	0	19	705	276	粉黏壤土	1.67

老道寺系代表性单个土体化学性质

深度/cm	pH(H₂O)	有机质/(g/kg)	全氮(N)/(g/kg)	全磷(P)/(g/kg)	全钾(K)/(g/kg)	CEC/(cmol/kg)	游离氧化铁/(g/kg)
0～18	6.6	27.3	1.23	0.95	8.85	23.55	8.39
18～28	7.4	8.2	0.38	0.20	11.48	24.49	10.17
28～50	7.6	5.2	0.27	0.15	12.94	28.87	10.87
50～75	7.7	6.0	0.34	0.13	12.23	27.23	10.85
75～125	7.7	19.8	1.20	0.23	13.85	33.20	11.88

4.4.5　老君系（Laojun Series）

土　　族：黏壤质混合型非酸性热性-普通简育水耕人为土

拟定者：齐雁冰，常庆瑞，刘梦云

分布与环境条件　分布于陕西省汉江谷地汉中、安康的河流高阶地及地形较平缓的山丘台地，海拔 268～970 m，母土为侵蚀较弱的黄褐土，成土母质为次生黄土。水田，油-稻轮作；北亚热带湿润季风气候，年日照时数 1750～1850 h，年均温 14～15 ℃，≥10 ℃年积温 4000 ℃，年均降水量 600～800 mm，无霜期 263 d。

老君系典型景观

土系特征与变幅　诊断层包括水耕表层、水耕氧化还原层；诊断特性包括热性土壤温度状况、人为滞水土壤水分状况。成土母质为次生黄土，所处地势低平，地下水位稍低，为 4～5 m。水稻种植时间较长，氧化还原层发育明显，有大量的锈纹锈斑及铁锰胶膜，氧化还原层为棱块或棱柱状结构，耕作层为团块结构，质地较下层轻。土体深厚，质地黏重，黏壤土，表层有轻度石灰反应，中性，pH 6.2～7.9。

对比土系　黄营系，同一土族，地形部位同为河流阶地，海拔相对较低，但成土母质为河流沉积物，土壤稍松软，为不同土系。驿坝系，同一土族，地形部位同为沟谷地，但地形上位于坡脚，为不同土系。

利用性能综述　该土系多为种稻时间久远的老稻田，土层深厚，质地黏重，稳水稳肥，一年两熟，但由于质地黏重，耕性不良，加之灌排和养地不当，土壤理化性质易恶化，土壤板结。应增施有机肥，改善灌溉条件，防止土壤潜育化。

参比土种　锈黄泥田。

代表性单个土体　位于陕西省汉中市汉台区老君镇五星村（邻近沈家营村），33°06′23″ N，107°03′49″ E，海拔 516 m，河流高阶地，成土母质为次生黄土，地面平坦。水田，麦/油-稻轮作。地势宽平，土壤发育中等，表层有轻度石灰反应，中下部结构面有较多铁锈斑纹和铁锰胶膜，呈灰色。通体土质黏重，紧实。50 cm 深度土壤温度 16.1 ℃。野外调查时间为 2016 年 4 月 21 日，编号 61-066。

老君系代表性单个土体剖面

Ap1：0～20 cm，浊黄橙色（10YR 6/3，干），淡灰色（5Y 7/1，润），耕作层，粉黏壤土，发育中等的直径 2～10 mm 的团块结构，较疏松，有少量铁锈斑纹和铁锰胶膜，呈青蓝色，轻度石灰反应，较多草本植物根系，向下层平滑清晰过渡。

Ap2：20～35 cm，浊黄橙色（10YR 6/4，干），浅淡黄色（7.5Y 8/3，润），犁底层，粉黏壤土，发育中等的直径 5～10 mm 的块状结构，较紧实，有少量铁锈斑纹，无石灰反应，较少草本植物根系，向下层平滑清晰过渡。

Br1：35～90 cm，浊黄橙色（10YR 6/4，干），灰黄色（2.5Y 6/2，润），粉壤土，块状结构，紧实，有多量铁锈斑纹及灰色胶膜，无石灰反应，较少根系，向下层平滑清晰过渡。

Br2：90～120 cm，浊黄橙色（10YR 6/4，干），灰橄榄色（7.5Y 6/2，润），粉壤土，块状结构，稍松软，结构缝隙有中量灰色铁锰胶膜，无石灰反应，无根系。

老君系代表性单个土体物理性质

土层	深度/cm	砾石(>2mm，体积分数)/%	细土颗粒组成(粒径：mm)/(g/kg)			质地	容重/(g/cm³)
			砂粒 2～0.05	粉粒 0.05～0.002	黏粒 <0.002		
Ap1	0～20	0	27	687	286	粉黏壤土	1.38
Ap2	20～35	0	20	671	309	粉黏壤土	1.65
Br1	35～90	0	6	742	252	粉壤土	1.67
Br2	90～120	0	9	729	262	粉壤土	1.65

老君系代表性单个土体化学性质

深度/cm	pH(H₂O)	有机质/(g/kg)	全氮(N)/(g/kg)	全磷(P)/(g/kg)	全钾(K)/(g/kg)	CEC/(cmol/kg)	CaCO₃/(g/kg)	游离氧化铁/(g/kg)
0～20	6.2	8.1	0.41	0.42	6.35	23.09	10.4	9.41
20～35	7.4	10.5	0.46	0.26	8.07	20.64	4.2	10.43
35～90	7.7	8.0	0.39	0.27	9.82	23.90	7.1	11.05
90～120	7.9	5.7	0.25	0.23	7.26	20.82	7.1	11.11

4.4.6　勉阳系（Mianyang Series）

土　　族：黏壤质混合型石灰性热性-普通简育水耕人为土
拟定者：齐雁冰，常庆瑞，刘梦云

分布与环境条件　分布于陕西
省汉江谷地汉中地区的河流一、
二级阶地上，以及山丘宽谷冲田
上部，海拔 400～650 m，母土
为河流冲积-洪积物；水田，油-
稻轮作；北亚热带湿润季风气
候，年日照时数 1700～1750 h，
年均温 14～15 ℃，≥10 ℃年
积温 4400 ℃，年均降水量
850～980 mm，无霜期 211 d。

勉阳系典型景观

土系特征与变幅　诊断层包括水耕表层、水耕氧化还原层；诊断特性包括热性土壤温度
状况、人为滞水土壤水分状况、石灰性。成土母质为河流冲积-洪积物，所处地势低平，
地下水位稍高，土壤受地表水和地下水的共同作用，在土体上部形成潴育层。全剖面土
质较轻，且上下比较均一，土体厚度在 1.2 m 以上，长期植稻，中下部结构面有较多铁
锈斑纹及铁锰胶膜，占 1%～5%，地下水位在 1.5 m 以下，粉壤土，犁底层有弱无石灰
反应，中性，pH 6.0～8.6。

对比土系　老道寺系，同一土族，地形部位均为汉江一、二级阶地，成土母质均为河流
冲积-洪积物，但氧化还原层在质地上更轻，为不同土系。周家山系，同一土族，地形部
位同为宽谷缓坡地或高阶地，海拔相对较低，但成土母质为黄土，为不同土系。

利用性能综述　该土系多为种稻时间久远的老水田，土层深厚，质地适中，耕性良好，
一年两熟，是水耕人为土中生产性能较好的土壤类型。土壤肥力适中，养分较为平衡，
在生产中应注意用养结合，增施有机肥，合理轮作倒茬，不断培肥地力。

参比土种　锈墡土田。

代表性单个土体　位于陕西省汉中市勉县勉阳街道继光村，33°09′55″ N，106°39′07″ E，
海拔 554 m，汉江一级阶地区，地形平坦，成土母质为河流冲积-洪积物，水田，麦/油-
稻轮作。地势宽平，土壤发育中等，犁底层有弱石灰反应，中下部结构面有较多铁锈斑
纹和铁锰胶膜，呈灰色。50 cm 深度土壤温度 16.0 ℃。野外调查时间为 2016 年 4 月 20
日，编号 61-061。

勉阳系代表性单个土体剖面

Ap1：0~20 cm，浊黄棕色（10YR 5/4，干），灰白色（10Y 8/2，润），耕作层，粉壤土，发育中等的直径2~10 mm的团块结构，较疏松，无石灰反应，较多草本植物根系，向下层平滑清晰过渡。

Ap2：20~30 cm，浊黄棕色（10YR 5/4，干），橄榄灰色（2.5GY 6/1，润），犁底层，粉壤土，发育中等的直径5~10 mm的块状结构，较紧实，弱石灰反应，较少草本植物根系，向下层平滑清晰过渡。

Br1：30~80 cm，浊黄橙色（10YR 6/4，干），灰色（7.5Y 6/1，润），粉壤土，块状结构，紧实，有中量铁锈斑纹及灰色胶膜，无石灰反应，无根系，向下层平滑清晰过渡。

Br2：80~120 cm，浊黄橙色（10YR 6/4，干），灰色（10Y 6/1，润），粉壤土，块状结构，稍松软，结构缝隙有中量灰色铁锰胶膜，无石灰反应，无根系。

勉阳系代表性单个土体物理性质

土层	深度 /cm	砾石 (>2mm，体积分数)/%	细土颗粒组成(粒径：mm)/(g/kg)			质地	容重 /(g/cm³)
			砂粒 2~0.05	粉粒 0.05~0.002	黏粒 <0.002		
Ap1	0~20	0	83	724	193	粉壤土	1.14
Ap2	20~30	0	30	755	215	粉壤土	1.24
Br1	30~80	0	33	770	197	粉壤土	1.62
Br2	80~120	0	63	722	215	粉壤土	1.65

勉阳系代表性单个土体化学性质

深度 /cm	pH (H₂O)	有机质 /(g/kg)	全氮(N) /(g/kg)	全磷(P) /(g/kg)	全钾(K) /(g/kg)	CEC /(cmol/kg)	CaCO₃ /(g/kg)	游离氧化铁 /(g/kg)
0~20	6.0	26.2	1.34	0.82	12.15	25.30	7.9	10.09
20~30	8.6	10.5	0.56	0.49	10.69	21.53	23.6	8.76
30~80	8.2	6.2	0.32	0.14	8.23	18.24	7.9	9.52
80~120	8.2	5.1	0.26	0.24	8.21	17.18	7.9	9.00

4.4.7 同沟寺系（Tonggousi Series）

土　族：黏壤质混合型非酸性热性-普通简育水耕人为土
拟定者：齐雁冰，常庆瑞，刘梦云

分布与环境条件　分布于陕西省汉中市汉江谷地一级阶地的低洼处和汉中的丘陵沟槽处，海拔 500～800 m，母土为河流沉积物；水田，油-稻轮作；北亚热带湿润季风气候，年日照时数 1700～1750 h，年均温 14～15 ℃，≥ 10 ℃年积温 4400 ℃，年均降水量 850～980 mm，无霜期 211 d。

同沟寺系典型景观

土系特征与变幅　诊断层包括水耕表层、水耕氧化还原层；诊断特性包括热性土壤温度、人为滞水土壤水分状况。成土母质为河流沉积物，所处地势低平，地下水位稍高，1.5～2 m。全剖面土质稍轻，且上下比较均一，土体厚度 1.2 m 以上，长期植稻，中下部结构面有较多铁锈斑纹及铁锰胶膜，占 1%～5%，粉壤土-粉黏壤土，通体无石灰反应，中性，pH 6.9～7.5。

对比土系　老道寺系，同一土族，所处位置均为汉江一、二级阶地，但质地稍轻，成土母质为河流冲积物，为不同土系。驿坝系，同一土族，地形部位同为沟谷地，但所处地形部位为坡脚，为不同土系。

利用性能综述　该土系土层深厚，光热条件好，水源有保证，土壤养分含量较高，保水保肥能力较强，一年两熟，产量较高。土壤稍黏重，结构稍差，水耕易淀浆板结，耕作费力。在生产中应注意用养结合，种植绿肥，配施化肥，增施有机肥、合理轮作倒茬，不断培肥地力。

参比土种　胶泥田。

代表性单个土体　位于陕西省汉中市勉县同沟寺镇官沟村，33°10′01″ N，106°46′48″ E，海拔 542 m，汉江一级阶地区，地形平坦，成土母质为河流静水沉积物，水田，麦/油-稻轮作。地势宽平，土壤发育中等，通体无石灰反应，中下部结构面有较多铁锈斑纹和铁锰胶膜，呈灰色。50 cm 深度土壤温度 16.0 ℃。野外调查时间为 2016 年 4 月 21 日，编号 61-063。

同沟寺系代表性单个土体剖面

Ap1: 0～15 cm，黄棕色（2.5Y 5/3，干），灰色（5Y 4/1，润），耕作层，粉壤土，发育中等的直径 2～10 mm 的团块结构，较疏松，无石灰反应，较多草本植物根系，向下层平滑清晰过渡。

Ap2: 15～22 cm，浊黄橙色（10YR 6/3，干），橄榄灰色（10Y 4/2，润），粉壤土，发育中等的直径 5～10 mm 的块状结构，较紧实，无石灰反应，较少草本植物根系，向下层平滑清晰过渡。

Br1: 22～32 cm，浊黄橙色（10YR 6/4，干），淡灰色（10Y 7/2，润），粉壤土，块状结构，紧实，有中量铁锈斑纹及灰色胶膜，无石灰反应，较少根系，向下层平滑清晰过渡。

Br2: 32～80 cm，浊黄橙色（10YR 6/4，干），浊红棕色（5YR 5/3，润），粉壤土，块状结构，紧实，有中量铁锈斑纹及灰色胶膜，无石灰反应，无根系，向下层平滑清晰过渡。

Br3: 80～120 cm，浊黄橙色（10YR 6/4，干），灰紫色（10RP 4/2，润），粉黏壤土，块状结构，稍松软，结构缝隙有中量灰色铁锰胶膜，无石灰反应，无根系。

同沟寺系代表性单个土体物理性质

| 土层 | 深度/cm | 砾石(>2mm，体积分数)/% | 细土颗粒组成(粒径: mm)/(g/kg) | | | 质地 | 容重/(g/cm³) |
			砂粒 2～0.05	粉粒 0.05～0.002	黏粒 <0.002		
Ap1	0～15	0	151	599	250	粉壤土	1.34
Ap2	15～22	0	159	594	247	粉壤土	1.33
Br1	22～32	0	197	563	240	粉壤土	1.76
Br2	32～80	0	100	657	243	粉壤土	1.63
Br3	80～120	0	3	683	314	粉黏壤土	1.58

同沟寺系代表性单个土体化学性质

深度/cm	pH(H₂O)	有机质/(g/kg)	全氮(N)/(g/kg)	全磷(P)/(g/kg)	全钾(K)/(g/kg)	CEC/(cmol/kg)	CaCO₃/(g/kg)	游离氧化铁/(g/kg)
0～15	7.1	31.6	1.55	0.83	7.44	18.24	0	7.50
15～22	6.9	19.8	1.18	0.56	7.17	17.49	0	8.24
22～32	7.3	6.6	0.38	0.19	8.02	18.03	0	9.41
32～80	7.4	8.4	0.47	0.34	10.08	20.86	0	10.63
80～120	7.5	8.2	0.41	0.26	11.43	22.55	0	11.31

4.4.8 武乡系（Wuxiang Series）

土　　族：黏壤质混合型非酸性热性-普通简育水耕人为土
拟定者：齐雁冰，常庆瑞，刘梦云

分布与环境条件　分布于陕西省汉江谷地汉中、安康、商洛的一级阶地和山丘沟谷，海拔 500～700 m，成土母质为洪积-冲积物。水田，油-稻轮作或单季稻；北亚热带湿润季风气候，年日照时数 1750～1800 h，年均温 14～15 ℃，≥10 ℃年积温 4400 ℃，年均降水量 850～980 mm，无霜期 234 d。

武乡系典型景观

土系特征与变幅　诊断层包括水耕表层、水耕氧化还原层；诊断特性包括热性土壤温度状况、人为滞水土壤水分状况。成土母质为洪积-冲积物，所处地势低平，地下水位稍低，为 2～4 m。全剖面土壤泥砂混杂，土质稍轻，以砂质壤土为主，土色较杂，疏松多孔。耕作层有锈纹锈斑，颜色青蓝，氧化还原层结构面有较多铁锈斑纹及铁锰胶膜，占 3%～5%，粉黏壤土-粉壤土，通体无石灰反应，弱碱性，pH 7.3～7.7。

对比土系　老道寺系，同一土族，所处位置均为河流高阶地，但质地稍轻，成土母质为河流冲积-洪积物，为不同土系。驿坝系，同一土族，地形部位同为沟谷地，所处地形部位为坡脚，为不同土系。

利用性能综述　该土系土层深厚，质地较轻，疏松易耕，通透性能良好，保持水肥能力较弱。土壤有机质分解快，含量低，氮磷钾养分中等，一般作物前期生长良好，后期易脱肥早衰。应加强排灌管理，防渗抗旱，低处防洪排渍；增施有机肥和土杂肥，平衡全生育期养分供应。

参比土种　沙泥田。

代表性单个土体　位于陕西省汉中市汉台区武乡镇西村，33°11′30″ N，107°03′00″ E，海拔 568 m，汉江谷地向秦岭山地过渡的山丘沟谷地，地面较平坦，坡度 3°～5°，成土母质为洪积-冲积物，水田，麦/油-稻轮作。地势宽平，土壤发育中等，土体中下部有粗砂泥混杂，通体无石灰反应，中下部结构面有较多铁锈斑纹和铁锰胶膜，呈灰色。50 cm 深度土壤温度 16.0 ℃。野外调查时间为 2016 年 4 月 21 日，编号 61-067。

武乡系代表性单个土体剖面

Ap1：0～20 cm，浊黄橙色（10YR 6/4，干），灰橄榄色（5Y 6/2，润），耕作层，粉黏壤土，发育中等的直径2～10 mm的团块结构，较疏松，颜色青蓝，无石灰反应，有锈纹锈斑，较多草本植物根系，向下层平滑清晰过渡。

Ap2：20～30 cm，浊黄橙色（10YR 6/4，干），灰棕色（7.5YR 5/2，润），犁底层，粉壤土，发育中等的直径5～10 mm的块状结构，较紧实，无石灰反应，较少草本植物根系，向下层平滑清晰过渡。

Br1：30～60 cm，浊黄橙色（10YR 6/4，干），红灰色（2.5YR 5/1，润），粉壤土，块状结构，稍紧实，有中量铁锈斑纹及灰色胶膜，无石灰反应，较少根系，向下层平滑清晰过渡。

Br2：60～120 cm，浊黄橙色（10YR 6/4，干），紫灰色（5PR 5/1，润），粉壤土，块状结构，稍松软，结构缝隙有中量灰色铁锰胶膜，无石灰反应，无根系。

武乡系代表性单个土体物理性质

土层	深度 /cm	砾石 (>2mm，体积分数)/%	细土颗粒组成(粒径：mm)/(g/kg)			质地	容重 /(g/cm³)
			砂粒 2～0.05	粉粒 0.05～0.002	黏粒 <0.002		
Ap1	0～20	0	33	684	283	粉黏壤土	1.46
Ap2	20～30	0	198	600	202	粉壤土	1.66
Br1	30～60	0	36	725	239	粉壤土	1.66
Br2	60～120	0	26	730	244	粉壤土	1.66

武乡系代表性单个土体化学性质

深度 /cm	pH (H₂O)	有机质 /(g/kg)	全氮(N) /(g/kg)	全磷(P) /(g/kg)	全钾(K) /(g/kg)	CEC /(cmol/kg)	游离氧化铁 /(g/kg)
0～20	7.3	9.0	0.47	0.82	8.41	18.24	7.50
20～30	7.7	4.1	0.19	0.66	10.64	17.49	8.24
30～60	7.7	5.2	0.25	0.73	9.89	18.03	9.41
60～120	7.7	5.2	0.26	0.69	10.67	20.86	10.63

4.4.9　周家山系（**Zhoujiashan Series**）

土　族：黏壤质混合型非酸性热性-普通简育水耕人为土
拟定者：齐雁冰，常庆瑞，刘梦云

分布与环境条件　分布于陕西省秦岭南坡中下部的河流高阶地及地势平缓的丘陵台地地区，海拔 390～900 m，物质来源以次生黄土为主，底部土壤一般为河流冲积物；水田，油-稻轮作；北亚热带湿润季风气候，年日照时数 1500～1600 h，年均温 13.5～14.5 ℃，年均降水量 900～1000 mm，无霜期 250 d。

周家山系典型景观

土系特征与变幅　诊断层包括水耕表层、水耕氧化还原层；诊断特性包括热性土壤温度状况、人为滞水土壤水分状况。水耕氧化还原层出现在 40 cm 以下，厚度为 50～70 cm，有 3%～7%的铁锈斑纹及灰色胶膜。土体厚度在 1.2 m 以上，土壤质地为粉壤土-壤土，中性，pH 6.1～7.9。

对比土系　黄官系，同一土族，地形部位同为宽谷缓坡地或高阶地，海拔相对较高，土壤温度上有差异，为不同土系。驿坝系，同一土族，地形部位同为沟谷地，地形部位为坡脚，为不同土系。

利用性能综述　该土系靠近汉江，位于汉江一级阶地上，土层较深厚，土壤质地适中，保肥持水性能较好，由于长期油-稻轮作，土壤肥力有所降低，结构黏重，因此应实行秸秆还田及进行深翻以提高土壤肥力及疏松土壤。

参比土种　黄泥田。

代表性单个土体　位于陕西省汉中市勉县周家山镇柳营村，33°09′02″N，106°44′46″ E，海拔 526 m，汉江一级阶地，成土母质为河流冲积物，水田，油-稻轮作。地势平坦，土壤发育中等，通体无石灰反应，中部结构面有铁锰胶膜，呈灰色。此剖面为二元结构，100 cm 以下为明显的河床相冲积物，之上为黄褐土型土壤。50 cm 深度土壤温度 16.0 ℃。野外调查时间为 2016 年 4 月 20 日，编号 61-062。

周家山系代表性单个土体剖面

Ap1：0～20 cm，黄棕色（2.5Y 5/3，干），橄榄灰色（2.5GY 6/1，润），耕作层，粉壤土，发育中等的直径2～10 mm的团块结构，较疏松，受地表淹水影响呈青蓝色，无石灰反应，较多草本植物根系，向下层平滑清晰过渡。

Ap2：20～35 cm，浊黄色（2.5Y 6/4，干），黑棕色（2.5Y 3/2，润），犁底层，粉壤土，发育中等的直径5～10 mm的块状结构，较紧实，呈青蓝色，无石灰反应，较少草本植物根系，向下层平滑清晰过渡。

Br1：35～60 cm，浊黄色（2.5Y 6/4，干），灰黄棕色（10YR 5/2，润），粉壤土，块状结构，紧实，裂缝中有少量灰色胶膜，无石灰反应，较少根系，向下层无规则清晰过渡。

Br2：60～100 cm，浊黄色（2.5Y 6/4，干），灰橄榄色（5Y 5/2，润），壤土，块状结构，紧实，结构面隐约可见铁锰胶膜，无石灰反应，较少根系，向下层平滑清晰过渡。

Br3：100～120 cm，浊黄色（2.5Y 6/4，干），灰橄榄色（5Y 4/2，润），粉壤土，块状结构，紧实，结构面隐约可见铁锰胶膜，无石灰反应，无根系，有少量直径10 mm以上的砾石。

周家山系代表性单个土体物理性质

土层	深度 /cm	砾石 (>2mm，体积分数)/%	细土颗粒组成(粒径：mm)/(g/kg)			质地	容重 /(g/cm³)
			砂粒 2～0.05	粉粒 0.05～0.002	黏粒 <0.002		
Ap1	0～20	0	111	657	232	粉壤土	1.11
Ap2	20～35	0	111	652	237	粉壤土	1.48
Br1	35～60	0	13	757	230	粉壤土	1.63
Br2	60～100	0	343	481	176	壤土	1.60
Br3	100～120	5	158	614	228	粉壤土	1.44

周家山系代表性单个土体化学性质

深度 /cm	pH (H₂O)	有机质 /(g/kg)	全氮(N) /(g/kg)	全磷(P) /(g/kg)	全钾(K) /(g/kg)	CEC /(cmol/kg)	CaCO₃ /(g/kg)	游离氧化铁 /(g/kg)
0～20	6.1	29.1	1.41	0.81	9.40	19.00	6.7	8.11
20～35	7.9	20.9	1.16	0.82	9.64	17.99	7.5	8.89
35～60	7.7	10.2	0.52	0.46	11.01	16.18	7.6	8.94
60～100	7.8	9.1	0.45	0.34	9.76	15.05	0.0	8.56
100～120	7.8	45.8	2.70	0.62	10.65	15.63	0.0	9.40

4.4.10　午子山系（Wuzishan Series）

土　　族：壤质混合型石灰性热性-普通简育水耕人为土
拟定者：齐雁冰，常庆瑞，刘梦云

分布与环境条件　分布于陕西省汉江谷地汉中、安康等地的河流滩地、一级阶地和山丘沟谷地带，海拔 400～800 m，母土为河流冲积-洪积物；水田，油-稻轮作或单季稻；北亚热带湿润季风气候，年日照时数 1650～1750 h，年均温 14～15 ℃，≥10 ℃年积温 4400 ℃，年均降水量 1100～1200 mm，无霜期 246 d。

午子山系典型景观

土系特征与变幅　诊断层包括水耕表层、水耕氧化还原层；诊断特性包括热性土壤温度状况、人为滞水土壤水分状况。成土母质为冲积-洪积物，所处地势低平，地下水位稍高，受成土母质影响，土壤泥砂混杂，常含有少量粒径 5 mm 以上的砾石。土体厚度在 1.2 m 以上，长期植稻，中下部结构面有较多铁锰胶膜，占 1%～5%，地下水位在 1.5 m 以下，粉壤土-壤土，表层有弱石灰反应，弱碱性，pH 8.0～8.3。

对比土系　黄官系，同一土类，地形部位同为宽谷缓坡地，但成土母质不同而为不同土系。驿坝系，同一土类，地形部位同为沟谷地，但表层具有一定的潜育现象，为不同土系。

利用性能综述　该土系所处位置一般为河流滩地或高阶地、沟谷沟槽，土层深厚，质地较轻，土壤疏松易耕，保水肥能力稍弱，有机质分解快，含量稍低。所处地势低平，地下水位较高，应注意防洪和排水，防止土壤次生潜育化，增施有机肥培肥地力。

参比土种　锈沙泥田。

代表性单个土体　位于陕西省汉中市西乡县堰口镇城南办事处（水泥厂边，午子山脚下），32°59′06″ N，107°46′54″ E，海拔 437 m，河流一级阶地，成土母质为河流冲积物，水田，油-稻轮作。近几年逐渐改为旱作。由于冬灌表层有潜育现象。地势缓坡，土壤发育中等，表层有弱石灰反应，中下部结构面有较多铁锰胶膜，呈灰色。土壤质地上层黏壤土，下部砂壤土。50 cm 深度土壤温度 16.2 ℃。野外调查时间为 2016 年 5 月 22 日，编号 61-075。

午子山系代表性单个土体剖面

Ap1：0～18 cm，黄棕色（2.5Y 5/3，干），淡灰色（10Y 7/1，润），耕作层，粉壤土，发育中等的直径 2～10 mm 的团块结构，较疏松，颜色青蓝，弱石灰反应，较多草本植物根系，向下层平滑清晰过渡。

Ap2：18～38 cm，浊黄橙色（10YR 6/4，干），橄榄灰色（2.5GY 6/1，润），犁底层，粉壤土，发育中等的直径 5～10 mm 的块状结构，较紧实，无石灰反应，较少草本植物根系，向下层平滑清晰过渡。

Br1：38～70 cm，浊黄棕色（10YR 5/4，干），棕灰色（5YR 5/1，润），粉壤土，块状结构，紧实，有少量灰色胶膜，少量铁锈斑纹，无石灰反应，较少根系，向下层平滑清晰过渡。

Br2：70～100 cm，浊黄棕色（10YR 5/4，干），灰黄色（2.5Y 6/2，润），壤土，块状结构，紧实，有少量灰色胶膜，少量铁锈斑纹，无石灰反应，无植被根系，向下层平滑清晰过渡。

Br3：100～120 cm，浊黄棕色（10YR 5/4，干），淡黄色（2.5Y 7/3，润），粉壤土，粒状结构，疏松，有粗砂及粒径 5 mm 以上的砾石，无石灰反应，无植被根系。

午子山系代表性单个土体物理性质

| 土层 | 深度/cm | 砾石（>2mm，体积分数)/% | 细土颗粒组成(粒径：mm)/(g/kg) | | | 质地 | 容重/(g/cm³) |
			砂粒 2～0.05	粉粒 0.05～0.002	黏粒 <0.002		
Ap1	0～18	0	82	672	246	粉壤土	1.59
Ap2	18～38	0	123	665	212	粉壤土	1.65
Br1	38～70	0	79	703	218	粉壤土	1.86
Br2	70～100	0	449	399	152	壤土	1.69
Br3	100～120	5	252	555	193	粉壤土	1.68

午子山系代表性单个土体化学性质

深度/cm	pH（H₂O)	有机质/(g/kg)	全氮(N)/(g/kg)	全磷(P)/(g/kg)	全钾(K)/(g/kg)	CEC/(cmol/kg)	CaCO₃/(g/kg)	游离氧化铁/(g/kg)
0～18	8.3	29.6	1.31	0.72	3.59	27.12	11.2	10.91
18～38	8.3	9.0	0.45	0.18	3.41	26.18	4.5	10.89
38～70	8.2	6.1	0.36	0.19	2.78	20.01	3.9	11.18
70～100	8.1	4.1	0.23	0.18	1.59	15.22	0.0	11.65
100～120	8.0	4.8	0.25	0.31	6.80	20.48	0.0	11.68

4.4.11 桔园系（Juyuan Series）

土　族：砂质硅质混合型非酸性热性-普通简育水耕人为土
拟定者：齐雁冰，常庆瑞，刘梦云

分布与环境条件　分布于陕西省秦岭南麓汉江谷地的汉中、安康及商洛等地区的河漫滩或一级阶地上，海拔 450～650 m，地面坡度 3°～5°，仅在河流支流水缓处，经过截蓄平整后种植水稻或马铃薯等，成土母质为河流砂质冲积物。北亚热带湿润季风气候，年日照时数 1400～1500 h，年均温 13.5～14.5 ℃，≥10 ℃活动积温 4300～5400 ℃，年均降水量 700～900 mm，无霜期 245 d。

桔园系典型景观

土系特征与变幅　诊断层包括水耕表层、水耕氧化还原层；诊断特性包括热性土壤温度状况、人为滞水土壤水分状况、冲积沉积物岩性特征。该土系成土母质为砂质河流冲积物，质地较粗，砂性大，通体为壤土-砂壤土质地，由于地处河漫滩，地下水位较高，随冲积物性质不同，pH 差异较大，全剖面质地均一，无石灰反应，壤土-砂壤土，中性-碱性土，pH 6.9～7.6。

对比土系　阳平关系，同一亚纲，均为河流冲积物成土母质，具有水耕表层和水耕氧化还原层，但土壤质地为粉壤土，且具有潜育特征，为不同亚类。鱼河系，不同土纲，成土母质均为砂质河流冲积物，但不具有水耕表层且形成明显的潜育特征，为潜育土。

利用性能综述　该土系多为新垦水田，水源较有保证，但质地粗，土壤瘠薄，表层养分含量低，水分极易下渗，漏水漏肥严重，利用上可以增施有机肥，引洪漫淤或垫土，提高土壤黏粒含量，也可以实行稻肥轮作，或者修筑鱼塘，种植莲藕。

参比土种　沙田。

代表性单个土体　位于陕西省汉中市城固县桔园镇张家湾村，33°01′19″ N，107°13′03″ E，海拔 620 m，低山沟谷地，成土母质为砂质河流冲积物，地处低洼平坦处，地下水位 50～60 cm，种稻期间人为滞水。一年两熟。剖面表层表现出砂物质特征，土层浅薄，中部有氧化还原特征，全剖面砂质土，无石灰反应。50 cm 深度土壤温度 16.1℃。野外调查时间为 2016 年 4 月 22 日，编号 61-069。

Ap1：0～23 cm，浊黄棕色（10YR 5/3，干），黑棕色（2.5Y 3/2，润），壤土，粒块状结构，疏松，中量细根，无石灰反应，向下层平滑清晰过渡。

Ap2：23～39 cm，浊黄棕色（10YR 5/4，干），橄榄黑色（10Y 3/1，润），砂壤土，发育中等的小块状结构，坚实，结构面有少量铁锰斑纹，无石灰反应，向下层平滑清晰过渡。

Br1：39～70 cm，浊黄色（2.5Y 6/3，干），黑色（2.5GY 2/1，润），壤土，发育弱的中块状结构，稍坚实，结构面有少量灰色胶膜和中量铁锰斑纹，无石灰反应，向下层平滑清晰过渡。

Br2：70～90 cm，灰黄色（2.5Y 6/2，干），黑色（2.5GY 2/1，润），砂壤土，单粒，无结构，松散，少量铁锰斑纹，无石灰反应。

桔园系代表性单个土体剖面

桔园系代表性单个土体物理性质

| 土层 | 深度/cm | 砾石(>2mm，体积分数)/% | 细土颗粒组成(粒径：mm)/(g/kg) | | | 质地 | 容重/(g/cm³) |
			砂粒 2～0.05	粉粒 0.05～0.002	黏粒 <0.002		
Ap1	0～23	0	403	451	146	壤土	1.32
Ap2	23～39	0	620	275	105	砂壤土	1.66
Br1	39～70	0	347	478	175	壤土	1.61
Br2	70～90	0	700	211	89	砂壤土	1.76

桔园系代表性单个土体化学性质

深度/cm	pH(H₂O)	有机质/(g/kg)	全氮(N)/(g/kg)	全磷(P)/(g/kg)	全钾(K)/(g/kg)	CEC/(cmol/kg)	CaCO₃/(g/kg)	游离氧化铁/(g/kg)
0～23	6.9	33.27	0.88	0.82	3.50	22.09	4.0	6.89
23～39	7.5	14.83	0.41	0.41	3.01	15.98	3.7	7.41
39～70	7.6	15.00	0.47	0.52	3.82	21.02	5.6	8.81
70～90	7.3	13.10	0.36	0.24	3.65	13.92	5.6	3.24

4.5　钙积土垫旱耕人为土

4.5.1　虢王系（Guowang Series）

土　族：黏壤质混合型温性-钙积土垫旱耕人为土
拟定者：齐雁冰，常庆瑞，刘梦云

分布与环境条件　分布于陕西省关中平原西部渭河南北的黄土台塬及渭河高阶地相对平坦的部位，海拔 500～800 m，沉积黄土母质，旱地，小麦-玉米轮作。暖温带半湿润、半干旱季风气候，年日照时数 1950～2050 h，年均温 11～12 ℃，年均降水量 550～650 mm，无霜期209 d。

虢王系典型景观

土系特征与变幅　诊断层包括堆垫表层、黏化层、钙积层；诊断特性包括温性土壤温度状况、半干润土壤水分状况。长期小麦-玉米轮作，农作历史悠久，人类长期施用土粪堆垫并进行耕作熟化而在表层形成覆盖层，并能观察到炭渣、瓦片等侵入体，原耕作层被逐渐覆盖，土层深厚，厚度在 1.5 m 以上，黏化层深厚，达 60 cm 以上，结构面上有暗紫色胶膜，通体粉壤土，弱碱性，pH 8.4～8.6。

对比土系　杨凌系，同一土族，地形部位相似，均为较平的塬面，成土母质为黄土，黏化层下见到钙积层，但结构面腐殖质胶膜明显较少，为不同土系。磻溪系，不同土纲，地形部位同为渭河高阶地，成土母质为沉积黄土，但堆垫层未达到堆垫表层标准而为淋溶土纲。

利用性能综述　该土系所处地形较平坦，土体深厚，质地适中，表层疏松多孔，下部黏化层紧实，具有保水托肥作用，土壤养分含量中等，土壤较肥沃，是关中地区的高产土壤之一。由于地处半湿润、半干旱区域，应完善灌溉条件，保证灌溉，同时由于近些年农民已不再进行有机土粪的堆垫，表层有机质含量有降低的趋势，应注意增施有机肥和实行秸秆还田以培肥土壤。

参比土种　黑紫土。

代表性单个土体　位于陕西省宝鸡市凤翔县虢王镇西谢村南塬上，34°21′12″ N，107°31′03″ E，海拔 685 m，渭河高阶地的平坦部位，由原来褐土经长期耕作和大量施用土粪堆积增厚形成，成土母质为原生黄土，旱地，小麦-玉米轮作。地势较平坦，土壤发育中等，土体上部弱石灰反应，底部有钙积层，石灰反应强烈。上部堆垫层及中部黏化层受上层黏粒及褐色腐殖质影响，在结构面呈现多量黑紫色胶膜，土体中部黏粒含量较多。50 cm 深度土壤温度 15.0 ℃。野外调查时间为 2016 年 4 月 9 日，编号 61-054。

豌王系代表性单个土体剖面

Aup：0～20 cm，浊黄棕色（10YR 5/4，干），棕灰色（5YR 4/1，润），粉壤土，耕作层发育强，团粒状结构，疏松，肉眼可见炭渣及瓦片，弱石灰反应，大量草本植物根系，向下层平滑清晰过渡。

Aupb：20～60 cm，浊黄棕色（10YR 5/4，干），青灰色（10BG 5/1，润），粉壤土，团块状结构，紧实，受上层黏粒及褐色腐殖质影响，在结构面呈现多量腐殖质-粉粒胶膜，有瓦片、炭渣等侵入体，少量植物根系，弱石灰反应，向下层平滑清晰过渡。

Bt：60～100 cm，浊黄棕色（10YR 5/4，干），灰白色（5Y 8/2，润），粉壤土，紧实，棱块状结构，受上层黏粒及褐色腐殖质影响，在结构面呈现中量腐殖质-粉粒胶膜，并有黏粒胶膜，无石灰反应，有少量根系分布，向下层平滑清晰过渡。

Bw：100～130 cm，浊黄棕色（10YR 5/4，干），灰橄榄色（7.5Y 6/2，润），粉壤土，松软，块状结构，受上层褐色腐殖质影响，在结构面呈现少量腐殖质胶膜，无石灰反应，有少量根系分布，向下层平滑清晰过渡。

Bk：130～160 cm，浊黄棕色（10YR 5/4，干），浅淡黄色（5Y 8/3，润），钙积层，粉壤土，松软，结构不明显，有大量假菌丝状和霜粉状石灰淀积，强石灰反应，无根系分布。

豌王系代表性单个土体物理性质

土层	深度 /cm	砾石 (>2mm，体积分数)/%	细土颗粒组成(粒径：mm)/(g/kg)			质地	容重 /(g/cm³)
			砂粒 2～0.05	粉粒 0.05～0.002	黏粒 <0.002		
Aup	0～20	0	153	708	139	粉壤土	1.48
Aupb	20～60	0	158	726	116	粉壤土	1.51
Bt	60～100	0	167	695	138	粉壤土	1.56
Bw	100～130	0	169	703	128	粉壤土	1.41
Bk	130～160	0	181	693	126	粉壤土	1.43

豌王系代表性单个土体化学性质

深度 /cm	pH (H₂O)	有机质 /(g/kg)	全氮(N) /(g/kg)	全磷(P) /(g/kg)	全钾(K) /(g/kg)	CEC /(cmol/kg)	CaCO₃ /(g/kg)	游离氧化铁 /(g/kg)
0～20	8.4	15.3	0.81	0.50	11.33	18.12	7.9	3.8
20～60	8.4	13.1	0.72	0.14	13.17	25.53	6.4	3.8
60～100	8.5	9.9	0.46	0.26	12.58	24.60	6.2	3.9
100～130	8.6	8.3	0.43	0.24	12.60	20.73	5.0	5.1
130～160	8.6	6.0	0.28	0.46	10.32	16.43	127.7	5.2

4.5.2　上狼沟系（Shanglanggou Series）

土　族：黏壤质混合型温性-钙积土垫旱耕人为土
拟定者：齐雁冰，常庆瑞，刘梦云

分布与环境条件　分布于陕西省关中平原北部黄土台塬的槽、碟形洼地、北山山前洪积扇的前缘，以及泾河、渭河两岸一、二级阶地，海拔 340～800 m，沉积次生黄土母质，旱地，小麦-玉米轮作。暖温带半湿润、半干旱季风气候，年日照时数 2250～2370 h，年均温 13～14 ℃，年均降水量 510～650 mm，无霜期 215 d。

上狼沟系典型景观

土系特征与变幅　诊断层包括堆垫表层、黏化层、钙积层；诊断特性包括温性土壤温度状况、半干润土壤水分状况。长期小麦-玉米轮作，农作历史悠久，因人类长期施用土粪堆垫并进行耕作熟化而在表层形成覆盖层，并能观察到炭渣、瓦片等侵入体，原耕作层被逐渐覆盖，土层深厚，厚度在 1.2 m 以上，黏化层相对较薄，低于 60 cm，粉壤土-粉黏壤土，弱碱性，pH 8.4～8.5。

对比土系　杨凌系，同一土族，地形部位为渭河阶地及黄土台塬塬面，成土母质为黄土，在剖面黏化层之下均有钙积层，但黏化层及钙积层厚度均明显较厚，为不同土系。到贤系，同一土类，地形部位为渭河阶地及黄土台塬塬面，成土母质为黄土，但黏化层下无钙积层，为不同亚类。

利用性能综述　该土系所处地形较平坦，土体深厚，质地适中，表层疏松多孔，耕性好，下部黏化层较紧实，具有保水托肥作用，土壤养分含量中等，土壤较肥沃。由于地处半湿润、半干旱区域，应完善灌溉条件，保证灌溉，同时由于近些年农民已不再进行有机土粪的堆垫，表层有机质含量有降低的趋势，应注意增施有机肥和实行秸秆还田以培肥土壤。

参比土种　塿墡土。

代表性单个土体　位于陕西省咸阳市三原县新兴镇上狼沟，34°49′04″ N，108°50′36″ E，海拔 778 m，关中平原北部北山山前洪积扇的前缘，成土母质为黄土物质，旱地，小麦-玉米轮作。由原来褐土经长期耕作和大量施用土粪堆积增厚形成。地势较平坦，土壤发育中等，通体中度-强石灰反应，土体中部紧实，中下部结构面有碳酸钙粉末。50 cm 深度土壤温度 14.7 ℃。野外调查时间为 2016 年 3 月 27 日，编号 61-037。

Aup1: 0～25 cm，浊黄棕色（10YR 5/4，干），灰黄棕色（10YR 4/2，润），粉壤土，耕作层发育强，团粒状结构，较松软，可见炭渣及瓦片，强石灰反应，多量草本根系，向下层平滑清晰过渡。

Aup2: 25～33 cm，浊黄橙色（10YR 6/3，干），淡灰色（10Y 7/2，润），粉壤土，犁底层发育强，较紧实，块状结构，有炭渣、瓦片等侵入体，强石灰反应，细根骤减，向下层平滑清晰过渡。

Aupb: 33～50 cm，浊黄橙色（10YR 6/4，干），淡黄色（5Y 7/3，润），老耕层，粉壤土，稍紧实，块状，有炭渣、瓦片等侵入体，强石灰反应，较少根系分布，向下层平滑清晰过渡。

Bt: 50～70 cm，浊黄橙色（10YR 6/3，干），灰黄棕色（10YR 5/2，润），黏化层，粉黏壤土，稍紧实，块状结构，结构面有黏粒胶膜，中石灰反应，无根系。向下层平滑清晰过渡。

上狼沟系代表性单个土体剖面

Bk: 70～120 cm，浊黄橙色（10YR 6/3，干），浊橙色（7.5YR 6/4，润），钙积层，粉壤土，稍紧实，块状结构，结构面有碳酸钙粉末，强石灰反应，无根系。

上狼沟系代表性单个土体物理性质

土层	深度 /cm	砾石 (>2mm，体积 分数)/%	细土颗粒组成(粒径：mm)/(g/kg)			质地	容重 /(g/cm³)
			砂粒 2～0.05	粉粒 0.05～0.002	黏粒 <0.002		
Aup1	0～25	0	44	704	252	粉壤土	1.51
Aup2	25～33	0	28	736	236	粉壤土	1.79
Aupb	33～50	0	28	715	257	粉壤土	1.67
Bt	50～70	0	20	685	295	粉黏壤土	1.62
Bk	70～120	0	10	757	233	粉壤土	1.36

上狼沟系代表性单个土体化学性质

深度 /cm	pH (H₂O)	有机质 /(g/kg)	全氮(N) /(g/kg)	全磷(P) /(g/kg)	全钾(K) /(g/kg)	CEC /(cmol/kg)	CaCO₃ /(g/kg)
0～25	8.5	11.5	0.68	0.61	9.81	13.45	94.4
25～33	8.4	9.7	0.63	0.68	11.06	12.43	119.1
33～50	8.4	14.9	0.88	0.91	9.87	11.95	97.9
50～70	8.5	6.8	0.47	0.44	8.81	11.15	125.5
70～120	8.4	5.6	0.35	0.41	10.81	12.07	148.0

4.5.3　杨凌系（Yangling Series）

土　　族：黏壤质混合型温性-钙积土垫旱耕人为土
拟定者：齐雁冰，常庆瑞，刘梦云

分布与环境条件　分布于陕西省
渭河北岸二、三级阶地及宽平塬
面上，海拔 420～520 m，沉积黄
土母质或冲积黄土母质，旱地，
小麦-玉米轮作，近几年有大面积
转变为大棚或苗木及猕猴桃等经
济作物。暖温带半湿润季风气候，
年日照时数 2160～2170 h，年均
温 12.5～13.5 ℃，年均降水量
630～660 mm，无霜期 220 d。

杨凌系典型景观

土系特征与变幅　诊断层包括堆垫表层、黏化层、钙积层；诊断特性包括温性土壤温度
状况、半干润土壤水分状况。长期小麦-玉米轮作，农作历史悠久，人类长期施用土粪堆
垫并进行耕作熟化而在表层形成覆盖层，并能观察到炭渣、瓦片等侵入体，原耕作层被
逐渐覆盖，土层深厚，厚度在 1.5 m 以上，黏化层深厚，达 60 cm 以上，钙积层位于黏
化层之下，壤土-黏壤土，弱碱性，pH 8.0～8.3。

对比土系　虢王系，同一土族，所处地形部位及成土过程类似，但虢王系剖面中上部受
腐殖质胶膜影响深刻，颜色暗紫色，为不同土系。临平系，不同土纲，地形部位相似，
均为较平的塬面，成土母质为黄土，但在黏化层下未见钙积层，且堆垫层厚度未达到堆
垫表层标准而为淋溶土纲。

利用性能综述　该土系土体深厚，质地适中，表层疏松多孔，下部黏化层紧实，具有保水
托肥作用，土壤养分含量中等，土壤较肥沃，是关中地区的高产土壤之一。由于地处半湿润、
半干旱区域，应完善灌溉条件，保证灌溉，同时由于近些年农民已不再进行有机土粪的堆垫，
表层有机质含量有降低的趋势，应注意增施有机肥和实行秸秆还田以培肥土壤。

参比土种　红油土。

代表性单个土体　位于陕西省杨凌区西北农林科技大学北校区试验田，34°17′59.28″ N，
108°04′8.46″ E，海拔 516 m，渭河三级阶地平缓塬面上，由原来褐土经长期耕作和大量
施用土粪堆积增厚形成，成土母质为原生黄土，旱地，小麦-玉米轮作。地势平坦，土壤
发育强，石灰反应强烈，土体中部黏粒含量较多，下部有碳酸钙菌丝体。50 cm 深度土
壤温度 15.2 ℃。野外调查时间为 2015 年 5 月 23 日，编号 61-001。

杨凌系代表性单个土体剖面

Aup:　0～30 cm，浊黄棕色（10YR 5/4，干），淡灰色（7.5Y 7/2，润），壤土，耕作层发育强，团粒状结构，较松软，肉眼可见炭渣及瓦片，强石灰反应，大量草本根系，向下层平滑清晰过渡。

Aupb：30～50 cm，浊黄棕色（10YR 5/4，干），灰色（10Y 6/1，润），壤土，犁底层发育强，紧实，块状结构，强石灰反应，较少细根，向下层平滑清晰过渡。

Bt1：　50～90 cm，浊黄棕色（10YR 5/4，干），棕灰色（5YR 6/2，润），黏化层，黏壤土，紧实，棱柱状结构，结构体面上有 20%～30%的黏粒胶膜，弱石灰反应，无根系分布，向下层平滑清晰过渡。

Bt2：　90～120 cm，浊黄棕色（10YR 5/4，干），灰棕色（10YR 6/1，润），黏化层，壤土，紧实，明显具有棱柱状结构，结构面有黏粒胶膜，弱石灰反应，较少根系，向下层平滑清晰过渡。

Bk：120～165 cm，浊黄橙色（10YR 6/3，干），灰白色（2.5Y 8/1，润），钙积层，粉壤土，钙积明显，极强石灰反应，该层由上而下 $CaCO_3$ 菌丝体由多变少。

杨凌系代表性单个土体物理性质

| 土层 | 深度/cm | 砾石（>2mm，体积分数)/% | 细土颗粒组成(粒径：mm)/(g/kg) | | | 质地 | 容重/(g/cm³) |
			砂粒 2～0.05	粉粒 0.05～0.002	黏粒 <0.002		
Aup	0～30	0	320	462	218	壤土	1.70
Aupb	30～50	0	290	492	218	壤土	1.53
Bt1	50～90	0	320	382	298	黏壤土	1.49
Bt2	90～120	0	270	492	238	壤土	1.51
Bk	120～165	0	300	502	198	粉壤土	1.48

杨凌系代表性单个土体化学性质

深度/cm	pH(H₂O)	有机质/(g/kg)	全氮(N)/(g/kg)	全磷(P)/(g/kg)	全钾(K)/(g/kg)	CEC/(cmol/kg)	CaCO₃/(g/kg)
0～30	8.2	16.4	0.91	0.68	12.35	19.11	26.3
30～50	8.3	8.3	0.53	0.25	11.67	16.34	28.8
50～90	8.0	10.0	0.60	0.13	14.02	21.61	5.2
90～120	8.0	8.5	0.45	0.17	13.12	17.56	1.7
120～165	8.2	7.5	0.36	0.34	9.86	14.90	176.7

4.5.4　普集系（Puji Series）

土　族：壤质硅质混合型温性-钙积土垫旱耕人为土
拟定者：齐雁冰，常庆瑞，刘梦云

分布与环境条件　分布于陕西省关中平原中部渭河两岸一、二级阶地的阶前洼地，是关中平原的老灌区，海拔 380～500 m，次生黄土母质，旱地，小麦-玉米轮作。暖温带半湿润、半干旱季风气候，年日照时数 2050～2150 h，年均温 12.5～13.5 ℃，年均降水量 550～700 mm，无霜期 221 d。

普集系典型景观

土系特征与变幅　诊断层包括堆垫表层、黏化层、钙积层；诊断特性包括温性土壤温度状况、半干润土壤水分状况、石灰性。长期小麦-玉米轮作，农作历史悠久，因人类长期施用土粪堆垫并进行耕作熟化而在表层形成覆盖层，并能观察到炭渣、瓦片等侵入体，原耕作层被逐渐覆盖，土层深厚，厚度在 1.2 m 以上；受地下水升降的影响，剖面中下部有多量斑点状锈纹锈斑，黏化层深厚，呈碎棱柱状，结构体外包被褐色胶膜，通体粉壤土，弱碱性，pH 8.2～8.5。

对比土系　杨凌系，同一土类，地形部位同为渭河阶地及台塬塬面，但人为堆垫层次较厚，表层未受到人为扰动，为不同土系。贞元系，同一土类，地形部位同为渭河阶地，成土母质为次生黄土，但不具有明显的钙积层，为不同亚类。

利用性能综述　该土系所处地形较平坦，土体深厚，质地适中，表层疏松多孔，下部黏化层紧实，具有保水托肥作用，土壤养分含量中等，土壤较肥沃，是关中地区的高产土壤之一。由于地处半湿润、半干旱区域，应完善灌溉条件，保证灌溉，同时由于近些年农民已不再进行有机土粪的堆垫，表层有机质含量有降低的趋势，应注意增施有机肥和实行秸秆还田以培肥土壤。

参比土种　斑斑黑油土。

代表性单个土体　位于陕西省咸阳市武功县普集镇洪寨村 12 组西，34°13′53.6″ N，108°12′25.7″ E，海拔 425 m，渭河一级阶地，发育于原褐土并经过长期耕作、灌溉和大量施用土粪堆积，成土母质为次生黄土，旱地，小麦-玉米轮作，近年来逐渐发展为种植狝猴桃等经济水果。地势平坦，土壤发育中等，通体有石灰反应，中部黏化层发育较强，呈暗褐色。50 cm 深度土壤温度 15.4 ℃。野外调查时间为 2015 年 7 月 25 日，编号 61-007。

普集系代表性单个土体剖面

Aup1：0～15 cm，浊黄棕色（10YR 5/4，干），灰白色（2.5GY 8/1，润），粉壤土，耕作层发育强，团粒状结构，疏松，有炭渣及瓦片等侵入体，弱石灰反应，大量草本植物根系，向下层平滑清晰过渡。

Aup2：15～35 cm，浊黄橙色（10YR 6/3，干），黄灰色（2.5Y 6/1，润），粉壤土，较紧实，棱块状结构，有炭渣及瓦片等侵入体，结构面可见腐殖质胶膜，强石灰反应，少量草本植物根系，向下层平滑清晰过渡。

Aupb：35～55 cm，浊黄橙色（10YR 6/3，干），淡橄榄灰色（2.5GY 7/1，润），粉壤土，棱柱状结构，紧实，有瓦片、炭渣等侵入体，少量植物根系，结构面可见黏粒及腐殖质胶膜，强石灰反应，向下层平滑清晰过渡。

Bt：55～85 cm，浊黄橙色（10YR 6/3，干），灰白色（5GY 8/1，润），粉壤土，紧实，棱块状结构，少量根系分布，结构面可见黏粒及腐殖质胶膜，弱石灰反应，向下层平滑清晰过渡。

Bw：85～120 cm，浊黄橙色（10YR 6/3，干），淡灰色（2.5Y 7/1，润），粉壤土，稍疏松，块状结构，强石灰反应，少量根系分布，结构面可见暗褐色胶膜。

普集系代表性单个土体物理性质

| 土层 | 深度 /cm | 砾石 (>2mm, 体积分数)/% | 细土颗粒组成（粒径：mm)/(g/kg) | | | 质地 | 容重 /(g/cm³) |
			砂粒 2～0.05	粉粒 0.05～0.002	黏粒 <0.002		
Aup1	0～15	0	141	727	132	粉壤土	1.47
Aup2	15～35	0	63	777	160	粉壤土	1.65
Aupb	35～55	0	99	747	154	粉壤土	1.63
Bt	55～85	0	33	795	172	粉壤土	1.62
Bw	85～120	0	81	766	153	粉壤土	1.67

普集系代表性单个土体化学性质

深度 /cm	pH (H₂O)	有机质 /(g/kg)	全氮(N) /(g/kg)	全磷(P) /(g/kg)	全钾(K) /(g/kg)	CEC /(cmol/kg)	CaCO₃ /(g/kg)
0～15	8.3	8.9	1.64	0.33	10.77	16.68	58.7
15～35	8.3	28.0	0.70	0.64	12.70	30.68	105.2
35～55	8.2	9.8	0.71	0.49	12.46	23.99	98.2
55～85	8.3	10.2	0.72	0.61	13.05	21.10	48.2
85～120	8.5	9.1	0.62	0.67	12.48	18.39	38.2

4.6 斑纹土垫旱耕人为土

4.6.1 曹家堡系（Caojiabu Series）

土　　族：壤质混合型非酸性温性-斑纹土垫旱耕人为土
拟定者：齐雁冰，常庆瑞，刘梦云

分布与环境条件　分布于陕西省关中平原中部渭河南岸的秦岭山前洪积扇中上部，海拔450～600 m，地势由南向北略有倾斜，有轻微的土壤侵蚀。次生黄土母质，受洪积母质影响，个别区域表层含有砾石；旱地，小麦-玉米轮作。暖温带半湿润、半干旱季风气候，年日照时数1800～2000 h，年均温 12.5～13.5 ℃，年均降水量 700～780 mm，无霜期 219 d。

曹家堡系典型景观

土系特征与变幅　诊断层包括堆垫表层、黏化层；诊断特性包括温性土壤温度状况、半干润土壤水分状况、氧化还原特征。长期小麦-玉米轮作，农作历史悠久，因人类长期施用土粪堆垫并进行耕作熟化而在表层形成覆盖层，并能观察到炭渣、瓦片等侵入体，原耕作层被逐渐覆盖，土层深厚，厚度在 1.2 m 以上，黏化层深厚，达 60 cm 以上，壤土-黏壤土，中性，pH 4.9～7.6。

对比土系　二曲系，同一土族，但地形部位为河流一级阶地，为不同土系。

利用性能综述　该土系所处地形较平坦，土体深厚，质地适中，表层疏松多孔，下部黏化层紧实，具有保水托肥作用，土壤养分含量中等，土壤较肥沃，但个别区域表层含有粗砂或砾石，影响耕作，是关中地区的高产土壤之一。由于地处半湿润、半干旱区域，应完善灌溉条件，保证灌溉，同时由于近些年农民已不再进行有机土粪的堆垫，表层有机质含量有降低的趋势，应注意增施有机肥和实行秸秆还田以培肥土壤。

参比土种　表砾质立茬土。

代表性单个土体　位于陕西省西安市鄠邑区石井镇曹家堡村，34°00′40.5″ N，108°37′44.64″ E，海拔 465 m，由原来淋溶褐土经长期耕作和大量施用土粪堆积增厚形成，成土母质为次生黄土，旱地，小麦-玉米轮作，近年来逐渐发展为种植猕猴桃、葡萄等经济水果。地势较平坦，土壤发育中等，通体无石灰反应，中部黏化层发育较强，呈暗褐色。50 cm 深度土壤温度 15.5 ℃。野外调查时间为 2016 年 3 月 18 日，编号 61-024。

Aup1：0～10 cm，棕色（10YR 4/4，干），淡灰色（10Y 7/1，润），壤土，耕作层发育强，团粒状结构，疏松，有炭渣及瓦片等侵入体，无石灰反应，大量草本植物根系，向下层平滑清晰过渡。

Aup2：10～20 cm，浊黄棕色（10YR 5/4，干），灰白色（2.5Y 8/1，润），壤土，犁底层较紧实，块状结构，有炭渣及瓦片等侵入体，无石灰反应，少量草本植物根系，向下层平滑清晰过渡。

Aupb：20～50 cm，浊黄棕色（10YR 5/4，干），淡橄榄灰色（5GY 7/1，润），老耕层，壤土，块状结构，紧实，有瓦片、炭渣等侵入体，无石灰反应，少量植物根系，向下层平滑清晰过渡。

Btr：50～90 cm，浊黄棕色（10YR 5/4，干），绿灰色（7.5GY 5/1，润），黏化层，黏壤土，紧实，块状结构，无石灰反应，少量根系分布，结构面可见黏粒及腐殖质胶膜，少量锈纹锈斑，向下层平滑清晰过渡。

曹家堡系代表性单个土体剖面

Br：90～120 cm，浊黄棕色（10YR 5/4，干），灰色（7.5Y 4/1，润），黏化层，黏壤土，紧实，块状结构，少量锈纹锈斑，无石灰反应，结构面可见腐殖质胶膜，少量根系。

曹家堡系代表性单个土体物理性质

土层	深度 /cm	砾石 (>2mm，体积分数)/%	细土颗粒组成(粒径：mm)/(g/kg)			质地	容重 /(g/cm³)
			砂粒 2～0.05	粉粒 0.05～0.002	黏粒 <0.002		
Aup1	0～10	0	338	438	224	壤土	1.51
Aup2	10～20	0	338	418	244	壤土	1.61
Aupb	20～50	0	338	418	244	壤土	1.64
Btr	50～90	0	318	378	304	黏壤土	1.66
Br	90～120	0	298	418	284	黏壤土	1.57

曹家堡系代表性单个土体化学性质

深度 /cm	pH (H₂O)	有机质 /(g/kg)	全氮(N) /(g/kg)	全磷(P) /(g/kg)	全钾(K) /(g/kg)	CEC /(cmol/kg)	CaCO₃ /(g/kg)
0～10	6.6	26.3	1.73	0.65	12.81	15.44	3.5
10～20	4.9	26.7	1.44	0.73	14.11	15.99	2.2
20～50	6.3	19.8	0.70	0.53	12.51	16.35	0.7
50～90	7.3	8.6	0.35	0.35	14.13	20.55	1.0
90～120	7.6	7.7	0.26	0.51	13.90	18.59	1.0

4.6.2　二曲系（Erqu Series）

土　　族：壤质混合型非酸性温性-斑纹土垫旱耕人为土
拟定者：齐雁冰，常庆瑞，刘梦云

分布与环境条件　分布于关中平原地区渭河流域的河漫滩及一级阶地上。海拔 350～500 m，地势平坦。暖温带半湿润、半干旱季风气候，年日照时数 1950～2050 h，≥10 ℃年积温 4300 ℃，年均温 13～14 ℃，年均降水量 600～650 mm，无霜期 225 d。

二曲系典型景观

土系特征与变幅　诊断层包括堆垫表层、黏化层；诊断特性包括温性土壤温度状况、半干润土壤水分状况、氧化还原特征。该土系成土母质为近代河流冲积物，长期小麦-玉米轮作，农作历史悠久，因人类长期施用土粪堆垫并进行耕作熟化而在表层形成覆盖层，并能观察到炭渣、瓦片等侵入体，原耕作层被逐渐覆盖，土层深厚，厚度在 1.2 m 以上，黏化层深厚，达 60 cm 以上，中下部可见部分直径 5 cm 以上的砾石。全剖面冲积层次明显，土壤质地通体为粉壤土，通体无石灰反应，中性-弱碱性土，pH 6.7～7.7。

对比土系　曹家堡系，同一土族，但地形部位为洪积扇中上部，为不同土系。

利用性能综述　该土系中部夹有少量砾石，质地较粗，容易漏水漏肥，不耐干旱，但表土层质地适中，易于耕作，通透性良好，以种植小麦、玉米为主，间作猕猴桃等果树，一年两熟。改良利用上应注重改善土壤质地，增施有机肥。

参比土种　腰砾石淤泥土。

代表性单个土体　位于陕西省西安市周至县二曲街道下孟家村南，34°07′54.9″ N，108°11′38.5″ E，海拔 448 m，河流阶地，地表较平整，坡度小于 3°，成土母质为冲积物，旱耕地，近些年发展为果园，种植农作物一般为小麦-玉米轮作，一年两熟。表层受到人为长期耕作与施加土粪影响，形成明显的堆垫层，表层可见炭渣、瓦片等人为侵入体，中部见少量砾石，底部则基本保持冲积物特征。全剖面质地较松软，无石灰反应。50 cm 深度土壤温度 15.4 ℃。野外调查时间为 2015 年 7 月 27 日，编号 61-009。

Aup1：0～16 cm，黄棕色（2.5Y 5/3，干），淡灰色（5Y 7/1，润），粉壤土，土壤发育强，团粒状结构，松软，可见炭渣、砖瓦片等侵入体，无石灰反应，中量孔隙，大量草本植物根系，向下层平滑清晰过渡。

Aup2：16～40 cm，黄棕色（2.5Y 5/3，干），灰白色（2.5Y 8/2，润），粉壤土，团块状结构，稍紧实，可见炭渣、砖瓦片等侵入体，无石灰反应，中量孔隙，大量草本植物根系，向下层平滑清晰过渡。

Aupb：40～55 cm，黄棕色（2.5Y 5/3，干），灰色（7.5Y 6/1，润），粉壤土，块状结构，稍紧实，可见炭渣、砖瓦片等侵入体，无石灰反应，中量孔隙，少量草本植物根系，仅少量直径 5 cm 以上的砾石，向下层平滑清晰过渡。

Btr：55～100 cm，黄棕色（2.5Y 5/3，干），橄榄灰色（5GY 6/1，润），粉壤土，块状结构，松软，无石灰反应，结构面可见少量黏粒胶膜，少量锈纹锈斑，中量孔隙，无植物根系，向下层平滑清晰过渡。

二曲系代表性单个土体剖面

Br：100～120 cm，黄棕色（2.5Y 5/3，干），橄榄黑色（5Y 3/1，润），粉壤土，块状结构，松软，无石灰反应，少量锈纹锈斑，中量孔隙，无植物根系。

二曲系代表性单个土体物理性质

土层	深度/cm	砾石(>2mm，体积分数)/%	细土颗粒组成(粒径：mm)/(g/kg)			质地	容重/(g/cm³)
			砂粒 2～0.05	粉粒 0.05～0.002	黏粒 <0.002		
Aup1	0～16	0	78	784	138	粉壤土	1.71
Aup2	16～40	0	117	763	120	粉壤土	1.77
Aupb	40～55	3	101	776	123	粉壤土	1.75
Btr	55～100	2	64	769	167	粉壤土	1.64
Br	100～120	2	76	759	165	粉壤土	1.73

二曲系代表性单个土体化学性质

深度/cm	pH(H₂O)	有机质/(g/kg)	全氮(N)/(g/kg)	全磷(P)/(g/kg)	全钾(K)/(g/kg)	CEC/(cmol/kg)	CaCO₃/(g/kg)	游离氧化铁/(g/kg)
0～16	6.9	17.3	1.34	1.34	12.48	17.67	8.0	6.65
16～40	6.7	8.8	0.76	0.54	11.51	15.92	8.7	7.06
40～55	6.9	7.4	0.65	0.45	12.57	14.29	5.0	6.45
55～100	7.3	7.1	0.50	0.37	12.33	14.18	4.1	7.25
100～120	7.7	7.4	0.44	0.36	12.83	15.44	4.0	6.67

4.6.3　西泉系（Xiquan Series）

土　　族：黏壤质混合型石灰性温性-斑纹土垫旱耕人为土
拟定者：齐雁冰，常庆瑞，刘梦云

分布与环境条件　分布于关中平原地区渭河南岸向秦岭山地过渡的缓坡地带，海拔 383～500 m，地势较平坦，地面坡度为 0°～2°。暖温带半湿润、半干旱季风气候，年日照时数 2100～2200 h，≥10 ℃年积温 4300～4400 ℃，年均温 13～14 ℃，年均降水量 537～720 mm，无霜期 219 d。

西泉系典型景观

土系特征与变幅　诊断层包括堆垫表层；诊断特性包括温性土壤温度状况、半干润土壤水分状况、氧化还原特征、石灰性。该土系成土母质为黄土母质，发育于原潮土，长期小麦-玉米轮作，农作历史悠久，近几年发展经济水果，如石榴等。因人类长期施用土粪堆垫并进行耕作熟化而在表层形成覆盖层，并能观察到炭渣、砖瓦片等侵入体，原耕作层被逐渐覆盖，土层深厚，厚度在 1.2 m 以上，底部可见砂质冲积物。全剖面层次明显，土壤质地通体为粉壤土，通体有石灰反应。碱性土，pH 8.5～8.7。

对比土系　二曲系，同一亚类，但地形部位为河漫滩及一级阶地，土壤质地为壤质，且不具有石灰性，为不同土族。

利用性能综述　该土系所处地势开阔平坦，水源充足，排灌方便，质地适中，疏松多孔，通气透水，属于高产土壤，但由于利用程度高，复种指数高，养分水平较低，因此应注重有机肥的施用并采取秸秆还田等措施，逐渐提高地力。

参比土种　油墡土。

代表性单个土体　位于陕西省西安市临潼区行者街道西河村，邻近西泉街道，34°23′01″N，109°10′58″E，海拔 403 m，地处渭河南岸的平缓塬面上，成土母质为黄土，土层深厚，地面平坦，全剖面质地均一，呈中度石灰反应，中上层为堆垫层次，填充有一定量的炭渣、砖瓦片等人为侵入体，剖面中下部有锈纹锈斑，果园，种植石榴。50 cm 深度土壤温度为 15.4 ℃。野外调查时间为 2016 年 3 月 25 日，编号 61-032。

西泉系代表性单个土体剖面

Aup: 0～28 cm，浊黄棕色（10YR 5/4，干），橙色（2.5YR 7/6，润），粉壤土，团粒状结构，松软，可见炭渣、砖瓦片等侵入体，中度石灰反应，中量孔隙，大量草本植物根系，向下层平滑清晰过渡。

Aupb: 28～60 cm，浊黄棕色（10YR 5/4，干），浊红棕色（5YR 5/4，润），粉壤土，团块状结构，稍紧实，可见炭渣、砖瓦片等侵入体，中度石灰反应，中量孔隙，少量草本植物根系，向下层平滑清晰过渡。

Br: 60～90 cm，浊黄棕色（10YR 5/4，干），灰黄棕色（10YR 5/2，润），粉壤土，块状结构，稍紧实，中度石灰反应，结构面可见锈纹锈斑，中量孔隙，少量草本植物根系，向下层平滑清晰过渡。

C: 90～130 cm，浊黄棕色（10YR 5/4，干），灰橄榄色（5Y 5/3，润），粉壤土，无明显结构，松散，中度石灰反应，结构面可见一定量的砂质冲积物，中量孔隙，无植物根系。

西泉系代表性单个土体物理性质

| 土层 | 深度/cm | 砾石(>2mm，体积分数)/% | 细土颗粒组成(粒径：mm)/(g/kg) | | | 质地 | 容重/(g/cm³) |
			砂粒 2～0.05	粉粒 0.05～0.002	黏粒 <0.002		
Aup	0～28	0	125	649	226	粉壤土	1.58
Aupb	28～60	0	111	670	219	粉壤土	1.68
Br	60～90	0	114	655	231	粉壤土	1.66
C	90～130	0	148	602	250	粉壤土	1.59

西泉系代表性单个土体化学性质

深度/cm	pH(H₂O)	有机质/(g/kg)	全氮(N)/(g/kg)	全磷(P)/(g/kg)	全钾(K)/(g/kg)	CEC/(cmol/kg)	CaCO₃/(g/kg)
0～28	8.5	15.3	0.57	1.14	10.43	12.73	43.28
28～60	8.7	5.8	0.04	0.61	9.91	12.86	49.23
60～90	8.7	4.6	0.00	0.51	8.92	11.73	52.69
90～130	8.7	5.0	0.09	0.48	8.87	12.91	45.05

4.7　普通土垫旱耕人为土

4.7.1　到贤系（Daoxian Series）

土　　族：黏壤质混合型石灰性温性-普通土垫旱耕人为土
拟定者：齐雁冰，常庆瑞，刘梦云

分布与环境条件　分布于陕西省关中平原北部黄土台塬塬面上，海拔 450～550 m，沉积黄土母质，旱地，小麦-玉米轮作。暖温带半湿润、半干旱季风气候，年日照时数 2400～2600 h，年均温 12.5～13.5 ℃，年均降水量 530～570 mm，无霜期 225 d。

到贤系典型景观

土系特征与变幅　诊断层包括堆垫表层、黏化层；诊断特性包括温性土壤温度状况、半干润土壤水分状况、石灰性。长期小麦-玉米轮作，农作历史悠久，因人类长期施用土粪堆垫并进行耕作熟化而在表层形成覆盖层，并能观察到炭渣、瓦片等侵入体，原耕作层被逐渐覆盖，土层深厚，厚度在 1.2 m 以上，黏化层深厚，达 40 cm 以上，粉壤土-粉黏壤土，中碱性，pH 8.5～8.8。

对比土系　杜曲系，同一土族，地形部位为秦岭北麓的宽平塬面，为不同土系。

利用性能综述　该土系所处地形平坦，土体深厚，质地适中，耕性好，表层疏松多孔，下部黏化层稍紧实，具有保水托肥作用，土壤养分含量中等，土壤较肥沃。由于地处半湿润、半干旱区域，应完善灌溉条件，保证灌溉，同时由于近些年农民已不再进行有机土粪的堆垫，表层有机质含量有降低的趋势，应注意增施有机肥和实行秸秆还田以培肥土壤。

参比土种　壤墡土。

代表性单个土体　位于陕西省渭南市富平县到贤镇新合村，34°53′02″N，109°19′04″E，海拔 474 m，黄土台塬区，为关中平原北部盆缘，由原来褐土经长期耕作和大量施用土粪堆积增厚形成，成土母质为原生黄土，旱地，小麦-玉米轮作。地势平坦，土壤发育中等，通体弱-强石灰反应。50 cm 深度土壤温度 14.8 ℃。野外调查时间为 2016 年 3 月 26 日，编号 61-035。

到贤系代表性单个土体剖面

Aup1：0～20 cm，浊黄橙色（10YR 6/4，干），棕灰色（7.5YR 5/1，润），粉壤土，耕作层发育强，团粒状结构，多孔疏松，肉眼可见炭渣及瓦片，中石灰反应，大量草本根系，向下层平滑清晰过渡。

Aup2：20～40 cm，浊黄棕色（10YR 5/4，干），灰白色（7.5Y 8/1，润），粉黏壤土，黏化层发育强，紧实，块状结构，有炭渣、瓦片等侵入体，结构面能观察到胶膜及胶粒聚集体，中石灰反应，细根骤减，向下层平滑清晰过渡。

Aupb：40～80 cm，浊黄棕色（10YR 5/4，干），黄灰色（2.5Y 6/1，润），粉壤土，紧实，块状结构，有炭渣、瓦片等侵入体，弱石灰反应，较少根系分布，向下层平滑清晰过渡。

Bw1：80～100 cm，浊黄棕色（10YR 5/4，干），淡灰色（5Y 7/2，润），粉壤土，稍紧实，块状结构，无根系，向下层平滑清晰过渡。

Bw2：100～120 cm，浊黄橙色（10YR 6/4，干），青灰色（5BG 5/1，润），底土层，粉壤土，较松软，粒状结构，强石灰反应，无根系。

到贤系代表性单个土体物理性质

| 土层 | 深度 /cm | 砾石 (>2mm，体积分数)/% | 细土颗粒组成(粒径：mm)/(g/kg) | | | 质地 | 容重 /(g/cm³) |
			砂粒 2～0.05	粉粒 0.05～0.002	黏粒 <0.002		
Aup1	0～20	0	15	726	259	粉壤土	1.50
Aub2	20～40	0	1	704	295	粉黏壤土	1.59
Aupb	40～80	0	3	743	254	粉壤土	1.40
Bw1	80～100	0	13	734	253	粉壤土	1.39
Bw2	100～120	0	5	733	262	粉壤土	1.40

到贤系代表性单个土体化学性质

深度 /cm	pH (H₂O)	有机质 /(g/kg)	全氮(N) /(g/kg)	全磷(P) /(g/kg)	全钾(K) /(g/kg)	CEC /(cmol/kg)	CaCO₃ /(g/kg)
0～20	8.5	16.5	0.96	0.89	11.25	15.28	69.1
20～40	8.5	10.3	0.29	0.32	10.90	15.23	74.1
40～80	8.5	7.9	0.45	0.26	10.81	15.85	91.5
80～100	8.6	6.5	0.42	0.45	10.10	13.90	73.6
100～120	8.8	6.2	0.38	0.32	9.95	13.99	67.9

4.7.2　杜曲系（Duqu Series）

土　　族：黏壤质混合型石灰性温性-普通土垫旱耕人为土
拟定者：齐雁冰，常庆瑞，刘梦云

分布与环境条件　分布于陕西省关中平原中部渭河南岸秦岭北麓的宽平塬面上，西安市南郊向秦岭过渡区域，海拔 550～650 m，沉积次生黄土母质，旱地，小麦-玉米轮作。暖温带半湿润、半干旱季风气候，年日照时数 2400～2500 h，年均温 12.5～13.5 ℃，年均降水量 650～750 mm，无霜期 215 d。

杜曲系典型景观

土系特征与变幅　诊断层包括堆垫表层、黏化层；诊断特性包括温性土壤温度状况、半干润土壤水分状况、石灰性。长期小麦-玉米轮作，农作历史悠久，因人类长期施用土粪堆垫并进行耕作熟化而在表层形成覆盖层，并能观察到炭渣、瓦片等侵入体，原耕作层被逐渐覆盖，土层深厚，厚度在 1.2 m 以上，黏化层深厚，达 80 cm 以上，粉壤土-粉黏壤土，弱碱性，pH 8.2～8.3。

对比土系　到贤系，同一土族，地形部位为黄土台塬塬面，成土母质为沉积黄土，但黏化层中未见复钙现象，为不同土系。磻溪系，不同土纲，地形部位均为关中平原渭河南岸与秦岭山地过渡的宽平塬面上，成土母质为黄土，未达到堆垫表层厚度而为淋溶土纲。

利用性能综述　该土系所处地形平坦，土体深厚，水分条件较好，质地适中，耕性好，表层疏松多孔，下部黏化层稍紧实，具有保水托肥作用，土壤养分含量中等，土壤较肥沃。由于地处半湿润、半干旱区域，应完善灌溉条件，保证灌溉，同时由于近些年农民已不再进行有机土粪的堆垫，表层有机质含量有降低的趋势，应注意增施有机肥和实行秸秆还田以培肥土壤。

参比土种　黑油土。

代表性单个土体　位于陕西省西安市长安区杜曲街道东韦村，34°05′10.8″ N，109°03′25.9″ E，海拔 591 m，秦岭北麓洪冲积扇塬地，少陵塬塬面上，由原褐土经长期耕作和大量施用土粪堆积增厚形成，成土母质为次生黄土，水浇地，小麦-玉米轮作。地势平坦，土壤发育中等，通体弱-中石灰反应，土体中部黏粒含量较多。50 cm 深度土壤温度 15.3 ℃。野外调查时间为 2016 年 3 月 20 日，编号 61-029。

杜曲系代表性单个土体剖面

Aup1: 0～20 cm，浊黄棕色（10YR 5/4，干），淡灰色（10YR 7/1，润），粉壤土，耕作层发育强，团粒状结构，多孔疏松，可见炭渣及瓦片，弱石灰反应，大量草本根系，向下层平滑清晰过渡。

Aup2: 20～30 cm，浊黄橙色（10YR 6/4，干），淡灰色（5Y 7/2，润），粉壤土，犁底层发育强，稍紧实，块状结构，有炭渣、瓦片等侵入体，中石灰反应，细根骤减，向下层平滑清晰过渡。

Aupb1：30～45 cm，浊黄橙色（10YR 6/4，干），浅淡黄色（5Y 8/3，润），粉壤土，老耕层发育强，稍紧实，块状结构，有炭渣、瓦片等侵入体，中石灰反应，细根骤减，向下层平滑清晰过渡。

Aupb2：45～78 cm，浊黄橙色（10YR 6/4，干），浅淡黄色（7.5Y 8/3，润），粉黏壤土，黏化层并伴有碳酸钙粉末聚集，稍紧实，块状结构，上部有炭渣、瓦片等侵入体，结构面能观察到胶膜及胶粒聚集体，中石灰反应，细根很少，向下层平滑清晰过渡。

Bt: 78～120 cm，浊黄棕色（10YR 5/4，干），淡灰色（5Y 7/1，润），粉黏壤土，黏化层，稍紧实，块状结构，结构面能观察到胶膜及胶粒聚集体，中石灰反应。

杜曲系代表性单个土体物理性质

土层	深度/cm	砾石（>2mm，体积分数)/%	细土颗粒组成（粒径：mm)/(g/kg)			质地	容重/(g/cm³)
			砂粒 2～0.05	粉粒 0.05～0.002	黏粒 <0.002		
Aup1	0～20	0	166	602	232	粉壤土	1.56
Aup2	20～30	0	226	552	222	粉壤土	1.67
Aupb1	30～45	0	206	542	252	粉壤土	1.60
Aupb2	45～78	0	186	522	292	粉黏壤土	1.61
Bt	78～120	0	186	502	312	粉黏壤土	1.65

杜曲系代表性单个土体化学性质

深度/cm	pH (H₂O)	有机质/(g/kg)	全氮(N)/(g/kg)	全磷(P)/(g/kg)	全钾(K)/(g/kg)	CEC/(cmol/kg)	CaCO₃/(g/kg)	游离氧化铁/(g/kg)
0～20	8.2	20.6	0.97	1.06	11.43	16.80	9.9	8.0
20～30	8.3	15.8	0.79	0.90	11.23	17.04	14.1	8.0
30～45	8.3	10.8	0.45	0.75	11.64	15.77	20.5	7.8
45～78	8.3	11.3	0.39	0.45	10.81	18.29	11.3	8.8
78～120	8.3	12.6	0.39	0.40	11.52	19.64	9.7	9.1

4.7.3 横渠系（Hengqu Series）

土　族：黏壤质混合型石灰性温性-普通土垫旱耕人为土
拟定者：常庆瑞、齐雁冰、刘梦云

分布与环境条件　分布于陕西省关中平原中部渭河南岸秦岭北麓的宽平高阶地及山前洪积扇缓坡上，海拔 510～650 m，沉积次生黄土母质，旱地，小麦-玉米轮作。暖温带半湿润、半干旱季风气候，年日照时数 2150～2170 h，年均温 12.5～13.5 ℃，年均降水量 650～700 mm，无霜期 220 d。

横渠系典型景观

土系特征与变幅　诊断层包括堆垫表层、黏化层；诊断特性包括温性土壤温度状况、半干润土壤水分状况、石灰性。长期小麦-玉米轮作，农作历史悠久，因人类长期施用土粪堆垫并进行耕作熟化而在表层形成覆盖层，并能观察到炭渣、瓦片等侵入体，原耕作层被逐渐覆盖，土层深厚，厚度在 1.2 m 以上，黏化层深厚，达 60 cm 以上，粉壤土-粉黏壤土，弱碱性，pH 8.2～8.5。

对比土系　广济系，同一亚类，地形部位同为秦岭北麓洪积扇及渭河高阶地，成土母质为次生黄土，黏化层下无钙积层，但酸碱反应上耕作层有强石灰反应，为不同土族。

利用性能综述　该土系所处地形较平坦，土体深厚，质地适中，表层疏松多孔，下部黏化层紧实，具有保水托肥作用，土壤养分含量中等，土壤较肥沃，是关中地区的高产土壤之一。由于地处半湿润、半干旱区域，应完善灌溉条件，保证灌溉，同时由于近些年农民已不再进行有机土粪的堆垫，表层有机质含量有降低的趋势，应注意增施有机肥和实行秸秆还田以培肥土壤。

参比土种　红立茬土。

代表性单个土体　位于陕西省宝鸡市眉县横渠镇石马寺村，34°08′54″ N，107°59′03″ E，海拔 550 m，渭河南岸高阶地，属渭河阶地向秦岭山地过渡地貌，由原来褐土经长期耕作和大量施用土粪堆积增厚形成，成土母质为沉积次生黄土，旱地，小麦-玉米轮作，近年逐渐转为猕猴桃等经济作物。地势平坦，土壤发育中等，通体中石灰反应，土体中部黏粒含量较多。50 cm 深度土壤温度 15.3 ℃。野外调查时间为 2016 年 4 月 8 日，编号

61-051。

横渠系代表性单个土体剖面

Aup1: 0~22 cm，浊黄棕色（10YR 5/4，干），浊棕色（7.5YR 5/3，润），粉壤土，耕作层发育强，团粒状结构，较松软，可见炭渣及瓦片，中石灰反应，多量草本根系，向下层平滑清晰过渡。

Aup2: 22~34 cm，浊黄棕色（10YR 5/4，干），淡绿灰色（7.5GY 8/1，润），粉黏壤土，犁底层发育强，稍紧实，块状结构，有炭渣、瓦片等侵入体，中石灰反应，细根减少，向下层平滑清晰过渡。

Aupb: 34~63 cm，浊黄棕色（10YR 5/4，干），淡灰色（10Y 7/2，润），老耕层，粉壤土，紧实，棱块状结构，有炭渣、瓦片等侵入体，中石灰反应，较少根系分布，向下层平滑清晰过渡。

Bt: 63~120 cm，浊黄棕色（10YR 5/4，干），黄灰色（2.5Y 6/1，润），黏化层，粉壤土，稍紧实，块状结构，结构面有黏粒胶膜，中石灰反应，无根系。

横渠系代表性单个土体物理性质

| 土层 | 深度/cm | 砾石(>2mm，体积分数)/% | 细土颗粒组成(粒径：mm)/(g/kg) | | | 质地 | 容重/(g/cm³) |
			砂粒 2~0.05	粉粒 0.05~0.002	黏粒 <0.002		
Aup1	0~22	0	188	599	213	粉壤土	1.28
Aup2	22~34	0	145	581	274	粉黏壤土	1.59
Aupb	34~63	0	194	558	248	粉壤土	1.55
Bt	63~120	0	178	559	263	粉壤土	1.71

横渠系代表性单个土体化学性质

深度/cm	pH(H₂O)	有机质/(g/kg)	全氮(N)/(g/kg)	全磷(P)/(g/kg)	全钾(K)/(g/kg)	CEC/(cmol/kg)	CaCO₃/(g/kg)	游离氧化铁/(g/kg)
0~22	8.5	17.4	0.85	0.75	12.69	20.98	16.4	3.50
22~34	8.2	13.7	0.67	0.97	12.95	20.82	11.6	3.65
34~63	8.4	12.8	0.81	0.80	10.80	20.39	12.1	3.63
63~120	8.4	10.1	0.43	0.76	11.81	20.68	13.1	3.35

4.7.4　蜀仓系（Shucang Series）

土　族：黏壤质混合型石灰性温性-普通土垫旱耕人为土

拟定者：齐雁冰，常庆瑞，刘梦云

分布与环境条件　分布于陕西省关中平原中西部渭河南岸秦岭北麓的宽平高阶地及山前洪积扇前缘，海拔 500~700 m，沉积次生黄土母质，旱地，小麦-玉米轮作。暖温带半湿润、半干旱季风气候，年日照时数1900~2100 h，年均温 12.5~13.5 ℃，年均降水量 680~750 mm，无霜期 224 d。

蜀仓系典型景观

土系特征与变幅　诊断层包括堆垫表层、黏化层；诊断特性包括温性土壤温度状况、半干润土壤水分状况、石灰性。长期小麦-玉米轮作，农作历史悠久，因人类长期施用土粪堆垫并进行耕作熟化而在表层形成覆盖层，并能观察到炭渣、瓦片等侵入体，原耕作层被逐渐覆盖，土层深厚，厚度在 1.2 m 以上，黏化层深厚，达 60 cm 以上，通体粉壤土，弱碱性，pH 8.4~8.6。

对比土系　横渠系，同一土族，地形部位同为渭河南岸向秦岭山地过渡的高阶地，成土母质为沉积黄土，在黏化层结构面上无碳酸钙聚集体而属不同土系。杨凌系，同一土类，地形部位相似，均为较平的塬面，成土母质为黄土，但在黏化层下见到钙积层，为不同亚类。

利用性能综述　所处地形平坦，土体深厚，质地适中，表层疏松多孔，下部黏化层紧实，具有保水托肥作用，同时大部分有灌溉条件，土壤养分含量中等，土壤较肥沃，是关中地区的高产土壤之一。由于地处半湿润、半干旱区域，应完善灌溉条件，保证灌溉，同时由于近些年农民已不再进行有机土粪的堆垫，表层有机质含量有降低的趋势，应注意增施有机肥和实行秸秆还田以培肥土壤。

参比土种　夹砂砾紫土。

代表性单个土体　位于陕西省宝鸡市陈仓区钓渭镇朱家滩村，34°16′59.214″ N，107°33′35.6″ E，海拔 505 m，秦岭北麓山前洪积扇前缘，属渭河阶地向秦岭山地过渡地貌，由原来褐土经长期耕作和大量施用土粪堆积增厚形成，成土母质为原生黄土，旱地，小麦-玉米轮作。地势平坦，土壤发育中等，通体中度-强石灰反应，土体中部黏粒含量较多。50 cm 深度土壤温度 15.2 ℃。野外调查时间为 2016 年 4 月 9 日，编号 61-053。

蜀仓系代表性单个土体剖面

Aup1：0～15 cm，浊黄棕色（10YR 5/4，干），黄灰色（2.5Y 6/1，润），粉壤土，耕作层发育强，团粒状结构，疏松，肉眼可见炭渣及瓦片，中石灰反应，大量草本根系，向下层平滑清晰过渡。

Aup2：15～22 cm，浊黄棕色（10YR 5/4，干），灰白色（10Y 8/2，润），粉壤土，犁底层发育强，稍紧实，块状结构，有炭渣、瓦片等侵入体，强石灰反应，大量植物根系，向下层平滑清晰过渡。

Aupb1：22～40 cm，浊黄棕色（10YR 5/4，干），灰橄榄色（7.5Y 5/2，润），老耕层，粉壤土，紧实，棱块状结构，有炭渣、瓦片等侵入体，强石灰反应，中等植物根系分布，向下层平滑清晰过渡。

Aupb2：40～70 cm，浊黄棕色（10YR 5/4，干），绿灰色（7.5GY 6/1，润），黏化层，粉壤土，紧实，棱块状，有炭渣、瓦片等侵入体，结构面有明显碳酸钙等聚集体，强石灰反应，中等根系分布，向下层平滑清晰过渡。

Bt：70～120 cm，浊黄棕色（10YR 5/4，干），灰色（5Y 6/1，润），黏化层，粉壤土，紧实，棱块状结构，结构面有明显碳酸钙等聚集体，强石灰反应，少量植物根系分布。

蜀仓系代表性单个土体物理性质

| 土层 | 深度 /cm | 砾石 (>2mm，体积分数)/% | 细土颗粒组成(粒径：mm)/(g/kg) | | | 质地 | 容重 /(g/cm³) |
			砂粒 2～0.05	粉粒 0.05～0.002	黏粒 <0.002		
Aup1	0～15	0	49	681	270	粉壤土	1.28
Aup2	15～22	0	9	753	238	粉壤土	1.48
Aupb1	22～40	0	6	749	245	粉壤土	1.51
Aupb2	40～70	0	18	754	228	粉壤土	1.48
Bt	70～120	0	5	735	260	粉壤土	9.57

蜀仓系代表性单个土体化学性质

深度 /cm	pH (H₂O)	有机质 /(g/kg)	全氮(N) /(g/kg)	全磷(P) /(g/kg)	全钾(K) /(g/kg)	CEC /(cmol/kg)	CaCO₃ /(g/kg)	游离氧化铁 /(g/kg)
0～15	8.4	21.8	1.11	1.10	11.29	18.03	16.0	3.06
15～22	8.6	15.3	0.71	0.73	10.43	18.53	20.5	3.06
22～40	8.5	7.9	0.34	0.54	9.83	17.02	28.0	3.26
40～70	8.6	7.5	0.41	0.45	10.54	16.73	27.3	3.17
70～120	8.5	7.6	0.32	0.57	9.87	16.55	24.6	3.28

4.7.5 广济系（Guangji Series）

土　族：黏壤质混合型石灰性温性-普通土垫旱耕人为土

拟定者：齐雁冰，常庆瑞，刘梦云

分布与环境条件　分布于陕西省关中平原中部秦岭北麓的黄土台塬及山前丘陵平缓处，海拔 420～800 m，地势由南向北略有倾斜，有轻度的土壤侵蚀，次生黄土母质；旱地，小麦-玉米轮作。暖温带半湿润、半干旱季风气候，年日照时数 2000～2100 h，年均温 12.5～13.5 ℃，年均降水量 650～750 mm，无霜期 225 d。

广济系典型景观

土系特征与变幅　诊断层包括堆垫表层、黏化层；诊断特性包括温性土壤温度状况、半干润土壤水分状况。长期小麦-玉米轮作，农作历史悠久，因人类长期施用土粪堆垫并进行耕作熟化而在表层形成覆盖层，并能观察到炭渣、瓦片等侵入体，原耕作层被逐渐覆盖，土层深厚，厚度在 1.2 m 以上，黏化层深厚，达 60 cm 以上，粉壤土-粉黏壤土，中性，pH 7.4～8.1。

对比土系　横渠系，同一亚类，地形部位同为秦岭北麓洪积扇及渭河高阶地，成土母质为沉积黄土，黏化层下无钙积层，但酸碱反应上通体有石灰反应，为不同土族。

利用性能综述　所处地形较平坦，土体深厚，质地适中，表层疏松多孔，下部黏化层紧实，具有保水托肥作用，土壤养分含量中等，土壤较肥沃，是关中地区的高产土壤之一。由于地处半湿润、半干旱区域，应完善灌溉条件，保证灌溉，同时由于近些年农民已不再进行有机土粪的堆垫，表层有机质含量有降低的趋势，应注意增施有机肥和实行秸秆还田以培肥土壤。

参比土种　黑立荏土。

代表性单个土体　位于陕西省西安市周至县广济镇桑园村南离河 200 m，34°05′32.4″ N，108°09′5.8″ E，海拔 498 m，秦岭北麓山前洪积扇平缓地带，由原来淋溶褐土经长期耕作和大量施用土粪堆积增厚形成，成土母质为次生黄土，旱地，小麦-玉米轮作，近年来种植猕猴桃、葡萄等经济水果。地势较平坦，土壤发育中等，最上层有强石灰反应，中部黏化层发育较强，呈暗褐色。50 cm 深度土壤温度 15.4 ℃。野外调查时间为 2015 年 7

月 28 日，编号 61-010。

广济系代表性单个土体剖面

Aup1： 0～20 cm，浊黄橙色（10YR 6/3，干），浊黄色（2.5Y 6/3，润），粉壤土，耕作层发育强，团粒状结构，疏松，有炭渣及瓦片等侵入体，强石灰反应，大量草本植物根系，向下层平滑清晰过渡。

Aup2： 20～30 cm，浊黄棕色（10YR 5/3，干），灰黄色（2.5Y 6/2，润），粉黏壤土，犁底层较紧实，块状结构，有炭渣及瓦片等侵入体，无石灰反应，少量草本植物根系，向下层平滑清晰过渡。

Aupb： 30～50 cm，浊黄棕色（10YR 5/4，干），灰橄榄色（5Y 6/2，润），粉黏壤土，棱块状结构，紧实，有瓦片、炭渣等侵入体，少量植物根系，结构面可见黏粒及腐殖质胶膜，无石灰反应，向下层平滑清晰过渡。

Bt： 50～80 cm，浊黄棕色（10YR 5/4，干），灰白色（10Y 8/2，润），粉黏壤土，紧实，棱柱状结构，无石灰反应，少量根系分布，结构面可见黏粒及腐殖质胶膜，向下层平滑清晰过渡。

Bw： 80～120 cm，浊黄棕色（10YR 5/4，干），暗灰黄色（2.5Y 5/2，润），黏化层，粉黏壤土，紧实，棱柱状结构，无石灰反应，少量根系分布，结构面可见少量腐殖质胶膜，少量根系。

广济系代表性单个土体物理性质

| 土层 | 深度 /cm | 砾石 (>2mm，体积分数)/% | 细土颗粒组成(粒径：mm)/(g/kg) | | | 质地 | 容重 /(g/cm³) |
			砂粒 2～0.05	粉粒 0.05～0.002	黏粒 <0.002		
Aup1	0～20	0	120	625	255	粉壤土	1.58
Aup2	20～30	0	53	659	288	粉黏壤土	1.71
Aupb	30～50	0	33	600	367	粉黏壤土	1.64
Bt	50～80	0	94	553	353	粉黏壤土	1.74
Bw	80～120	0	15	706	279	粉黏壤土	1.70

广济系代表性单个土体化学性质

深度 /cm	pH (H₂O)	有机质 /(g/kg)	全氮(N) /(g/kg)	全磷(P) /(g/kg)	全钾(K) /(g/kg)	CEC /(cmol/kg)	CaCO₃ /(g/kg)	游离氧化铁 /(g/kg)
0～20	7.7	18.8	1.13	0.56	11.87	18.17	9.2	6.47
20～30	8.1	25.3	1.41	0.43	9.73	20.40	9.9	6.72
30～50	7.5	9.2	0.58	0.41	11.69	22.40	5.3	7.11
50～80	7.4	6.7	0.40	0.63	12.12	19.18	7.5	7.09
80～120	7.6	6.5	0.42	0.60	11.32	15.60	6.2	7.15

4.7.6 贞元系（**Zhenyuan Series**）

土　族：壤质硅质混合型石灰性温性-普通土垫旱耕人为土
拟定者：齐雁冰，常庆瑞，刘梦云

分布与环境条件　分布于陕西省关中平原中部渭河南北两岸的黄土台塬及高阶地上，海拔 380～800 m，黄土母质，旱地，小麦-玉米轮作。暖温带半湿润、半干旱季风气候，年日照时数 2000～2100 h，年均温 12～13 ℃，年均降水量 510～690 mm，无霜期221 d。

贞元系典型景观

土系特征与变幅　诊断层包括堆垫表层、黏化层；诊断特性包括温性土壤温度状况、半干润土壤水分状况、石灰性。长期小麦-玉米轮作，农作历史悠久，因人类长期施用土粪堆垫并进行耕作熟化而在表层形成覆盖层，并能观察到炭渣、瓦片等侵入体，原耕作层被逐渐覆盖，土层深厚，厚度在 1.2 m 以上，黏化层深厚，达 60 cm 以上，通体粉壤土，弱碱性，pH 8.2～8.9。

对比土系　横渠系，同一亚类，地形部位同为渭河高阶地，成土母质为沉积黄土，黏化层下无钙积层，但在颗粒大小级别上归为黏壤质，为不同土族。杨凌系，同一土类，地形部位相似，均为较平的渭河北岸高阶地平坦塬面，成土母质为黄土，但黏化层下见到钙积层，为不同亚类。

利用性能综述　所处地形较平坦，土体深厚，质地适中，表层疏松多孔，下部黏化层紧实，具有保水托肥作用，土壤养分含量中等，土壤较肥沃，是关中地区的高产土壤之一。由于地处半湿润、半干旱区域，应完善灌溉条件，保证灌溉，同时由于近些年农民已不再进行有机土粪的堆垫，表层有机质含量有降低的趋势，应注意增施有机肥和实行秸秆还田以培肥土壤。

参比土种　红油土。

代表性单个土体　位于陕西省咸阳市武功县贞元镇伊家村北土壕，34°18′51.7″ N，108°11′56.6″ E，海拔 496 m，经过长期耕作和大量施用土粪堆积，成土母质为原生黄土，旱地，小麦-玉米轮作。地势平坦，土壤发育中等，通体强石灰反应，中部黏化层发育微弱。50 cm 深度土壤温度 15.2 ℃。野外调查时间为 2015 年 7 月 22 日，编号 61-006。

贞元系代表性单个土体剖面

Aup1： 0～20 cm，浊黄棕色（10YR 5/4，干），黄灰色（2.5Y 6/1，润），粉壤土，耕作层发育强，团粒状结构，疏松，可见炭渣及瓦片，强石灰反应，大量草本植物根系，向下层平滑清晰过渡。

Aup2： 20～30 cm，浊黄橙色（10YR 6/3，干），淡灰色（10Y 7/1，润），粉壤土，犁底层较紧实，块状结构，有炭渣及瓦片等侵入体，强石灰反应，少量草本植物根系，向下层平滑清晰过渡。

Aupb1： 30～40 cm，浊黄棕色（10YR 5/4，干），灰橄榄色（7.5Y 5/2，润），老耕层，粉壤土，块状结构，紧实，有瓦片、炭渣等侵入体，结构面可见黏粒胶膜，少量植物根系，强石灰反应，向下层平滑清晰过渡。

Aupb2： 40～60 cm，浊黄棕色（10YR 5/4，干），橄榄灰色（5GY 6/1，润），古耕层，粉壤土，块状结构，紧实，有瓦片、炭渣等侵入体，结构面可见黏粒胶膜，少量植物根系，强石灰反应，向下层平滑清晰过渡。

Bw1：60～110 cm，浊黄棕色（10YR 5/4，干），淡灰色（7.5Y 7/1，润），粉壤土，紧实，块状结构，强石灰反应，少量根系分布，结构面可见腐殖质胶膜，向下层平滑清晰过渡。

Bw2：110～120 cm，浊黄橙色（10YR 6/4，干），橄榄灰色（2.5GY 6/1，润），粉壤土，稍紧实，块状结构，强石灰反应，少量根系分布，结构面可见腐殖质胶膜，少量根系。

贞元系代表性单个土体物理性质

土层	深度 /cm	砾石 (>2mm，体积 分数)/%	细土颗粒组成(粒径：mm)/(g/kg)			质地	容重 /(g/cm³)
			砂粒 2～0.05	粉粒 0.05～0.002	黏粒 <0.002		
Aup1	0～20	0	94	757	149	粉壤土	1.53
Aup2	20～30	0	102	772	126	粉壤土	1.57
Aupb1	30～40	0	77	769	154	粉壤土	1.60
Aupb2	40～60	0	110	747	143	粉壤土	1.55
Bw1	60～110	0	91	768	141	粉壤土	1.59
Bw2	110～120	0	68	780	152	粉壤土	1.58

贞元系代表性单个土体化学性质

深度 /cm	pH (H₂O)	有机质 /(g/kg)	全氮(N) /(g/kg)	全磷(P) /(g/kg)	全钾(K) /(g/kg)	CEC /(cmol/kg)	CaCO₃ /(g/kg)
0～20	8.2	21.6	1.42	1.33	11.23	18.66	73.7
20～30	8.2	6.6	0.37	0.43	10.11	17.05	123.5
30～40	8.3	9.3	0.64	0.25	10.64	19.12	73.4
40～60	8.3	9.1	0.63	0.24	11.63	16.73	62.3
60～110	8.3	9.5	0.57	0.28	10.36	18.03	44.9
110～120	8.9	9.9	0.56	0.29	11.57	20.51	49.1

4.7.7 平路庙系（Pinglumiao Series）

土　族：壤质混合型石灰性温性-普通土垫旱耕人为土
拟定者：齐雁冰，常庆瑞，刘梦云

分布与环境条件　分布于陕西省渭南市、西安市的河流阶地，在渭北黄土台塬低洼处也有零星分布，海拔 340～600 m，地面坡度一般小于 3°，旱地，小麦-玉米轮作。暖温带半湿润、半干旱季风气候，年日照时数 2200～2300 h，年均温 13.2～13.5 ℃，年均降水量 510～630 mm，无霜期 219 d。

平路庙系典型景观

土系特征与变幅　诊断层包括堆垫表层、黏化层；诊断特性包括温性土壤温度状况、半干润土壤水分状况、石灰性。长期小麦-玉米轮作，农作历史悠久，因人类长期施用土粪堆垫并进行耕作熟化而在表层形成覆盖层，并能观察到炭渣、瓦片等侵入体，原耕作层被逐渐覆盖，土层深厚，厚度在 1.2 m 以上，黏化层深厚，达 60 cm 以上，通体粉壤土，弱碱性，pH 8.6～8.8。

对比土系　横渠系，同一亚类，所处地形部位为秦岭北麓的宽平高阶地，土壤质地为黏壤质，为不同土族。杨凌系，同一土类，地形部位相似，均为较平的渭河北岸高阶地平坦塬面，成土母质为黄土，剖面上有钙积层，位于黏化层之下土壤质地归为黏壤质，酸碱性检索为非酸性，为不同亚类。

利用性能综述　所处地形较平坦，光照充足，灌溉方便，质地适中，表层疏松多孔，下部黏化层紧实，具有保水托肥作用，土壤养分含量中等，土壤较肥沃，是关中地区的高产土壤之一。由于地处半湿润、半干旱区域，应完善灌溉条件，保证灌溉，同时由于近些年农民已不再进行有机土粪的堆垫，表层有机质含量有降低的趋势，应注意增施有机肥和实行秸秆还田以培肥土壤。

参比土种　红垆土。

代表性单个土体　位于陕西省渭南市蒲城县平路庙乡垆地村，34°55′18″ N，109°45′30.9″ E，海拔 399 m，渭河三级阶地，由原来褐土经长期耕作和大量施用土粪堆积增厚形成，堆垫层厚度达到 80 cm，成土母质为次生黄土，以前长期小麦-玉米轮作，近几年转化为果园，地势平坦，土壤发育中等，通体强石灰反应，土体中部黏粒含量较多。50 cm 深度土壤温度 14.9 ℃。野外调查时间为 2015 年 7 月 13 日，编号 61-004。

平路庙系代表性单个土体剖面

Aup1： 0～18 cm，浊黄橙色（10YR 6/3，干），淡灰色（7.5Y 7/2，润），粉壤土，耕作层发育强，团粒状结构，较松软，可见炭渣及瓦片，强石灰反应，多量草本根系，向下层平滑清晰过渡。

Aup2： 18～38 cm，浊黄橙色（10YR 6/3，干），浊黄色（2.5Y 6/3，润），粉壤土，犁底层较紧实，块状结构，有炭渣及瓦片等侵入体，强石灰反应，少量草本植物根系，向下层平滑清晰过渡。

Aupb： 38～54 cm，浊黄橙色（10YR 7/3，干），灰黄棕色（10YR 5/2，润），老耕层，粉壤土，块状结构，紧实，有瓦片、炭渣等侵入体，少量植物根系，强石灰反应，向下层平滑清晰过渡。

Bt： 54～80 cm，浊黄橙色（10YR 6/3，干），淡灰色（5Y 7/2，润），粉壤土，黏化层较紧实，块状结构，结构体面上有少量黏粒胶膜，强石灰反应，少量草本植物根系，向下层平滑清晰过渡。

C1：80～120 cm，浊黄橙色（10YR 6/3，干），淡灰色（7.5Y 7/2，润），粉壤土，单粒，无结构，强石灰反应，少量根系分布，向下层平滑清晰过渡。

C2：120～130 cm，浊黄橙色（10YR 6/3，干），橄榄灰色（2.5GY 6/1，润），粉壤土，单粒，无结构，强石灰反应，少量根系分布。

平路庙系代表性单个土体物理性质

土层	深度 /cm	砾石 (>2mm, 体积分数)/%	砂粒 2～0.05	粉粒 0.05～0.002	黏粒 <0.002	质地	容重 /(g/cm³)
			细土颗粒组成(粒径：mm)/(g/kg)				
Aup1	0～18	0	60	783	157	粉壤土	1.44
Aup2	18～38	0	28	798	174	粉壤土	1.54
Aupb	38～54	0	20	832	148	粉壤土	1.53
Bt	54～80	0	36	796	168	粉壤土	1.53
C1	80～120	0	30	827	143	粉壤土	1.60
C2	120～130	0	40	806	154	粉壤土	1.51

平路庙系代表性单个土体化学性质

深度 /cm	pH (H₂O)	有机质 /(g/kg)	全氮(N) /(g/kg)	全磷(P) /(g/kg)	全钾(K) /(g/kg)	CEC /(cmol/kg)	CaCO₃ /(g/kg)
0～18	8.6	21.5	1.21	1.13	9.93	20.99	88.7
18～38	8.7	7.8	0.40	0.65	10.33	16.28	95.2
38～54	8.7	7.7	0.40	0.47	10.95	18.60	93.7
54～80	8.7	9.8	0.43	0.47	10.00	20.49	113.9
80～120	8.8	5.5	0.36	0.36	10.32	16.66	96.4
120～130	8.8	6.0	0.43	0.60	11.11	18.02	90.1

第5章 盐 成 土

5.1 潜育潮湿正常盐成土

5.1.1 安边系（Anbian Series）

土　族：砂质硅质混合型石灰性温性-潜育潮湿正常盐成土

拟定者：齐雁冰，常庆瑞，刘梦云

分布与环境条件　分布于榆林市的风沙滩地的边缘，包括榆阳、神木、靖边、横山、定边及府谷等县市区，通常地下水埋深在 3 m 以下，海拔 800～1500 m，地面坡度 3°～7°，多用作农用地，但产量低。温带半干旱季风气候，年日照时数 2650～2850 h，≥10 ℃年积温 2800～3100 ℃，年均温 9.5～11.5 ℃，年均降水量 300～450 mm，无霜期 141 d。

安边系典型景观

土系特征与变幅　诊断层包括淡薄表层、盐积层；诊断特性包括温性土壤温度状况、潮湿土壤水分状况、石灰性、盐积现象。该土系成土母质为冲积-洪积物，质地较粗，砂性大，通体为壤土-砂壤土质地。由于地下水位下降，土壤已脱离沼泽化，但剖面中残留有潜育层（或称干白泥层）。表层受到耕作影响，呈灰白色，壤土质地，心土层砂壤土，可隐约见锈纹锈斑，脱潜层呈灰白色，砂壤土。土壤含盐量较高，地表可见盐斑。全剖面质地均一，强石灰反应，壤土-砂壤土，碱性土，pH 8.9～9.7。

对比土系　贺圈系，不同土纲，所处地形及土壤质地类似，但由于所处区域土壤水分状况属于潮湿土壤水分状况且未形成明显的盐积层而为不同土纲。

利用性能综述　该土系因脱离了地下水影响，土壤通气条件得到改善，但速效养分较低，风蚀剧烈，大部分无灌溉条件。改良利用上，对于水源条件较好、地势平坦的区域可以发展水浇地，对于无水源条件的区域宜实行草田轮作，发展旱作农业，同时采取防风措施，栽植农田林网，防止土壤的风蚀沙化。起伏较大区域可退耕还林，发展畜牧业。

参比土种　干白土。

代表性单个土体　位于陕西省榆林市定边县安边镇西关社区，37°31′12″ N，108°04′08″ E，海拔 1349 m，风沙滩地，地面平整，坡度 3°。成土母质为冲积–洪积物，荒草地，近几年弃耕，附近地块种植旱作玉米。表层由于耕作土质稍松软，荒草地地表可见盐斑或盐结皮，心土层稍紧实，底土层虽然不再受地下水位的影响，但仍表现出潜育化特征痕迹。通体质地均一，结构层次分化明显，强石灰反应。50 cm 深度土壤温度 11.2 ℃。野外调查时间为 2016 年 6 月 29 日，编号 61-116。

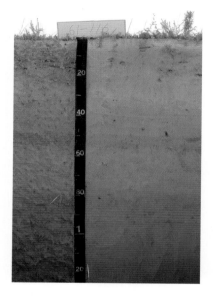

安边系代表性单个土体剖面

Apz：0～18 cm，浊黄橙色（10YR 6/3，干），暗灰黄色（2.5Y 5/2，润），壤土，发育较弱，团块状结构，稍疏松，强石灰反应，中量孔隙，可见盐斑或盐结皮，中量草本植物根系，向下层平滑清晰过渡。

Bw：18～45 cm，浊黄橙色（10YR 6/4，干），灰色（10Y 6/1，润），砂壤土，块状结构，紧实，强石灰反应，少量孔隙，少量草本植物根系，向下层平滑清晰过渡。

Br1：45～58 cm，浊黄橙色（10YR 6/4，干），淡灰色（7.5Y 7/2，润），砂壤土，单粒，无结构，可见冲积层理，强石灰反应，可见锈纹锈斑，少量草本植物根系，向下层平滑清晰过渡。

Br2：58～80 cm，浊黄橙色（10YR 6/4，干），淡橄榄灰色（5GY 7/1，润），砂壤土，无明显结构，保留冲积物特征，紧实，强石灰反应，可见锈纹锈斑，少量孔隙，结构面隐约可见锈纹锈斑，无植物根系，向下层平滑清晰过渡。

Bg：80～125 cm，浊黄橙色（10YR 6/4，干），橄榄灰色（2.5GY 6/1，润），砂壤土，发育弱，块状结构，稍松软，强石灰反应，少量孔隙，无植物根系，呈青蓝色，保持有潜育层的特征。

安边系代表性单个土体物理性质

| 土层 | 深度 /cm | 砾石 (>2mm, 体积 分数)/% | 细土颗粒组成(粒径：mm)/(g/kg) | | | 质地 | 容重 /(g/cm³) |
			砂粒 2～0.05	粉粒 0.05～0.002	黏粒 <0.002		
Apz	0～18	0	447	372	181	壤土	1.45
Bw	18～45	0	783	110	107	砂壤土	1.58
Br1	45～58	0	634	245	121	砂壤土	1.62
Br2	58～80	0	778	99	123	砂壤土	1.59
Bg	80～125	0	554	289	157	砂壤土	1.76

安边系代表性单个土体化学性质

深度 /cm	pH (H₂O)	有机质 /(g/kg)	全氮(N) /(g/kg)	全磷(P) /(g/kg)	全钾(K) /(g/kg)	CEC /(cmol/kg)	CaCO₃ /(g/kg)	易溶性盐总 量/(g/kg)
0~18	8.9	10.9	0.55	0.42	6.83	5.91	73.8	31.67
18~45	9.7	2.1	0.10	0.07	3.66	3.61	38.6	2.26
45~58	9.5	4.7	0.23	0.45	5.46	6.00	74.0	2.99
58~80	9.6	1.7	0.09	0.16	2.86	3.00	27.8	2.38
80~125	9.3	4.9	0.27	0.44	5.28	6.07	72.6	3.18

第6章　潜　育　土

6.1　普通简育滞水潜育土

6.1.1　瑶镇系（Yaozhen Series）

土　　族：黏壤质混合型石灰性温性-普通简育滞水潜育土
拟定者：齐雁冰，常庆瑞，刘梦云

瑶镇系典型景观

分布与环境条件　分布于陕西省陕北地区榆林市的神木、榆阳、靖边北部的下湿滩地、干滩地和沟滩地上，海拔 800～1400 m，地面坡度较缓，一般 2°～3°，通常用作荒草地，少量用作农用地。中温带-暖温带半湿润、半干旱季风气候，年日照时数 2800～2900 h，年均温 8.5～9.5 ℃，≥10 ℃年积温 3208～3424 ℃，年均降水量 414～441 mm，无霜期 190 d。

土系特征与变幅　诊断层包括暗沃表层；诊断特性包括温性土壤温度状况、滞水土壤水分状况、潜育特征。该土系发育于湖积物。主要特征是在泥炭层之上因风积作用覆盖一层黄土。剖面自上而下可以划分为覆盖层、泥炭层和潜育层。分布区水分长期处于接近饱和状态，通气不良，土壤养分有效性低，土壤质地偏轻，物理性状不良，不同层次之间波状渐变过渡。全剖面土体紧实，粉壤土-粉黏壤土，发育微弱，碱性土，pH 7.6～8.2。

对比土系　鱼河系，同一亚类，成土母质为河流冲积物，剖面有石灰反应，为不同土族。袁家圪堵系，不同土纲，均为湖盆滩地，但表层无暗沃表层，为不同土纲。

利用性能综述　该土系所处位置地势平坦，地下水位高，土性凉，土体紧实，土壤质地偏砂，物理结构不良，养分含量虽高，但有效养分含量一般，属于低产土壤。改良利用上，应采取工程措施，建立排灌系统，降低地下水位，同时在适宜地方应以发展水产或水生植物为主。

参比土种　黄盖泥炭土。

代表性单个土体　位于陕西省榆林市神木市锦界镇瑶镇村沟岔村二组，38°51′41.9″ N，

109°49′35.2″ E，海拔 1162 m，湖盆滩地，成土母质为湖盆沉积物，荒草地，地势稍高处经开垦后用作农地，一年一熟，种植玉米、谷子等农作物。剖面表层为风积沙黄土，中部为氧化还原层，底部为潜育层，颜色变化明显，不同层次间呈波状过渡。50 cm 深度土壤温度 10.9 ℃。野外调查时间为 2015 年 8 月 26 日，编号 61-018。

Ahg：0～20 cm，黑棕色（2.5Y 3/2，干），暗紫灰色（5P 4/1，润），粉壤土，块状结构，湿时稍松软，干时紧实，少量虫草孔隙，大量草本植物根系，无石灰反应，向下层平滑清晰过渡。

Bg：20～40 cm，黑棕色（2.5Y 3/2，干），暗绿灰色（7.5GY 4/1，润），粉壤土，块状结构，紧实，中量孔隙，少量植物根系，结构面可见少量铁锈斑纹痕迹，无石灰反应，向下层波状清晰过渡。

Br：40～68 cm，黄棕色（2.5Y 5/3，干），灰橄榄色（5Y 5/3，润），粉黏壤土，块状结构，紧实，少量植物根系，结构面可见多量铁锈斑纹痕迹，无石灰反应，向下层波状清晰过渡。

Cg1：68～90 cm，暗灰黄色（2.5Y 5/2，干），淡橄榄灰色（5GY 7/1，润），粉黏壤土，糊泥状，无结构，松软，少量植物根系，结构面可见少量铁锈斑纹痕迹，无石灰反应，向下层波状清晰过渡。

瑶镇系代表性单个土体剖面

Cg2：90～120 cm，黄棕色（2.5Y 5/3，干），灰色（7.5Y 4/1，润），粉黏壤土，块状结构，紧实，少量植物根系，结构面可见少量铁锈斑纹痕迹，无石灰反应。

瑶镇系代表性单个土体物理性质

| 土层 | 深度/cm | 砾石（>2mm，体积分数)/% | 细土颗粒组成(粒径：mm)/(g/kg) | | | 质地 | 容重/(g/cm³) |
			砂粒 2～0.05	粉粒 0.05～0.002	黏粒 <0.002		
Ahg	0～20	0	216	596	188	粉壤土	1.15
Bg	20～40	0	81	685	234	粉壤土	1.45
Br	40～68	0	131	552	317	粉黏壤土	1.76
Cg1	68～90	0	106	584	310	粉黏壤土	1.53
Cg2	90～120	0	199	480	321	粉黏壤土	1.54

瑶镇系代表性单个土体化学性质

深度/cm	pH（H_2O）	有机质/(g/kg)	全氮(N)/(g/kg)	全磷(P)/(g/kg)	全钾(K)/(g/kg)	CEC/(cmol/kg)	$CaCO_3$/(g/kg)
0～20	8.0	32.8	1.14	0.39	2.73	16.66	9.1
20～40	8.2	36.1	1.55	0.28	2.59	17.77	5.8
40～68	8.0	4.4	0.00	0.21	1.41	4.59	2.9
68～90	7.8	6.9	0.08	0.34	2.14	5.44	5.4
90～120	7.6	2.7	0.00	0.50	1.47	2.83	4.6

6.1.2　鱼河系（Yuhe Series）

土　　族：壤质混合型石灰性温性-普通简育滞水潜育土
拟定者：齐雁冰，常庆瑞，刘梦云

分布与环境条件　零星分布于榆林市的河漫滩及一级阶地上，海拔 300～1000 m，地面坡度 3°～10°，成土母质为河流冲积物。温带半干旱季风气候，年日照时数 1600～2800 h，≥10 ℃ 年积温 1500～3500 ℃，年均温 8～14 ℃，年均降水量 400～1000 mm，无霜期 150～250 d。

鱼河系典型景观

土系特征与变幅　诊断层包括淡薄表层；诊断特性包括温性土壤温度状况、滞水土壤水分状况、潜育特征、氧化还原特征、冲积沉积物岩性特征、石灰性。该土系成土母质为河流冲积物，质地较粗，砂性大，通体为砂壤土-壤土，由于地处河漫滩，通常中下部有潜育特征，随冲积物性质不同，pH 差异较大，全剖面质地均一，有弱-中度石灰反应，砂壤土，中性-碱性土，pH 7.1～8.8。

对比土系　瑶镇系，同一亚类，成土母质为湖积物，剖面无石灰反应而为不同土族。

利用性能综述　该土系多为新垦水田，水源较有保证，但质地粗，土壤瘠薄，表层养分含量低，水分极易下渗，漏水漏肥严重，利用上可以增施有机肥，引洪漫淤或垫土，提高土壤黏粒含量，也可以实行稻-肥轮作，或者修筑鱼塘，种植莲藕。

参比土种　沙田。

代表性单个土体　位于陕西省榆林市榆阳区鱼河镇王沙坬村，37°59′10″ N，109°49′46″ E，海拔 892 m，无定河河漫滩冲积形成的砂质土，地处低洼平坦处，地下水位 50～60 cm，种稻期间人为滞水。水田，单季稻。剖面表层表现出砂物质特征，土层浅薄，中部有氧化还原特征，底部则具有明显的潜育特征，全剖面砂质土，弱-中度石灰反应。50 cm 深度土壤温度 12.2 ℃。野外调查时间为 2016 年 6 月 30 日，编号 61-123。

Ap: 0～20 cm，浊黄橙色（10YR 6/3，干），灰棕色（5YR 4/2，润），砂壤土，粒状结构，疏松，弱石灰反应，大量草本植物根系，向下层平滑清晰过渡。

Bgr: 20～35 cm，灰黄色（2.5Y 6/2，干），青黑色（10BG 2/1，润），砂壤土，粒块状结构，疏松，中石灰反应，结构面有多量铁锈斑纹，少量草本植物根系，向下层平滑清晰过渡。

Bg: 35～60 cm，灰黄色（2.5Y 6/2，干），暗青灰色（5B 4/1，润），壤土，粒块状结构，疏松，弱石灰反应，结构面有多量铁锰胶膜，少量草本植物根系。

鱼河系代表性单个土体剖面

鱼河系代表性单个土体物理性质

土层	深度 /cm	砾石 (>2mm，体积分数)/%	细土颗粒组成(粒径：mm)/(g/kg)			质地	容重 /(g/cm³)
			砂粒 2～0.05	粉粒 0.05～0.002	黏粒 <0.002		
Ap	0～20	0	654	221	125	砂壤土	1.74
Bgr	20～35	0	763	152	85	砂壤土	1.47
Bg	35～60	0	353	466	181	壤土	1.72

鱼河系代表性单个土体化学性质

深度 /cm	pH (H₂O)	有机质 /(g/kg)	全氮(N) /(g/kg)	全磷(P) /(g/kg)	全钾(K) /(g/kg)	CEC /(cmol/kg)	CaCO₃ /(g/kg)	易溶性盐总量 /(g/kg)
0～20	8.8	7.0	0.36	0.12	1.67	4.46	23.2	1.74
20～35	8.2	10.4	0.53	0.15	2.10	5.53	25.6	0.87
35～60	7.1	3.8	0.18	0.29	2.16	4.07	19.4	0.87

第7章 淋 溶 土

7.1 普通钙积干润淋溶土

7.1.1 胡家庙系（Hujiamiao Series）

土　　族：黏壤质混合型温性-普通钙积干润淋溶土
拟定者：齐雁冰，常庆瑞，刘梦云

胡家庙系典型景观

分布与环境条件　分布于陕西省关中平原北山以北的残塬塬面、梁状丘陵的鞍部及沟谷高阶地上，包括咸阳市和宝鸡市的北部，地面坡度3°～7°，海拔800～1570 m，成土母质为黏黄土，旱地，小麦、油菜、玉米或果树，一年一熟或两年三熟。暖温带半湿润、半干旱季风气候，年日照时数2300～2400 h，年均温9～11 ℃，年均降水量535～800 mm，≥10 ℃年积温2600～3700 ℃，无霜期193 d。

土系特征与变幅　诊断层包括淡薄表层、黏化层、钙积层；诊断特性包括温性土壤温度状况、半干润土壤水分状况、钙积现象、盐积现象、堆垫现象。长期种植小麦、油菜、苹果，农作历史悠久，因人类长期施用土粪堆垫并进行耕作熟化而在表层形成覆盖层，并能观察到炭渣、瓦片等侵入体，原黑垆土层被逐渐覆盖。由于受侵蚀堆积的影响，成土年龄短，发育相对较弱，剖面分化不甚明显，各层次间黏粒差异不大，未见明显黏粒物质移动，土层深厚，质地均一，厚度在1.2 m以上，通体粉壤土，中部黑垆土层次有少量碳酸钙粉末在结构面聚集，通体石灰反应强烈，碱性，pH 8.4～8.5。

对比土系　可仙系，同一土族，不具有明显的盐积现象和堆垫现象而为不同土系。叱干系，不同土纲，地形部位同为黄土台塬塬面，成土母质为黄土，均为草甸草原向树木草原过渡地带，但所处位置更为平整，水土流失相对较轻，黑垆土层次更深厚，未形成明显的黏化层而属雏形土纲。

利用性能综述　该土系土层深厚，质地适中，耕作方便，土壤养分含量中等，土性暖，适种多种作物。该土系分布区地下水位深，灌溉条件受限，易发生干旱，且位于低山丘陵地带的残塬及河谷阶地上，土壤容易受到侵蚀。在利用上，应做好农田基本建设，控制水土流失，培肥地力。

参比土种 垆壤土。

代表性单个土体 位于陕西省咸阳市淳化县胡家庙镇南袁村，34°57′19″ N，108°26′08″ E，海拔 1221 m，黄土台塬的残塬塬面上，成土母质为黏黄土，旱地，通常位于塬面边缘，有一定的侵蚀，并有 3°～5°的坡度，种植小麦、玉米、油菜等农作物。由原来黑垆土经长期耕作和大量施用土粪堆积增厚形成。土壤发育中等，通体强石灰反应，土体中下部结构面含少量斑点状假菌丝体碳酸盐新生体。50 cm 深度土壤温度 13.2 ℃。野外调查时间为 2016 年 7 月 5 日，编号 61-148。

Aup: 0～20 cm，浊黄橙色（10YR 6/4，干），棕灰色（5YR 4/1，润），粉壤土，团粒状结构，较松软，可见炭渣及瓦片，强石灰反应，多量草本根系，向下层平滑渐变过渡。

Aupb: 20～45 cm，浊黄棕色（10YR 5/4，干），淡橄榄灰色（5GY 7/1，润），粉壤土，稍紧实，块状结构，有炭渣、瓦片等侵入体，强石灰反应，较少根系分布，向下层平滑渐变过渡。

Btk: 45～90 cm，浊黄橙色（10YR 6/3，干），浊红色（5R 5/6，润），粉壤土，稍紧实，棱块状结构，结构面有黏粒胶膜，结构体表面有斑点状或假菌丝体状新生体，强石灰反应，少量根系，向下层平滑渐变过渡。

Bk: 90～120 cm，浊黄橙色（10YR 6/4，干），青灰色（5B 6/1，润），粉壤土，稍松软，块状结构，结构体表面有多量斑点状或假菌丝体状新生体及少量豆状结核，强石灰反应，无根系。

胡家庙系代表性单个土体剖面

胡家庙系代表性单个土体物理性质

土层	深度 /cm	砾石 (>2mm，体积分数)/%	细土颗粒组成(粒径：mm)/(g/kg)			质地	容重 /(g/cm³)
			砂粒 2～0.05	粉粒 0.05～0.002	黏粒 <0.002		
Aup	0～20	0	59	732	209	粉壤土	1.46
Aupb	20～45	0	55	739	206	粉壤土	1.54
Btk	45～90	0	51	708	241	粉壤土	1.36
Bk	90～120	0	73	700	227	粉壤土	1.34

胡家庙系代表性单个土体化学性质

深度 /cm	pH (H$_2$O)	有机质 /(g/kg)	全氮(N) /(g/kg)	全磷(P) /(g/kg)	全钾(K) /(g/kg)	CEC /(cmol/kg)	CaCO$_3$ /(g/kg)	易溶性盐总量 /(g/kg)
0~20	8.5	14.8	0.78	0.65	10.16	18.20	87.0	3.65
20~45	8.5	11.8	0.69	0.35	9.56	21.61	55.7	2.28
45~90	8.4	9.1	0.44	0.39	8.45	23.01	133.7	1.30
90~120	8.4	7.4	0.38	0.40	8.79	16.17	189.5	0.54

7.1.2 可仙系（Kexian Series）

土　族：黏壤质混合型温性-普通钙积干润淋溶土
拟定者：齐雁冰，常庆瑞，刘梦云

分布与环境条件　分布于陕西
省咸阳市、渭南市、西安市的丘
陵或山地，地面坡度较大，分布
区海拔 800～1400 m，成土母质
为壤质黄土，大部分为林草地，
用作旱地的一般一年一熟，种植
小麦或玉米。暖温带半湿润、半
干旱季风气候，年日照时数
2350～2450 h，年均温 11.0～
11.8 ℃，年均降水量 520～
720 mm，无霜期 210 d。

可仙系典型景观

土系特征与变幅　诊断层包括淡薄表层、黏化层、钙积层；诊断特性包括温性土壤温度
状况、半干润土壤水分状况。该土系所处位置坡度较大，一般用作林草地，用作旱耕地
时地块连片性少，土壤质地黏重，具有中等程度淋溶过程，棕褐色，拟棱柱状结构，其
下为钙积层，结构体表面有多量石灰假菌丝体，强石灰反应。旱作，长期种植小麦或玉
米，土层深厚，厚度在 1.2 m 以上，黏化层厚度在 40 cm 以上，壤土-粉壤土，碱性土，
pH 8.4～8.5。

对比土系　胡家庙系，同一土族，但有堆垫现象而为不同土系。

利用性能综述　该土系土层深厚，结构良好，养分含量较高，是坡塬山地生产潜力较大
的土壤，目前已从以前的灌木林草地开发为果园或旱耕地。海拔高于 1000 m 的区域可
用于营造松栎林，海拔较低的低山区可开发为果园或旱耕地，但应注重灌溉及水土保持，
以防水土流失。

参比土种　灰肝黄泥。

代表性单个土体　位于陕西省渭南市白水县林皋镇可仙村，35°12′34″ N，109°24′26″ E，
海拔 988 m，属渭北旱塬地表稍微平整的塬面，成土母质为黄土，中部具有黏化现象，
中下部结构面有明显石灰假菌丝体。水浇地，以小麦种植为主，近些年逐渐发展为苹果
种植。50 cm 深度土壤温度 14.2 ℃。野外调查时间为 2016 年 7 月 5 日，编号 61-145。

可仙系代表性单个土体剖面

Ah: 0～30 cm，浊黄棕色（10YR 5/4，干），灰棕色（5YR 5/2，润），耕作层，壤土，团粒或粒状结构，疏松，强石灰反应，草根盘结交错，向下层波状清晰过渡。

AB: 30～50 cm，浊黄橙色（10YR 6/4，干），黑棕色（10YR 3/2，润），壤土，较紧实，块状结构，强石灰反应，少量草本植物根系，向下层平滑清晰过渡。

Btk: 50～90 cm，浊黄橙色（10YR 6/4，干），黑棕色（10YR 3/2，润），壤土，黏化层较紧实，棱块状结构，结构面可见黏粒胶膜及10%以上假菌丝体或霜粉状石灰聚集体，强石灰反应，少量草本植物根系，向下层平滑清晰过渡。

Bt: 90～120 cm，浊黄橙色（10YR 6/4，干），黑棕色（10YR 3/2，润），粉壤土，较紧实，块状结构，结构面可见黏粒胶膜及少量假菌丝体或霜粉状石灰聚集体，强石灰反应，无草本植物根系。

可仙系代表性单个土体物理性质

土层	深度 /cm	砾石 (>2mm，体积分数)/%	细土颗粒组成(粒径：mm)/(g/kg)			质地	容重 /(g/cm³)
			砂粒 2～0.05	粉粒 0.05～0.002	黏粒 <0.002		
Ah	0～30	0	318	482	200	壤土	1.35
AB	30～50	0	356	456	188	壤土	1.53
Btk	50～90	0	286	486	228	壤土	1.43
Bt	90～120	0	246	506	248	粉壤土	1.39

可仙系代表性单个土体化学性质

深度 /cm	pH (H₂O)	有机质 /(g/kg)	全氮(N) /(g/kg)	全磷(P) /(g/kg)	全钾(K) /(g/kg)	CEC /(cmol/kg)	CaCO₃ /(g/kg)
0～30	8.4	15.3	0.74	0.92	8.84	16.21	123.3
30～50	8.4	8.2	0.50	0.43	8.18	15.42	149.6
50～90	8.5	5.8	3.04	0.39	8.26	16.53	166.6
90～120	8.5	8.8	0.47	0.43	8.76	16.46	139.1

7.1.3 虢镇系（Guozhen Series）

土　族：黏壤质混合型温性-普通钙积干润淋溶土
拟定者：齐雁冰，常庆瑞，刘梦云

分布与环境条件　分布于陕西省关中平原西部扶风县以西渭河南北的黄土台塬及高阶地，海拔 500～750 m，地面坡度 3°～7°，沉积次生黄土母质，旱地，小麦-玉米轮作。暖温带半湿润、半干旱季风气候，年日照时数 1900～2100 h，年均温 12.5～13.5 ℃，年均降水量 600～700 mm，无霜期 220 d。

虢镇系典型景观

土系特征与变幅　诊断层包括淡薄表层、黏化层、钙积层；诊断特性包括温性土壤温度状况、半干润土壤水分状况、堆垫现象、石灰性。长期小麦-玉米轮作，农作历史悠久，人类长期施用土粪堆垫并进行耕作熟化，能观察到炭渣、瓦片等侵入体，土层深厚，厚度在 1.2 m 以上，黏化层深厚，达 50 cm 以上，通体中-强石灰反应，通体粉壤土，碱性土，pH 8.7～8.9。

对比土系　磻溪系，同一亚纲，但地形部位为秦岭北麓的宽平塬面。虢王系，不同土纲，地形部位为黄土台塬，为不同土系。横渠系，不同土纲，地形部位为渭河南岸向秦岭山地过渡的高阶地，成土母质为沉积黄土，虢镇系尽管有炭渣及瓦片等侵入体，但厚度较薄，达不到堆垫表层的标准而归为不同的土纲，同时横渠系在黏化层结构面上无碳酸钙聚集体。

利用性能综述　该土系所处地形平坦，土体深厚，质地适中，降水较多，水源充足，灌溉方便，土壤中有机质及养分含量较高，土体构型良好，具有良好的通透性和保水保肥能力。耕性好，易耕期较长，是高产土壤。由于地处半湿润、半干旱区域，应完善灌溉条件，保证灌溉，同时由于近些年农民已不再进行有机土粪的堆垫，表层有机质含量有降低的趋势，应注意增施有机肥和实行秸秆还田以培肥土壤。

参比土种　红紫土。

代表性单个土体　位于陕西省宝鸡市陈仓区虢镇街道潘家湾村，34°20′44″ N，107°18′13″ E，海拔 556 m，渭河南岸高阶地，地表较为平坦，成土母质为黄土母质，以前为旱耕地，小麦-玉米轮作，随着经济建设发展，已经逐渐弃耕，转变为撂荒地。通体石灰反应强烈，50 cm 深度土壤温度 15.2 ℃。野外调查时间为 2016 年 4 月 9 日，编号 61-056。

虢镇系代表性单个土体剖面

Aup：0～25 cm，浊黄橙色（10YR 6/3，干），灰棕色（7.5YR 4/2，润），粉壤土，耕作层发育强，团粒状结构，疏松，肉眼可见炭渣及瓦片，中石灰反应，大量草本根系，向下层平滑清晰过渡。

Bt1：25～40 cm，浊黄棕色（10YR 5/3，干），浊红棕色（5YR 4/4，润），粉壤土，发育强，紧实，块状结构，有炭渣、瓦片等侵入体，结构面可见黏粒胶膜，强石灰反应，少量植物根系，向下层平滑清晰过渡。

Bt2：40～80 cm，浊黄棕色（10YR 5/4，干），浊红棕色（5YR 5/4，润），黏化层，粉壤土，紧实，块状结构，结构面可见黏粒胶膜，中石灰反应，少量根系分布，向下层平滑清晰过渡。

Btk：80～120 cm，浊黄棕色（10YR 5/4，干），橄榄黄色（7.5Y 6/3，润），粉壤土，紧实，块状结构，强石灰反应，可见黏粒胶膜，结构面有 5%～8%的假菌丝体或霜粉状石灰淀积，少量根系分布。

虢镇系代表性单个土体物理性质

土层	深度 /cm	砾石 (>2mm，体积分数)/%	细土颗粒组成(粒径：mm)/(g/kg)			质地	容重 /(g/cm³)
			砂粒 2～0.05	粉粒 0.05～0.002	黏粒 <0.002		
Aup	0～25	0	108	689	204	粉壤土	1.32
Bt1	25～40	0	67	706	227	粉壤土	1.63
Bt2	40～80	0	44	737	219	粉壤土	1.51
Btk	80～120	0	65	701	234	粉壤土	1.26

虢镇系代表性单个土体化学性质

深度 /cm	pH (H₂O)	有机质 /(g/kg)	全氮(N) /(g/kg)	全磷(P) /(g/kg)	全钾(K) /(g/kg)	CEC /(cmol/kg)	CaCO₃ /(g/kg)	游离氧化铁 /(g/kg)
0～25	8.7	21.7	1.35	1.05	10.95	17.70	72.8	11.1
25～40	8.9	9.2	0.51	0.59	10.05	16.68	82.2	12.2
40～80	8.8	10.5	0.55	0.36	9.90	17.49	77.1	12.1
80～120	8.9	7.5	0.38	0.39	9.14	17.70	116.3	12.2

7.1.4　相虎系（Xianghu Series）

土　　族：黏壤质混合型温性-普通钙积干润淋溶土
拟定者：齐雁冰，常庆瑞，刘梦云

分布与环境条件　分布于陕西省关中平原中部渭河北岸至北山一带、泾河两岸的塬边、坡嘴等靠近水源的地方，多呈零星分布。海拔 600～1300 m，黄土母质，旱地，小麦-玉米轮作或果树。暖温带半湿润、半干旱季风气候，年日照时数 2200～2300 h，年均温 9～10.5 ℃，年均降水量 550～600 mm，无霜期 174 d。

相虎系典型景观

土系特征与变幅　诊断层包括淡薄表层、黏化层、钙积层；诊断特性包括温性土壤温度状况、半干润土壤水分状况、堆垫现象、石灰性。长期小麦-玉米轮作或种植梨、苹果等经济作物，农作历史悠久，因人类长期施用土粪堆垫并进行耕作熟化而在表层形成覆盖层，并能观察到炭渣、瓦片等侵入体，原耕作层被逐渐覆盖，土层深厚，厚度在 1.2 m 以上，黏化层发育微弱，呈弱黏化状态，厚度 50 cm 左右，壤土-粉壤土，弱碱性，pH 8.5～8.6。

对比土系　叱干系，不同土纲，地形部位同为泾河两岸高阶地的塬面，成土母质为黄土，均为草甸草原向树木草原过渡地带，虽然也有堆垫现象，但无黏化层，有深厚黑垆土层，为不同土纲。到贤系，不同土纲，地形部位同为北部黄土台塬塬面，但位于塬面相对平缓地带，堆垫层厚度达到堆垫表层标准而为人为土。

利用性能综述　所处地形较平坦，土体深厚，质地适中，表层疏松多孔，下部弱黏化层稍紧实，具有保水托肥作用，土壤养分含量中等，土壤较肥沃，是关中地区较为适宜种植果树的高产土壤之一。由于地处半湿润、半干旱区域的塬边，应完善灌溉条件，保证灌溉，同时由于近些年农民已不再进行有机土粪的堆垫，表层有机质含量有降低的趋势，应注意增施有机肥和实行秸秆还田以培肥土壤。

参比土种　灰土。

代表性单个土体　位于陕西省咸阳市礼泉县叱干镇西相虎村，34°41′42″ N，108°28′12″ E，海拔 1076 m，泾河高阶地塬边，成土母质为原生黄土，由原来褐土经长期耕作和大量施用土粪堆积增厚形成，果园。地势平坦，土壤发育中等，通体强石灰反应，土体下部黏粒含量较多。50 cm 深度土壤温度 13.7 ℃。野外调查时间为 2016 年 3 月 27 日，编号 61-038。

相虎系代表性单个土体剖面

Aup1：0～20 cm，浊黄橙色（10YR 6/3，干），淡黄色（2.5Y 7/3，润），壤土，耕作层发育强，团粒状结构，疏松，肉眼可见炭渣及瓦片，强石灰反应，大量草本植物根系，向下层平滑清晰过渡。

Aup2：20～30 cm，浊黄橙色（10YR 6/3，干），淡灰色（10Y 7/2，润），壤土，犁底层发育强，较紧实，块状结构，有炭渣、瓦片等侵入体，强石灰反应，少量植物根系，向下层平滑清晰过渡。

AB：30～50 cm，浊黄橙色（10YR 6/3，干），黄灰色（2.5Y 6/1，润），老耕层，粉壤土，紧实，块状结构，有炭渣、瓦片等侵入体，强石灰反应，少量植物根系分布，向下层平滑清晰过渡。

Btk：50～100 cm，浊黄橙色（10YR 6/3，干），灰橄榄色（7.5Y 6/2，润），壤土，稍紧实，拟棱块状结构，有炭渣、瓦片等侵入体，结构面有黏粒胶膜及碳酸钙粉末，强石灰反应，少量根系分布，向下层平滑清晰过渡。

Bt：100～120 cm，浊黄橙色（10YR 6/3，干），灰橄榄色（5Y 5/2，润），弱黏化层，壤土，结构面有黏粒胶膜，稍松软，块状结构，强石灰反应，无根系分布。

相虎系代表性单个土体物理性质

土层	深度 /cm	砾石 (>2mm, 体积 分数)/%	细土颗粒组成（粒径：mm）/(g/kg)			质地	容重 /(g/cm³)
			砂粒 2～0.05	粉粒 0.05～0.002	黏粒 <0.002		
Aup1	0～20	0	330	494	176	壤土	1.38
Aup2	20～30	0	310	494	196	壤土	1.34
AB	30～50	0	275	539	186	粉壤土	1.40
Btk	50～100	0	270	494	236	壤土	1.43
Bt	100～120	0	332	436	232	壤土	1.37

相虎系代表性单个土体化学性质

深度 /cm	pH (H₂O)	有机质 /(g/kg)	全氮(N) /(g/kg)	全磷(P) /(g/kg)	全钾(K) /(g/kg)	CEC /(cmol/kg)	CaCO₃ /(g/kg)
0～20	8.6	13.2	0.76	1.01	10.81	12.70	109.0
20～30	8.6	8.7	0.51	0.47	10.72	11.58	125.9
30～50	8.5	7.3	0.40	0.43	11.16	11.32	133.9
50～100	8.5	7.0	0.39	0.37	11.11	11.57	110.2
100～120	8.6	7.2	0.39	0.36	11.53	12.14	115.7

7.1.5 凤州系（Fengzhou Series）

土　　族：黏壤质硅质混合型热性-普通钙积干润淋溶土
拟定者：齐雁冰，常庆瑞，刘梦云

分布与环境条件　分布于陕西省秦岭北麓及陇山和关中北部山地的低山丘陵区域，海拔 800～1600 m，地面坡度 15°～25°，成土母质为黄土。坡度较缓区域零星用作农地，大部分地区为林地。暖温带半湿润、半干旱季风气候，年日照时数 1950～2050 h，≥10 ℃年积温 3000～3700 ℃，年均温 11～14 ℃，年均降水量 570～740 mm，无霜期 226 d。

凤州系典型景观

土系特征与变幅　诊断层包括淡薄表层、黏化层、钙积层；诊断特性包括温性土壤温度状况、半干润土壤水分状况、氧化还原特征、石灰性。该土系成土母质为黄土，土层深厚，腐殖质层呈暗灰棕色，壤质黏土或粉砂质黏壤土，黏化层深厚，为 30～50 cm，棱块状结构，底部结构体表面多有铁锰胶膜，钙积层有大量假菌丝体或霜粉状石灰质淀积。土层厚度在 1.2 m 以上，粉壤土-黏壤土，碱性土，pH 8.5～8.6。

对比土系　南石槽系，同一土纲，所处位置均为秦岭北坡，成土母质均为风成黄土，由于海拔更高，降水量大，土壤淋溶强，无钙积层，且为湿润土壤水分状况，为不同亚类。

利用性能综述　该土系所处地形坡度大，土层深厚，植被相对稀疏，多为草地、灌木草地或疏林草地，质地较为黏重，具有一定的保肥能力，但侵蚀严重，易旱，养分含量稍低。在改良利用上，坡度较小区域可发展林果业或种植耐寒作物，坡度较大区域应加强植被保护，治理水土流失。

参比土种　灰马肝土。

代表性单个土体　位于陕西省宝鸡市凤县凤州镇磨湾村，33°49′13″ N，106°36′54″ E，海拔 1082 m，低山丘陵中下坡，阳坡，坡度 15°，成土母质为黄土，旱地，玉米-油菜轮作，近几年弃耕。目前为林草地。表层疏松，黏化层深厚，黏重，结构面有少量铁锰胶膜，钙积层较厚，结构面有大量假菌丝体或霜粉状石灰质淀积，通体弱至强石灰反应。50 cm 深度土壤温度 14.4 ℃。野外调查时间为 2016 年 7 月 19 日，编号 61-158。

凤州系代表性单个土体剖面

Ap: 0～23 cm，浊黄橙色（10YR 6/4，干），灰黄棕色（10YR 4/2，润），粉壤土，腐殖质层发育强，粒状结构，疏松，强石灰反应，大量植物根系，向下层平滑清晰过渡。

Bt: 23～50 cm，浊黄橙色（10YR 6/4，干），浅淡橙色（5YR 8/3，润），黏壤土，黏化层发育强，块状结构，紧实，结构面可见黏粒胶膜，强石灰反应，仅少量草本根系，向下层平滑清晰过渡。

Btr: 50～80 cm，浊黄橙色（10YR 6/4，干），灰红色（2.5YR 6/2，润），黏壤土，黏化层发育强，块状结构，紧实，强石灰反应，结构面可见黏粒胶膜及少量铁锰胶膜，仅少量草本根系，向下层平滑清晰过渡。

Btk: 80～120 cm，浊黄橙色（10YR 6/4，干），红棕色（10R 5/3，润），黏壤土，钙积层发育中等，块状结构，紧实，结构面可见黏粒胶膜及少量铁锰胶膜，弱石灰反应，大量假菌丝体或霜粉状石灰质淀积，无根系。

凤州系代表性单个土体物理性质

| 土层 | 深度 /cm | 砾石 (>2mm，体积分数)/% | 细土颗粒组成(粒径：mm)/(g/kg) | | | 质地 | 容重 /(g/cm³) |
			砂粒 2～0.05	粉粒 0.05～0.002	黏粒 <0.002		
Ap	0～23	0	270	510	220	粉壤土	1.42
Bt	23～50	0	230	470	300	黏壤土	1.59
Btr	50～80	0	250	470	280	黏壤土	1.58
Btk	80～120	0	250	450	300	黏壤土	1.57

凤州系代表性单个土体化学性质

深度 /cm	pH (H₂O)	有机质 /(g/kg)	全氮(N) /(g/kg)	全磷(P) /(g/kg)	全钾(K) /(g/kg)	CEC /(cmol/kg)	CaCO₃ /(g/kg)	游离氧化铁 /(g/kg)
0～23	8.5	16.4	0.76	0.54	11.43	23.54	7.14	6.14
23～50	8.5	8.2	0.49	0.29	11.30	21.98	8.85	5.72
50～80	8.5	8.2	0.45	0.61	10.81	20.43	9.84	5.49
80～120	8.6	7.9	0.41	0.53	10.78	20.17	10.59	6.26

7.1.6　文家坡系（Wenjiapo Series）

土　族：黏壤质混合型温性-普通钙积干润淋溶土
拟定者：齐雁冰，常庆瑞，刘梦云

分布与环境条件　分布于陕西省秦岭北麓低山丘陵及关中北部陇山低山丘陵区域，分布区域秦岭北麓海拔 800～1100 m，关中北部陇山山地 900～1300 m，地面坡度一般 7°～15°，部分可达 25°，通常用作林草地。暖温带半湿润、半干旱季风气候，年日照时数 1950～2050 h，年均温 13～14 ℃，年均降水量 500～700 mm，无霜期 197 d。

文家坡系典型景观

土系特征与变幅　诊断层包括淡薄表层、黏化层、钙积层；诊断特性包括温性土壤温度状况、半干润土壤水分状况、石灰性。该土系成土母质为黄土，土质深厚，因地面存在不同程度的土壤侵蚀，原表面的腐殖质层部分甚至全部遭受侵蚀，耕作层形成在残留的腐殖质层或黏化层上，棕褐色，质地黏重，壤质黏土，紧实，结构体表面具有大量假菌丝体或霜粉状石灰质淀积，强石灰反应。林草地，土层深厚，厚度在 1.2 m 以上，黏化层深厚，达 60 cm 以上，壤土-黏壤土，碱性土，pH 8.4～8.5。

对比土系　林皋系，同一亚纲，同处于关中北部陇山低山丘陵区，有石灰反应，但剖面碳酸钙含量较高，为不同亚类。柿沟系，同一亚纲，地形部位均为陇山的黄土残塬，但由于海拔更低，土壤发育更强，土壤质地上归为黏壤质，为不同亚类。

利用性能综述　该土系较为黏重，虽有一定的保肥能力，但因具有明显的坡度，水分和养分易流失，地力比较瘠薄，不耐干旱。坡度较大区域已经退耕还林还草。一年一熟。改良措施上应修筑水平梯田，防止水土流失，增施肥料，以培肥土壤。

参比土种　马肝土。

代表性单个土体　位于陕西省宝鸡市千阳县文家坡乡四郎庙村，34°47′14″ N，107°07′54″ E，海拔 1175 m，位于陇山的黄土残塬上，坡度 5°～15°，成土母质为原生黄土，灌木林地。土壤发育中等，通体强石灰反应，土体中部黏粒含量较多。50 cm 深度土壤温度 13.5 ℃。野外调查时间为 2016 年 7 月 17 日，编号 61-156。

文家坡系代表性单个土体剖面

Ah: 0～20 cm，浊黄棕色（10YR 5/3，干），浊棕色（7.5YR 5/3，润），壤土，团块状结构，疏松，强石灰反应，大量草本植物根系，向下层波状清晰过渡。

AB: 20～30 cm，浊黄棕色（10YR 5/3，干），浊红橙色（10R 6/4，润），粉壤土，过渡层发育中等，块状结构，紧实，强石灰反应，少量草本植物根系，向下层波状清晰过渡。

Bt: 30～60 cm，浊黄棕色（10YR 5/4，干），浊橙色（7.5YR 6/4，润），粉壤土，黏化层发育强，块状结构，紧实，结构面可见黏粒胶膜，强石灰反应，少量草本植物根系，向下层波状清晰过渡。

Btk: 60～120 cm，浊黄棕色（10YR 5/4，干），浊橙色（5YR 6/3，润），黏壤土，块状结构，紧实，结构面可见黏粒胶膜，缝隙及结构面上有较多假菌丝体或霜粉状石灰质淀积，强石灰反应，少量草本植物根系。

文家坡系代表性单个土体物理性质

土层	深度/cm	砾石(>2mm，体积分数)/%	细土颗粒组成(粒径：mm)/(g/kg)			质地	容重/(g/cm³)
			砂粒 2～0.05	粉粒 0.05～0.002	黏粒 <0.002		
Ah	0～20	0	330	486	184	壤土	1.03
AB	20～30	0	270	506	224	粉壤土	1.25
Bt	30～60	0	250	506	244	粉壤土	1.12
Btk	60～120	0	218	502	280	黏壤土	1.40

文家坡系代表性单个土体化学性质

深度/cm	pH(H₂O)	有机质/(g/kg)	全氮(N)/(g/kg)	全磷(P)/(g/kg)	全钾(K)/(g/kg)	CEC/(cmol/kg)	CaCO₃/(g/kg)
0～20	8.4	28.6	1.54	0.65	10.19	24.40	57.5
20～30	8.5	18.5	0.96	0.63	10.82	22.89	68.2
30～60	8.5	13.4	0.70	0.54	10.91	24.29	68.4
60～120	8.5	8.5	0.40	0.54	10.51	23.81	82.9

7.2 表蚀铁质干润淋溶土

7.2.1 界头庙系（Jietoumiao Series）

土　族：黏质硅质混合型石灰性温性-表蚀铁质干润淋溶土
拟定者：齐雁冰，常庆瑞，刘梦云

分布与环境条件　分布于陕北丘陵沟壑、渭北黄土台塬沟坡土壤侵蚀特别严重的地段，包括铜川、延安及咸阳的部分地区，海拔 800～1500 m，地面坡度 8°～25°，成土母质为新近纪保德期红土，通常用作林草地。暖温带半湿润、半干旱季风气候，年日照时数 2300～2500 h，年均温 7.8～12.8 ℃，≥10 ℃年积温 2817～4112 ℃，年均降水量 483～620 mm，无霜期 186 d。

界头庙系典型景观

土系特征与变幅　诊断层包括暗瘠表层、黏化层；诊断特性包括温性土壤温度状况、半干润土壤水分状况、铁质特性、石灰性。该土系所处位置坡度较大，用作耕地时地块破碎，成土母质为新近纪保德期红土，是该红色黏质古土壤出露后经长期耕作而形成的幼年土壤，因地形陡峭，植被差，水土流失严重，土壤发育微弱，其性状承袭了母质的特性。通体呈灰红色至红色，质地黏重均一，土体紧实坚硬，多为黏壤土，结构呈块状或棱块状，结构体表面常有棕黑色铁锰胶膜，并有石灰假菌丝体。全剖面弱至中石灰反应。林草地，壤土-黏壤土，碱性土，pH 8.4～8.6。

对比土系　可仙系，同一亚纲，地形部位为渭北旱塬的丘陵山地，没有表蚀特征，为不同土类。

利用性能综述　该土系所处位置坡度大，水土流失严重，土质黏重、通透性差，耕性不良，适耕期短，土壤瘠薄，物理性状很差，不耐旱，一年一熟。改良利用上，一是退耕陡坡地，恢复天然植被，防止水土流失；二是增施有机肥，深耕改土，改善土壤结构；三是种植耐旱的农作物，如谷类、豆类等。

参比土种　红胶土。

代表性单个土体　位于陕西省延安市黄龙县界头庙镇红罗圈村，35°29′42.8″ N，109°49′57.5″ E，海拔 1430 m，陕北丘陵沟壑沟坡地，坡度 8°～10°，成土母质为新近纪保德期红土，灌木林地，坡度较缓处用作坡耕地。土层深厚，在 1.2 m 以上，土体表层松软，暗褐色，腐殖质积累强，中壤土，表层之下土壤黏重，黏壤土，呈棱块状结构，全剖面弱至中石灰反应。50 cm 深度土壤温度 12.2 ℃。野外调查时间为 2016 年 6 月 9 日，编号 61-105。

界头庙系代表性单个土体剖面

Ah：　0～10 cm，浊红棕色（2.5YR 4/3，干），暗橄榄棕色（2.5Y 3/3，润），腐殖质层，暗褐色，壤土，粒状结构，松软，中石灰反应，草根盘结交错，向下层平滑清晰过渡。

2Bt1：10～20 cm，浊红棕色（2.5YR 4/4，干），暗绿灰色（7.5GY 4/1，润），黏壤土，紧实，棱柱状、块状结构，中石灰反应，结构面有黏粒胶膜，少量草本植物根系，向下层平滑清晰过渡。

2Bt2：20～55 cm，浊红棕色（2.5YR 4/4，干），浊黄色（2.5Y 6/3，润），黏壤土，紧实，棱块状结构，中石灰反应，并夹杂有少量料姜石，结构面有黏粒胶膜，少量草本植物根系，向下层平滑清晰过渡。

2Bt3：55～120 cm，浊红棕色（2.5YR 4/4，干），淡黄色（2.5Y 7/3，润），黏壤土，较紧实，棱块状结构，弱石灰反应，结构面有黏粒胶膜，少量植物根系，并夹杂有少量料姜石。

界头庙系代表性单个土体物理性质

土层	深度 /cm	砾石 (>2mm，体积分数)/%	细土颗粒组成（粒径：mm）/(g/kg)			质地	容重 /(g/cm³)
			砂粒 2～0.05	粉粒 0.05～0.002	黏粒 <0.002		
Ah	0～10	0	322	426	252	壤土	1.49
2Bt1	10～20	0	282	386	332	黏壤土	1.37
2Bt2	20～55	3	362	306	332	黏壤土	1.59
2Bt3	55～120	5	374	262	364	黏壤土	1.69

界头庙系代表性单个土体化学性质

深度 /cm	pH (H₂O)	有机质 /(g/kg)	全氮(N) /(g/kg)	全磷(P) /(g/kg)	全钾(K) /(g/kg)	CEC /(cmol/kg)	CaCO₃ /(g/kg)	游离氧化铁 /(g/kg)
0～10	8.5	33.1	1.79	0.35	9.57	14.77	58.8	13.26
10～20	8.4	23.4	1.20	0.06	8.97	28.99	39.2	16.86
20～55	8.6	9.0	0.44	0.10	8.32	33.84	14.0	17.76
55～120	8.5	4.2	0.19	0.12	8.63	35.93	8.1	18.25

7.3　堆垫简育干润淋溶土

7.3.1　磻溪系（Panxi Series）

土　族：黏壤质混合型石灰性温性-堆垫简育干润淋溶土
拟定者：齐雁冰，常庆瑞，刘梦云

分布与环境条件　分布于陕西省关中平原渭河南岸与秦岭山地过渡的宽平塬面上，向南逐渐过渡到秦岭山地，海拔 700～800 m，沉积黄土母质，旱地，小麦-玉米轮作，近几年大面积转变为种植猕猴桃、葡萄等经济作物。暖温带半湿润、半干旱季风气候，年日照时数 2100～2130 h，年均温 12～13 ℃，年均降水量 620～680 mm，无霜期 224 d。

磻溪系典型景观

土系特征与变幅　诊断层包括淡薄表层、黏化层；诊断特性包括温性土壤温度状况、半干润土壤水分状况、堆垫现象、石灰性。长期小麦-玉米轮作，农作历史悠久，因人类长期施用土粪堆垫并进行耕作熟化而在表层形成覆盖层，并能观察到炭渣、瓦片等侵入体，原耕作层被逐渐覆盖，土层深厚，厚度在 1.2 m 以上，黏化层深厚，达 60 cm 以上，粉壤土-粉黏壤土，弱碱性，pH 8.4～8.5。

对比土系　虢镇系，同一亚纲，但地形部位为黄土台塬，磻溪系为秦岭北麓的宽平塬面，为不同亚类。杜曲系，不同土纲，地形部位同为渭河南岸向秦岭山地过渡的宽平塬面，成土母质为沉积黄土，但堆垫层厚度达到 50 cm，为不同土纲。

利用性能综述　该土系所处地形平坦，土体深厚，质地适中，表层疏松多孔，下部黏化层紧实，具有保水托肥作用，土壤养分含量中等，土壤较肥沃，是关中地区的高产土壤之一。由于地处半湿润、半干旱区域，应完善灌溉条件，保证灌溉，同时由于近些年农民已不再进行有机土粪的堆垫，表层有机质含量有降低的趋势，应注意增施有机肥和实行秸秆还田以培肥土壤。

参比土种　红紫土。

代表性单个土体　位于陕西省宝鸡市陈仓区磻溪镇刘家山村，34°17′54″ N，107°21′57.81″ E，海拔 744 m，渭河南岸高平阶地，属渭河阶地向秦岭山地过渡地貌，由原来褐土经长期耕作和大量施用土粪堆积增厚形成，成土母质为沉积黄土，旱地，小麦-玉米轮作。地势平坦，土壤发育中等，通体弱-中度或石灰反应，土体中部黏粒含量较多。50 cm深度土壤温度15.1 ℃。野外调查时间为2016年4月9日，编号61-055。

磻溪系代表性单个土体剖面

Aup1： 0～15 cm，浊黄棕色（10YR 4/3，干），灰黄棕色（10YR 5/2，润），粉黏壤土，耕作层发育强，团粒状结构，较松软，肉眼可见炭渣及瓦片，弱石灰反应，大量草本根系，向下层平滑清晰过渡。

Aup2： 15～22 cm，浊黄棕色（10YR 5/4，干），灰黄色（2.5Y 6/2，润），粉黏壤土，犁底层发育强，稍紧实，块状结构，有炭渣、瓦片等侵入体，中石灰反应，细根减少，向下层平滑清晰过渡。

Bt1： 22～60 cm，浊黄棕色（10YR 5/4，干），黄棕色（2.5Y 5/3，润），黏化层，粉壤土，紧实，棱块状结构，有炭渣、瓦片等侵入体，结构面有黏粒胶膜，较少根系分布，中石灰反应，向下层平滑清晰过渡。

Bt2： 60～120 cm，浊黄棕色（10YR 5/4，干），黑棕色（10YR 2/3，润），黏化层，粉黏壤土，稍紧实，块状结构，结构面有黏粒胶膜，无石灰反应，无根系。

磻溪系代表性单个土体物理性质

土层	深度/cm	砾石(>2mm，体积分数)/%	细土颗粒组成(粒径：mm)/(g/kg)			质地	容重/(g/cm³)
			砂粒 2～0.05	粉粒 0.05～0.002	黏粒 <0.002		
Aup1	0～15	0	22	689	289	粉黏壤土	1.26
Aup2	15～22	0	8	683	309	粉黏壤土	1.42
Bt1	22～60	0	1	747	252	粉壤土	1.53
Bt2	60～120	0	2	727	271	粉黏壤土	1.58

磻溪系代表性单个土体化学性质

深度/cm	pH(H₂O)	有机质/(g/kg)	全氮(N)/(g/kg)	全磷(P)/(g/kg)	全钾(K)/(g/kg)	CEC/(cmol/kg)	CaCO₃/(g/kg)	游离氧化铁/(g/kg)
0～15	8.4	21.3	1.08	1.22	12.94	21.4	11.7	3.74
15～22	8.4	16.0	0.76	1.08	13.33	21.2	11.6	3.80
22～60	8.4	10.3	0.50	0.83	9.96	19.2	18.0	3.80
60～120	8.5	10.6	0.57	0.84	12.42	19.1	16.0	3.88

7.3.2 雨金系（Yujin Series）

土　族：黏壤质混合型石灰性温性-堆垫简育干润淋溶土
拟定者：齐雁冰，常庆瑞，刘梦云

分布与环境条件　分布于陕西省秦岭北坡的中低山或山前丘陵区以及渭河高阶地上，海拔300～1323 m，成土母质为坡积黄土，是秦岭山区和山前丘陵区的主要耕种土壤；旱地，小麦-玉米轮作。暖温带半湿润、半干旱季风气候，年日照时数1950～2050 h，年均温 13～14 ℃，年均降水量 550～650 mm，无霜期219 d。

雨金系典型景观

土系特征与变幅　诊断层包括淡薄表层、黏化层、雏形层；诊断特性包括温性土壤温度状况、半干润土壤水分状况、堆垫现象、钙积现象、石灰性。该土系土壤在母质形成之后，长期小麦-玉米轮作，农作历史悠久，因人类长期施用土粪堆垫并进行耕作熟化而在表层形成覆盖层，并能观察到炭渣、瓦片等侵入体，原耕作层逐渐被覆盖，土层深厚，厚度在 1.2 m 以上，达 60 cm 以上，粉壤土-粉黏壤土，碱性土，pH 8.8～8.9。

对比土系　杜曲系，不同土纲，地形部位为宽平塬面，秦岭北坡山前丘陵，但堆垫层厚度超过 50 cm 而归为土垫旱耕人为土。

利用性能综述　该土系所处地形较平坦，土体深厚，质地适中，表层疏松多孔，下部弱黏化层稍紧实，具有保水托肥作用，土壤养分含量中等，土壤较肥沃，是关中地区较为适宜农业生产的高产土壤之一。由于地处半湿润、半干旱区域的中低山或山前丘陵区以及渭河高阶地，应完善灌溉条件，保证灌溉，并注意增施有机肥和实行秸秆还田以培肥土壤。

参比土种　马肝泥。

代表性单个土体　位于陕西省西安市临潼区雨金镇高韩村，34°31′25″ N，109°12′25″ E，海拔 331 m，渭河北岸二级阶地上，成土母质为原生黄土。地势平坦，土壤发育中等，通体强石灰反应，土体中部黏粒含量较多。旱地，小麦-玉米轮作。50 cm 深度土壤温度15.2 ℃。野外调查时间为 2016 年 3 月 26 日，编号61-033。

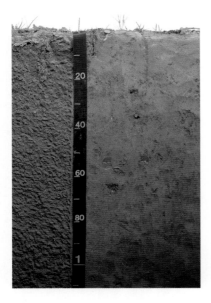

雨金系代表性单个土体剖面

Aup: 0～30 cm，浊黄橙色（10YR 6/3，干），灰橄榄色（5Y 6/2，润），粉壤土，耕作堆垫层发育强，团粒状结构，疏松，肉眼可见炭渣及瓦片，强石灰反应，大量草本植物根系，向下层平滑清晰过渡。

Bt: 30～65 cm，浊黄橙色（10YR 6/3，干），淡黄色（2.5Y 7/3，润），粉黏壤土，稍紧实，块状结构，结构面可见黏粒胶膜，强石灰反应，少量根系分布，向下层平滑清晰过渡。

Bw1: 65～80 cm，浊黄橙色（10YR 6/3，干），浊棕色（7.5YR 5/3，润），粉黏壤土，稍紧实，块状结构，强石灰反应，少量根系分布，向下层平滑清晰过渡。

Bw2: 80～110 cm，浊黄橙色（10YR 6/3，干），浊黄棕色（10YR 4/3，润），粉壤土，稍松软，块状结构，强石灰反应，少量根系分布，向下层平滑清晰过渡。

Bw3: 110～120 cm，浊黄橙色（10YR 6/3，干），黑棕色（7.5YR 2/2，润），粉黏壤土，稍松软，块状结构，强石灰反应，无根系分布。

雨金系代表性单个土体物理性质

| 土层 | 深度/cm | 砾石(>2mm，体积分数)/% | 细土颗粒组成(粒径：mm)/(g/kg) | | | 质地 | 容重/(g/cm³) |
			砂粒 2～0.05	粉粒 0.05～0.002	黏粒 <0.002		
Aup	0～30	0	43	689	268	粉壤土	1.55
Bt	30～65	0	9	677	314	粉黏壤土	1.49
Bw1	65～80	0	10	701	289	粉黏壤土	1.49
Bw2	80～110	0	63	685	252	粉壤土	1.39
Bw3	110～120	0	12	693	295	粉黏壤土	1.36

雨金系代表性单个土体化学性质

深度/cm	pH(H₂O)	有机质/(g/kg)	全氮(N)/(g/kg)	全磷(P)/(g/kg)	全钾(K)/(g/kg)	CEC/(cmol/kg)	CaCO₃/(g/kg)
0～30	8.9	13.3	0.48	0.86	11.26	12.51	88.3
30～65	8.9	6.8	0.14	0.71	9.10	9.62	70.8
65～80	8.8	6.3	0.08	0.40	9.43	9.95	99.5
80～110	8.8	5.2	0.09	0.60	10.26	11.22	100.3
110～120	8.8	7.4	0.09	0.44	10.22	11.53	106.6

7.3.3 临平系（Linping Series）

土　族：壤质混合型石灰性温性-堆垫简育干润淋溶土
拟定者：齐雁冰，常庆瑞，刘梦云

分布与环境条件　分布于陕西省关中平原渭河北岸宽平塬面上，向北逐渐过渡到黄土台塬地貌，海拔 520～650 m，沉积黄土母质，旱地，小麦-玉米轮作，近几年有大面积转变为种植苹果等经济作物。暖温带半湿润季风气候，年日照时数 2160～2170 h，年均温 12.5～13.5 ℃，年均降水量 560～590 mm，无霜期 224 d。

临平系典型景观

土系特征与变幅　诊断层包括淡薄表层、黏化层；诊断特性包括温性土壤温度状况、半干润土壤水分状况、堆垫现象、石灰性。长期小麦-玉米轮作，农作历史悠久，因人类长期施用土粪堆垫并进行耕作熟化而在表层形成覆盖层，并能观察到炭渣、瓦片等侵入体，原耕作层逐渐被覆盖，土层深厚，厚度在 1.2 m 以上，黏化层深厚，达 60 cm 以上，粉壤土-黏壤土-壤土，弱碱性，pH 8.3～8.5。

对比土系　杨凌系，不同土纲，地形部位相似，均为较平的塬面，成土母质为黄土，但堆垫层厚度达到 50 cm 符合堆垫表层的条件而划为人为土，且在黏化层下部见到钙积层，在石灰性和酸碱反应类别上由于剖面中部黏化层石灰反应很弱而划归到非酸性。

利用性能综述　该土系土体深厚，质地适中，表层疏松多孔，下部黏化层紧实，具有保水托肥作用，土壤养分含量中下等，土壤较肥沃，是关中地区的高产土壤之一。由于地处半湿润、半干旱区域，应完善灌溉条件，保证灌溉，同时由于近些年农民已不再进行有机土粪的堆垫，表层有机质含量有降低的趋势，应注意增施有机肥和实行秸秆还田以培肥土壤。

参比土种　红油土。

代表性单个土体　位于陕西省咸阳市乾县临平镇龙背村，34°29′01″N，108°06′21″E，海拔 572 m，渭河北岸平缓塬面上，属渭河阶地向黄土台塬过渡地貌，由原来褐土经长期耕作和大量施用土粪堆积增厚形成，成土母质为原生黄土，旱地，小麦-玉米轮作。地势平坦，土壤发育中等，石灰反应强烈，土体中部黏粒含量较多。50 cm 深度土壤温度

15.0 ℃。野外调查时间为 2016 年 7 月 17 日，编号 61-153。

临平系代表性单个土体剖面

Aup1：0～20 cm，浊黄橙色（10YR 6/4，干），橄榄灰色（5GY 6/1，润），粉壤土，耕作层发育强，团粒状结构，较松软，肉眼可见炭渣及瓦片，强石灰反应，大量草本根系，向下层平滑清晰过渡。

Aup2：20～40 cm，浊黄橙色（10YR 6/4，干），棕灰色（5YR 4/1，润），粉壤土，犁底层发育强，紧实，块状结构，肉眼可见少量炭渣及瓦片，强石灰反应，细根减少，向下层平滑清晰过渡。

Bt：40～90 cm，浊黄棕色（10YR 5/4，干），紫灰色（5P 5/1，润），黏化层，黏壤土，紧实，棱块状，结构面有黏粒胶膜，中石灰反应，较少根系分布，向下层平滑清晰过渡。

Ab：90～120 cm，浊黄棕色（10YR 5/4，干），青黑色（5PB 2/1，润），壤土，稍松软，具有块状结构，受埋藏表层影响，结构面及缝隙中能观察到腐殖质聚集，弱石灰反应，较少根系。

临平系代表性单个土体物理性质

| 土层 | 深度 /cm | 砾石 (>2mm，体积分数)/% | 细土颗粒组成(粒径：mm)/(g/kg) | | | 质地 | 容重 /(g/cm³) |
			砂粒 2～0.05	粉粒 0.05～0.002	黏粒 <0.002		
Aup1	0～20	0	298	502	200	粉壤土	1.35
Aup2	20～40	0	266	506	228	粉壤土	1.38
Bt	40～90	0	226	466	308	黏壤土	1.58
Ab	90～120	0	330	486	184	壤土	1.46

临平系代表性单个土体化学性质

深度 /cm	pH (H₂O)	有机质 /(g/kg)	全氮(N) /(g/kg)	全磷(P) /(g/kg)	全钾(K) /(g/kg)	CEC /(cmol/kg)	CaCO₃ /(g/kg)
0～20	8.5	18.5	0.99	1.09	10.55	19.2	47.3
20～40	8.5	15.0	0.82	0.69	9.65	19.1	17.5
40～90	8.5	10.4	0.56	0.54	9.80	18.4	22.7
90～120	8.3	12.2	0.71	0.56	12.60	27.7	16.6

7.4 复钙简育干润淋溶土

7.4.1 店头系（Diantou Series）

土　族：黏壤质硅质混合型温性-复钙简育干润淋溶土
拟定者：齐雁冰，常庆瑞，刘梦云

分布与环境条件　分布于陕西省黄龙山与乔山山地南部的土石低山地，包括延安市黄龙县、黄陵县南部林区，渭南市韩城市北山，铜川市印台区、宜君县、耀州区等县区的土石山区，海拔900～1780 m，地面坡度 5°～25°，成土母质为壤质黄土母质，通常用作林草地。暖温带半湿润、半干旱季风气候，年日照时数 2500～2600 h，年均温 8.5～10 ℃，年均降水量 554～709 mm，无霜期 172 d。

店头系典型景观

土系特征与变幅　诊断层包括暗瘠表层、黏化层、钙积层；诊断特性包括温性土壤温度状况、半干润土壤水分状况。该土系所处位置坡度较大，用作耕地时地块破碎，土壤质地黏重，淋溶作用强，黏化层深厚，棕褐色，拟棱柱状结构，由于表层覆盖，碳酸钙含量自上而下降低，上部强石灰反应，黏化层无石灰反应。林草地，土层深厚，厚度在1.5 m 以上，黏化层厚度在 60 cm 以上，粉壤土，碱性土，pH 8.8～8.9。

对比土系　棋盘系，同一亚类，地形部位为黄土高原中南部的土石山区，淋溶作用强烈，矿物类型为混合型且表层未达到暗瘠表层条件，为不同土族。

利用性能综述　该土系地面坡度大，不宜农耕，土层深厚，分布地区雨量充沛，适宜发展林业。但个别地方植被破坏严重，土壤裸露，引起水土流失；在利用上应逐渐向林果业发展，同时应以农田基本建设为中心，平整土地，防止水土流失。

参比土种　暗马肝土。

代表性单个土体　位于陕西省延安市黄陵县店头镇关村，35°36′26.7″ N，109°06′57.9″ E，海拔 924 m，土石山地区，坡度 5°～8°，成土母质为黄土母质，林地。表层腐殖质层明显，暗色，过渡层颜色较亮，黏化层深厚，结构面有较多暗褐色黏粒或腐殖质胶膜。50 cm 深度土壤温度 14.0 ℃。野外调查时间为 2016 年 6 月 10 日，编号 61-110。

店头系代表性单个土体剖面

Ahk：0～20 cm，浊黄橙色（10YR 6/4，干），黑棕色（10YR 2/2，润），腐殖质层，粉壤土，粒状结构，松软，强石灰反应，草根盘结交错，向下层波状清晰过渡。

ABk：20～50 cm，浊黄棕色（10YR 5/4，干），暗橄榄色（7.5Y 4/3，润），过渡层，粉壤土，层片或块状结构，紧实，强石灰反应，细根减少，有树木根系，向下层平滑明显过渡。

Bt1：50～70 cm，浊橙色（7.5YR 6/4，干），灰红色（10R 6/2，润），粉壤土，棱柱状结构，紧实，有裂隙，同时土体内填充有小于2%、直径10～30 mm的砾石，结构面上有明显的暗褐色黏粒或腐殖质胶膜，无石灰反应，向下层平滑明显过渡。

Bt2：70～100 cm，浊橙色（7.5YR 6/4，干），灰棕色（7.5YR 4/2，润），黏化层，粉壤土，棱柱状结构，紧实，同时土体内填充有小于2%、直径10～30 mm的砾石，结构面上有明显的暗褐色黏粒或腐殖质胶膜，无石灰反应，向下层平滑明显过渡。

Bt3：100～160 cm，浊橙色（7.5YR 6/4，干），黑棕色（7.5YR 3/2，润），黏化层，粉壤土，棱柱状结构，紧实，同时土体内填充有小于2%、直径10～30 mm的砾石，结构面上有明显的暗褐色黏粒或腐殖质胶膜，无石灰反应。

店头系代表性单个土体物理性质

| 土层 | 深度 /cm | 砾石 (>2mm，体积分数)/% | 细土颗粒组成(粒径：mm)/(g/kg) | | | 质地 | 容重 /(g/cm³) |
			砂粒 2～0.05	粉粒 0.05～0.002	黏粒 <0.002		
Ahk	0～20	0	118	672	210	粉壤土	1.12
ABk	20～50	0	74	719	207	粉壤土	1.47
Bt1	50～70	2	52	730	218	粉壤土	1.61
Bt2	70～100	2	28	767	205	粉壤土	1.66
Bt3	100～160	2	36	762	202	粉壤土	1.59

店头系代表性单个土体化学性质

深度 /cm	pH (H₂O)	有机质 /(g/kg)	全氮(N) /(g/kg)	全磷(P) /(g/kg)	全钾(K) /(g/kg)	CEC /(cmol/kg)	CaCO₃ /(g/kg)
0～20	8.8	21.6	1.08	0.33	9.62	20.58	118.6
20～50	8.9	21.3	1.19	0.57	9.97	16.07	106.5
50～70	8.9	3.4	0.17	0.21	12.09	17.70	8.2
70～100	8.9	4.4	0.23	0.21	12.90	19.07	6.8
100～160	8.8	4.0	0.22	0.37	12.94	19.93	5.9

7.4.2 棋盘系（Qipan Series）

土 族：黏壤质混合型温性-复钙简育干润淋溶土

拟定者：齐雁冰，常庆瑞，刘梦云

分布与环境条件 分布于陕西省延安市黄龙县冢字梁及其以南、铜川市宜君县南部，分布区海拔 800～1300 m，地面坡度 5°～25°，黄土母质，旱地，一年一熟，种植小麦或玉米。暖温带半湿润、半干旱季风气候，年日照时数 2350～2450 h，年均温 8.6～11℃，年均降水量 600～720 mm，无霜期 190 d。

棋盘系典型景观

土系特征与变幅 诊断层包括淡薄表层、黏化层；诊断特性包括温性土壤温度状况、半干润土壤水分状况、钙积现象、氧化还原特征。该土系所处位置坡度较大，用作耕地时地块破碎，土壤质地黏重，淋溶作用强，黏化层深厚，棕褐色，拟棱柱状结构，结构体表面有多量石灰假菌丝体，强石灰反应。旱作，长期种植小麦或玉米，土层深厚，厚度在 1.4 m 以上，黏化层厚度在 60 cm 以上，粉壤土，碱性土，pH 8.5～8.6。

对比土系 店头系，同一亚类，地形部位为黄土高原中南部的土石山区，淋溶作用强烈，但有暗瘠表层，为不同土族。

利用性能综述 该土系土层深厚，保水保肥，土壤较肥沃，生产性能良好，加之雨量充沛，适宜农业生产，但地面坡度大，地表不平整，水土流失严重，同时土壤速效养分贫乏，应以农田基本建设为中心，平整土地，防止水土流失，增施化肥，需特别注重磷肥的施用量，也可实行草田轮作提高地力。

参比土种 淡马肝土。

代表性单个土体 位于陕西省铜川市宜君县棋盘镇背壕村，35°20′47″N，109°14′06″E，海拔 1167 m，黄土高原南部黄土台地区，坡度 5°～8°，成土母质为黄土，林草地，黏化层明显，结构面有明显石灰假菌丝体，中下部结构面有铁锈斑纹。50 cm 深度土壤温度 13.2 ℃。野外调查时间为 2016 年 7 月 4 日，编号 61-144。

Ah: 0～25 cm，浊黄棕色（10YR 5/4，干），棕色（7.5YR 4/3，润），腐殖质层，粉壤土，粒状结构，松软，强石灰反应，草根盘结交错，向下层波状清晰过渡。

Btr1: 25～55 cm，浊黄棕色（10YR 5/4，干），淡灰色（10Y 7/2，润），粉壤土，层片或块状结构，紧实，强石灰反应，细根减少，结构面有少量铁锈斑纹及黏粒胶膜，有树木根系及少量根孔，向下层波状突变过渡。

Btr2: 55～140 cm，浊黄棕色（10YR 5/4，干），淡灰色（7.5Y 7/2，润），黏化层，粉壤土，棱柱状结构，紧实，有裂隙，裂隙内有树木中粗根系分布，结构面及裂隙中有少量铁锈斑纹及黏粒胶膜，同时土体内填充有 3%左右、直径 10～30 mm 的砾石，结构面上可见霜粉状碳酸钙聚集体，强石灰反应。

棋盘系代表性单个土体剖面

棋盘系代表性单个土体物理性质

| 土层 | 深度/cm | 砾石(>2mm，体积分数)/% | 细土颗粒组成(粒径：mm)/(g/kg) | | | 质地 | 容重/(g/cm³) |
			砂粒 2～0.05	粉粒 0.05～0.002	黏粒 <0.002		
Ah	0～25	0	86	727	187	粉壤土	1.22
Btr1	25～55	0	38	752	210	粉壤土	1.44
Btr2	55～140	3	17	778	205	粉壤土	1.55

棋盘系代表性单个土体化学性质

深度/cm	pH(H₂O)	有机质/(g/kg)	全氮(N)/(g/kg)	全磷(P)/(g/kg)	全钾(K)/(g/kg)	CEC/(cmol/kg)	CaCO₃/(g/kg)
0～25	8.5	15.2	0.76	0.81	9.77	19.38	89.6
25～55	8.6	6.3	0.32	0.81	10.10	17.83	67.1
55～140	8.5	7.6	0.36	0.77	11.03	22.79	31.2

7.4.3 柿沟系（Shigou Series）

土　族：黏壤质混合型温性-复钙简育干润淋溶土
拟定者：齐雁冰，常庆瑞，刘梦云

分布与环境条件　分布于陕西省秦岭北麓低山丘陵及关中北部陇山低山丘陵区域，分布区域秦岭北麓海拔 780～1100 m，关中北部陇山山地 900～1300 m，地面坡度一般 7°～15°，部分可达 25°，旱地，小麦-玉米轮作。暖温带半湿润、半干旱季风气候，年日照时数 1950～2050 h，年均温 13～14 ℃，年均降水量 500～700 mm，无霜期 197 d。

柿沟系典型景观

土系特征与变幅　诊断层包括淡薄表层、黏化层；诊断特性包括温性土壤温度状况、半干润土壤水分状况、钙积现象。该土系成土母质为黄土母质，土质深厚，因地面存在不同程度的土壤侵蚀，原表面的腐殖质层部分甚至全部遭受侵蚀，耕作层形成在残留的腐殖质层或黏化层上，棕褐色，质地黏重，黏化层深厚，褐色，壤质黏土，紧实，棱柱状结构，垂直节理发育，有利于降水的下渗及深层蓄水。中下部壤质黏土，具有大量假菌丝体或霜粉状石灰质淀积，弱至强石灰反应。长期小麦-玉米轮作，土层深厚，厚度在 1.5m 以上，黏化层深厚，达 60 cm 以上，粉壤土，中性至弱碱性土，pH 8.4～8.6。

对比土系　棋盘系，同一土族，具有明显的氧化还原特征，为不同土系。文家坡系，同一亚纲，陇山的黄土残塬，但由于海拔较高，土壤发育稍弱，土壤质地上归为黏壤质，无复钙现象，为不同亚类。

利用性能综述　该土系较为黏重，虽有一定的保肥能力，但因具有明显的坡度，水分和养分易流失，地力比较瘠薄，不耐干旱。主要种植小麦，也种植谷豆、薯类、荞麦及绿肥作物等。一年一熟。改良措施上应以修筑水平梯田、防止水土流失、增施肥料、培肥土壤为主。同时应注重灌溉的发展，提高作物产量。

参比土种　马肝土。

代表性单个土体　位于陕西省宝鸡市千阳县水沟镇英明村，34°40′27″N，107°03′50″E，海拔 792 m，位于陇山的黄土残塬上坡度 3°～5°，成土母质为原生黄土，耕地，土壤发育中等，通体弱至强石灰反应，土体中部黏粒含量较多。旱地，小麦-玉米轮作。50 cm 深度土壤温度 14.7 ℃。野外调查时间为 2016 年 7 月 15 日，编号 61-155。

柿沟系代表性单个土体剖面

Ap1: 0～20 cm，浊黄橙色（10YR 6/3，干），橄榄棕色（2.5Y 4/3，润），粉壤土，耕作层发育强，团粒或团块状结构，疏松，强石灰反应，大量草本植物根系，向下层平滑清晰过渡。

Ap2: 20～40 cm，浊黄橙色（10YR 6/4，干），浊黄橙色（10YR 6/3，润），粉壤土，犁底层发育强，块状结构，紧实，强石灰反应，少量草本植物根系，向下层平滑清晰过渡。

Bt: 40～100 cm，浊黄橙色（10YR 6/4，干），橙色（2.5YR 7/6，润），粉壤土，黏化层发育强，棱柱状结构，较多裂隙，结构面具有较多黏粒胶膜，紧实，弱石灰反应，少量草本植物根系，缝隙及结构面上有少量假菌丝体或霜粉状石灰质淀积，向下层平滑清晰过渡。

Bk: 100～120 cm，浊黄橙色（10YR 6/4，干），暗红棕色（5YR 3/2，润），粉壤土，土体发育较强，棱块状结构，紧实，强石灰反应，少量草本植物根系，缝隙及结构面上有较多假菌丝体或霜粉状石灰质淀积。

柿沟系代表性单个土体物理性质

土层	深度 /cm	砾石 (>2mm，体积分数)/%	细土颗粒组成(粒径：mm)/(g/kg)			质地	容重 /(g/cm³)
			砂粒 2～0.05	粉粒 0.05～0.002	黏粒 <0.002		
Ap1	0～20	0	69	713	218	粉壤土	1.13
Ap2	20～40	0	51	726	223	粉壤土	1.34
Bt	40～100	0	74	693	233	粉壤土	1.47
Bk	100～120	0	81	697	222	粉壤土	1.45

柿沟系代表性单个土体化学性质

深度 /cm	pH (H₂O)	有机质 /(g/kg)	全氮(N) /(g/kg)	全磷(P) /(g/kg)	全钾(K) /(g/kg)	CEC /(cmol/kg)	CaCO₃ /(g/kg)
0～20	8.4	17.7	0.97	0.99	10.40	16.09	73.6
20～40	8.6	9.7	0.53	0.77	10.56	18.04	65.5
40～100	8.6	11.0	0.46	0.34	11.09	27.29	22.8
100～120	8.6	8.3	0.43	0.54	10.43	24.27	78.2

7.5 普通简育干润淋溶土

7.5.1 林皋系（Lingao Series）

土　　族：黏壤质混合型石灰性温性-普通简育干润淋溶土
拟定者：齐雁冰，常庆瑞，刘梦云

分布与环境条件　分布于西安、咸阳、渭南等市的丘陵或山地，地面坡度为 10°～25°，海拔 700～1200 m，通常用作林草地，缓坡处人为修筑平缓地用作耕地。成土母质为黄土。暖温带半湿润、半干旱季风气候，年日照时数 2350～2450 h，年均温 11.0～11.8 ℃，年均降水量 520～720 mm，无霜期 210 d。

林皋系典型景观

土系特征与变幅　诊断层包括淡薄表层、黏化层；诊断特性包括温性土壤温度状况、半干润土壤水分状况、石灰性。该土系所处位置坡度较大，一般用作林草地，用作旱耕地时地块连片性少，土壤质地黏重，淋溶作用弱，仅表现为弱黏化层，棕褐色，拟棱柱状结构，剖面下部结构体表面有多量石灰假菌丝体，并有一定量的料姜石，强石灰反应。旱作时一年一熟，种植小麦或玉米，土层深厚，厚度在 1.2 m 以上，黏化层厚度在 40 cm 以上，壤土，碱性土，pH 8.5～8.6。

对比土系　文家坡系，同一亚纲，同处于关中北部陇山低山丘陵区，具有石灰反应，但剖面碳酸钙含量较林皋系低，为不同亚类。可仙系，同一亚纲，地形部位为渭北旱塬的丘陵山地，但海拔稍低，形成明显的钙积层而归为钙积干润淋溶土，为不同土类。

利用性能综述　该土系虽然土层深厚，结构良好，养分含量较高，但因坡度大，水土流失严重，含有一定量的料姜石，不宜用作农用地，可用于营造松栎林，海拔较低的低山区开发为果园或旱耕地，且应注重灌溉及保水，以防水土流失。

参比土种　料姜肝黄土。

代表性单个土体　位于陕西省渭南市白水县林皋镇背坡村，35°10′38″ N，109°23′42″ E，海拔 1176 m，丘陵岗地，坡度 5°左右，成土母质为黄土，旱地，一年一熟，种植小麦或玉米，近年已经弃耕。土体内含量 5%左右的料姜石，但未形成料姜石层，50 cm 深度土壤温度 13.2 ℃。野外调查时间为 2016 年 7 月 5 日，编号 61-146。

林皋系代表性单个土体剖面

Ap： 0~20 cm，浊黄棕色（10YR 5/4，干），浊棕色（7.5YR 5/4，润），耕作层，壤土，团粒或粒状结构，疏松，结构面可见1%左右粒径5 mm以上的料姜石，强石灰反应，多量草本植物根系，向下层平滑清晰过渡。

Bt1： 20~50 cm，浊黄橙色（10YR 6/4，干），浊橙色（5YR 6/4，润），壤土，弱黏化层较紧实，棱块状结构，可见褐色黏粒胶膜，结构面可见5%左右粒径5 mm以上的料姜石，强石灰反应，少量草本植物根系，向下层平滑清晰过渡。

Bt2： 50~80 cm，浊黄棕色（10YR 5/4，干），浊红棕色（5YR 5/4，润），壤土，弱黏化层较紧实，棱块状结构，结构面可见5%左右粒径5 mm以上的料姜石，可见褐色黏粒胶膜，强石灰反应，少量草本植物根系，向下层平滑清晰过渡。

Bt3： 80~120 cm，浊黄橙色（10YR 6/4，干），暗红棕色（2.5YR 3/4，润），壤土，母质层较松软，块状结构，可见褐色黏粒胶膜，结构面可见假菌丝体或霜粉状石灰聚集体，以及2%左右粒径5 mm以上的料姜石，并在裂隙内有褐色胶膜，强石灰反应，无草本植物根系。

林皋系代表性单个土体物理性质

土层	深度/cm	砾石（>2mm，体积分数)/%	细土颗粒组成(粒径：mm)/(g/kg)			质地	容重/(g/cm³)
			砂粒 2~0.05	粉粒 0.05~0.002	黏粒 <0.002		
Ap	0~20	1	366	466	168	壤土	1.25
Bt1	20~50	5	336	456	208	壤土	1.38
Bt2	50~80	5	286	496	218	壤土	1.39
Bt3	80~120	2	286	466	248	壤土	1.49

林皋系代表性单个土体化学性质

深度/cm	pH(H₂O)	有机质/(g/kg)	全氮(N)/(g/kg)	全磷(P)/(g/kg)	全钾(K)/(g/kg)	CEC/(cmol/kg)	CaCO₃/(g/kg)
0~20	8.5	18.9	0.93	0.72	8.66	17.34	103.5
20~50	8.6	8.2	0.44	0.39	8.59	16.15	109.6
50~80	8.6	8.7	0.40	0.28	8.38	16.57	102.9
80~120	8.6	7.6	0.43	1.45	8.67	21.11	105.3

7.6 耕淀简育湿润淋溶土

7.6.1 许家庙系（**Xujiamiao Series**）

土　族：黏质伊利石混合型非酸性热性-耕淀简育湿润淋溶土
拟定者：齐雁冰，常庆瑞，刘梦云

分布与环境条件　分布于陕西省秦岭南麓汉江谷地的汉中、南郑、洋县、勉县的河流一级阶地和丘陵浅山宽谷区，海拔 472～620 m，多为缓坡地，地面坡度 2°～4°，成土母质为次生黄土，用作旱作农业较多。北亚热带湿润季风气候，年日照时数 1400～1500 h，年均温 13.5～14.5 ℃，≥10 ℃年积温 4300～5400 ℃，年均降水量 700～900 mm，无霜期 245 d。

许家庙系典型景观

土系特征与变幅　诊断层包括肥熟表层、耕作淀积层、黏化层；诊断特性包括热性土壤温度状况、湿润土壤水分状况、氧化还原特征。该土系成土母质为次生黄土，土层深厚，质地较均一，耕作层疏松多孔，壤质黏土或粉砂质黏壤土，黏化层深厚，为 30～50 cm，棱块状结构，结构体表面多有铁锈斑纹及铁锰胶膜，质地黏重。土层厚度在 1.2 m 以上，粉黏壤土-黏土，中性土，pH 5.1～7.4。

对比土系　新店子系，同一土类，土壤质地为粗骨壤质，矿物类型为长石混合型，为不同土系。溢水系，不同土纲，所处位置均为秦巴山地低山丘陵区，成土母质均为黄土，内含料姜石，且未形成明显的黏化层，为不同土纲。

利用性能综述　该土系所处地形较为平坦，土层深厚，质地黏重，保肥性较好，但有机质和氮磷钾含量稍低，既种植小麦、玉米、油菜等农作物，也种植茶叶、果树等经济作物，改良上应增施有机肥，补充土壤养分，提高地力。

参比土种　黄墡泥。

代表性单个土体　位于陕西省汉中市城固县桔园镇二方湾村，33°14′24″ N，107°11′33″ E，海拔 554 m，丘陵浅山宽谷区，地面坡度 2°～4°，成土母质为次生黄土，水浇地，小麦/油菜-玉米。表层疏松多孔，黏化层深厚，黏重，结构面有明显的黏粒或腐殖质胶膜，下部结构面有铁锈斑纹及铁锰胶膜，通体无石灰反应。50 cm深度土壤温度16.0 ℃。野外调查时间为2016年4月22日，编号61-068。

许家庙系代表性单个土体剖面

Ap: 0～20 cm，浊黄棕色（10YR 5/4，干），暗红棕色（2.5YR 3/2，润），粉黏壤土，耕作层发育强，团粒状结构，疏松，无石灰反应，大量草本植物根系，向下层平滑清晰过渡。

Bp: 20～40 cm，浊黄橙色（10YR 6/4，干），淡红灰色（10R 7/1，润），粉黏壤土，犁底层稍紧实，块状结构，结构面可见腐殖质-粉粒-黏粒淀积层，无石灰反应，少量草本植物根系，向下层平滑清晰过渡。

Abr: 40～60 cm，浊黄橙色（10YR 6/4，干），浊棕色（7.5YR 5/3，润），粉黏土，紧实，块状结构，无石灰反应，可见铁锈斑纹及黑色胶膜，无根系，向下层平滑清晰过渡。

Btr: 60～100 cm，浊黄橙色（10YR 6/4，干），浊黄橙色（10YR 6/4，润），黏土，紧实，棱块状结构，结构面可见明显黏粒胶膜、铁锈斑纹及黑色胶膜，无石灰反应，无根系，向下层平滑清晰过渡。

BCr: 100～120 cm，浊黄橙色（10YR 7/4，干），浊橙色（7.5YR 7/3，润），黏土，紧实，块状结构，无石灰反应，可见铁锈斑纹，无根系。

许家庙系代表性单个土体物理性质

土层	深度/cm	砾石(>2mm，体积分数)/%	细土颗粒组成（粒径：mm)/(g/kg)			质地	容重/(g/cm³)
			砂粒2～0.05	粉粒0.05～0.002	黏粒<0.002		
Ap	0～20	0	190	478	332	粉黏壤土	1.39
Bp	20～40	0	190	428	382	粉黏壤土	1.45
Abr	40～60	0	150	438	412	粉黏土	1.52
Btr	60～100	0	170	378	452	黏土	1.58
BCr	100～120	0	170	398	432	黏土	1.70

许家庙系代表性单个土体化学性质

深度/cm	pH(H₂O)	有机质/(g/kg)	全氮(N)/(g/kg)	全磷(P)/(g/kg)	全钾(K)/(g/kg)	CEC/(cmol/kg)	CaCO₃/(g/kg)	游离氧化铁/(g/kg)
0～20	7.3	16.7	0.79	0.29	10.75	23.32	7.8	10.05
20～40	5.1	9.1	0.49	0.23	10.97	24.32	7.2	10.88
40～60	7.0	9.1	0.50	0.13	9.52	25.72	7.9	9.68
60～100	7.4	4.6	0.25	0.17	10.74	28.58	3.9	9.74
100～120	7.4	2.6	0.12	0.20	10.13	24.42	5.8	9.70

7.7 斑纹简育湿润淋溶土

7.7.1 新店子系（Xindianzi Series）

土　族：粗骨壤质长石混合型石灰性热性-斑纹简育湿润淋溶土
拟定者：齐雁冰，常庆瑞，刘梦云

分布与环境条件　分布于陕西省汉中市下辖的西乡、南郑、勉县、留坝等县区的山地坡麓，海拔 1000～1350 m，地面坡度大，为 8°～25°，成土母质为坡积物。北亚热带湿润季风气候，年日照时数 1800～2100 h，年均温10.5～12.5 ℃，≥10 ℃年积温2900～3200 ℃，年均降水量900～1100 mm，无霜期 214 d。

新店子系典型景观

土系特征与变幅　诊断层包括暗沃表层、黏化层、雏形层；诊断特性包括热性土壤温度状况、湿润土壤水分状况、氧化还原特征。该土系成土母质为坡积物，土体深厚，土层厚度多在 60 cm 以上。土体中下部有较多砾石。表层暗褐色，砂质壤土至黏壤土，团块结构，较疏松；淀积层砂质黏壤土，棱块状结构，结构面上有少量铁锰胶膜及锈纹锈斑。通体无石灰反应，粉壤土-粉黏壤土，微碱性土，pH 7.9～8.6。

对比土系　陈塬系，不同土族，所处地形部位类似，但未形成明显的暗沃表层，为不同土系。石门系，不同土纲，所处位置均为秦巴山地低丘坡麓，土体中有氧化还原特征，但未形成明显的黏化层，为不同土纲。

利用性能综述　该土系地势稍缓平，水热条件好，土层比较深厚，砂黏比例适中，通透性、保水性较好，改良利用上可种植茶树或缓坡修建水平梯田，以防水土流失。

参比土种　厚层黄砂泥。

代表性单个土体　位于陕西省汉中市留坝县城关镇新店子村，33°39′59″ N，106°53′21″ E，海拔 1065 m，山地中坡地，坡度 10° 左右，成土母质为坡积物。表层疏松多孔，雏形层深厚，黏重，中下部结构面有明显的铁锰胶膜及锈纹锈斑，通体无石灰反应。旱地，蔬菜-玉米轮作种植。50 cm 深度土壤温度 14.5 ℃。野外调查时间为 2016 年 7 月 19 日，编号 61-159。

新店子系代表性单个土体剖面

Ah：0～15 cm，黄棕色（2.5Y 5/3，干），暗橄榄灰色（5GY 4/1，润），粉壤土，土壤发育强，团粒状结构，疏松，无石灰反应，大量草本植物根系，向下层平滑清晰过渡。

Bt：15～40 cm，浊黄棕色（10YR 5/3，干），暗橄榄灰色（2.5GY 3/1，润），粉黏壤土，稍紧实，团块状结构，结构面可见黏粒胶膜，无石灰反应，少量草本植物根系，向下层平滑清晰过渡。

Br：40～120 cm，浊黄棕色（10YR 5/3，干），淡绿灰色（10GY 7/1，润），粉壤土，紧实，棱块状结构，无石灰反应，中量砾石，中量铁锰斑纹，少量根系。

新店子系代表性单个土体物理性质

土层	深度 /cm	砾石 (>2mm，体积 分数)/%	细土颗粒组成(粒径：mm)/(g/kg)			质地	容重 /(g/cm³)
			砂粒 2～0.05	粉粒 0.05～0.002	黏粒 <0.002		
Ah	0～15	5	83	667	250	粉壤土	1.03
Bt	15～40	20	48	657	295	粉黏壤土	1.42
Br	40～120	30	48	713	239	粉壤土	1.62

新店子系代表性单个土体化学性质

深度 /cm	pH (H₂O)	有机质 /(g/kg)	全氮(N) /(g/kg)	全磷(P) /(g/kg)	全钾(K) /(g/kg)	CEC /(cmol/kg)	CaCO₃ /(g/kg)	游离氧化铁 /(g/kg)
0～15	8.6	35.5	1.73	0.42	9.20	38.74	9.1	10.44
15～40	7.9	29.3	1.31	0.39	9.66	37.88	7.7	10.38
40～120	8.2	17.0	0.84	0.20	8.50	35.80	6.6	10.68

7.7.2 陈塬系（Chenyuan Series）

土　族：黏壤质长石混合型非酸性热性-斑纹简育湿润淋溶土

拟定者：齐雁冰，常庆瑞，刘梦云

分布与环境条件　分布于陕西省商洛市下辖的商州、丹凤、商南、山阳等县区海拔低于 1200 m 的石质低山区，海拔 700～1200 m，地面坡度 10°～25°，成土母质为砂砾岩风化物。坡度较缓区域用作农耕地，较陡处一般用作林地。北亚热带湿润季风气候，年日照时数 1700～1900 h，年均温 12.5～13.3 ℃，年均降水量 800～900 mm，无霜期 200 d。

陈塬系典型景观

土系特征与变幅　诊断层包括淡薄表层、黏化层、雏形层；诊断特性包括热性土壤温度状况、湿润土壤水分状况、氧化还原特征。该土系成土母质为砂砾岩风化物，坡积残积物，全剖面富含砾质，粒径 5～20 mm 不等，剖面中下部有铁锰斑纹，全剖面质地均一，多为粉砂质黏壤土，黏化层深厚，厚度在 50 cm 以上，土层厚度在 1 m 以上，粉壤土-粉黏壤土，中性土，pH 7.4～7.6。

对比土系　新店子系，不同土族，所处地形部位类似，形成明显的暗沃表层，为不同土系。牛耳川系，不同土纲，虽然在发生分类的土种中归于同一土种，但未形成明显的黏化层，为不同土纲。

利用性能综述　该土系所处地形坡度大，海拔越高土层越薄，砂砾多，土体松散，蓄水保肥能力弱，土壤侵蚀严重。在利用上应因地制宜，推行水土保持耕作方式，缓坡修筑条田，陡坡挖坑田，塬地垄作，以保持水土。

参比土种　砾质黄泡土。

代表性单个土体　位于陕西省商洛市商州区陈塬街道上河村，33°54′17″ N，109°51′57″ E，海拔 872 m，中低山宽沟谷坡地中上部，成土母质为坡积残积物，旱地，玉米-油菜轮作，近几年改为核桃园。表层疏松多孔，雏形层深厚，黏重，母质层富含较多直径 5～20 mm 的砾石。50 cm 深度土壤温度 15.3 ℃。野外调查时间为 2016 年 7 月 29 日，编号 61-174。

陈塬系代表性单个土体剖面

Ap1: 0～20 cm，黄棕色（2.5Y 5/4，干），灰色（5Y 5/1，润），粉壤土，团粒状结构，疏松，无石灰反应，大量草本植物根系，向下层平滑清晰过渡。

Ap2: 20～40 cm，浊黄棕色（10YR 5/4，干），淡灰色（2.5Y 7/1，润），粉壤土，较紧实，块状结构，无石灰反应，少量直径5～20 mm的砾石，少量草本植物根系，向下层平滑清晰过渡。

Btr1: 40～80 cm，浊黄色（2.5Y 6/4，干），紫灰色（5P 6/1，润），粉壤土，紧实，块状结构，无石灰反应，可见黏粒胶膜、铁锰斑纹，并填充有少量直径5～20 mm的砾石，无根系，向下层平滑清晰过渡。

Btr2: 80～120 cm，黄棕色（2.5Y 5/4，干），青灰色（5PB 6/1，润），粉黏壤土，疏松，块状结构，无石灰反应，无根系分布，可见黏粒胶膜、铁锰斑纹。

陈塬系代表性单个土体物理性质

土层	深度 /cm	砾石 (>2mm，体积分数)/%	细土颗粒组成(粒径：mm)/(g/kg)			质地	容重 /(g/cm³)
			砂粒 2～0.05	粉粒 0.05～0.002	黏粒 <0.002		
Ap1	0～20	0	37	737	226	粉壤土	1.37
Ap2	20～40	2	42	748	210	粉壤土	1.47
Btr1	40～80	4	42	717	241	粉壤土	1.69
Btr2	80～120	8	19	706	275	粉黏壤土	1.72

陈塬系代表性单个土体化学性质

深度 /cm	pH (H₂O)	有机质 /(g/kg)	全氮(N) /(g/kg)	全磷(P) /(g/kg)	全钾(K) /(g/kg)	CEC /(cmol/kg)	CaCO₃ /(g/kg)	游离氧化铁 /(g/kg)
0～20	7.5	15.2	0.70	0.98	16.17	37.40	0.0	13.01
20～40	7.4	8.9	0.42	0.76	13.40	29.94	2.2	13.08
40～80	7.4	6.6	0.35	0.68	13.51	29.30	1.8	12.82
80～120	7.6	5.1	0.25	0.65	11.17	25.39	1.0	13.08

7.7.3　夜村系（Yecun Series）

土　族：黏壤质长石混合型非酸性热性-斑纹简育湿润淋溶土
拟定者：齐雁冰，常庆瑞，刘梦云

分布与环境条件　分布于陕西省商洛、西安、宝鸡及渭南等市的秦岭中低山区或山前丘陵区，海拔 559～1323 m，地面波状起伏，一般坡度较缓，地面坡度 3°～25°，成土母质为坡积黄土，个别属于冲积黄土。用作旱作农业较多，是秦岭山区和山前丘陵区的主要耕作土壤。北亚热带湿润季风气候，年日照时数 1700～1900 h，年均温 13.5～14.5 ℃，≥10 ℃年积温 2050～4000 ℃，年均降水量 650～1100 mm，无霜期 200 d。

夜村系典型景观

土系特征与变幅　诊断层包括淡薄表层、黏化层、雏形层；诊断特性包括热性土壤温度状况、湿润土壤水分状况、氧化还原特征。该土系成土母质为黄土，土层深厚，质地较均一，土壤淋溶作用稍弱，形成雏形层。耕作层疏松多孔，壤质黏土或粉砂质黏壤土，黏化层深厚，可达 60 cm，黏重紧实，大棱块状结构，外被褐色胶膜，结构间垂直裂隙明显，无石灰反应，碳酸盐淋溶很深；因强烈的水土流失，耕作层常形成在雏形层上，所以耕作层质地较黏重。土层厚度在 1.2 m 以上，粉壤土，微碱性土，pH 6.5～7.6。

对比土系　南石槽系，不同土族，但所处地形部位坡度大，土壤侵蚀危险性高，为不同土系。文家坡系，同一土纲，所处位置均为秦巴山地低山丘陵区，成土母质均为黄土，土壤水分状况为半干润，为不同亚纲。

利用性能综述　该土系土体黏重，板结，耕性差，比阻大，土性凉，耕期短，土块大，核状土块数量多，易产生吊根现象，发老苗不发小苗。所采地区年均温低，无霜期短，灌溉条件差，今后应从控制水土流失、改良土壤质地、提高土壤养分着手。植树种草，平整土地，护坡保水，防止冲刷，建设水平梯田。平地应深翻，培肥土壤。

参比土种　马肝泥。

代表性单个土体　位于陕西省商洛市商州区夜村镇北塬村，33°45′14″ N，110°08′56″ E，海拔 626 m，山前丘陵低平地，坡度 3°，成土母质为坡积-洪积黄土，水浇地，小麦/油菜-玉米轮作。表层疏松多孔，雏形层深厚，黏重，结构面各层次上均有褐色胶膜，通体无石灰反应。50 cm 深度土壤温度 15.5 ℃。野外调查时间为 2016 年 7 月 28 日，编号 61-173。

夜村系代表性单个土体剖面

Ap1：0～20 cm，浊黄棕色（10YR 5/4，干），棕灰色（5YR 5/1，润），粉壤土，耕作层发育强，团粒状结构，疏松，无石灰反应，大量草本植物根系，结构面有少量褐色胶膜，向下层平滑清晰过渡。

Ap2：20～40 cm，浊黄棕色（10YR 5/4，干），红灰色（2.5YR 4/1，润），粉壤土，犁底层较紧实，块状结构，无石灰反应，结构面有少量胶膜，少量草本植物根系，向下层平滑清晰过渡。

Btr1：40～80 cm，浊黄棕色（10YR 5/4，干），灰棕色（7.5YR 4/2，润），粉壤土，紧实，块状结构，无石灰反应，结构面可见黏粒胶膜及多量铁锰胶膜，向下层平滑清晰过渡。

Btr2：80～120 cm，浊黄棕色（10YR 5/4，干），淡橄榄灰色（5GY 7/1，润），粉壤土，紧实，块状结构，无石灰反应，结构面可见黏粒胶膜及多量褐色胶膜，无根系。

夜村系代表性单个土体物理性质

土层	深度/cm	砾石（>2mm，体积分数)/%	细土颗粒组成(粒径：mm)/(g/kg)			质地	容重/(g/cm³)
			砂粒 2～0.05	粉粒 0.05～0.002	黏粒 <0.002		
Ap1	0～20	0	61	698	241	粉壤土	1.49
Ap2	20～40	0	33	738	229	粉壤土	1.48
Btr1	40～80	1	22	721	257	粉壤土	1.61
Btr2	80～120	0	13	753	234	粉壤土	1.61

夜村系代表性单个土体化学性质

深度/cm	pH (H₂O)	有机质/(g/kg)	全氮(N)/(g/kg)	全磷(P)/(g/kg)	全钾(K)/(g/kg)	CEC/(cmol/kg)	游离氧化铁/(g/kg)
0～20	6.5	13.2	0.70	0.89	11.60	28.22	9.52
20～40	7.0	8.1	0.44	0.89	11.10	29.94	9.41
40～80	7.4	7.8	0.40	1.64	12.42	27.91	9.33
80～120	7.6	5.1	0.25	1.03	12.95	28.55	11.16

7.7.4 南石槽系（Nanshicao Series）

土　　族：黏壤质混合型非酸性温性-斑纹简育湿润淋溶土
拟定者：齐雁冰，常庆瑞，刘梦云

分布与环境条件　分布于陕西省秦岭北坡及陇山山地的山区，海拔 1200~1900 m，地面坡度 25°~35°，成土母质为风成黄土。坡度较缓区域零星用作农地，大部分地区为林地。暖温带半湿润、半干旱季风气候，年日照时数 1950~2050 h，≥10 ℃年积温 2500~3000 ℃，年均温 9~11 ℃，年均降水量 690~1100 mm，无霜期 216 d。

南石槽系典型景观

土系特征与变幅　诊断层包括淡薄表层、黏化层；诊断特性包括温性土壤温度状况、湿润土壤水分状况、氧化还原特征。该土系成土母质为风成黄土，土层深厚，腐殖质层呈暗灰棕色，壤质黏土或粉砂质黏壤土，黏化层深厚，棱块状结构，结构体表面多有铁锰胶膜，底层为黄土母质。土层厚度在 1.0 m 以上，粉壤土-粉黏壤土，弱酸性土，pH 6.0~6.8。

对比土系　夜村系，不同土族，所处地形相对平坦，土体发育更强，为不同土系。吕河系，同一亚类，所处位置均为秦巴山区，但成土母岩不同，位于秦岭南坡，土壤温度为热性，为不同土族。

利用性能综述　该土系所处地形坡度大，土层深厚，通透性较强，肥力较高，是较好的森林土壤类型，常以松栎林为主。由于坡度大，土壤侵蚀明显，应封山育林，保护林草植被，减少水土流失。

参比土种　暗泡土。

代表性单个土体　位于陕西省西安市长安区喂子坪乡南石槽，33°50′8.04″ N，108°52′07.24″ E，海拔 1391 m，秦岭中山区中坡，坡度较大，35°左右，成土母质为黄土，林地。表层疏松，黏化层深厚，黏重，中下部结构面可见少量铁锰胶膜。50 cm 深度土壤温度 13.5 ℃。野外调查时间为 2016 年 3 月 19 日，编号 61-026。

南石槽系代表性单个土体剖面

Ah：　0～10 cm，浊黄橙色（10YR 6/4，干），橄榄灰色（10Y 4/2，润），粉壤土，腐殖质层发育强，粒状结构，疏松，无石灰反应，大量植物根系，向下层平滑清晰过渡。

AB：10～22 cm，浊黄橙色（10YR 6/4，干），棕色（7.5YR 4/3，润），粉壤土，腐殖质层发育强，粒状结构，疏松，无石灰反应，大量植物根系，向下层平滑清晰过渡。

Bt：　22～50 cm，浊黄橙色（10YR 6/4，干），浊红橙色（7.5R 5/4，润），粉壤土，块状结构，紧实，结构面可见黏粒胶膜，无石灰反应，仅少量树木根系，向下层平滑清晰过渡。

Btr1：50～100 cm，浊黄橙色（10YR 6/4，干），浊橙色（7.5YR 7/4，润），粉黏壤土，棱块状结构，紧实，结构面可见黏粒胶膜，可见少量铁锰胶膜，无石灰反应，无根系，向下层平滑清晰过渡。

Btr2：100～120 cm，浊黄橙色（10YR 6/4，干），浊橙色（5YR 7/4，润），粉黏壤土，块状结构，紧实，结构面可见黏粒胶膜，可见少量铁锰胶膜，无石灰反应，无根系。

南石槽系代表性单个土体物理性质

土层	深度/cm	砾石(>2mm，体积分数)/%	细土颗粒组成(粒径：mm)/(g/kg)			质地	容重/(g/cm³)
			砂粒2～0.05	粉粒0.05～0.002	黏粒<0.002		
Ah	0～10	0	266	502	232	粉壤土	1.49
AB	10～22	0	206	562	232	粉壤土	1.46
Bt	22～50	0	206	542	252	粉壤土	1.55
Btr1	50～100	0	186	522	292	粉黏壤土	1.57
Btr2	100～120	0	186	532	282	粉黏壤土	1.60

南石槽系代表性单个土体化学性质

深度/cm	pH(H₂O)	有机质/(g/kg)	全氮(N)/(g/kg)	全磷(P)/(g/kg)	全钾(K)/(g/kg)	CEC/(cmol/kg)	CaCO₃/(g/kg)	游离氧化铁/(g/kg)
0～10	6.0	18.7	0.70	0.32	12.00	17.67	1.3	7.00
10～22	6.6	12.8	0.48	0.17	11.21	16.17	1.2	6.88
22～50	6.7	7.4	0.29	0.16	11.38	15.45	2.0	6.80
50～100	6.4	5.3	0.18	0.40	12.42	20.00	2.1	7.53
100～120	6.8	5.1	0.18	0.68	10.01	17.95	2.0	7.83

7.7.5 吕河系（Lühe Series）

土　族：黏壤质混合型非酸性热性-斑纹简育湿润淋溶土
拟定者：齐雁冰，常庆瑞，刘梦云

分布与环境条件　分布于陕西省汉中、安康和商洛三市的丘陵顶部及陡坡地区，海拔 280～678 m，地面坡度 10°～25°，成土母质为黄土。坡度较缓区域用作农耕地，较陡处一般用作林地。北亚热带湿润季风气候，年日照时数 1750～1830 h，年均温 15.1～15.8 ℃，年均降水量 800～900 mm，无霜期 252 d。

吕河系典型景观

土系特征与变幅　诊断层包括淡薄表层、黏化层、钙积层；诊断特性包括热性土壤温度状况、湿润土壤水分状况、钙积现象、氧化还原特征。该土系成土母质为第四纪红棕色黏壤质黄土。因受极强侵蚀，料姜石出露地表，全剖面富含料姜石，粒径 5～20 mm 不等，全剖面质地均一，多为粉砂质黏壤土，黏化层深厚，厚度在 50 cm 以上，土层厚度在 1 m 以上，粉黏壤土-黏土，碱性土，pH 8.6～8.8。

对比土系　桐车系，同一土族，但所处地势为丘陵缓坡地区，为不同土系。试马系，同一土类，所处位置均为秦巴山区低山丘陵区，但成土母岩不同，内无料姜石，为不同亚类。

利用性能综述　该土系所处地形坡度大，土体中含料姜石，土质黏重，结构不良，通透性差，适耕期短，耕性差，有机质及养分缺乏，耕作粗放，产量不高。在利用上应结合深翻、增施有机肥、秸秆还田等措施，不断改善土壤结构，培肥地力。

参比土种　料姜黄泥巴。

代表性单个土体　位于陕西省安康市旬阳县吕河镇江店社区，32°46′45″ N，109°21′57.7″ E，海拔 354 m，丘陵岗地宽沟谷地带，陡坡中部，成土母质为第四纪红棕色黏壤质黄土，旱耕地，玉米-油菜轮作。表层疏松多孔，黏化层深厚，黏重，全剖面富含粒径 5～20 mm 的料姜石，黏化层下为钙积层，有较多碳酸钙粉末。50 cm 深度土壤温度 16.4 ℃。野外调查时间为 2016 年 5 月 26 日，编号 61-089。

吕河系代表性单个土体剖面

Akp1：0～18 cm，浊黄橙色（10YR 6/4，干），青灰色（5BG 5/1，润），粉黏壤土，耕作层发育强，团粒状结构，疏松，含5%左右粒径5～20 mm的料姜石，强石灰反应，大量草本植物根系，向下层平滑清晰过渡。

Akp2：18～45 cm，浊黄橙色（10YR 6/4，干），淡灰色（10Y 7/2，润），粉黏土，犁底层稍紧实，块状结构，含5%左右粒径5～20 mm的料姜石，中石灰反应，少量草本植物根系，向下层平滑清晰过渡。

Bt：　45～60 cm，浊黄橙色（10YR 6/4，干），灰红色（5R 5/4，润），粉黏壤土，紧实，块状结构，弱石灰反应，可见腐殖质黑色胶膜及黏粒胶膜，含3%左右粒径5～20 mm的料姜石，无根系，向下层平滑清晰过渡。

Btr1：60～80 cm，浊橙色（7.5YR 6/4，干），浊黄色（2.5Y 6/3，润），黏土，紧实，块状结构，颜色较上层更红，弱石灰反应，结构面可见黏粒胶膜，含2%左右粒径5～20 mm的料姜石，无根系，向下层平滑清晰过渡。

Btr2：80～120 cm，浊橙色（7.5YR 6/4，干），浊橙色（5YR 6/4，润），粉黏壤土，紧实，块状结构，强石灰反应，可见20%左右的碳酸钙粉末及5%左右粒径5～20 mm的料姜石，无根系。

吕河系代表性单个土体物理性质

土层	深度 /cm	砾石 (>2mm，体积分数)/%	细土颗粒组成(粒径：mm)/(g/kg)			质地	容重 /(g/cm³)
			砂粒 2～0.05	粉粒 0.05～0.002	黏粒 <0.002		
Akp1	0～18	5	180	430	390	粉黏壤土	1.54
Akp2	18～45	5	160	430	410	粉黏土	1.50
Bt	45～60	3	180	450	370	粉黏壤土	1.74
Btr1	60～80	2	194	390	416	黏土	1.71
Btr2	80～120	5	160	450	390	粉黏壤土	1.55

吕河系代表性单个土体化学性质

深度 /cm	pH (H₂O)	有机质 /(g/kg)	全氮(N) /(g/kg)	全磷(P) /(g/kg)	全钾(K) /(g/kg)	CEC /(cmol/kg)	CaCO₃ /(g/kg)	游离氧化铁 /(g/kg)
0～18	8.6	11.5	0.50	0.31	11.45	28.52	44.7	9.38
18～45	8.7	8.0	0.44	0.28	12.51	29.68	34.5	8.40
45～60	8.8	2.3	0.12	0.20	13.75	27.93	8.8	9.79
60～80	8.8	4.3	0.20	0.39	13.60	29.75	12.3	9.44
80～120	8.8	4.2	0.22	0.48	14.33	29.10	21.1	9.25

7.7.6 饶峰系（Raofeng Series）

土 族：黏壤质混合型石灰性热性-斑纹简育湿润淋溶土
拟定者：齐雁冰，常庆瑞，刘梦云

分布与环境条件 分布于陕西省安康市海拔 900 m 以下的秦巴山地缓坡和商洛市海拔 900～1000 m 的秦岭南坡，地面坡度较大，通常在 15°～25°，成土母质为坡积黄土。通常分布在沟谷两侧有农户分布的坡度稍缓处，人为平整修筑为平缓地面或梯田，零星用作农地。北亚热带湿润季风气候，年日照时数 1750～1850 h，年均温 13～14 ℃，≥10 ℃年积温 2500～

饶峰系典型景观

3960 ℃，年均降水量 900～950 mm，无霜期 240 d。

土系特征与变幅 诊断层包括淡薄表层、黏化层、人为扰动层；诊断特性包括热性土壤温度状况、湿润土壤水分状况、氧化还原特征。该土系成土母质为坡积黄土，受到人为平整土地影响，土层相对较厚，层次分化不明显。受表层耕翻及植被生长的影响，腐殖质层呈灰棕色，疏松多孔，壤质黏土或粉砂质黏壤土，养分含量高，不同层次间呈不规则过渡，剖面中上部有多量煤渣、石块等侵入体。全剖面质地较黏，并夹杂有大小不等的石块。通体无石灰反应，粉壤土-粉黏壤土，中-弱碱性土，pH 8.2～8.5。

对比土系 咀头系，不同土族，地形部位同为秦岭中低山区，均为黄土母质，但土壤质地稍松软，表层无人为扰动现象，为不同土系。

利用性能综述 该土系土层深厚，养分含量较高，水热条件好，因所处位置坡度大，农业利用困难，以天然草灌植被为主，缓坡可修筑梯田，也可植茶兴桑，但利用中应注意减少对地表的破坏，防止水土流失。

参比土种 灰黄泥土。

代表性单个土体 位于陕西省安康市石泉县饶峰镇齐心村，33°12′51″ N，108°07′20″ E，海拔 774 m，秦岭山地缓坡宽沟谷中下坡，通常分布在农户周围，经人为平整而成，成土母质为坡积黄土，零星分布的耕地，种植玉米或蔬菜。地势坡度大，剖面层次扰动明显，不同层次间呈不规则明显过渡，中上部可见明显的煤渣及砾石侵入体，通体无石灰反应，中下部结构面有少量铁锈斑纹和铁锰胶膜，呈灰色。通体土质黏重，紧实。50 cm 深度土壤温度 15.8 ℃。野外调查时间为 2016 年 5 月 24 日，编号 61-081。

饶峰系代表性单个土体剖面

Ap: 0～18 cm，棕色（10YR 4/6，干），黄灰色（2.5Y 5/1，润），耕作层，粉壤土，发育中等的直径2～10 mm 的团块结构，较疏松，有5%～8%的人为带入煤渣等侵入体，无石灰反应，较多草本植物根系，向下层波状清晰过渡。

AB: 18～50 cm，棕色（10YR 4/6，干），淡红灰色（2.5YR 7/2，润），粉壤土，块状结构，紧实，有少量铁锈斑纹及灰色胶膜，少量铁锰结核，无石灰反应，较少根系，向下层平滑清晰过渡。

Btr: 50～80 cm，浊黄橙色（10YR 6/4，干），淡棕灰色（7.5YR 7/2，润），粉黏壤土，块状结构，紧实，有少量铁锈斑纹及灰色胶膜，少量铁锰结核，无石灰反应，较少根系，向下层平滑清晰过渡。

Bw: 80～120 cm，浊黄棕色（10YR 5/4，干），淡红灰色（10R 7/1，润），粉壤土，块状结构，稍松软，无石灰反应，无根系。

饶峰系代表性单个土体物理性质

土层	深度/cm	砾石(>2mm，体积分数)/%	细土颗粒组成(粒径：mm)/(g/kg)			质地	容重/(g/cm³)
			砂粒 2～0.05	粉粒 0.05～0.002	黏粒 <0.002		
Ap	0～18	6	37	695	267	粉壤土	1.55
AB	18～50	8	126	655	219	粉壤土	1.55
Btr	50～80	10	4	686	310	粉黏壤土	1.60
Bw	80～120	10	15	724	261	粉壤土	1.62

饶峰系代表性单个土体化学性质

深度/cm	pH(H₂O)	有机质/(g/kg)	全氮(N)/(g/kg)	全磷(P)/(g/kg)	全钾(K)/(g/kg)	CEC/(cmol/kg)	CaCO₃/(g/kg)	游离氧化铁/(g/kg)
0～18	8.2	19.8	1.08	0.89	14.01	19.42	0.0	12.18
18～50	8.5	10.2	0.55	0.80	15.45	20.93	3.8	11.39
50～80	8.3	10.5	0.54	0.63	13.14	18.58	0.0	11.50
80～120	8.2	5.6	0.26	0.44	14.04	20.30	0.0	12.21

7.7.7 桐车系（Tongche Series）

土　族：黏壤质混合型石灰性热性-斑纹简育湿润淋溶土
拟定者：齐雁冰，常庆瑞，刘梦云

分布与环境条件　分布于陕西省汉中市、安康市和商洛市的低山丘陵缓坡和河流高阶地上，海拔 400～900m，地面波状起伏，地面坡度 5°～15°，成土母质为第四纪红棕色黏质黄土。旱地，油菜/小麦-玉米轮作。年日照时数 1650～1750 h，年均温 14～15 ℃，≥10 ℃年积温 4100～4900 ℃，年均降水量 700～900 mm，无霜期 246 d。

桐车系典型景观

土系特征与变幅　诊断层包括淡薄表层、黏化层；诊断特性包括热性土壤温度状况、湿润土壤水分状况、氧化还原特征。该土系成土母质为第四纪红棕色黏质黄土，土层深厚，一般在 1 m 以上，全剖面黏粒的淋溶淀积较为明显，全剖面结构面上可看到明显暗褐色铁锰胶膜，耕作层灰褐色，疏松多孔，块状结构，壤质黏土或粉砂质黏壤土。黏化层深厚，可达 40 cm 以上，黏重紧实，棱块状结构，结构面上有大量铁锰胶膜及少量铁子淀积。黏壤土-黏土，微碱性土，pH 7.7～8.3。

对比土系　夜村系，同一亚类，所处位置均为秦巴山地低丘坡麓，成土母质为黄土，但只有中下部才有铁锰胶膜，为不同土族。石门系，不同土纲，所处位置均为低山丘陵缓坡，剖面上均有铁锰胶膜，成土母质均为黄土，但未形成明显黏化层，且石门系在剖面中下部才有铁锰胶膜，为不同土系。

利用性能综述　该土系土层深厚，质地黏重，代换量较高，保水保肥性能良好，但结构差，土壤膨胀性、黏着性、黏结性强，犁耕阻力大，农作物出苗困难。改良利用上，一是旱地改水田，充分发挥其稳水稳肥的优势；二是推行丰产坑、丰产沟等耕作技术，逐步加深耕层；三是增种绿肥及增施有机肥，提高地力。

参比土种　黄泥巴。

代表性单个土体　位于陕西省汉中市西乡县沙河镇桐车坝村（砖厂），33°57′34″ N，107°37′49″ E，海拔 464 m，低山丘陵缓坡地，坡度 5°～8°，成土母质为第四纪红棕色黏质黄土，以前为水田，现为旱耕地，小麦/油菜-玉米轮作。表层疏松多孔，黏化层深厚，黏重，全剖面结构面有明显的暗褐色铁锰胶膜，通体无石灰反应。50 cm 深度土壤温度 15.5 ℃。野外调查时间为 2016 年 5 月 23 日，编号 61-076。

桐车系代表性单个土体剖面

Ap1：0～10 cm，浊黄橙色（10YR 6/4，干），橄榄黄色（5Y 6/3，润），黏壤土，团块状结构，稍紧实，结构面有少量的暗褐色铁锰胶膜，无石灰反应，大量草本植物根系，向下层平滑清晰过渡。

Ap2：10～38 cm，浊黄橙色（10YR 6/4，干），浊红棕色（5YR 5/3，润），黏壤土，较紧实，块状结构，无石灰反应，结构面有少量的暗褐色铁锰胶膜，少量草本植物根系，向下层平滑清晰过渡。

Btr1：38～58 cm，亮黄棕色（10YR 7/6，干），红棕色（10R 5/4，润），黏土，紧实，棱块状结构，无石灰反应，结构面可见明显黏粒胶膜，结构面有 20%左右的暗褐色铁锰胶膜，少量根系，向下层平滑清晰过渡。

Btr2：58～85 cm，浊橙色（7.5YR 6/4，干），浊红棕色（5YR 5/4，润），黏土，紧实，棱块状结构，无石灰反应，结构面可见明显黏粒胶膜，结构面有 10%左右的暗褐色铁锰胶膜，无根系，向下层平滑清晰过渡。

Br：85～140 cm，浊黄橙色（10YR 6/4，干），浊橙色（7.5YR 6/4，润），黏壤土，紧实，棱块状结构，无石灰反应，结构面有10%左右的暗褐色铁锰胶膜，无根系。

桐车系代表性单个土体物理性质

土层	深度 /cm	砾石 (>2mm，体积分数)/%	细土颗粒组成(粒径：mm)/(g/kg)			质地	容重 /(g/cm³)
			砂粒 2～0.05	粉粒 0.05～0.002	黏粒 <0.002		
Ap1	0～10	0	214	422	364	黏壤土	1.62
Ap2	10～38	0	214	422	364	黏壤土	1.71
Btr1	38～58	0	200	356	444	黏土	1.56
Btr2	58～85	0	194	382	424	黏土	1.61
Br	85～140	0	254	382	364	黏壤土	1.59

桐车系代表性单个土体化学性质

深度 /cm	pH (H₂O)	有机质 /(g/kg)	全氮(N) /(g/kg)	全磷(P) /(g/kg)	全钾(K) /(g/kg)	CEC /(cmol/kg)	CaCO₃ /(g/kg)	游离氧化铁 /(g/kg)
0～10	7.7	5.1	0.28	0.24	10.67	21.02	3.9	12.25
10～38	7.7	3.8	0.15	0.29	10.31	21.40	4.0	12.36
38～58	7.7	3.3	0.19	0.17	11.86	28.63	4.1	12.04
58～85	7.7	5.1	0.25	0.18	11.76	27.12	2.5	12.24
85～140	8.3	3.7	0.20	0.27	10.10	25.77	6.2	12.28

7.7.8　文笔山系（Wenbishan Series）

土　族：黏壤质混合型非酸性热性-斑纹简育湿润淋溶土
拟定者：齐雁冰，常庆瑞，刘梦云

分布与环境条件　分布于陕西省安康市的紫阳、白河等现势海拔 500 m 左右的丘陵低山区，地面坡度较大，通常在 25°以上，成土母质为第四纪红棕色黏质黄土。坡度较缓区域零星用作农地，大部分地区为林地或种植经济林木。北亚热带湿润季风气候，年日照时数 1600～1650 h，年均温 14.5～15.5 ℃，≥10 ℃ 年积温 4500～4600 ℃，年均降水量 1000～1100 mm，无霜期 268 d。

文笔山系典型景观

土系特征与变幅　诊断层包括淡薄表层、黏化层；诊断特性包括热性土壤温度状况、湿润土壤水分状况、氧化还原特征。该土系成土母质为第四纪红棕色黏质黄土，分布区坡度较陡，侵蚀严重，大部分地方土层浅薄，黏重紧实，常混以料姜石，土体表面有少量铁锰胶膜。层次发育明显，受表层林草灌植被的影响，表层腐殖质层呈灰棕色，疏松多孔，壤质黏土或粉砂质黏壤土，养分含量高，黏化层呈棱块状结构，结构体内有裂隙，可见明显褐色胶膜。全剖面质地较黏，通体无石灰反应，壤土-黏壤土，中性土，pH 7.0～7.4。

对比土系　饶峰系，同一土族，同为秦岭中低山区，坡度大，黄土母质，但海拔更高，土体受根系影响出现裂隙，为不同土系。咀头系，不同土族，地形部位同为秦岭中低山区，均为黄土母质，但土壤质地稍松软，为不同土系。

利用性能综述　该土系坡陡土薄，坡度大，不宜用于农业生产，多为荒草地，缓坡可修筑梯田，也可植茶兴桑，但利用中应注意减少对地表的破坏，防止水土流失。

参比土种　灰黄泥巴。

代表性单个土体　位于陕西省安康市紫阳县城关镇兴田村文笔山脚下，32°30′51.3″ N，108°32′31.5″ E，海拔 464 m，丘陵低山宽沟谷地带，陡坡，坡度 25°，成土母质为第四纪红棕色黏质黄土，荒草地。地势坡度大，土壤发育中等，通体无石灰反应，中下部结构面有少量铁锈斑纹和铁锰胶膜，呈灰色。通体土质黏重，紧实。50 cm 深度土壤温度 16.6 ℃。野外调查时间为 2016 年 5 月 25 日，编号 61-085。

Ah： 0～10 cm，浊黄棕色（10YR 5/4，干），黄灰色（2.5Y 4/1，润），腐殖质层，壤土，发育中等的直径 2～10 mm 的块状结构，较疏松，无石灰反应，较多草本植物根系，向下层平滑清晰过渡。

ABt： 10～30 cm，浊黄棕色（10YR 5/4，干），淡红灰色（7.5R 7/1，润），黏壤土，发育中等的直径 5～10 mm 的块状结构，较紧实，结构面可见明显黏粒胶膜及少量灰褐色腐殖质胶膜，无石灰反应，较多草本植物根系，向下层平滑清晰过渡。

Btr： 30～60 cm，棕色（10YR 4/6，干），淡灰色（5Y 7/2，润），黏壤土，棱块状结构，紧实，结构面可见明显黏粒胶膜，有裂隙，裂隙缝及结构面有少量铁锈斑纹及灰色胶膜，无石灰反应，较少根系，向下层平滑清晰过渡。

文笔山系代表性单个土体剖面

Br1： 60～98 cm，棕色（10YR 4/6，干），浊红棕色（5YR 5/4，润），壤土，棱块状结构，紧实，有裂隙，裂隙缝及结构面有中量铁锈斑纹及灰色胶膜，无石灰反应，无根系，向下层平滑清晰过渡。

Br2： 98～120 cm，浊黄棕色（10YR 5/4，干），浊红棕色（5YR 5/4，润），黏壤土，块状结构，稍紧实，无石灰反应，无根系。

文笔山系代表性单个土体物理性质

土层	深度 /cm	砾石 (>2mm，体积分数)/%	细土颗粒组成(粒径：mm)/(g/kg)			质地	容重 /(g/cm³)
			砂粒 2～0.05	粉粒 0.05～0.002	黏粒 <0.002		
Ah	0～10	0	368	384	248	壤土	1.69
ABt	10～30	0	314	382	304	黏壤土	1.64
Btr	30～60	0	302	394	304	黏壤土	1.71
Br1	60～98	0	382	374	244	壤土	1.74
Br2	98～120	0	302	414	284	黏壤土	1.70

文笔山系代表性单个土体化学性质

深度 /cm	pH (H₂O)	有机质 /(g/kg)	全氮(N) /(g/kg)	全磷(P) /(g/kg)	全钾(K) /(g/kg)	CEC /(cmol/kg)	游离氧化铁 /(g/kg)
0～10	7.0	17.6	0.83	0.71	8.52	21.23	10.39
10～30	7.3	5.1	0.28	0.79	10.98	22.67	10.84
30～60	7.3	4.8	0.25	0.66	11.30	24.32	11.94
60～98	7.4	4.2	0.22	0.68	10.15	22.62	11.39
98～120	7.3	5.8	0.28	0.61	11.63	20.52	11.20

7.7.9　四皓系（Sihao Series）

土　族：壤质长石混合型石灰性热性-斑纹简育湿润淋溶土
拟定者：齐雁冰，常庆瑞，刘梦云

分布与环境条件　分布于陕西
省商洛地区的商州、洛南、山阳、
丹凤、镇安、柞水等地的中高山
区，海拔 900～2000 m，地面坡
度 25°～35°或更高，成土母质为
砂砾岩风化物。坡度较缓区域用
作农耕地，较陡处一般用于林地。
北亚热带湿润季风气候，年日照
时数 1900～2400 h，≥10 ℃年积
温　1900～3000 ℃，年均温
12.5～13.5 ℃，年均降水量
670～1000 mm，无霜期 180 d。

四皓系典型景观

土系特征与变幅　诊断层包括淡薄表层、黏化层；诊断特性包括热性土壤温度状况、湿
润土壤水分状况、氧化还原特征、石灰性。该土系成土母质为砂砾岩风化物，残积坡积
物，通常土层浅薄，厚度多在 50 cm 左右，全剖面上部富含砾质，粒径 5～20 mm 不等，
结构较差，疏松，质地为壤质砂土或砂壤土，全剖面质地均一，上层中石灰反应，砂壤
土-壤土-粉壤土，中性-碱性土，pH 8.0～8.2。

对比土系　文笔山系，同一亚类，土壤质地为黏壤质，矿物类型为混合型，为不同土系。

利用性能综述　该土系表层富含有机质和养分，土层浅薄，所处地势高寒，养分矿化差，
有效性不高，坡度较大，富含砾石，水土流失严重，因此难以农用。改良利用上应封山
育林，保持水土，同时可以发展名贵药材等。

参比土种　暗冷砂砾土。

代表性单个土体　位于陕西省商洛市洛南县四皓镇下河村，34°02′11″ N，110°03′05″ E，
海拔 943 m，秦岭中山区坡脚处，坡度 25°左右，成土母质为坡积残积物，生长茂密的林
地，坡脚稍平缓处经过平整已被开垦为农耕地，种植油菜、小麦、玉米等。剖面上部受
到枯落物分解影响，腐殖质层深厚，中下部受到坡积物的影响，稍紧实，结构面有少量
铁锈斑纹，未发现明显黏粒移动，全剖面质地较粗，上层中石灰反应。50 cm 深度土壤
温度 15.1 ℃。野外调查时间为 2016 年 7 月 29 日，编号 61-175。

四皓系代表性单个土体剖面

Ah：　0～17 cm，棕色（10YR 4/4，干），灰棕色（7.5YR 4/2，润），砂壤土，粒状结构，疏松，中石灰反应，填充有少量直径大于 5 mm 的砾石，大量草本植物根系，向下层平滑清晰过渡。

ABr：17～40 cm，浊黄棕色（10YR 5/4，干），橄榄黑色（5Y 3/2，润），砂壤土，粒块状结构，稍紧实，中石灰反应，填充有中量直径大于 5 mm 的砾石，可见少量锈纹锈斑，少量草本植物根系，向下层平滑清晰过渡。

Btr1：40～80 cm，棕色（10YR 4/4，干），浊橙色（7.5YR 7/3，润），粉壤土，无明显结构，稍紧实，无石灰反应，填充有多量直径大于 5 mm 的砾石，可见黏粒胶膜，少量铁锰锈斑，少量草本植物根系，向下层平滑清晰过渡。

Btr2：80～120 cm，棕色（10YR 4/4，干），浊红色（5R 6/8，润），壤土，无明显结构，紧实，无石灰反应，填充有大量直径大于 5 mm 的砾石，可见黏粒胶膜，少量铁锰斑纹，无植物根系。

四皓系代表性单个土体物理性质

| 土层 | 深度 /cm | 砾石 (>2mm，体积分数)/% | 细土颗粒组成(粒径：mm)/(g/kg) | | | 质地 | 容重 /(g/cm³) |
			砂粒 2～0.05	粉粒 0.05～0.002	黏粒 <0.002		
Ah	0～17	15	613	282	105	砂壤土	1.19
ABr	17～40	25	610	298	92	砂壤土	1.31
Btr1	40～80	40	253	563	184	粉壤土	1.45
Btr2	80～120	50	375	475	150	壤土	1.52

四皓系代表性单个土体化学性质

深度 /cm	pH (H₂O)	有机质 /(g/kg)	全氮(N) /(g/kg)	全磷(P) /(g/kg)	全钾(K) /(g/kg)	CEC /(cmol/kg)	CaCO₃ /(g/kg)	游离氧化铁 /(g/kg)
0～17	8.0	36.3	1.85	0.58	6.67	34.85	87.4	9.24
17～40	8.2	13.4	0.74	0.28	4.97	31.53	101.2	8.81
40～80	8.1	14.7	0.72	0.18	7.48	36.95	9.0	12.66
80～120	8.0	13.8	0.70	0.11	12.57	33.83	0.0	12.01

7.7.10 咀头系（Zuitou Series）

土　族：壤质混合型非酸性热性-斑纹简育湿润淋溶土
拟定者：齐雁冰，常庆瑞，刘梦云

分布与环境条件　分布于陕西省商洛市、宝鸡市的秦岭低山区，海拔 1000～1300 m，最高可达 1600 m，地面坡度 7°～15°，成土母质为泥质岩风化沉积物黄土。坡度较缓区域零星用作农用地，大部分地区为林草地。暖温带半湿润、半干旱季风气候，年日照时数 1980～2060 h，≥10 ℃年积温 3000～3500 ℃，年均温 11～14 ℃，年均降水量 650～750 mm，无霜期 226 d。

咀头系典型景观

土系特征与变幅　诊断层包括淡薄表层、黏化层、雏形层；诊断特性包括热性土壤温度状况、湿润土壤水分状况、氧化还原特征。该土系成土母质为泥质岩风化沉积物黄土，土层相对较厚，一般在 60 cm 以上。表层腐殖质层呈暗灰棕色，疏松多孔，壤质黏土或粉砂质黏壤土，雏形层呈棱块状结构，结构体内有裂隙，可见明显褐色胶膜。通体无石灰反应，粉壤土，中性土，pH 7.1～7.4。

对比土系　四皓系，同一亚类，所处位置为中高山区，成土母质为砂砾岩风化物，但矿物类型为长石混合型，为不同土族。

利用性能综述　该土系所处地形坡度大，土层深厚，多为草地、林草地或疏林草地，质地较为黏重，物理性状不良，具有一定的保肥能力，但侵蚀严重。在改良利用上，坡度较小区域可发展林果业或种植耐寒作物，坡度较大区域应加强植被保护，治理水土流失。

参比土种　厚层扁砂马肝泥。

代表性单个土体　位于陕西省宝鸡市太白县咀头镇上白云村，33°59′27″ N，107°12′45″ E，海拔 1447 m，秦岭低山区的坡地，阳坡，坡度 8°～10°，成土母质为泥质岩风化沉积物黄土，现为荒草地，目前已撂荒 5 年左右。表层疏松，雏形层深厚，黏重，结构面上有由于树木根系下伸所致的裂隙，裂隙及结构面有铁锰胶膜，中下部结构体内有少量砾石。通体无石灰反应。50 cm 深度土壤温度 13.2 ℃。野外调查时间为 2016 年 7 月 19 日，编号 61-161。

Ah：　0～20 cm，浊黄橙色（10YR 6/4，干），灰红色（2.5YR 5/2，润），粉壤土，腐殖质层发育强，粒状结构，疏松，无石灰反应，大量植物根系，向下层波状清晰过渡。

AB：　20～50 cm，浊黄橙色（10YR 6/4，干），橙白色（5YR 8/2，润），粉壤土，块状结构，紧实，由于树木根系生长有裂隙，沿裂隙及结构面有少量腐殖质胶膜，无石灰反应，内有 2%～3%的砾石，仅少量草本根系，向下层波状清晰过渡。

Btr：　50～120 cm，浊黄橙色（10YR 6/4，干），橙白色（5YR 8/2，润），粉壤土，黏化层发育强，块状结构，紧实，无石灰反应，由于树木根系生长有裂隙，沿裂隙及结构面有少量腐殖质胶膜，并可见少量铁锰胶膜，内有 4%～6%的砾石，仅少量草本根系。

咀头系代表性单个土体剖面

咀头系代表性单个土体物理性质

| 土层 | 深度/cm | 砾石(>2mm，体积分数)/% | 细土颗粒组成(粒径：mm)/(g/kg) | | | 质地 | 容重/(g/cm³) |
			砂粒 2～0.05	粉粒 0.05～0.002	黏粒 <0.002		
Ah	0～20	0	43	781	176	粉壤土	1.50
AB	20～50	3	24	812	164	粉壤土	1.47
Btr	50～120	5	23	789	188	粉壤土	1.66

咀头系代表性单个土体化学性质

深度/cm	pH(H₂O)	有机质/(g/kg)	全氮(N)/(g/kg)	全磷(P)/(g/kg)	全钾(K)/(g/kg)	CEC/(cmol/kg)	CaCO₃/(g/kg)	游离氧化铁/(g/kg)
0～20	7.1	17.1	0.75	0.65	12.37	25.67	3.7	8.12
20～50	7.2	11.9	0.53	0.67	12.86	24.17	5.6	8.45
50～120	7.4	11.4	0.56	0.64	14.12	24.17	5.3	8.60

7.8　普通简育湿润淋溶土

7.8.1　龙村系（Longcun Series）

土　族：壤质云母混合型非酸性热性-普通简育湿润淋溶土
拟定者：齐雁冰，常庆瑞，刘梦云

分布与环境条件　分布于陕西省秦巴山区汉中地区的西乡县海拔 450～1342 m 的低山和中山区域，所处地势通常为宽谷缓坡，多为林草地，山坡中下部坡度稍缓处被人为平整后用为农地，坡度在 8°～15°，成土母质为花岗片麻岩类风化物的坡积、残积母质。北亚热带湿润季风气候，年日照时数 1650～1750 h，年均温 14～15 ℃，≥10 ℃年积温 3000～4100 ℃，年均降水量 600～1100 mm，无霜期 246 d。

龙村系典型景观

土系特征与变幅　诊断层包括淡薄表层、黏化层；诊断特性包括热性土壤温度状况、湿润土壤水分状况。该土系所处位置坡度大，成土母质为花岗片麻岩类风化物的坡积、残积母质，全剖面含有多量大小不等的云母片岩，常在 20%以上，有效土层薄厚不均，薄的 30 cm 左右，厚的可达 1.0 m 以上。表层受到植被生长及枯落物影响，有一定的腐殖质积累，黏粒有一定的淋溶，形成较薄的黏化层，中下部基本保持坡积物特征，以下为砂砾层，全剖面无石灰反应，砂壤土-壤土-粉壤土，中性到弱碱性土，pH 7.0～7.2。

对比土系　试马系，同一土类，但龙村系土壤矿物类型为云母混合型，为不同土系。

利用性能综述　该土系土层较厚，质地较粗，土壤有机质及养分含量较高，沟谷底部坡度稍缓处可通过修筑梯田等方式进行保护性利用，坡度较大处不宜农用，应以发展林果为主要利用方向，同时注重地表植被保护，防止水土流失。

参比土种　厚层润麻石土。

代表性单个土体　位于陕西省汉中市西乡县沙河镇龙村，32°53′47″ N，107°33′51″ E，海拔 493 m，低山宽谷缓坡下部，坡度 10°左右，成土母质为坡积、残积物。林草地，河谷底部缓坡处人为平整后用于水稻、玉米或零星蔬菜种植，表层受到植被生长及枯落物分解影响，腐殖质积累较多，颜色暗褐，有机质含量高，质地砂砾质黏壤土，砾石含量 20%

左右；黏化层浅薄，中下部则基本保持坡残积物特征，剖面通体有 10%～20%砾石，有
效土层 80 cm 左右，全剖面无石灰反应。50 cm 深度土壤温度 16.3 ℃。野外调查时间为
2016 年 5 月 23 日，编号 61-077。

龙村系代表性单个土体剖面

Ah：　0～10 cm，浊黄棕色（10YR 5/4，干），黑棕色（5YR 3/1，润），砂壤土，团块状结构，疏松，无石灰反应，大量植物根系，夹杂有 10%左右直径大于 5 mm 的砾石，向下层波状清晰过渡。

Bt1：10～30 cm，浊黄橙色（10YR 6/4，干），浊棕色（7.5YR 6/3，润），壤土，块状结构，紧实，无石灰反应，可见明显黏粒胶膜，中量植物根系，夹杂有 10%左右直径大于 5 mm 的砾石，向下层波状清晰过渡。

Bt2：30～85 cm，浊黄橙色（10YR 6/4，干），红棕色（10R 5/4，润），粉壤土，块状结构，紧实，可见模糊黏粒胶膜，无石灰反应，少量植物根系，夹杂有 20%左右直径大于 5 mm 的砾石，向下层波状清晰过渡。

C：　85～130 cm，浊棕色（7.5YR 5/3，干），浊橙色（7.5YR 7/3，润），壤土，无明显结构，紧实，无石灰反应，无植物根系，夹杂有 35%直径大于 5 mm 的砾石。

龙村系代表性单个土体物理性质

土层	深度/cm	砾石(>2mm，体积分数)/%	细土颗粒组成(粒径：mm)/(g/kg)			质地	容重/(g/cm³)
			砂粒2～0.05	粉粒0.05～0.002	黏粒<0.002		
Ah	0～10	10	524	325	151	砂壤土	1.37
Bt1	10～30	10	283	494	223	壤土	1.70
Bt2	30～85	20	297	513	190	粉壤土	1.87
C	85～130	35	468	390	142	壤土	1.82

龙村系代表性单个土体化学性质

深度/cm	pH(H₂O)	有机质/(g/kg)	全氮(N)/(g/kg)	全磷(P)/(g/kg)	全钾(K)/(g/kg)	CEC/(cmol/kg)	游离氧化铁/(g/kg)
0～10	7.2	20.5	0.98	0.38	4.76	20.10	7.64
10～30	7.0	9.6	0.44	0.26	5.27	23.66	10.38
30～85	7.0	3.1	0.17	0.54	6.12	25.53	10.92
85～130	7.1	2.6	0.12	0.82	6.02	26.12	10.74

7.8.2　试马系（Shima Series）

土　族：壤质混合型非酸性热性-普通简育湿润淋溶土
拟定者：齐雁冰，常庆瑞，刘梦云

分布与环境条件　分布于陕西省秦巴山区安康、汉中、商洛的低山丘陵地区，海拔 420～960 m，地面坡度 15°～25°，成土母质为花岗片麻岩风化物。坡度较缓区域用作农耕地，较陡处一般用作林地。北亚热带湿润季风气候，年日照时数 1800～1900 h，年均温 13.5～14.5 ℃，年均降水量 800～900 mm，无霜期 210 d。

试马系典型景观

土系特征与变幅　诊断层包括淡薄表层、黏化层；诊断特性包括热性土壤温度状况、湿润土壤水分状况。该土系成土母质为花岗片麻岩风化物，土层较厚，一般在 60 cm 以上，剖面上部为壤土质地，下部黏壤土，并可见铁锰胶膜，全剖面呈块状结构，通气透水性中等。黏化层厚度在 30 cm 以上，土层厚度在 1 m 以上，粉壤土，中性土，pH 6.5～7.2。

对比土系　龙村系，土壤矿物类型为云母混合型，为不同土系。吕河系，同一土类，所处位置均为秦巴山地低山丘陵区，但成土母岩不同，内有料姜石，为不同亚类。

利用性能综述　该土系所处地形坡度大，土层较厚，通透性较强，具有一定的保肥能力，宜种植多种农作物。但由于坡度大，农用时需注重水土保持措施，以防水土流失。在利用上应采取增施有机肥、秸秆还田等措施，不断改善土壤结构，培肥地力。

参比土种　厚层黄麻泥。

代表性单个土体　位于陕西省商洛市商南县试马镇龙背沟村，33°33′13″ N，110°47′12″ E，海拔 552 m，低山宽谷中坡，成土母质为花岗片麻岩风化物，坡积残积物，灌木林地。表层疏松多孔，黏化层深厚，黏重，母质层富含半风化母岩。50 cm 深度土壤温度 15.7 ℃。野外调查时间为 2016 年 7 月 28 日，编号 61-170。

试马系代表性单个土体剖面

Ah: 0~20 cm，浊棕色（7.5YR 5/3，干），灰棕色（5YR 5/2，润），粉壤土，粒状结构，疏松，无石灰反应，大量植物根系，向下层平滑清晰过渡。

AB: 20~55 cm，浊棕色（7.5YR 5/4，干），淡灰色（5Y 7/1，润），粉壤土，粒状结构，疏松，结构面有腐殖质胶膜，无石灰反应，大量植物根系，向下层平滑清晰过渡。

Bw: 55~90 cm，浊棕色（7.5YR 5/4，干），浊红棕色（5YR 5/3，润），粉壤土，块状结构，紧实，可见少量铁锰胶膜，无石灰反应，仅少量树木根系，向下层平滑清晰过渡。

Bt: 90~120 cm，浊棕色（7.5YR 5/3，干），浊橙色（7.5YR 7/3，润），黏壤土，棱块状结构，紧实，结构面可见黏粒胶膜，无石灰反应，无根系。

试马系代表性单个土体物理性质

| 土层 | 深度 /cm | 砾石 (>2mm，体积分数)/% | 细土颗粒组成(粒径：mm)/(g/kg) | | | 质地 | 容重 /(g/cm³) |
			砂粒 2~0.05	粉粒 0.05~0.002	黏粒 <0.002		
Ah	0~20	0	128	720	152	粉壤土	1.43
AB	20~55	0	77	764	159	粉壤土	1.55
Bw	55~90	0	108	759	133	粉壤土	1.69
Bt	90~120	0	82	705	213	黏壤土	1.74

试马系代表性单个土体化学性质

深度 /cm	pH (H₂O)	有机质 /(g/kg)	全氮(N) /(g/kg)	全磷(P) /(g/kg)	全钾(K) /(g/kg)	CEC /(cmol/kg)	CaCO₃ /(g/kg)	游离氧化铁 /(g/kg)
0~20	7.2	17.3	0.91	0.47	11.24	24.65	0	11.19
20~55	6.5	10.4	0.45	0.18	11.65	23.34	0	10.96
55~90	6.7	5.9	0.31	0.23	12.54	28.91	0	10.90
90~120	7.2	5.7	0.26	0.12	11.95	27.86	0	10.63

第8章 雏形土

8.1 弱盐淡色潮湿雏形土

8.1.1 卤泊滩系（Lubotan Series）

土　族：壤质混合型石灰性温性-弱盐淡色潮湿雏形土
拟定者：齐雁冰，常庆瑞，刘梦云

分布与环境条件　分布于渭南市河漫滩、阶地的低洼地段，海拔334～396 m，地下水埋深1～2 m，地下水矿化度一般在10～17 g/L，地面相对平坦，成土母质为冲积物，大部分为盐碱滩、荒草地。暖温带半湿润、半干旱季风气候，年日照时数2200～2500 h，年均温10～14 ℃，≥10 ℃年积温2800～4100 ℃，年均降水量400～600 mm，无霜期219 d。

卤泊滩系典型景观

土系特征与变幅　诊断层包括淡薄表层、雏形层；诊断特性包括温性土壤温度状况、潮湿土壤水分状况、盐积现象、钙积现象、氧化还原特征、石灰性。该土系所处位置通常低洼，地下水位高，为1～2 m，成土母质为河流冲积物，地表有白色盐霜、盐斑，或盐结皮。盐分在剖面中呈柱状分布，盐分组成以硫酸盐为主，其次为氯化物，剖面中下部有锈纹锈斑。全剖面强石灰反应。盐碱滩，荒草地，粉壤土，碱性土，pH 7.8～8.9。

对比土系　原任系，同一土族，均具有盐积现象和石灰性，但成土物质来源为泥灌且地形部位为河漫滩三角洲地区，为不同土系。

利用性能综述　该土系目前基本为盐碱滩，难以利用，生长盐蓬、盐蒿、灰条、冰草等盐生杂草。土壤板、僵、冷、旱、薄、涝，农业难以利用。但土层深厚，地势平坦，水源丰富，光照充足。改良利用上可以挖沟排水、引洪漫淤、增施有机肥和化肥，种植耐盐农作物，林、渔综合利用。

参比土种　松盐土。

代表性单个土体　位于陕西省渭南市蒲城县孝通乡卤泊滩综合厂盐场盐碱滩，34°48′40.5″ N，109°33′21.2″ E，海拔373 m，地面平整，地下水位1.8 m，成土母质为冲积物，天然牧草地，盐碱滩地，荒草地。地表有盐霜，着生盐蓬、盐蒿等盐生杂草，剖面表层颜色泛白，其下呈黄色，下部呈现冲积物特征，全剖面强石灰反应。50 cm 深度土壤温度 14.9 ℃。野外调查时间为 2015 年 7 月 11 日，编号 61-002。

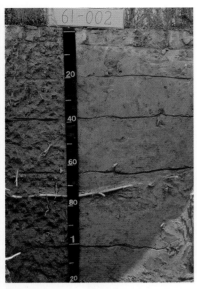

卤泊滩系代表性单个土体剖面

Ahz：　0～5 cm，浊黄棕色（10YR 5/3，干），淡橄榄灰色（5GY 7/1，润），粉壤土，发育中等的小块状结构，松软，强石灰反应，中量草被根系，向下层平滑清晰过渡。

Bz1：　5～20 cm，浊黄橙色（10YR 6/3，干），橄榄灰色（10Y 6/2，润），粉壤土，发育中等的小块状结构，稍坚实，强石灰反应，少量草被根系，向下层平滑清晰过渡。

Bz2：　20～40 cm，浊黄橙色（10YR 6/3，干），浊黄橙色（10YR 7/2，润），粉壤土，发育中等的小块状结构，强石灰反应，少量草被根系，向下层平滑清晰过渡。

Czr：　40～65 cm，浊黄橙色（10YR 6/3，干），灰黄棕色（10YR 5/2，润），粉壤土，单粒，无结构，强石灰反应，少量芦苇根系，向下层平滑清晰过渡。

Czrk1：65～100 cm，浊黄橙色（10YR 6/4，干），紫灰色（5P 5/1，润），粉壤土，单粒，无结构，少量锈纹锈斑，强石灰反应，少量芦苇根系，向下层平滑清晰过渡。

Czrk2：100～120 cm，浊黄橙色（10YR 6/4，干），灰黄色（2.5Y 6/2，润），粉壤土，单粒，无结构，少量锈纹锈斑，强石灰反应，少量芦苇根系。

卤泊滩系代表性单个土体物理性质

土层	深度 /cm	砾石 (>2mm，体积分数)/%	细土颗粒组成（粒径：mm）/(g/kg)			质地	容重 /(g/cm³)
			砂粒 2～0.05	粉粒 0.05～0.002	黏粒 <0.002		
Ahz	0～5	0	196	691	113	粉壤土	1.58
Bz1	5～20	0	88	768	144	粉壤土	1.68
Bz2	20～40	0	67	802	131	粉壤土	1.71
Czr	40～65	0	55	786	159	粉壤土	1.61
Czrk1	65～100	0	58	776	166	粉壤土	1.64
Czrk2	100～120	0	37	786	177	粉壤土	1.66

卤泊滩系代表性单个土体化学性质

深度 /cm	pH (H₂O)	有机质 /(g/kg)	全氮(N) /(g/kg)	全磷(P) /(g/kg)	全钾(K) /(g/kg)	CEC /(cmol/kg)	CaCO₃ /(g/kg)	水溶性盐总量 /(g/kg)
0～5	7.8	33.1	1.69	1.31	10.36	18.96	79.2	3.61
5～20	8.6	7.1	0.34	0.52	9.48	17.10	91.6	3.93
20～40	8.7	5.9	0.29	0.51	9.06	20.31	98.3	4.75
40～65	8.9	7.9	0.37	0.55	9.69	20.99	55.7	5.97
65～100	8.8	8.2	0.51	0.49	13.83	28.11	117.8	4.85
100～120	8.9	9.6	0.54	0.50	14.53	27.45	122.5	3.53

8.1.2 原任系（Yuanren Series）

土　族：壤质混合型石灰性温性-弱盐淡色潮湿雏形土
拟定者：齐雁冰，常庆瑞，刘梦云

分布与环境条件　分布于陕西省渭南市的"东方红"灌区和"二华"夹槽地带，以及西安市和咸阳市灌区的低洼地，分布区海拔 300～450 m，地下水位 0.8～3 m，矿化度 1～5 g/L，成土母质为河流冲积物，水浇地，小麦-玉米轮作。暖温带半湿润、半干旱季风气候，年日照时数 2250～2300 h，年均温 13.0～13.5 ℃，年均降水量 500～600 mm，无霜期 219 d。

原任系典型景观

土系特征与变幅　诊断层包括淡薄表层、雏形层；诊断特性包括温性土壤温度状况、潮湿土壤水分状况、氧化还原特征、钙积现象、盐积现象、石灰性。该土系所处位置地势低平，排水不畅，地下水埋藏浅，矿化度较高，加之灌溉不当，引起地下水位抬升，土壤中除具有较强的氧化还原作用，有较多锈纹锈斑外，还发生次生盐渍化，冬春季返盐明显，地表形成盐斑。旱作，长期小麦-玉米轮作，土层深厚，厚度在 0.8 m 以上，雏形层厚度在 40 cm 以上，粉壤土，碱性土，pH 8.1～9.0。

对比土系　卤泊滩系，同一土族，均处低洼地带，具有盐积现象和石灰性，但成土母质来源为河流冲积物，为不同土系。罗敷系，同一土类，所处位置均为较低洼的河流三角洲或海拔较低的洼地，地下水位均较高，但罗敷系非老灌区，无盐渍现象，无堆垫现象，为不同亚类。

利用性能综述　该土系所处地形平坦，土层深厚，水源丰富，浇灌方便，但表土层含较高可溶性盐，影响作物出苗，尤其对春播作物有一定的危害。加之土壤养分不足，作物产量一般。改良上应着重从降低含盐量入手，可通过挖沟排盐、引洪漫淤、增施有机肥、草田轮作、拉沙压碱、平整土地、中耕松土等措施提高地力。

参比土种　轻度松盐潮土。

代表性单个土体　位于陕西省渭南市蒲城县原任乡原西村北，34°48′0.4″ N，109°27′3.2″E，海拔 382 m，老灌区，坡度 1°～2°，成土母质为河流冲积物，土壤形成后受到人类长期耕作和大量施用土粪堆积的影响，表层有明显的炭渣及瓦片等侵入体。

水浇地，小麦-玉米轮作。地下水位 85 cm，雏形层位于犁底层下部，厚度在 40 cm 以上，结构面有锈斑纹，通体强石灰反应。50 cm 深度土壤温度 14.9 ℃。野外调查时间为 2015 年 7 月 12 日，编号 61-003。

原任系代表性单个土体剖面

Ap1：0～10 cm，浊黄橙色（10YR 6/3，干），棕灰色（7.5YR 6/1，润），粉壤土，耕作层发育强，团粒状结构，疏松，有炭渣及瓦片等侵入体，强石灰反应，大量草本植物根系，向下层平滑清晰过渡。

Ap2：10～20 cm，浊黄橙色（10YR 6/3，干），浊黄橙色（10YR 7/2，润），粉壤土，犁底层较紧实，块状结构，有炭渣及瓦片等侵入体，强石灰反应，少量草本植物根系，向下层平滑清晰过渡。

Br： 20～40 cm，浊黄橙色（10YR 6/3，干），灰红色（5R 6/4，润），粉壤土，紧实，块状结构，强石灰反应，少量根系分布，结构面可见少量铁锈斑纹，少量根系，向下层平滑清晰过渡。

Bzr1：40～60 cm，浊黄橙色（10YR 6/3，干），灰棕色（5YR 6/2，润），粉壤土，稍紧实，块状结构，强石灰反应，无根系分布，结构面可见少量铁锈斑纹，向下层平滑清晰过渡。

Bzr2：60～80 cm，浊黄橙色（10YR 7/3，干），红灰色（7.5R 6/1，润），母质层，粉壤土，较疏松，粒状结构，强石灰反应，无根系分布，明显呈现河流冲积物特征。

原任系代表性单个土体物理性质

土层	深度 /cm	砾石 (>2mm, 体积分数)/%	细土颗粒组成(粒径：mm)/(g/kg)			质地	容重 /(g/cm³)
			砂粒 2～0.05	粉粒 0.05～0.002	黏粒 <0.002		
Ap1	0～10	0	106	753	141	粉壤土	1.50
Ap2	10～20	0	62	796	142	粉壤土	1.74
Br	20～40	0	69	783	148	粉壤土	1.76
Bzr1	40～60	0	62	784	154	粉壤土	1.68
Bzr2	60～80	0	37	805	158	粉壤土	1.56

原任系代表性单个土体化学性质

深度 /cm	pH (H₂O)	有机质 /(g/kg)	全氮(N) /(g/kg)	全磷(P) /(g/kg)	全钾(K) /(g/kg)	CEC /(cmol/kg)	CaCO₃ /(g/kg)	易溶性盐总量 /(g/kg)
0～10	8.1	20.9	1.11	1.26	10.50	20.78	84.2	2.30
10～20	8.4	15.2	0.68	0.80	9.53	19.99	63.7	0.97
20～40	8.5	9.1	0.41	0.69	9.14	16.72	60.1	0.22
40～60	8.9	9.2	0.37	0.68	9.50	17.94	76.3	3.37
60～80	9.0	8.9	0.48	0.68	10.93	19.01	79.8	9.53

8.2 石灰淡色潮湿雏形土

8.2.1 袁家圪堵系（Yuanjiagedu Series）

土　族：极黏质伊利石混合型温性-石灰淡色潮湿雏形土
拟定者：齐雁冰，常庆瑞，刘梦云

分布与环境条件　分布于陕西省陕北地区榆林市的神木、横山、靖边北部的湖盆滩地、河滩、沟滩地。海拔 800～1400m，地面坡度较缓，一般 2°～3°，通常为荒草地，少量用作农用地。中温带-暖温带半湿润、半干旱季风气候，年日照时数 2800～2900 h，年均温 8.5～9.5 ℃，≥ 10 ℃ 年 积 温 2905～4446 ℃，年均降水量 380～580 mm，无霜期 190 d。

袁家圪堵系典型景观

土系特征与变幅　诊断层包括淡薄表层、钙积层、盐积层；诊断特性包括温性土壤温度状况、半干润土壤水分状况、氧化还原特征。该土系发育于沉积物母质，剖面上部为表耕层，中部为氧化还原层，下部为灰蓝色潜育层，潜育层中常见受侧渗水漂洗而形成的白泥层。因地下水位下降，目前该土系逐渐脱离地下水的影响，土壤水分状况由潮湿逐渐转变为半干润。全剖面土体紧实，粉黏壤土-粉黏土，质地均一，发育微弱，全剖面强石灰反应，碱性土，pH 9.2～10.2。

对比土系　朝邑系，同一亚类，成土母质为冲积物，为不同土系。瑶镇系，不同土纲，均为湖盆滩地，但瑶镇系具有潜育特征且表层具有暗沃表层，为不同土纲。

利用性能综述　该土系所处位置地下水位高，土性凉，土体紧实，尤其是潜育层影响水分下渗，易造成表层滞水，土壤养分一般，属于低产土壤。改良利用上，应采取工程措施，建立排灌系统，降低地下水位，同时在适宜地区可发展水产或水生植物。

参比土种　缁泥土。

代表性单个土体　位于陕西省榆林市神木市尔林兔镇袁家圪堵村 3 组东滩，38°58′12.5″ N，109°02′24.9″ E，海拔 1268 m，湖盆滩地，成土母质为湖盆沉积物，荒草地，地势稍高处经开垦后用作农地，一年一熟，种植玉米、谷子等农作物。剖面表层为风积沙黄土，中部为氧化还原层，底部为潜育层，颜色变化明显，不同层次间呈波状过渡。50 cm 深度土壤温度 10.5 ℃。野外调查时间为 2015 年 8 月 26 日，编号 61-017。

袁家圪堵系代表性单个土体剖面

Ah: 0～22 cm，浊黄棕色（10YR 5/3，干），红灰色（2.5YR 6/1，润），粉黏壤土，块状结构，湿时稍松软，干时紧实，强石灰反应，少量虫草孔隙，中量草本植物根系，向下层平滑清晰过渡。

Bzr1: 22～40 cm，浊黄棕色（10YR 5/3，干），棕灰色（7.5YR 6/1，润），粉黏土，块状结构，紧实，强石灰反应，中量孔隙，少量植物根系，结构面可见少量铁锈斑纹痕迹，向下层波状清晰过渡。

Bkrz1: 40～68 cm，灰黄色（2.5Y 6/2，干），淡灰色（10YR 7/1，润），粉黏土，块状结构，紧实，强石灰反应，少量植物根系，结构面可见少量铁锈斑纹痕迹，向下层波状清晰过渡。

Bkrz2: 68～112 cm，灰黄色（2.5Y 6/2，干），淡灰色（5Y 7/1，润），粉黏土，块状结构，紧实，强石灰反应，少量植物根系，结构面可见少量铁锈斑纹痕迹，向下层波状清晰过渡。

Bzr2: 112～125 cm，暗灰黄色（2.5Y 4/2，干），淡棕灰色（7.5YR 7/1，润），粉黏壤土，块状结构，紧实，强石灰反应，少量植物根系，结构面可见少量铁锈斑纹痕迹。

袁家圪堵系代表性单个土体物理性质

| 土层 | 深度/cm | 砾石(>2mm，体积分数)/% | 细土颗粒组成(粒径: mm)/(g/kg) | | | 质地 | 容重/(g/cm³) |
			砂粒 2～0.05	粉粒 0.05～0.002	黏粒 <0.002		
Ah	0～22	0	167	533	300	粉黏壤土	1.55
Bzr1	22～40	0	55	543	402	粉黏土	1.77
Bkrz1	40～68	0	15	492	493	粉黏土	1.78
Bkrz2	68～112	0	2	500	498	粉黏土	1.88
Bzr2	112～125	0	8	666	326	粉黏壤土	1.93

袁家圪堵系代表性单个土体化学性质

深度/cm	pH(H₂O)	有机质/(g/kg)	全氮(N)/(g/kg)	全磷(P)/(g/kg)	全钾(K)/(g/kg)	CEC/(cmol/kg)	CaCO₃/(g/kg)	易溶性盐总量/(g/kg)
0～22	9.2	7.4	0.03	0.28	1.12	5.05	10.2	0.00
22～40	10.1	3.4	0.11	0.36	1.40	4.27	28.5	8.98
40～68	10.2	6.9	0.12	0.37	1.67	15.97	344.1	6.76
68～112	10.1	6.3	0.00	0.31	1.47	13.44	403.0	18.41
112～125	9.8	10.3	0.08	0.35	2.74	11.30	11.4	19.18

8.2.2 朝邑系（Chaoyi Series）

土 族：黏壤质混合型温性-石灰淡色潮湿雏形土
拟定者：齐雁冰，常庆瑞，刘梦云

分布与环境条件 分布于陕北渭南市渭河入黄河的三角洲地带，三门峡淹没库区沙滩地，所处区域较平坦，低洼，海拔300～400 m，成土母质为冲积物，多为农耕地。暖温带半湿润、半干旱季风气候，年日照时数2100～2200 h，年均温 13.1～13.8 ℃，≥10 ℃年积温3800～4000 ℃，年均降水量 638～710 mm，无霜期208 d。

朝邑系典型景观

土系特征与变幅 诊断层包括淡薄表层、雏形层、钙积层；诊断特性包括温性土壤温度状况、潮湿土壤水分状况、氧化还原特征。该土系由于所处位置较低平，冲积物来源复杂，剖面土壤质地分异明显，上部为砂土或砂壤质黏壤土，中下部为黏壤土或壤质黏土，呈上轻下重的质地构型，地下水位高时还会有锈纹锈斑，土壤通体强石灰反应，农耕地，粉壤土，碱性土，pH 8.8～8.9。

对比土系 华西系，同一亚族，同为冲积物母质，剖面也为二元结构，但质地在层次分布上为上黏下轻，为不同土系。卤泊滩系，同一亚类，地形部位均为关中平原低平地，均为冲积母质，但土壤质地为非二元结构，为不同土族。

利用性能综述 该土系以水浇地为主，水分条件较好，具有"蒙金型"质地结构，土壤蓄水保墒性、保肥供肥性均较好，有机质和养分含量较高，耕性好。改良上应以培肥土壤为主，精耕细作。

参比土种 表砂泥潮土。

代表性单个土体 位于陕西省渭南市大荔县朝邑镇沙苑农场高牧连滩地，34°44′24.5″ N，110°07′37″ E，海拔331 m，河漫滩平缓地，成土母质为冲积物，耕地，小麦-玉米轮作，近年有地方开始种植葡萄等经济作物。剖面层次明显，表层经长期耕作形成明显的耕作层和犁底层，质地较轻，为砂壤土，下层为不同来源的冲积洪积物质，质地黏重，通体有石灰反应。50 cm深度土壤温度15.0 ℃。野外调查时间为2016年6月7日，编号61-098。

朝邑系代表性单个土体剖面

Ap1：0～20 cm，浊黄橙色（10YR 6/3，干），橄榄灰色（10Y 6/2，润），粉壤土，团粒状结构，疏松，强石灰反应，大量草本植物根系，向下层平滑清晰过渡。

Ap2：20～30 cm，浊黄橙色（10YR 6/3，干），淡灰色（N 7/0，润），粉壤土，稍紧实，块状结构，强石灰反应，中量草本植物根系，向下层平滑清晰过渡。

Br：30～70 cm，浊黄橙色（10YR 6/3，干），灰色（5Y 5/1，润），粉壤土，较紧实，块状结构，强石灰反应，结构面可见少量铁锈斑纹痕迹，少量植物根系，向下层平滑清晰过渡。

Brk：70～90 cm，浊黄橙色（10YR 6/3，干），暗紫灰色（5P 3/1，润），粉壤土，紧实，大块状结构，强石灰反应，结构面可见少量铁锈斑纹痕迹，无植物根系，向下层平滑清晰过渡。

Cr：90～120 cm，浊黄橙色（10YR 6/3，干），红灰色（5R 6/1，润），粉壤土，松软，无明显结构，结构面可见少量铁锈斑纹痕迹，强石灰反应，无植物根系。

朝邑系代表性单个土体物理性质

| 土层 | 深度/cm | 砾石（>2mm，体积分数)/% | 细土颗粒组成(粒径：mm)/(g/kg) | | | 质地 | 容重/(g/cm³) |
			砂粒 2～0.05	粉粒 0.05～0.002	黏粒 <0.002		
Ap1	0～20	0	160	616	224	粉壤土	1.52
Ap2	20～30	0	110	684	206	粉壤土	1.54
Br	30～70	0	83	705	212	粉壤土	1.53
Brk	70～90	0	68	693	239	粉壤土	1.43
Cr	90～120	0	137	649	214	粉壤土	1.47

朝邑系代表性单个土体化学性质

深度/cm	pH(H₂O)	有机质/(g/kg)	全氮(N)/(g/kg)	全磷(P)/(g/kg)	全钾(K)/(g/kg)	CEC/(cmol/kg)	CaCO₃/(g/kg)	易溶性盐总量/(g/kg)
0～20	8.9	16.8	0.78	0.77	10.46	14.98	110.3	0.96
20～30	8.8	13.6	0.64	0.67	10.44	15.10	119.3	1.49
30～70	8.9	8.0	0.43	0.35	8.56	11.91	111.5	1.52
70～90	8.8	8.6	0.46	0.52	12.06	19.13	174.7	0.50
90～120	8.8	7.3	0.41	0.28	9.84	11.84	117.2	0.02

8.2.3 华西系（Huaxi Series）

土　族：黏壤质混合型温性-石灰淡色潮湿雏形土

拟定者：齐雁冰，常庆瑞，刘梦云

分布与环境条件　分布于陕北渭南市渭河入黄河的三角洲地带，三门峡淹没库区，所处区域较平坦，低洼，海拔 300～400 m，成土母质为冲积物，多为农耕地。暖温带半湿润、半干旱季风气候，年日照时数 2100～2200 h，年均温 13.1～13.8 ℃，≥10 ℃年积温 3800～4000 ℃，年均降水量 638～710 mm，无霜期 208 d。

华西系典型景观

土系特征与变幅　诊断层包括淡薄表层、雏形层、钙积层；诊断特性包括温性土壤温度状况、潮湿土壤水分状况、氧化还原特征。该土系由于所处位置较低平，冲积物来源复杂，剖面土壤质地分异明显，上部为壤土-黏壤土，底部为砂壤土，地下水位高时还会有锈纹锈斑，土壤通体有石灰反应，农耕地，粉壤土，碱性土，pH 8.5～9.1。

对比土系　朝邑系，同一土族，同为冲积物母质，剖面也为二元结构，但质地在层次分布上为上轻下黏，为不同土系。卤泊滩系，同一土类，地形部位均为关中平原低平地，均为冲积母质，但土壤质地为非二元结构，为不同亚类。

利用性能综述　该土系以水浇地为主，水分条件较好，土壤蓄水保墒性、保肥供肥性均较好，有机质和养分含量较高，但土体上部质地黏重，通透性差，耕性不良，土壤结构差。改良上应以培肥土壤为主，改善土壤理化性状。

参比土种　底砂泥潮土。

代表性单个土体　位于陕西省渭南市华阴市华西镇五合村 21 军农场三分场，34°37′7.5″ N，110°01′1.3″ E，海拔 334 m，河漫滩平缓地，成土母质为冲积物，耕地，小麦-玉米轮作，近年有地方开始种植葡萄等经济作物。剖面上层经长期耕作形成明显的耕作层和犁底层，中部为不同来源的冲积洪积物质，质地黏重，在剖面上层次分化明显，底部冲积物质地为砂壤质中壤土，全剖面质地为粉壤土，通体有石灰反应。50 cm 深度土壤温度 15.1 ℃。野外调查时间为 2016 年 6 月 6 日，编号 61-095。

华西系代表性单个土体剖面

Ap1：0～18 cm，浊黄棕色（10YR 5/3，干），暗红棕色（5YR 3/2，润），粉壤土，团粒状结构，疏松，强石灰反应，大量草本植物根系，向下层平滑清晰过渡。

Ap2：18～28 cm，浊黄橙色（10YR 6/3，干），灰红色（7.5R 6/2，润），粉壤土，较紧实，块状结构，强石灰反应，中量草本植物根系，向下层平滑清晰过渡。

Bkr：28～52 cm，浊黄橙色（10YR 6/3，干），淡灰色（2.5Y 7/1，润），粉壤土，较紧实，块状结构，强石灰反应，结构面可见少量铁锈斑纹痕迹，少量植物根系，向下层平滑清晰过渡。

Cr：52～87 cm，浊黄橙色（10YR 6/3，干），浊橙色（5YR 6/3，润），粉壤土，紧实，大棱块状结构，弱石灰反应，结构面可见少量铁锈斑纹痕迹，无植物根系，向下层平滑清晰过渡。

Ck：87～120 cm，浊黄橙色（10YR 6/4，干），橄榄棕色（2.5Y 4/3，润），粉壤土，紧实，棱块状结构，强石灰反应，无植物根系，向下层平滑清晰过渡。

华西系代表性单个土体物理性质

土层	深度 /cm	砾石 (>2mm，体积 分数)/%	细土颗粒组成(粒径：mm)/(g/kg)			质地	容重 /(g/cm³)
			砂粒 2～0.05	粉粒 0.05～0.002	黏粒 <0.002		
Ap1	0～18	0	49	715	236	粉壤土	1.37
Ap2	18～28	0	32	742	226	粉壤土	1.58
Bkr	28～52	0	45	741	214	粉壤土	1.48
Cr	52～87	0	38	725	237	粉壤土	1.47
Ck	87～120	0	54	725	221	粉壤土	1.61

华西系代表性单个土体化学性质

深度 /cm	pH (H₂O)	有机质 /(g/kg)	全氮(N) /(g/kg)	全磷(P) /(g/kg)	全钾(K) /(g/kg)	CEC /(cmol/kg)	CaCO₃ /(g/kg)
0～18	8.9	24.3	1.42	0.73	14.81	25.83	119.6
18～28	8.8	12.7	0.63	0.60	12.59	21.98	120.5
28～52	9.1	8.1	0.35	0.42	11.25	15.98	120.3
52～87	8.5	7.9	0.41	0.62	12.48	23.02	25.6
87～120	8.9	6.2	0.30	0.47	10.56	12.64	116.5

8.2.4　罗敷系（Luofu Series）

土　　族：黏壤质混合型温性-石灰淡色潮湿雏形土
拟定者：齐雁冰，常庆瑞，刘梦云

分布与环境条件　分布于陕西省渭河沿岸两侧的河流一级阶地或河漫滩低洼处，地下水位相对较高，多在 1.5 m 左右。海拔 300～500 m，成土母质一般为河流沉积物；旱地，小麦-玉米轮作。暖温带半湿润、半干旱季风气候，年日照时数 2100～2250 h，年均温 13.5～14.5 ℃，年均降水量 580～680 mm，无霜期 208 d。

罗敷系典型景观

土系特征与变幅　诊断层包括淡薄表层、雏形层；诊断特性包括温性土壤温度状况、潮湿土壤水分状况、氧化还原特征、石灰性。该土系所处位置一般海拔较低，距离河流较近，地下水位高，土层深厚，质地较为黏重，由于地下水位高，在剖面中下部常观察到铁锈斑纹等。长期小麦-玉米轮作，土层深厚，厚度在 1.2 m 以上，雏形层厚度在 30～40 cm，粉壤土，碱性土，pH 8.6～9.1。

对比土系　朝邑系，同一土族，地形部位均为河流三角洲，成土母质均为河流冲积物，但剖面具有二元结构，为不同土系。杜曲系，不同土纲，地形部位为黄土台塬塬面，秦岭北坡山前丘陵，但堆垫层厚度超过 50 cm 而归为土垫旱耕人为土。

利用性能综述　该土系所处地形平坦，土层深厚，水源丰富，浇灌方便，土壤保水保肥能力强，一年两熟，产量较高。但土质较黏重，土性凉，发苗慢，湿时泥泞，干时龟裂，耕作性能差，易耕期短，土壤速效养分含量较低，应重视对土壤质地的改造，可通过种植绿肥、秸秆还田及轮作倒茬等措施改善土壤理化性质。

参比土种　泥潮土。

代表性单个土体　位于陕西省渭南市华阴市罗敷镇 21 军农场一分场，34°35′12.9″ N，109°57′20.8″ E，海拔 323 m，位于渭河与黄河交叉的三角地带，河漫滩上，地下水位不到 2 m，成土母质为河流沉积物，具有黄土性质，旱耕地，小麦-玉米轮作。剖面中部黏化层不明显，结构面有少量铁锈斑纹，通体强石灰反应。50 cm 深度土壤温度 15.1 ℃。野外调查时间为 2016 年 6 月 6 日，编号 61-094。

罗敷系代表性单个土体剖面

Ap1：0～20 cm，浊黄橙色（10YR 6/3，干），淡橄榄灰色（5GY 7/1，润），粉壤土，团粒状结构，疏松，强石灰反应，大量草本植物根系，向下层平滑清晰过渡。

Ap2：20～30 cm，浊黄橙色（10YR 6/3，干），灰白色（5Y 8/1，润），粉壤土，块状结构，稍紧实，强石灰反应，少量草本植物根系，向下层平滑清晰过渡。

Br1：30～75 cm，浊黄橙色（10YR 6/3，干），淡橄榄灰色（5GY 7/1，润），粉壤土，块状结构，紧实，强石灰反应，少量草本植物根系，缝隙及结构面上有 3%～5%清晰的铁锈斑纹，向下层平滑清晰过渡。

Br2：75～110 cm，浊黄橙色（10YR 6/3，干），灰白色（10Y 8/2，润），粉壤土，块状结构，松软，强石灰反应，无草本植物根系，缝隙及结构面上有 3%～5%清晰的铁锈斑纹，向下层平滑明显过渡。

C：110～120 cm，浊黄橙色（10YR 6/3，干），淡绿灰色（7.5GY 8/1，润），粉壤土，无明显结构，松软，强石灰反应，无草本植物根系。

罗敷系代表性单个土体物理性质

土层	深度 /cm	砾石 (>2mm，体积分数)/%	细土颗粒组成(粒径: mm)/(g/kg)			质地	容重 /(g/cm³)
			砂粒 2～0.05	粉粒 0.05～0.002	黏粒 <0.002		
Ap1	0～20	0	51	696	253	粉壤土	1.59
Ap2	20～30	0	82	696	222	粉壤土	1.51
Br1	30～75	0	47	712	241	粉壤土	1.70
Br2	75～110	0	50	735	215	粉壤土	1.61
C	110～120	0	113	664	223	粉壤土	1.66

罗敷系代表性单个土体化学性质

深度 /cm	pH (H₂O)	有机质 /(g/kg)	全氮(N) /(g/kg)	全磷(P) /(g/kg)	全钾(K) /(g/kg)	CEC /(cmol/kg)	CaCO₃ /(g/kg)	易溶性盐总量 /(g/kg)
0～20	8.6	17.5	0.91	0.61	11.55	17.02	109.9	0.24
20～30	8.8	14.4	0.76	0.58	12.09	15.17	112.3	0.38
30～75	8.9	10.0	0.52	0.63	11.19	15.54	113.5	0.90
75～110	9.0	8.9	0.45	0.60	10.97	16.68	117.3	0.74
110～120	9.1	6.4	0.34	0.41	8.99	12.68	113.5	0.00

8.2.5　阳春系（Yangchun Series）

土　族：黏壤质混合型热性-石灰淡色潮湿雏形土
拟定者：齐雁冰，常庆瑞，刘梦云

分布与环境条件　分布于陕西省秦岭南北坡中下部河流两侧的低阶地上，海拔 400～800 m，地面通常平缓，坡度在 5°以下，黏壤质-冲积物，物质来源于河流冲积物及少量坡积物；旱地或水田；北亚热带湿润季风气候，年日照时数 1500～2000 h，年均温 13.5～14.5 ℃，年均降水量 600～1000 mm，无霜期 247 d。

阳春系典型景观

土系特征与变幅　诊断层包括淡薄表层、雏形层；诊断特性包括热性土壤温度状况、潮湿土壤水分状况、冲积沉积物岩性特征、氧化还原特征、钙积现象、石灰性。成土母质为黏壤质-冲积物，有效土层厚度通常在 60 cm 以上，全剖面淤积层次明显，砂质黏壤土，底部为砂石层。土壤质地为粉壤土-砂壤土，通体有石灰反应，弱碱性，pH 8.1～8.5。

对比土系　中坝系，同一亚类，均为河流冲积物母质，结构面均保留有氧化还原的特征，质地为壤质，为不同土系。回民沟系，同一土类，地形部位及土壤质地类似，但用于水田较多，氧化还原层次明显，且不具有石灰性，为不同亚类。铁炉沟系，不同土纲，地形部位同为宽谷缓坡地或高阶地，成土母质类似，但为水田，具有水耕表层和水耕氧化还原层，为不同土纲。

利用性能综述　该土系土层深厚，质地适中，耕性良好，保水保肥，加之地面平坦，水热条件较好，产量较高，在利用上应进行合理倒茬，用养结合，通过秸秆还田及增施有机肥不断培肥地力。

参比土种　厚层淤泥土。

代表性单个土体　位于陕西省汉中市南郑区阳春镇徐庙村，33°02′18″ N，106°55′42″ E，海拔 506 m，丘陵岗地宽沟谷地带，成土母质为黏壤质-冲积物，地表平缓，坡度 2°～3°，旱作，小麦/油菜-玉米轮作，或水田，小麦/油菜-水稻轮作或单季稻。剖面表层长期耕作，形成明显的耕作层，中间各层次冲积特征明显，结构面有明显的锈纹锈斑，底部为砾石层。50 cm 深度土壤温度 16.2 ℃。野外调查时间为 2016 年 4 月 2 日，编号 61-040。

阳春系代表性单个土体剖面

Ap1：0～25 cm，浊黄橙色（10YR 6/4，干），浊红棕色（2.5YR 5/3，润），粉壤土，发育中等的直径2～10 mm的团块结构，较松软，中石灰反应，较多草本植物根系，向下层波状清晰过渡。

Ap2：25～40 cm，浊黄橙色（10YR 6/4，干），灰棕色（5YR 5/2，润），粉壤土，发育中等的直径5～10 mm的块状结构，较紧实，弱石灰反应，较少草本植物根系，结构面有少量铁锈斑纹，向下层平滑清晰过渡。

Br1：40～80 cm，浊黄橙色（10YR 6/4，干），浊橙色（5YR 7/4，润），粉壤土，块状结构，紧实，结构面可见锈纹锈斑，中石灰反应，较少根系，向下层平滑明显过渡。

Br2：80～90 cm，浊黄棕色（10YR 5/3，干），浅淡红橙色（2.5YR 7/3，润），砂壤土，不规则结构，松散，结构面可见锈纹锈斑，中石灰反应，明显的淤积层理，向下层平滑明显过渡。

Cr：90～115 cm，浊黄橙色（10YR 6/4，干），暗红棕色（5YR 3/3，润），粉壤土，不规则结构，松散，弱石灰反应，结构面可见少量铁锈斑纹痕迹，明显的淤积层理，含有15%左右砾石，向下层平滑明显过渡。

C：　115～160 cm，浊黄橙色（10YR 6/4，干），灰红色（10R 6/2，润），粉壤土，不规则结构，松散，弱石灰反应，明显的淤积层理，含有35%左右砾石，砂砾石层。

阳春系代表性单个土体物理性质

土层	深度/cm	砾石(>2mm，体积分数)/%	细土颗粒组成(粒径：mm)/(g/kg)			质地	容重/(g/cm³)
			砂粒 2～0.05	粉粒 0.05～0.002	黏粒 <0.002		
Ap1	0～25	0	153	617	230	粉壤土	1.50
Ap2	25～40	0	176	617	207	粉壤土	1.47
Br1	40～80	0	62	717	221	粉壤土	1.46
Br2	80～90	0	774	127	99	砂壤土	1.47
Cr	90～115	15	81	702	217	粉壤土	1.46
C	115～160	35	247	577	176	粉壤土	1.28

阳春系代表性单个土体化学性质

深度/cm	pH(H₂O)	有机质/(g/kg)	全氮(N)/(g/kg)	全磷(P)/(g/kg)	全钾(K)/(g/kg)	CEC/(cmol/kg)	CaCO₃/(g/kg)	游离氧化铁/(g/kg)
0～25	8.4	15.72	0.69	0.48	6.61	17.49	13.3	9.00
25～40	8.1	7.3	0.38	0.39	6.45	17.11	33.9	9.25
40～80	8.1	7.3	0.37	0.41	7.02	28.40	15.9	9.63
80～90	8.5	2.7	0.15	0.28	2.04	8.29	93.9	9.17
90～115	8.4	7.1	0.41	0.37	6.08	16.60	23.7	9.55
115～160	8.3	6.2	0.32	0.79	6.74	15.50	10.9	9.11

8.2.6　张家沟系（**Zhangjiagou Series**）

土　族：壤质混合型温性-石灰淡色潮湿雏形土

拟定者：齐雁冰，常庆瑞，刘梦云

分布与环境条件　分布于陕西省北部榆林市下辖的风沙下湿滩地及河漫滩，地下水埋深 1.5～2 m，海拔 800～1300 m，地面坡度较缓，一般小于 5°。中温带半干旱季风气候，年日照时数 2750～2850 h，≥10 ℃年积温 3100～3300 ℃，年均温 8～9 ℃，年均降水量 350～450 mm，无霜期 146 d。

张家沟系典型景观

土系特征与变幅　诊断层包括淡薄表层、雏形层；诊断特性包括温性土壤温度状况、潮湿土壤水分状况、氧化还原特征、石灰性。该土系成土母质为风沙沉积物或冲积物，全剖面质地均一，砂质土，地下水位高，地表常有季节性积水。全剖面强石灰反应，碱性土，pH 8.3～8.8。

对比土系　袁家圪堵系，同一亚类，土壤质地为极黏质，矿物类型为伊利石混合型，为不同土族。孟家湾系，不同土纲，母质均以沙质沉积物为主，通体中度石灰反应，未形成明显的雏形层，为不同土纲。

利用性能综述　该土系土层深厚，地势低平，大部分已被耕垦，用作旱地，但生产性能差，产量不高，养分贫瘠，易受洪涝危害。改良上应注重明沟排水，降低地下水位，也可客土压沙，改善土壤质地，通过增施有机肥、秸秆还田等培肥地力。

参比土种　沙质湿潮土。

代表性单个土体　位于陕西省榆林市横山区城关街道张家沟村，38°02′21″ N，109°19′57″ E，海拔 974 m，河滩地，成土母质为风积沙，水浇地，种植玉米或高粱、谷子。剖面表层受耕作影响，疏松，通体质地均一，砂质土，底部受到地下水影响。全剖面强石灰反应。50 cm 深度土壤温度 12.2 ℃。野外调查时间为 2016 年 6 月 30 日，编号 61-122。

张家沟系代表性单个土体剖面

Ap: 0～20 cm，浊黄棕色（10YR 5/3，干），灰棕色（7.5YR 6/2，润），壤土，粒块状结构，疏松，强石灰反应，大量草本植物根系，向下层平滑清晰过渡。

Br: 20～40 cm，浊黄棕色（10YR 5/4，干），浊红色（2.5R 5/6，润），粉壤土，粒块状结构，稍紧实，结构面可见锈纹锈斑，强石灰反应，中量草本植物根系，向下层平滑清晰过渡。

Cr1: 40～70 cm，浊黄橙色（10YR 6/4，干），淡黄色（5Y 7/3，润），壤土，单粒，无结构，松软，结构面可见锈纹锈斑，强石灰反应，少量草本植物根系，向下层平滑清晰过渡。

Cr2: 70～120 cm，浊黄橙色（10YR 6/3，干），浊橙色（5YR 7/3，润），砂壤土，单粒，无结构，松软，结构面可见锈纹锈斑，强石灰反应，少量草本植物根系。

张家沟系代表性单个土体物理性质

土层	深度 /cm	砾石 (>2mm，体积分数)/%	细土颗粒组成(粒径: mm)/(g/kg)			质地	容重 /(g/cm³)
			砂粒 2～0.05	粉粒 0.05～0.002	黏粒 <0.002		
Ap	0～20	0	372	453	175	壤土	1.38
Br	20～40	0	124	616	260	粉壤土	1.48
Cr1	40～70	0	439	388	173	壤土	1.53
Cr2	70～120	0	730	166	104	砂壤土	1.61

张家沟系代表性单个土体化学性质

深度 /cm	pH (H₂O)	有机质 /(g/kg)	全氮(N) /(g/kg)	全磷(P) /(g/kg)	全钾(K) /(g/kg)	CEC /(cmol/kg)	CaCO₃ /(g/kg)	易溶性盐总量 /(g/kg)
0～20	8.3	13.2	0.61	0.75	5.30	8.50	40.6	1.93
20～40	8.6	6.0	0.32	0.43	5.67	8.47	45.1	1.00
40～70	8.8	3.9	0.21	0.18	3.47	5.51	33.7	0.89
70～120	8.6	1.7	0.09	0.08	1.79	3.49	20.5	0.86

8.2.7 中坝系（Zhongba Series）

土　　族：壤质混合型热性-石灰淡色潮湿雏形土
拟定者：齐雁冰，常庆瑞，刘梦云

分布与环境条件　分布于陕西
省秦巴山区河谷一级阶地或河
漫滩低洼处，地下水埋深 2～
3 m，海拔 300～1000 m，地面
较平缓，坡度 3°～8°。北亚热带
湿润季风气候，年日照时数
1700～1900 h，年均温 14～
16 ℃，≥10 ℃年积温 3000～
4100 ℃，年均降水量 800～
1000 mm，无霜期 260 d。

中坝系典型景观

土系特征与变幅　诊断层包括淡薄表层、雏形层；诊断特性包括热性土壤温度状况、湿
润土壤水分状况、冲积沉积物岩性特征、氧化还原特征、石灰性。成土母质为河流冲积
物，土层深厚，剖面质地均一，粉壤土-壤土，剖面中下部有锈纹锈斑，全剖面冲积层次
明显，发育微弱，弱-中石灰反应，碱性土，pH 8.7～8.8。

对比土系　阳春系，同一亚类，均为河流冲积物母质，结构面均保留有氧化还原的特征，
质地为黏壤质，为不同土系。桐车系，不同土纲，所处位置均为低山丘陵缓坡，剖面上
均有铁锰胶膜，但具有明显黏化层，为淋溶土纲。

利用性能综述　该土系所处地形平坦，土层深厚，水源丰富，浇灌方便，土壤保水保肥
能力强，一年两熟，但土壤黏重，土性凉，发苗慢，耕性不良，易耕期短，可通过掺沙
及种植绿肥等途径，改善土壤结构，提高地力。

参比土种　泥潮土。

代表性单个土体　位于陕西省安康市汉阴县城关镇中坝村，32°54′14″ N，108°28′39″ E，
海拔 386 m，丘陵岗地宽沟谷地带，坡度较缓，为 3°左右。成土母质为河流冲积物，水
田，水旱轮作，小麦/油菜-水稻轮作。剖面上层受翻耕影响，较松软，中下部紧实，冲
积层次明显，质地轻壤，弱-中石灰反应，有弱潜育化现象。50 cm 深度土壤温度 16.3℃。
野外调查时间为 2016 年 5 月 24 日，编号 61-084。

中坝系代表性单个土体剖面

Ap： 0～27 cm，浊黄棕色（10YR 5/4，干），浊红棕色（2.5YR 4/4，润），粉壤土，团块状结构，松软，中石灰反应，大量草本植物根系，向下层平滑清晰过渡。

Bw： 27～35 cm，浊黄橙色（10YR 6/4，干），淡棕灰色（7.5YR 7/1，润），粉壤土，稍紧实，块状结构，中石灰反应，少量草本植物根系，向下层平滑清晰过渡。

Br1：35～45 cm，浊黄棕色（10YR 5/4，干），淡灰色（5Y 7/1，润），壤土，紧实，无明显结构，弱石灰反应，结构面可见明显锈纹锈斑，少量根系，向下层平滑清晰过渡。

Br2：45～70 cm，浊棕色（7.5YR 5/3，干），浊红色（2.5R 4/6，润），壤土，紧实，无明显结构，弱石灰反应，结构面可见锈纹锈斑，少量根系，向下层平滑清晰过渡。

Br3：70～120 cm，浊黄棕色（10YR 5/4，干），暗紫灰色（5RP 4/1，润），粉壤土，松软，无明显结构，中石灰反应，结构面可见铁锰胶膜，少量根系。

中坝系代表性单个土体物理性质

土层	深度/cm	砾石(>2mm，体积分数)/%	细土颗粒组成(粒径：mm)/(g/kg)			质地	容重/(g/cm³)
			砂粒 2～0.05	粉粒 0.05～0.002	黏粒 <0.002		
Ap	0～27	0	233	619	148	粉壤土	1.50
Bw	27～35	0	356	502	142	粉壤土	1.62
Br1	35～45	0	487	396	117	壤土	1.60
Br2	45～70	0	430	436	134	壤土	1.64
Br3	70～120	0	234	634	132	粉壤土	1.83

中坝系代表性单个土体化学性质

深度/cm	pH(H₂O)	有机质/(g/kg)	全氮(N)/(g/kg)	全磷(P)/(g/kg)	全钾(K)/(g/kg)	CEC/(cmol/kg)	CaCO₃/(g/kg)	游离氧化铁/(g/kg)
0～27	8.7	21.5	1.00	0.73	17.37	19.46	43.5	9.17
27～35	8.7	7.5	0.34	0.37	14.52	16.30	31.2	8.86
35～45	8.8	8.7	0.46	0.25	12.38	13.89	16.5	7.65
45～70	8.8	7.0	0.40	0.40	12.73	14.89	23.1	8.31
70～120	8.8	5.8	0.32	0.17	11.52	10.09	22.7	7.76

8.3 普通淡色潮湿雏形土

8.3.1 姜家沟系（Jiangjiagou Series）

土　　族：砂质硅质非酸性热性-普通淡色潮湿雏形土
拟定者：齐雁冰，常庆瑞，刘梦云

分布与环境条件　分布于陕西省秦巴山区河谷阶地或河漫滩低洼处，地下水埋深 1.5～3.0 m，海拔 300～1000 m，地面较平缓，坡度 2°～8°。旱地或水田；北亚热带湿润季风气候，年日照时数 1650～1750 h，年均温 14～15 ℃，≥10 ℃年积温 3000～4100 ℃，年均降水量 600～1100 mm，无霜期 246 d。

姜家沟系典型景观

土系特征与变幅　诊断层包括淡薄表层、雏形层；诊断特性包括热性土壤温度状况、潮湿土壤水分状况、冲积沉积物岩性特征、氧化还原特征、潜育特征。成土母质为河流冲积物，剖面质地均一，砂土或砂质壤土，淤积层次明显，剖面中部可见锈纹锈斑，底部有潜育特征，单粒状结构，稍紧实，剖面基本无发育，无石灰反应，中碱性土，pH 5.8～8.0。

对比土系　回民沟系，同一亚类，均处于河流低阶地上，均为冲积物母质，但土壤质地为黏壤质，为不同土族。桔园系，不同土纲，均为河流冲积物，但地下水位高，具有明显的水耕表层和水耕氧化还原层而为水耕人为土。

利用性能综述　该土系富含砂砾，质地粗，渗透性强，保肥保水能力差，养分贫乏，产量很低。在改良利用上应通过引洪漫淤，加厚淤泥层，也可通过逐渐退耕，保持水土，促进土壤发育。

参比土种　淤沙土。

代表性单个土体　位于陕西省汉中市西乡县桑园镇姜家沟行政村八一村，33°03′32.6″ N，107°37′33.8″ E，海拔 552 m，丘陵岗地宽沟谷地带，河流河漫滩地，地面较平缓，坡度 2°～3°，成土母质为河流冲积物，水田，小麦/油菜-水稻轮作。剖面上层受耕作及植稻期间人为滞水影响，质地松软，有表潜现象，中部则有一定的氧化还原现象，底部受地下水影响有潜育特征。全剖面砂质土，剖面无发育，无石灰反应。50 cm 深度土壤温度 16.1 ℃。野外调查时间为 2016 年 5 月 22 日，编号 61-074。

姜家沟系代表性单个土体剖面

Ap: 0~20 cm，灰黄棕色（10YR 4/2，干），淡灰色（5Y 7/1，润），壤砂土，粒状结构，松软，无石灰反应，大量草本植物根系，向下层平滑清晰过渡。

Ab: 20~38 cm，浊黄棕色（10YR 4/3，干），灰色（7.5Y 4/1，润），砂壤土，稍紧实，粒状结构，无石灰反应，结构面呈青蓝色，有铁锰胶膜，少量草本植物根系，向下层平滑清晰过渡。

Br1: 38~58 cm，棕色（10YR 4/4，干），淡灰色（7.5Y 7/1，润），壤砂土，发育弱的小块状结构，稍紧实，无石灰反应，结构面可见明显锈纹锈斑，少量根系，向下层平滑清晰过渡。

Br2: 58~70 cm，棕色（10YR 4/4，干），淡棕灰色（7.5YR 7/2，润），壤砂土，发育弱的小块状结构，稍紧实，无石灰反应，结构面可见明显锈纹锈斑，无根系，向下层平滑清晰过渡。

Cg1: 70~100 cm，浊黄棕色（10YR 4/3，干），暗绿灰色（7.5GY 4/1，润），砂土，疏松，粒状结构，无石灰反应，结构面呈浅青蓝色，无根系，向下层平滑清晰过渡。

Cg2: 100~120 cm，浊黄棕色（10YR 4/3，干），青灰色（5BG 5/1，润），壤土，疏松，粒状结构，无石灰反应，结构面呈深青灰色，无根系。

姜家沟系代表性单个土体物理性质

土层	深度 /cm	砾石 (>2mm，体积 分数)/%	细土颗粒组成(粒径：mm)/(g/kg)			质地	容重 /(g/cm³)
			砂粒 2~0.05	粉粒 0.05~0.002	黏粒 <0.002		
Ap	0~20	0	775	154	71	壤砂土	1.52
Ab	20~38	0	720	195	85	砂壤土	1.62
Br1	38~58	0	809	126	65	壤砂土	1.75
Br2	58~70	0	833	100	67	壤砂土	1.78
Cg1	70~100	0	907	52	41	砂土	1.62
Cg2	100~120	0	499	396	105	壤土	1.59

姜家沟系代表性单个土体化学性质

深度 /cm	pH (H₂O)	有机质 /(g/kg)	全氮(N) /(g/kg)	全磷(P) /(g/kg)	全钾(K) /(g/kg)	CEC /(cmol/kg)	CaCO₃ /(g/kg)	游离氧化铁 /(g/kg)
0~20	5.8	22.3	0.96	0.86	2.27	24.54	4.9	8.89
20~38	6.9	10.1	0.52	0.98	1.81	20.55	4.3	7.61
38~58	6.9	7.5	0.35	0.86	1.63	24.60	3.9	10.63
58~70	7.0	5.7	0.27	0.84	1.49	19.42	3.6	3.23
70~100	7.2	4.7	0.21	0.91	1.61	19.26	3.9	7.12
100~120	8.0	5.8	0.33	0.81	1.68	20.89	3.6	8.71

8.3.2 回民沟系（Huimingou Series）

土　　族：黏壤质混合型非酸性热性-普通淡色潮湿雏形土
拟定者：齐雁冰，常庆瑞，刘梦云

分布与环境条件　分布于陕西省秦岭南北坡中下部河流两侧的低阶地上，海拔 400～800 m，地面通常平缓，坡度在 5°以下，成土母质为黏壤质冲积-洪积物，物质来源以河流冲积物为主，及少量坡积物；旱地或水田；北亚热带湿润季风气候，年日照时数 1500～2000 h，年均温 13.5～14.5 ℃，年均降水量 600～1000 mm，无霜期 247 d。

回民沟系典型景观

土系特征与变幅　诊断层包括淡薄表层、雏形层；诊断特性包括热性土壤温度状况、潮湿土壤水分状况、冲积沉积物岩性特征、氧化还原特征。成土母质为黏壤质冲积-洪积物，有效土层厚度通常在 60 cm 以上，全剖面淤积层次明显，砂质黏壤土，底部为砂石层。通体为粉壤土，弱碱性，pH 8.5～8.6。

对比土系　姜家沟系，同一亚类，均处于河流低阶地上，均为冲积物母质，但土壤质地为砂质，为不同土族。铁炉沟系，不同土纲，地形部位同为宽谷缓坡地或高阶地，成土母质类似，但为水田，具有明显的水耕表层和水耕氧化还原层而为水耕人为土。

利用性能综述　该土系土层深厚，质地适中，耕性良好，保水保肥，加之地面平坦，水热条件较好，产量较高，在利用上应进行合理倒茬，用养结合，通过秸秆还田及增施有机肥不断培肥地力。

参比土种　厚层淤泥土。

代表性单个土体　位于陕西省汉中市宁强县阳平关镇回民沟村一级阶地，32°57′34″ N，106°02′20″ E，海拔 558 m，丘陵岗地宽沟谷地带，地面坡度 3°，成土母质为黏壤质冲积-洪积物，旱作，小麦/油菜-玉米轮作，或水田，小麦/油菜-水稻轮作或单季稻。剖面表层因长期耕作，形成明显的耕作层，中间各层次冲积特征明显，结构面有明显的锈纹锈斑，底部为砂石层。全剖面粉壤土，无石灰反应。50 cm 深度土壤温度 16.1 ℃。野外调查时间为 2016 年 4 月 5 日，编号 61-049。

回民沟系代表性单个土体剖面

Ap: 0～20 cm，浊黄色（2.5Y 6/3，干），橄榄灰色（10Y 5/2，润），耕作层，粉壤土，发育中等的直径 2～10 mm 的团块结构，较松软，无石灰反应，较多草本植物根系，向下层平滑清晰过渡。

Ab: 20～30 cm，浊黄色（2.5Y 6/3，干），暗红棕色（5YR 3/2，润），犁底层，粉壤土，发育中等的直径 5～10 mm 的块状结构，较紧实，无石灰反应，较少草本植物根系，结构面有少量铁锈斑纹，向下层平滑清晰过渡。

Br1: 30～45 cm，浊黄色（2.5Y 6/3，干），灰红色（10R 6/2，润），粉壤土，块状结构，紧实，结构面有少量灰色胶膜，无石灰反应，较少根系，向下层平滑明显过渡。

Br2: 45～70 cm，浊黄色（2.5Y 6/3，干），浊红棕色（2.5YR 5/3，润），粉壤土，块状结构，紧实，结构面有少量灰色胶膜，无石灰反应，较少根系，可见 4%～5%的砾石，向下层平滑明显过渡。

C: 70～120 cm，浊黄色（2.5Y 6/3，干），红灰色（2.5YR 4/1，润），粉壤土，无结构，疏松，可见45%的砾石，砂石层，无石灰反应，无根系。

回民沟系代表性单个土体物理性质

| 土层 | 深度 /cm | 砾石 (>2mm，体积分数)/% | 细土颗粒组成(粒径：mm)/(g/kg) | | | 质地 | 容重 /(g/cm³) |
			砂粒 2～0.05	粉粒 0.05～0.002	黏粒 <0.002		
Ap	0～20	0	53	725	222	粉壤土	1.25
Ab	20～30	0	23	770	207	粉壤土	1.37
Br1	30～45	0	26	770	204	粉壤土	1.50
Br2	45～70	5	16	755	229	粉壤土	1.56
C	70～120	45	32	744	224	粉壤土	1.63

回民沟系代表性单个土体化学性质

深度 /cm	pH (H₂O)	有机质 /(g/kg)	全氮(N) /(g/kg)	全磷(P) /(g/kg)	全钾(K) /(g/kg)	CEC /(cmol/kg)	CaCO₃ /(g/kg)	游离氧化铁 /(g/kg)
0～20	8.5	19.9	1.12	0.80	16.81	14.49	4.5	8.84
20～30	8.5	14.5	0.78	0.44	13.32	10.06	7.9	9.08
30～45	8.6	8.1	0.43	0.27	11.74	9.50	20.3	8.17
45～70	8.6	7.9	0.41	0.28	11.47	10.31	4.1	8.64
70～120	8.6	9.7	0.48	0.31	11.46	13.15	0.0	8.69

8.3.3 龙亭系（Longting Series）

土　族：黏壤质硅质混合型石灰性热性-普通淡色潮湿雏形土

拟定者：齐雁冰，常庆瑞，刘梦云

分布与环境条件　分布于陕西省汉中市汉江谷地的河流河漫滩及山丘沟谷地带，海拔 300～700 m，母土为近代河流冲积物或人工堆垫物；长期水旱轮作，但近些年全部改为旱地，小麦/油菜-玉米轮作；北亚热带湿润季风气候，年日照时数 1700～1800 h，年均温 14～15 ℃，年均降水量 800～900 mm，无霜期239 d。

龙亭系典型景观

土系特征与变幅　诊断层包括淡薄表层、雏形层、水耕氧化还原层；诊断特性包括热性土壤温度状况、潮湿土壤水分状况、氧化还原特征。此土系是在原水耕人为土的基础上放弃水田利用改为旱地，一般弃水 5 年以上，但剖面仍保留有氧化还原特征，水耕氧化还原层出现在 60 cm 以下，厚度 50～70 cm，3%～8%的铁锈斑纹。土体厚度 1.2 m 以上，通体为粉黏壤土-粉壤土，弱碱性，pH 8.2～8.3。

对比土系　回民沟系，同一亚类，均为汉江谷地的低山丘陵地带，成土母质均为冲积物，均有氧化还原层，但回民沟系为混合型，为不同土族。

利用性能综述　该土系土层深厚，质地较为黏重，水田利用时产量较高，旱作利用时耕作困难，氧化还原层深厚黏重，能托水托肥，但也易受旱。应加强灌溉措施的建设，同时增施有机肥，提高地力；另近些年出现水改旱的趋势，应逐渐恢复水田的利用。

参比土种　中层锈石底田。

代表性单个土体　位于陕西省汉中市洋县龙亭镇龙亭村砖厂，33°16′36″ N，107°25′25″ E，海拔 477 m，位于汉江北侧一级阶地上，地势较为平坦，成土母质为河流冲积物，水田，油菜-水稻轮作或单季稻，目前已改为旱耕，水改旱时间短，保留水耕人为土主要特征。表层根系多较为疏松，犁底层呈棱柱状结构，氧化还原层出现在 60 cm 以下，厚度在 60 cm 以上，结构面锈纹锈斑、铁屑积累明显，黏壤土。50 cm 深度土壤温度 16.0℃。野外调查时间为 2016 年 4 月 23 日，编号 61-073。

龙亭系代表性单个土体剖面

Ap:　0～20 cm，浊黄橙色（10YR 6/4，干），浊红棕色（5YR 5/3，润），粉黏壤土，发育中等的直径 2～10 mm 的团块结构，稍松软，无石灰反应，较多草本植物根系，结构体表面有少量铁锈斑纹，向下层平滑清晰过渡。

ABr:　20～55 cm，浊黄橙色（10YR 6/4，干），浊橙色（5YR 6/3，润），粉壤土，发育中等的直径 5～10 mm 的棱柱状结构，较紧实，无石灰反应，较少草本植物根系，结构面有腐殖质-粉粒灰色胶膜，根孔和结构面有少量铁锈斑纹，向下层平滑清晰过渡。

Br1:　55～80 cm，浊黄橙色（10YR 7/4，干），橙色（5YR 6/6，润），粉壤土，块状结构，紧实，结构面及裂隙面有 3%～5%的铁锈斑纹，颜色较红，无石灰反应，较少根系，向下层平滑明显过渡。

Br2：80～120 cm，浊橙色（7.5YR 6/4，干），橙色（2.5YR 6/6，润），粉壤土，块状结构，很紧实，结构面及裂隙面有 5%～8%的铁锈斑纹及缝隙中可见明显铁屑团聚体，呈深红色，无石灰反应，较少根系。

龙亭系代表性单个土体物理性质

土层	深度 /cm	砾石 (>2mm，体积分数)/%	细土颗粒组成(粒径：mm)/(g/kg)			质地	容重 /(g/cm³)
			砂粒 2～0.05	粉粒 0.05～0.002	黏粒 <0.002		
Ap	0～20	0	39	612	349	粉黏壤土	1.35
ABr	20～55	0	49	723	228	粉壤土	1.60
Br1	55～80	0	60	703	237	粉壤土	1.51
Br2	80～120	0	62	713	225	粉壤土	1.58

龙亭系代表性单个土体化学性质

深度 /cm	pH (H₂O)	有机质 /(g/kg)	全氮(N) /(g/kg)	全磷(P) /(g/kg)	全钾(K) /(g/kg)	CEC /(cmol/kg)	CaCO₃ /(g/kg)	游离氧化铁 /(g/kg)
0～20	8.3	21.8	0.96	0.28	4.95	26.93	7.8	9.79
20～55	8.3	8.9	0.50	0.18	5.00	25.60	7.6	10.80
55～80	8.2	4.3	0.24	0.22	4.77	29.75	8.0	10.80
80～120	8.2	2.8	0.16	0.13	6.19	31.09	8.3	11.20

8.4 普通底锈干润雏形土

8.4.1 终南系（Zhongnan Series）

土　族：砂质硅质石灰性温性-普通底锈干润雏形土
拟定者：齐雁冰，常庆瑞，刘梦云

分布与环境条件　零星分布于西安市周至县秦岭山前洪积扇平原低洼地带，海拔 420～440 m，地下水位 4～8 m。地势平坦，排灌方便。暖温带半湿润、半干旱季风气候，年日照时数 1950～2050 h，≥10 ℃年积温 4300 ℃，年均温 13～14 ℃，年均降水量 600～650 mm，无霜期 225 d。

终南系典型景观

土系特征与变幅　诊断层包括淡薄表层、雏形层；诊断特性包括温性土壤温度状况、半干润土壤水分状况、冲积沉积物岩性特征、氧化还原特征。该土系成土母质为洪积物，土层较薄，厚度 30～60 cm，土壤质地一般为壤土或黏壤土，并夹杂有少量粗砂或砾石，剖面下部砾石多，细土少。剖面已经脱离地下水的影响，但剖面中部仍残留有锈纹锈斑。通体无石灰反应。弱碱性土，pH 7.7～8.4。

对比土系　回民沟系，同一土纲，均为冲积-洪积物母质，均具有氧化还原特征，但具有潮湿土壤水分状况，为不同亚纲。

利用性能综述　该土系耕性良好，疏松易耕，通透性较强，适种多种作物，一年两熟，小麦-玉米轮作，但土层瘠薄，质地粗，漏水漏肥。改良上可通过垫土、增施农家肥、增厚土层等途径改善土壤结构，提高地力。

参比土种　中层脱潮土。

代表性单个土体　位于陕西省西安市周至县终南镇豆村敬老院南，34°07′57.4″ N，108°20′51.3″ E，海拔 421 m，洪积平原，成土母质为洪积物，耕地，苗木，同地块种植农作物，小麦-玉米轮作，一年两熟。剖面通体壤土-砂壤土-壤砂土，表层受耕作影响，可分粗耕作层和犁底层，中部有锈纹锈斑，底部则为砂石混杂，砾石含量高。质地表现为上砂壤下砂质。通体无石灰反应。50 cm 深度土壤温度 15.4 ℃。野外调查时间为 2015

年 7 月 29 日，编号 61-011。

终南系代表性单个土体剖面

Ap: 0～20 cm，黄棕色（2.5Y 5/3，干），橄榄黄色（5Y 6/4，润），5%岩石碎屑，壤土，发育弱的团块状结构，松软，无石灰反应，中量孔隙，大量草本植物根系，夹杂少量直径 5 mm 以上的砾石，向下层平滑清晰过渡。

AB: 20～35 cm，黄棕色（2.5Y 5/3，干），浊黄橙色（10YR 7/2，润），8%岩石碎屑，壤土，发育弱的块状结构，稍紧实，无石灰反应，中量草本植物根系，夹杂少量直径 5 mm 以上的砾石，向下层平滑清晰过渡。

Br1: 35～50 cm，黄棕色（2.5Y 5/3，干），橄榄灰色（10Y 6/2，润），8%岩石碎屑，砂壤土，块状结构，稍紧实，无石灰反应，少量草本植物根系，夹杂少量直径 5 mm 以上的砾石，结构面可见少量锈纹锈斑，向下层平滑清晰过渡。

Br2: 50～80 cm，黄棕色（2.5Y 5/3，干），灰白色（10Y 8/2，润），8%岩石碎屑，砂壤土，块状结构，稍紧实，无石灰反应，无植物根系，夹杂少量直径 5 mm 以上的砾石，结构面可见少量锈纹锈斑，向下层平滑清晰过渡。

Cr: 80～120 cm，黄棕色（2.5Y 5/3，干），灰黄棕色（10YR 4/2，润），65%岩石碎屑，壤砂土，砾石层，松散的粒块状结构，无石灰反应，无植物根系，主要由直径 5 mm 以上的砾石构成。

终南系代表性单个土体物理性质

土层	深度/cm	砾石(>2mm，体积分数)/%	细土颗粒组成（粒径：mm)/(g/kg)			质地	容重/(g/cm³)
			砂粒 2～0.05	粉粒 0.05～0.002	黏粒 <0.002		
Ap	0～20	5	430	414	156	壤土	1.75
AB	20～35	8	450	394	156	壤土	1.85
Br1	35～50	8	610	294	96	砂壤土	1.82
Br2	50～80	8	670	254	76	砂壤土	—
Cr	80～120	65	790	154	56	壤砂土	—

终南系代表性单个土体化学性质

深度/cm	pH(H₂O)	有机质/(g/kg)	全氮(N)/(g/kg)	全磷(P)/(g/kg)	全钾(K)/(g/kg)	CEC/(cmol/kg)	CaCO₃/(g/kg)	游离氧化铁/(g/kg)
0～20	7.7	13.5	0.70	1.25	9.05	14.49	3.3	5.50
20～35	8.3	11.0	0.55	1.38	9.26	13.64	6.5	5.45
35～50	8.4	6.3	0.26	0.97	7.78	8.54	8.7	5.14
50～80	8.3	5.3	0.11	0.77	7.30	6.99	10.0	3.76
80～120	8.3	6.3	0.10	0.60	5.58	6.18	9.1	3.68

8.5 钙积简育干润雏形土

8.5.1 周台子系（Zhoutaizi Series）

土　族：黏壤质混合型温性-钙积简育干润雏形土
拟定者：齐雁冰，常庆瑞，刘梦云

分布与环境条件　分布于陕西
省榆林市的风沙滩地，通常地下
水埋深 2～3 m，海拔 1250～
1350 m，多用作农用地，但产量
低。温带干旱季风气候，年日照
时数 2700～2800 h，≥10 ℃年
积温 2900～3100 ℃，年均温
10～11 ℃，年均降水量 300～
400 mm，无霜期 141 d。

周台子系典型景观

土系特征与变幅　诊断层包括淡薄表层、雏形层、钙积层；诊断特性包括温性土壤温度
状况、干旱土壤水分状况、冲积沉积物岩性特征。该土系成土母质以风积沙为主，也有
河流冲积物或湖积物，质地通常上壤下砂，表层通常为壤土，以下为砂土或壤质砂土，
也有部分区域出现壤砂间隔的多层次结构特征。受耕作影响，具有耕作层和犁底层，但
其下各层次则基本保持原冲积物特征，全剖面土壤发育微弱，通体强石灰反应。碱性土，
pH 8.7～9.6。

对比土系　老高川系，同一亚类，但成土母质为沙黄土，土壤质地为壤质，为不同土族。
贺圈系，地形部位及成土母质类似，均处于风沙滩区和冲积母质，但土壤质地均一，具
有较高盐分含量，为不同土纲。

利用性能综述　该土系所处地形平坦，地下水资源丰富，水质好，大部分被开垦为农地，
并具有灌溉条件。耕层质地较轻，耕性好，通透性好，但产量不高。土壤质地稍粗，漏
水漏肥，肥效快无后劲，土壤有机质和养分贫乏，结构松散，改良上可引洪漫，改善土
壤质地，进行草田轮作，种植绿肥，增施有机肥，改善土壤结构，灌溉施肥时要少量多
次，减少水肥损失。

参比土种　表泥潮沙土。

代表性单个土体　位于陕西省榆林市定边县周台子乡周台子村，37°44′13″ N, 107°37′06″ E,

海拔 1295 m，风沙滩地，地面较平整，坡度 2°～3°，成土母质为河流冲积物，裸地，附近种植玉米或谷子，一年一熟。剖面呈现出不同时期冲积物叠加的分层特征，壤土与砂土相间，表层受到耕作影响稍疏松，犁底层紧实，全剖面强石灰反应。50 cm 深度土壤温度 11.2 ℃。野外调查时间为 2016 年 6 月 28 日，编号 61-115。

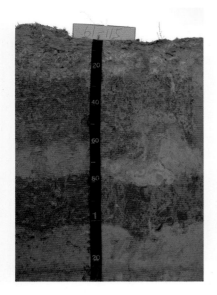

周台子系代表性单个土体剖面

Ap:　0～22 cm，浊棕色（7.5YR 6/3，干），浊黄橙色（10YR 7/3，润），粉壤土，块状结构，稍紧实，强石灰反应，中量孔隙，中量草本植物根系，向下层波状突变过渡。

Bk1:　22～60 cm，浊黄橙色（10YR 7/2，干），浊红棕色（5YR 5/4，润），粉壤土，块状结构，紧实，强石灰反应，少量草本植物根系，向下层波状突变过渡。

C1:　60～80 cm，浊黄橙色（10YR 6/3，干），灰白色（7.5Y 8/1，润），粉壤土，单粒，无结构，强石灰反应，少量草本植物根系，向下层波状突变过渡。

2Bk2：80～110 cm，浊棕色（7.5YR 6/3，干），暗红棕色（10R 3/2，润），粉壤土，块状结构，紧实，强石灰反应，无植物根系，向下层波状突变过渡。

2C:　110～130 cm，浊黄橙色（10YR 6/4，干），灰棕色（7.5YR 6/2，润），粉壤土，单粒，无结构，强石灰反应，无植物根系。

周台子系代表性单个土体物理性质

| 土层 | 深度/cm | 砾石(>2mm, 体积分数)/% | 细土颗粒组成(粒径: mm)/(g/kg) | | | 质地 | 容重/(g/cm³) |
			砂粒 2～0.05	粉粒 0.05～0.002	黏粒 <0.002		
Ap	0～22	0	180	565	255	粉壤土	1.53
Bk1	22～60	0	43	706	251	粉壤土	1.56
C1	60～80	0	282	550	168	粉壤土	1.55
2Bk2	80～110	0	30	717	253	粉壤土	1.52
2C	110～130	0	334	518	148	粉壤土	1.60

周台子系代表性单个土体化学性质

深度/cm	pH(H₂O)	有机质/(g/kg)	全氮(N)/(g/kg)	全磷(P)/(g/kg)	全钾(K)/(g/kg)	CEC/(cmol/kg)	CaCO₃/(g/kg)	易溶性盐总量/(g/kg)
0～22	9.6	5.2	0.31	0.40	7.58	10.13	114.9	1.50
22～60	9.3	4.6	0.26	0.55	14.03	20.74	174.2	1.52
60～80	9.0	3.2	0.18	0.47	8.35	6.34	97.2	1.22
80～110	8.7	5.0	0.21	0.65	15.53	25.08	214.8	3.01
110～130	9.3	2.6	0.12	0.52	7.17	5.74	8.10	0.98

8.5.2 崔木系（**Cuimu Series**）

土　族：壤质混合型温性-钙积简育干润雏形土
拟定者：齐雁冰，常庆瑞，刘梦云

分布与环境条件　分布于陕西省关中平原北部低山丘陵地带的残塬及河谷阶地上，分布范围包括淳化县、麟游县等，所处地形为上缓下陡的梁状丘陵，丘陵顶部坡度 3°～5°，下部 25°左右，海拔 900～1650 m，成土母质为黏黄土，旱地，种植小麦、油菜、玉米或果树，一年一熟或两年三熟。暖温带半湿润、半干旱季风气候，年日照时数 2200～2300 h，年均温 8.0～8.5 ℃，年均降水量 500～600 mm，

崔木系典型景观

≥10 ℃年积温 2688～3200 ℃，无霜期 180 d。

土系特征与变幅　诊断层包括淡薄表层、雏形层、钙积层；诊断特性包括堆垫现象、温性土壤温度状况、半干润土壤水分状况。长期种植小麦、油菜、苹果，农作历史悠久，因人类长期施用土粪堆垫并进行耕作熟化而在表层形成覆盖层，并能观察到炭渣、瓦片等侵入体，原耕作层逐渐被覆盖。土壤发育相对较弱，未见明显黏粒物质移动，土层深厚，厚度在 1.3 m 以上，粉壤土，中部黑垆土层次有明显碳酸钙粉末在结构面聚集，通体石灰反应强烈，弱碱性，pH 8.2～8.5。

对比土系　桥上系，同一土族，地形部位同为黄土台塬塬面，成土母质为黄土，均为草甸草原向树木草原过渡地带，但所处位置更为平整，水土流失相对较轻，黑垆土层次更深厚，堆垫层与黑垆土层过渡较为模糊，为不同土系。杨凌系，不同土纲，成土母质均为黄土，因长期耕作和大量施用土粪堆积，达到堆垫表层，为不同土纲。

利用性能综述　该土系土层深厚，现有植被以灌木、荒草为主，耕种时侵蚀危险较大，质地适中，表层覆盖层疏松多孔，下部黑垆土层稍紧实，具有保水托肥作用，土壤养分含量中等，土壤较肥沃，是关中地区的高产土壤之一。但由于所处部位为梁状丘陵，土松坡陡，水土流失较严重，因此在利用措施上要积极开展宜林山坡的人工造林，营造针阔混交及乔灌复层混交林，减少水土流失，也可建立畜牧业基地，种植牧草，发展畜牧业。

参比土种　灰黏黑垆。

代表性单个土体　位于陕西省宝鸡市麟游县崔木镇鼻梁村，34°46′48″ N，107°50′38″ E，海拔 1432 m，黄土台塬梁状丘陵顶部，成土母质为黏黄土，旱地，通常位于塬面边缘，有一定的侵蚀，并有 3°~5° 的坡度，种植小麦、玉米、油菜等农作物。由原来黑垆土经长期耕作和大量施用土粪堆积增厚形成。土壤发育中等，通体强石灰反应，土体中下部结构面含多量斑点状假菌丝体碳酸盐新生体，并向下逐渐增多。剖面中下部可见鼠洞、树洞等洞穴。50 cm 深度土壤温度 12.7 ℃。野外调查时间为 2016 年 7 月 6 日，编号 61-151。

崔木系代表性单个土体剖面

Aup：　0~20 cm，浊黄橙色（10YR 6/4，干），青灰色（5PB 6/1，润），粉壤土，耕作层发育强，团粒状结构，较松软，可见炭渣及瓦片，强石灰反应，多量草本根系，向下层平滑清晰过渡。

Aupb：20~45 cm，浊黄橙色（10YR 6/4，干），黄灰色（2.5Y 6/1，润），粉壤土，稍紧实，块状结构，有炭渣、瓦片等侵入体，强石灰反应，较少根系分布，向下层平滑清晰过渡。

Bk1：　45~90 cm，浊黄橙色（10YR 6/4，干），灰棕色（7.5YR 6/2，润），粉壤土，稍紧实，棱块状结构，结构体表面有斑点状或假菌丝体状新生体，强石灰反应，少量根系，向下层平滑清晰过渡。

Bk2：　90~130 cm，浊黄橙色（10YR 6/4，干），紫灰色（5RP 5/1，润），粉壤土，稍松软，块状结构，结构体表面有多量斑点状或假菌丝体状新生体及少量豆状结核，强石灰反应，无根系，可见鼠洞、树洞等洞穴。

崔木系代表性单个土体物理性质

土层	深度/cm	砾石(>2mm，体积分数)/%	细土颗粒组成(粒径：mm)/(g/kg)			质地	容重/(g/cm³)
			砂粒 2~0.05	粉粒 0.05~0.002	黏粒 <0.002		
Aup	0~20	0	75	730	195	粉壤土	1.53
Aupb	20~45	0	67	726	207	粉壤土	1.37
Bk1	45~90	0	87	719	194	粉壤土	1.49
Bk2	90~130	0	92	717	191	粉壤土	1.35

崔木系代表性单个土体化学性质

深度/cm	pH(H₂O)	有机质/(g/kg)	全氮(N)/(g/kg)	全磷(P)/(g/kg)	全钾(K)/(g/kg)	CEC/(cmol/kg)	CaCO₃/(g/kg)	易溶性盐总量/(g/kg)
0~20	8.5	8.9	0.44	0.40	9.72	18.90	12.5	0.75
20~45	8.2	11.5	0.60	0.59	10.53	20.11	75.1	1.15
45~90	8.3	6.9	0.35	0.55	9.63	18.97	132.8	0.6
90~130	8.4	7.0	0.37	0.52	9.64	17.55	141.0	0.63

8.5.3 大池埝系（Dachinian Series）

土　族：壤质混合型温性-钙积简育干润雏形土

拟定者：齐雁冰，常庆瑞，刘梦云

分布与环境条件　分布于陕北丘陵沟壑、渭北黄土台塬区宝鸡、咸阳、延安及西安市等区域丘陵塬边及沟坡上，海拔 480～1400 m，地面坡度 7°～15°，成土母质为风成黄土，大部分用作农地，个别坡度稍大处用作林草地。暖温带半湿润、半干旱季风气候，年日照时数 2300～2500 h，年均温 9～14 ℃，≥10 ℃年积温 2980～4300 ℃，年均降水量 517～700 mm，无霜期 208 d。

大池埝系典型景观

土系特征与变幅　诊断层包括淡薄表层、雏形层、钙积层；诊断特性包括温性土壤温度状况、半干润土壤水分状况。该土系所处位置坡度一般在 7°以上，土壤侵蚀强烈，全剖面黏壤土，质地均一，土壤发育微弱，其性状承袭了母土的特性。剖面中下部有少量石灰霜粉。全剖面强石灰反应。耕地或林草地，粉壤土-粉黏壤土，碱性土，pH 8.7～9.3。

对比土系　土基系，同一土族，但所处地形部位通常为川道和沟台地，为不同土系；牛家塬系，同一土类，地形部位为渭北旱塬的丘陵山地，雏形层发育较弱，无明显钙积层而为不同亚类。

利用性能综述　该土系土层深厚，质地适中，疏松多孔，通透性强，耕性好，因地处坡地，土壤侵蚀强烈，跑土、跑水、跑肥，熟土层较薄，土壤养分不高，常受干旱威胁，渭北黄土高原沟壑区一年一熟，关中黄土台塬一年两熟或两年三熟。改良利用上，可以修筑梯田，保持水土，减少土壤侵蚀，种植绿肥，增施有机肥，发展经济林，充分利用光热资源，同时坡度较大区域进行退耕还林还草，发展畜牧业和林业。

参比土种　坡黄墡土。

代表性单个土体　位于陕西省渭南市韩城市龙门镇上白矾村华子山，35°36′46.1″ N，110°31′9.5″ E，海拔 564 m，黄土台塬沟坡地，坡度 10°左右，成土母质为黄土，疏林地。全剖面发育微弱，除表层具有浅层腐殖化过程外，中下层基本保持黄土特征，中部 70～80 cm 处可见明显石灰霜粉，质地中壤到黏壤，全剖面强石灰反应。50 cm 深度土壤温度 14.2 ℃。野外调查时间为 2016 年 6 月 8 日，编号 61-102。

Ah:　0～8 cm，灰黄棕色（10YR 6/2，干），黑色（10Y 2/1，润），腐殖质层，粉黏壤土，粒状结构，松软，强石灰反应，草根盘结交错，有大裂隙，向下层平滑清晰过渡。

Bk:　8～40 cm，浊黄橙色（10YR 6/3，干），黄棕色（2.5Y 5/3，润），粉壤土，雏形层较紧实，块状结构，强石灰反应，有大裂隙，少量植物根系，向下层平滑清晰过渡。

Bw1：40～90 cm，浊黄橙色（10YR 6/4，干），浊红棕色（5YR 5/4，润），粉壤土，过渡层较紧实，块状结构，强石灰反应，有少量石灰霜粉，有大裂隙，少量植物根系，向下层平滑清晰过渡。

Bw2：90～120 cm，浊黄橙色（10YR 6/4，干），浊橙色（7.5YR 6/4，润），粉壤土，母质层较紧实，棱块状结构，强石灰反应，有大裂隙，少量植物根系，向下层平滑清晰过渡。

大池埝系代表性单个土体剖面

大池埝系代表性单个土体物理性质

| 土层 | 深度/cm | 砾石(>2mm，体积分数)/% | 细土颗粒组成(粒径：mm)/(g/kg) | | | 质地 | 容重/(g/cm³) |
			砂粒 2～0.05	粉粒 0.05～0.002	黏粒 <0.002		
Ah	0～8	0	94	621	285	粉黏壤土	1.27
Bk	8～40	0	86	676	238	粉壤土	1.35
Bw1	40～90	0	89	695	216	粉壤土	1.41
Bw2	90～120	0	76	684	240	粉壤土	1.59

大池埝系代表性单个土体化学性质

深度/cm	pH(H₂O)	有机质/(g/kg)	全氮(N)/(g/kg)	全磷(P)/(g/kg)	全钾(K)/(g/kg)	CEC/(cmol/kg)	CaCO₃/(g/kg)	易溶性盐总量/(g/kg)
0～8	8.7	39.5	2.02	0.96	6.11	14.93	132.2	1.47
8～40	8.9	7.7	0.38	0.27	6.34	12.68	193.1	1.24
40～90	8.9	4.6	0.22	0.34	7.66	13.61	131.2	0.66
90～120	9.3	4.1	0.19	0.25	7.67	13.73	141.7	0.75

8.5.4 凤栖系（Fengqi Series）

土　族：壤质混合型温性-钙积简育干润雏形土

拟定者：齐雁冰，常庆瑞，刘梦云

分布与环境条件　分布于陕西省关中平原与黄土高原接壤的渭北旱塬区及黄土台塬区，位于塬面及河谷川道台地，包括咸阳市北部的旬邑、长武、彬州、永寿、礼泉等县市，延安市南部的洛川、富县、黄陵、黄龙、宜川等县，地面坡度 3°～7°，海拔 900～1500 m，成土母质为黏黄土，旱地，种植小麦、油菜、玉米或果树，一年一熟或两年三熟。暖温带半湿润、半干旱季风气候，年

凤栖系典型景观

日照时数 2200～2300 h，年均温 7～11 ℃，年均降水量 450～650 mm，≥10 ℃年积温 2600～3600 ℃，无霜期 167 d。

土系特征与变幅　诊断层包括淡薄表层、雏形层、钙积层；诊断特性包括堆垫现象、温性土壤温度状况、半干润土壤水分状况。长期种植小麦、油菜、苹果，农作历史悠久，因人类长期施用土粪堆垫并进行耕作熟化而在表层形成覆盖层，并能观察到炭渣、瓦片等侵入体，原黑垆土层逐渐被覆盖。土壤发育相对较弱，未见明显黏粒物质移动，土层深厚，厚度在 1.2 m 以上，粉壤土，中部黑垆土层次有明显碳酸钙粉末在结构面聚集，通体石灰反应强烈，碱性，pH 8.2～8.7。

对比土系　崔木系，同一土族，地形部位同为黄土台塬塬面，成土母质为黄土，均为草甸草原向树木草原过渡地带，但黑垆土层次发育更明显，为不同土系。叱干系，同一土类，地形部位同为黄土台塬塬面，成土母质为黄土，均为草甸草原向树木草原过渡地带，但所处位置更为平整，水土流失相对较轻，黑垆土层次相对较薄，上层堆垫层黄土成分含量高，颜色浅，土壤质地为黏壤质，为不同土族。杨凌系，不同土纲，成土母质均为黄土，因长期耕作和大量施用土粪堆积，达到堆垫表层，为不同土纲。

利用性能综述　该土系是渭北旱塬主要的耕作土壤，也是较为高产的土壤类型，土层深厚，具有上轻下重的"蒙金型"质地构型，保水保肥能力强，土壤肥力较高，表层质地适中，适耕期长，宜种范围广。该土系也是陕西省适宜苹果种植的主要土壤类型。但该土系土壤速效养分含量低，因此利用上应注意用养结合，防止土壤退化；今后应重视农田水利基本建设，广辟水源，大力发展灌溉农业，提高产量。

参比土种　黄盖黏黑垆。

代表性单个土体　　位于陕西省延安市洛川县凤栖街道西井村，35°47′22.9″ N，109°26′56.1″ E，海拔 1182 m，黄土高原的塬面上，成土母质为黏黄土，果园，由原来黑垆土经长期耕作和大量施用土粪堆积增厚形成，并形成较厚的黄土覆盖层。土壤发育完整，通体强石灰反应。黑垆土层厚 35 cm 左右，质地为壤质黏土，拟棱柱状结构，结构面上被覆菌丝状石灰淀积，有大量虫孔及填土动物穴。50 cm 深度土壤温度 12.8℃。野外调查时间为 2016 年 6 月 10 日，编号 61-107。

凤栖系代表性单个土体剖面

Aup1：0～26 cm，浊黄棕色（10YR 5/4，干），灰黄色（2.5Y 7/2，润），粉壤土，发育强，团粒状结构，较松软，可见炭渣及瓦片，强石灰反应，多量草本根系，向下层平滑清晰过渡。

Aup2：26～40 cm，浊黄棕色（10YR 5/4，干），灰棕色（7.5YR 6/2，润），粉壤土，稍紧实，块状结构，有炭渣、瓦片等侵入体，强石灰反应，较少根系分布，向下层平滑清晰过渡。

Bw：40～100 cm，浊黄棕色（10YR 5/4，干），灰黄棕色（10YR 6/2，润），粉壤土，稍紧实，棱块状结构，结构体表面有斑点状或假菌丝体状新生体，强石灰反应，少量根系，向下层平滑清晰过渡。

Bk：100～120 cm，浊黄棕色（10YR 5/3，干），棕灰色（5YR 6/1，润），粉壤土，稍松软，块状结构，结构体表面有多量斑点状或假菌丝体状新生体及少量豆状结核，强石灰反应，无根系，向下层平滑清晰过渡。

C：120～130 cm，浊黄棕色（10YR 5/4，干），黄灰色（2.5Y 4/1，润），母质层，粉壤土，稍松软，无明显结构，强石灰反应，无根系。

凤栖系代表性单个土体物理性质

| 土层 | 深度 /cm | 砾石 (>2mm，体积分数)/% | 细土颗粒组成(粒径：mm)/(g/kg) | | | 质地 | 容重 /(g/cm³) |
			砂粒 2～0.05	粉粒 0.05～0.002	黏粒 <0.002		
Aup1	0～26	0	134	640	226	粉壤土	1.46
Aup2	26～40	0	124	662	214	粉壤土	1.54
Bw	40～100	0	117	689	194	粉壤土	1.31
Bk	100～120	0	146	653	201	粉壤土	1.35
C	120～130	0	207	618	175	粉壤土	1.33

凤栖系代表性单个土体化学性质

深度 /cm	pH (H₂O)	有机质 /(g/kg)	全氮(N) /(g/kg)	全磷(P) /(g/kg)	全钾(K) /(g/kg)	CEC /(cmol/kg)	CaCO₃ /(g/kg)	易溶性盐总量 /(g/kg)
0～26	8.7	21.0	1.05	0.81	9.25	14.05	36.0	1.20
26～40	8.7	9.8	0.44	0.51	9.90	16.58	24.5	0.22
40～100	8.4	10.5	0.55	0.58	9.33	19.11	36.3	0.96
100～120	8.2	7.6	0.33	0.84	9.07	14.29	119.4	0.71
120～130	8.6	9.7	0.51	0.73	8.11	11.93	36.1	0.25

8.5.5 甘义沟系（Ganyigou Series）

土　族：壤质混合型温性–钙积简育干润雏形土
拟定者：齐雁冰，常庆瑞，刘梦云

分布与环境条件 分布于延安、榆林等市的中低山地区，海拔850～1500 m，分布区地面坡度15°～35°，通常为草灌植被，个别缓坡处零星开垦为农耕地。暖温带半湿润、半干旱季风气候，年日照时数 2400～2800 h，≥10℃年积温 2912～3429 ℃，年均温 8.6～10.8 ℃，年均降水量 577～630 mm，无霜期 167 d。

甘义沟系典型景观

土系特征与变幅 诊断层包括淡薄表层、雏形层、钙积层；诊断特性包括温性土壤温度状况、半干润土壤水分状况、准石质接触面。该土系成土母质为二元母质，上层为黄土母质，底部为砂页岩风化物。全剖面质地较轻，一般为砂质壤土，强石灰反应，地表植被较茂盛，表层积累了一定厚度的枯枝落叶与粗有机质层，具有一定厚度的腐殖质层。剖面通体有粒径5 mm 以上的砾石，中下部可明显看出坡积特征，底部为母岩。粉壤土，碱性土，pH 8.6～9.0。

对比土系 周台子系，同一亚类，但成土母质为冲积物，土壤质地为黏壤质，为不同土族。牛家源系，同一土类，成土母质及地形部位类似，但土层深厚，不具有明显的钙积层，为不同亚类。

利用性能综述 该土系地处陡坡，疏林、草灌植被，有少量乔木林，土层浅薄，少有农业利用，因立地条件差，林木生长缓慢，因此应保护现有植被，严禁砍伐林木及毁坏草被，封山育林，为植被生长和土壤发育创造条件。

参比土种 淡灰石渣土。

代表性单个土体 位于陕西省延安市宜川县丹州街道甘义沟村，36°00′11.2″ N，110°09′48.3″ E，海拔 1012 m，石质中低山区，地面坡度 15°，成土母质为二元母质，上层为黄土母质，底部为砂页岩风化物，灌木草地。剖面表层受到茂密植被生长的影响，腐殖质积累较多，腐殖质层达到 20 cm 左右，中部雏形层有物质淋溶淀积但未形成黏化层，基本保持坡积物的特征，底部是母岩层，剖面上部有少量粒径大于 5 mm 的砾石，中下部砾石含量增多。全剖面强石灰反应。50 cm 深度土壤温度 13.2 ℃。野外调查时间为 2016 年 6 月 10 日，编号 61-109。

甘义沟系代表性单个土体剖面

Ah： 0～10 cm，浊黄橙色（10YR 6/3，干），橄榄黑色（5Y 2/2，润），粉壤土，块状结构，稍紧实，强石灰反应，中量孔隙，少量粒径大于 5 mm 的砾石，大量草本植物根系，向下层平滑清晰过渡。

Bw： 10～60 cm，浊黄橙色（10YR 6/4，干），淡黄色（2.5Y 7/4，润），粉壤土，块状结构，稍紧实，强石灰反应，中量孔隙，少量粒径大于 5 mm 的砾石，中量草本植物根系，向下层平滑清晰过渡。

Bk： 60～100 cm，浊黄橙色（10YR 6/4，干），浊黄橙色（10YR 6/3，润），粉壤土，发育弱的中块状结构，稍紧实，强石灰反应，中量孔隙，中量粒径大于 5 mm 的砾石，少量草本植物根系，向下层平滑清晰过渡。

2C： 100～120 cm，浊黄橙色（10YR 6/4，干），淡绿灰色（7.5GY 8/1，润），粉壤土，无明显结构，紧实，强石灰反应，无植物根系。

甘义沟系代表性单个土体物理性质

土层	深度 /cm	砾石 (>2mm，体积分数)/%	细土颗粒组成(粒径：mm)/(g/kg)			质地	容重 /(g/cm³)
			砂粒 2～0.05	粉粒 0.05～0.002	黏粒 <0.002		
Ah	0～10	4	250	573	177	粉壤土	1.20
Bw	10～60	12	156	658	186	粉壤土	1.31
Bk	60～100	30	125	673	202	粉壤土	1.47
2C	100～120	60	85	683	232	粉壤土	1.55

甘义沟系代表性单个土体化学性质

深度 /cm	pH (H₂O)	有机质 /(g/kg)	全氮(N) /(g/kg)	全磷(P) /(g/kg)	全钾(K) /(g/kg)	CEC /(cmol/kg)	CaCO₃ /(g/kg)
0～10	8.6	35.8	3.32	0.48	8.67	18.91	45.0
10～60	8.9	8.8	0.45	0.43	9.33	15.44	89.5
60～100	9.0	6.9	0.36	0.36	8.94	15.16	132.1
100～120	8.9	9.7	0.50	0.57	10.50	14.29	58.2

8.5.6 桥上系（Qiaoshang Series）

土　族：壤质混合型温性-钙积简育干润雏形土

拟定者：齐雁冰，常庆瑞，刘梦云

分布与环境条件　分布于陕西省关中平原北山以北的残塬塬面、梁状丘陵的鞍部及沟谷高阶地上，包括咸阳市和宝鸡市的北部，地面坡度 3°～7°，海拔 800～1570 m，成土母质为黏黄土，旱地，种植小麦、油菜、玉米或果树，一年一熟或两年三熟。暖温带半湿润、半干旱季风气候，年日照时数 2300～2400 h，年均温 9～11℃，年均降水量 535～800 mm，≥10 ℃年积温 2600～3700 ℃，无霜期 193 d。

桥上系典型景观

土系特征与变幅　诊断层包括淡薄表层、雏形层、钙积层；诊断特性包括堆垫现象、温性土壤温度状况、半干润土壤水分状况。长期种植小麦、油菜、苹果，农作历史悠久，因人类长期施用土粪堆垫并进行耕作熟化而在表层形成覆盖层，并能观察到炭渣、瓦片等侵入体，原黑垆土层逐渐被覆盖。黑垆土层呈淡灰褐色-暗棕色，棱块状结构，结构体表面有霜粉状石灰新生体，由于受侵蚀堆积的影响，成土年龄短，发育相对较弱，剖面分化不甚明显，各层次间黏粒差异不大，未见明显黏粒物质移动，土层深厚，质地均一，厚度在 1.2 m 以上，粉壤土，通体石灰反应强烈，碱性，pH 8.4。

对比土系　崔木系，同一土族，地形部位同为黄土台塬塬面，成土母质为黄土，均为草甸草原向树木草原过渡地带，但所处地形为具有一定坡度的塬面，土壤侵蚀风险大，为不同土系。胡家庙系，地形部位同为黄土台塬塬面，成土母质为黏黄土，均为草甸草原向树木草原过渡地带，但形成明显的黏化层而为淋溶土纲。

利用性能综述　该土系土层深厚，质地适中，耕作方便，土壤养分含量中等，土性暖，适种多种作物。该土系分布区地下水位深，灌溉条件受限，易发生旱涝灾害，且位于低山丘陵地带的残塬及河谷阶地上，土壤容易受到侵蚀。在利用上，应做好农田基本建设，控制水土流失，培肥地力。

参比土种　垆墡土。

代表性单个土体　位于陕西省咸阳市彬州市韩家镇桥上村，34°58′22″ N，107°53′24″ E，海拔 1312 m，黄土台塬的残塬塬面上，成土母质为黏黄土，旱地，通常位于塬面边缘，有一定的侵蚀，并有 3°～5° 的坡度，种植小麦、玉米、油菜等农作物，由原来黑垆土经长期耕作和大量施用土粪堆积增厚形成。土壤发育中等，通体强石灰反应，土体中下部结构面含少量斑点状假菌丝体碳酸盐新生体。50 cm 深度土壤温度 12.9 ℃。野外调查时间为 2016 年 7 月 6 日，编号 61-150。

桥上系代表性单个土体剖面

Aup：0～30 cm，浊黄棕色（10YR 5/4，干），黄棕色（2.5Y 5/4，润），粉壤土，团粒状结构，较松软，可见炭渣及瓦片，强石灰反应，多量草本植物根系，向下层平滑渐变过渡。

Buk：30～55 cm，浊黄棕色（10YR 5/4，干），浊红棕色（7.5R 4/3，润），粉壤土，稍紧实，块状结构，有炭渣、瓦片等侵入体，强石灰反应，较少根系分布，向下层平滑渐变过渡。

Bk1：55～90 cm，浊黄橙色（10YR 6/4，干），浊红棕色（2.5YR 5/3，润），粉壤土，稍紧实，棱块状结构，结构体表面有斑点状或假菌丝体状新生体，强石灰反应，少量根系，向下层平滑渐变过渡。

Bk2：90～120 cm，浊黄橙色（10YR 6/3，干），红灰色（2.5YR 5/1，润），粉壤土，稍松软，块状结构，结构体表面有多量斑点状或假菌丝体状新生体及少量豆状结核，强石灰反应，无根系。

桥上系代表性单个土体物理性质

土层	深度 /cm	砾石 (>2mm，体积分数)/%	细土颗粒组成(粒径：mm)/(g/kg)			质地	容重 /(g/cm³)
			砂粒 2～0.05	粉粒 0.05～0.002	黏粒 <0.002		
Aup	0～30	0	100	683	217	粉壤土	1.21
Buk	30～55	0	82	723	195	粉壤土	1.49
Bk1	55～90	0	97	706	197	粉壤土	1.45
Bk2	90～120	0	100	703	197	粉壤土	1.50

桥上系代表性单个土体化学性质

深度 /cm	pH (H₂O)	有机质 /(g/kg)	全氮(N) /(g/kg)	全磷(P) /(g/kg)	全钾(K) /(g/kg)	CEC /(cmol/kg)	CaCO₃ /(g/kg)	易溶性盐总量 /(g/kg)
0～30	8.4	14.4	0.71	0.72	10.02	20.17	20.7	1.32
30～55	8.4	8.6	0.45	0.45	11.42	20.24	114.7	0.78
55～90	8.4	6.9	0.38	0.69	9.49	16.95	130.1	1.09
90～120	8.4	6.6	0.37	0.55	9.21	17.79	152.6	0.61

8.5.7 黄堆系（Huangdui Series）

土　族：壤质混合型温性-钙积简育干润雏形土
拟定者：齐雁冰，常庆瑞，刘梦云

分布与环境条件　分布于陕西省咸阳、宝鸡和铜川、渭南等市的北山丘陵及秦岭低山山地区，海拔 1000～1600 m，地面波状起伏，地面坡度 5°～35°，二元母质，底部为石灰岩风化物，上部为黄土母质。通常为草地或疏林地。年 日 照 时 数 1800～2100 h，年均温 12～13 ℃，≥10℃年积温 2680～3700 ℃，年均降水量 520～680 mm，无霜期 209 d。

黄堆系典型景观

土系特征与变幅　诊断层包括淡薄表层、雏形层、钙积层；诊断特性包括温性土壤温度状况、半干润土壤水分状况、准石质接触面。该土系成土母质底部为石灰岩风化物，表层为黄土母质，土层浅薄，厚 40～70 cm。表层为腐殖质层，暗褐色，粒状结构；中部稍黏，形成雏形层，棕褐色；底部为钙积层，其下为石灰岩风化物，有灰岩碎屑。全剖面质地为粉壤土，碱性土，pH 8.2～8.3。

对比土系　甘义沟系，同一土族，地形均为黄土丘陵土石山区，均有准石质接触面，但甘义沟系土层深厚，为不同土系；棋盘系，地形部位为黄土高原中南部的土石山区，淋溶作用强烈，具有明显的黏化层，为不同土纲。

利用性能综述　该土系土层较薄，地面坡度大，水分条件差，不宜农耕，现以天然灌丛植被为主，但表土层有机质及养分含量高，适宜植树种草，发展林牧业，陡坡处可种植灌木，缓坡处可栽植经济果树。同时应注重封山育林措施，逐步建成水源涵养林地。

参比土种　灰青石肝土。

代表性单个土体　位于陕西省宝鸡市扶风县法门镇黄堆村瓦灌岭南侧，34°32′52.5″ N，107°51′50.5″ E，海拔 1137 m，关中北山丘陵石质山地中坡，坡度 5°～10°，成土母质底部为石灰岩风化物，表层为黄土母质，荒草地。土体较薄，厚 45 cm，表层疏松多孔，中壤，钙积层上有霜粉状碳酸钙聚集体，通体强石灰反应。50 cm 深度土壤温度 13.8 ℃。野外调查时间为 2015 年 7 月 26 日，编号 61-008。

Ah：　0～10 cm，浊黄棕色（10YR 5/3，干），棕灰色（7.5YR 6/1，润），腐殖质层，暗褐色，粉壤土，粒状结构，松软，强石灰反应，草根盘结交错，向下层平滑清晰过渡。

Bk1：10～20 cm，浊黄棕色（10YR 5/4，干），淡灰色（7.5Y 7/2，润），粉壤土，块状结构，稍紧实，结构面上有腐殖质胶膜，强石灰反应，向下层平滑明显过渡。

Bk2：20～30 cm，浊黄棕色（10YR 5/4，干），淡棕灰色（7.5YR 7/1，润），粉壤土，块状结构，稍紧实，结构面上有明显的霜粉状碳酸钙聚集体，强石灰反应，向下层平滑明显过渡。

黄堆系代表性单个土体剖面

Bk3：30～45 cm，浊黄棕色（10YR 5/4，干），黄灰色（2.5Y 5/1，润），粉壤土，块状结构，稍紧实，结构面上有明显的霜粉状碳酸钙聚集体，强石灰反应。

黄堆系代表性单个土体物理性质

| 土层 | 深度 /cm | 砾石 (>2mm，体积 分数)/% | 细土颗粒组成(粒径：mm)/(g/kg) | | | 质地 | 容重 /(g/cm³) |
			砂粒 2～0.05	粉粒 0.05～0.002	黏粒 <0.002		
Ah	0～10	0	64	755	181	粉壤土	1.30
Bk1	10～20	0	50	765	185	粉壤土	1.42
Bk2	20～30	0	56	772	172	粉壤土	1.52
Bk3	30～45	0	248	650	102	粉壤土	1.39

黄堆系代表性单个土体化学性质

深度 /cm	pH (H₂O)	有机质 /(g/kg)	全氮(N) /(g/kg)	全磷(P) /(g/kg)	全钾(K) /(g/kg)	CEC /(cmol/kg)	CaCO₃ /(g/kg)
0～10	8.2	76.6	3.27	0.74	10.55	35.60	39.4
10～20	8.3	10.6	0.62	0.46	10.95	10.69	137.7
20～30	8.3	13.7	0.80	0.46	9.10	14.09	142.8
30～45	8.2	10.7	0.65	0.30	9.60	14.23	101.1

8.5.8　老高川系（Laogaochuan Series）

土　族：壤质混合型温性-钙积简育干润雏形土
拟定者：齐雁冰，常庆瑞，刘梦云

分布与环境条件　分布于陕北地区的榆林市长城沿线和延安市的白于山山坡，地面坡度较大，一般 7°～25°，海拔 1200～1500 m，成土母质为沙黄土。中温带半干旱季风气候，年日照时数 2500～2600 h，年均温 7.8～8.5 ℃，≥10 ℃年积温 2600～3640 ℃，年均降水量 324～460 mm，无霜期 177 d。

老高川系典型景观

土系特征与变幅　诊断层包括淡薄表层、雏形层、钙积层；诊断特性包括温性土壤温度状况、半干润土壤水分状况。该土系成土母质为沙黄土。地表通常为草灌植被，土层深厚，坡度较陡，所处区域降水量少，干旱，植被相对稀疏，表层腐殖质积累量少，呈淡灰黄色，地表植被稍好时则腐殖质有一定的积累。全剖面为砂壤土-壤土-粉壤土，剖面中部有明显的斑点状霜粉或石灰假菌丝体，全剖面强石灰反应，碱性土，pH 8.5～8.6。

对比土系　大池墕系，同一土族，地形部位均为黄土丘陵沟壑，均为黄土母质，但母质为坡积性黄土，为不同土系。

利用性能综述　该土系所处地形坡度大，侵蚀严重，土壤干旱、瘠薄，大多数为荒草地，植被稀疏，覆盖度低于 30%，产草量低。在利用上应尽量保护现有植被，通过人工途径提高地表植被覆盖度，保持水土，种植人工草被，发展畜牧业。

参比土种　淡灰绵沙土。

代表性单个土体　位于陕西省榆林市府谷县老高川镇李家石畔草地，39°12′52.6″ N，110°27′18.6″ E，海拔 1211 m，黄土丘陵区沟坡中下部，地面坡度为 8°左右，成土母质为沙黄土，荒草地。表层草灌长势较好，腐殖质积累稍高，中下部结构面见裂隙，结构面可见少量斑点状霜粉物质，全剖面强石灰反应。50 cm 深度土壤温度 10.5 ℃。野外调查时间为 2015 年 8 月 24 日，编号 61-013。

老高川系代表性单个土体剖面

Ah：0～18 cm，浊黄棕色（10YR 5/3，干），灰黄棕色（10YR 4/2，润），壤土，团块状结构，疏松，强石灰反应，大量灌草植物根系，向下层平滑清晰过渡。

Bk：18～45 cm，浊黄橙色（10YR 6/3，干），灰白色（5Y 8/1，润），粉壤土，块状结构，紧实，强石灰反应，少量灌草植物根系，向下层平滑清晰过渡。

Bw：45～80 cm，浊黄橙色（10YR 6/4，干），灰棕色（7.5YR 6/2，润），砂壤土，块状结构，紧实，结构面可见少量斑点状霜粉物质，强石灰反应，少量灌草植物根系，土体内见明显裂隙，向下层平滑清晰过渡。

C：80～120 cm，浊黄橙色（10YR 6/4，干），淡黄色（7.5Y 7/3，润），粉壤土，块状结构，紧实，强石灰反应，无植物根系，土体内见明显裂隙。

老高川系代表性单个土体物理性质

土层	深度 /cm	砾石 (>2mm，体积分数)/%	细土颗粒组成(粒径：mm)/(g/kg)			质地	容重 /(g/cm³)
			砂粒 2～0.05	粉粒 0.05～0.002	黏粒 <0.002		
Ah	0～18	0	429	458	113	壤土	1.38
Bk	18～45	0	94	778	128	粉壤土	1.47
Bw	45～80	0	639	293	68	砂壤土	1.48
C	80～120	0	294	591	115	粉壤土	1.49

老高川系代表性单个土体化学性质

深度 /cm	pH (H₂O)	有机质 /(g/kg)	全氮(N) /(g/kg)	全磷(P) /(g/kg)	全钾(K) /(g/kg)	CEC /(cmol/kg)	CaCO₃ /(g/kg)
0～18	8.6	12.2	0.46	0.33	6.54	10.76	63.7
18～45	8.6	4.9	0.40	0.26	7.26	10.62	168.7
45～80	8.5	3.7	0.11	0.34	6.71	8.45	40.2
80～120	8.6	3.5	0.08	0.40	7.64	8.98	19.1

8.5.9　柳枝系（Liuzhi Series）

土　族：壤质混合型温性-钙积简育干润雏形土

拟定者：齐雁冰，常庆瑞，刘梦云

分布与环境条件　分布于陕西省渭南市、西安市、宝鸡市等的秦岭北麓洪积扇前缘及沟谷台地，海拔 350～1400 m，地面较平整，坡度小于 5°，成土母质为洪积-冲积物，通常用作旱耕地。暖温带半湿润、半干旱季风气候，年日照时数 2000～2100 h，年均温 13.5～14.5 ℃，年均降水量 650～750 mm，无霜期 107 d。

柳枝系典型景观

土系特征与变幅　诊断层包括淡薄表层、雏形层、钙积层；诊断特性包括温性土壤温度状况、半干润土壤水分状况。该土系所处位置较为平坦，农业历史悠久，旱地，水浇地，小麦-玉米轮作。表层受到腐殖化作用颜色稍深，土壤淋溶稍弱，呈弱黏化，剖面中部缝隙及结构体上有霜粉状碳酸钙聚集体，通体石灰反应强烈。土层深厚，厚度在 1.2 m 以上，雏形层厚 30 cm 以上，壤土-粉壤土，碱性土，pH 8.7～8.8。

对比土系　老高川系，同一土族，所处地形均为黄土丘陵区，但成土母质为沙黄土，土壤质地稍粗，为不同土系。罗敷系，同一土纲，所处位置均为较低洼的河流三角洲或海拔较低的洼地，地下水位均较高，但罗敷系非老灌区，无盐渍现象，无堆垫现象，为不同亚纲。

利用性能综述　该土系所处地形平坦，土层深厚，质地稍偏砂，结构疏松，耕性良好，易耕期长，通气透水，土性暖，肥效快，幼苗旺，适种广，一般为一年两熟，但土层稍薄，砂性过重，易漏水漏肥，保肥力差，应增施有机肥料，掺黏改砂，通过秸秆还田等措施提高地力。

参比土种　洪积砂土。

代表性单个土体　位于陕西省渭南市华州区柳枝镇孙庄村，34°31′52.3″ N，109°52′2.3″ E，海拔 374 m，秦岭北麓坡脚洪积扇，坡度 2°～3°，成土母质为洪积-冲积物，耕地，小麦-玉米轮作，剖面点为近几年弃耕地。50 cm 深度土壤温度 15.2 ℃。野外调查时间为 2016 年 6 月 6 日，编号 61-093。

Ap1: 0~20 cm，浊黄棕色（10YR 5/3，干），极暗棕色（7.5YR 2/3，润），壤土，耕作层发育强，团粒状结构，疏松，强石灰反应，大量草本植物根系，向下层平滑清晰过渡。

Ap2: 20~35 cm，浊黄橙色（10YR 6/3，干），浊黄橙色（10YR 7/3，润），粉壤土，较紧实，块状结构，强石灰反应，少量草本植物根系，向下层平滑清晰过渡。

Bk: 35~90 cm，浊黄棕色（10YR 5/3，干），浊黄棕色（10YR 5/3，润），粉壤土，紧实，块状结构，强石灰反应，少量根系分布，结构面可见霜粉状碳酸钙聚集，向下层平滑清晰过渡。

Ck: 90~120 cm，浊黄棕色（10YR 5/4，干），浊黄橙色（10YR 7/4，润），粉壤土，单粒，无结构，强石灰反应，无根系分布。

柳枝系代表性单个土体剖面

柳枝系代表性单个土体物理性质

土层	深度/cm	砾石(>2mm，体积分数)/%	细土颗粒组成(粒径：mm)/(g/kg)			质地	容重/(g/cm³)
			砂粒 2~0.05	粉粒 0.05~0.002	黏粒 <0.002		
Ap1	0~20	0	340	490	170	壤土	1.28
Ap2	20~35	0	176	636	188	粉壤土	1.46
Bk	35~90	0	93	695	212	粉壤土	1.38
Ck	90~120	0	147	661	192	粉壤土	1.42

柳枝系代表性单个土体化学性质

深度/cm	pH(H₂O)	有机质/(g/kg)	全氮(N)/(g/kg)	全磷(P)/(g/kg)	全钾(K)/(g/kg)	CEC/(cmol/kg)	CaCO₃/(g/kg)
0~20	8.7	25.0	1.36	0.74	8.46	11.63	69.5
20~35	8.8	10.9	0.57	0.66	9.26	10.60	80.9
35~90	8.7	9.8	0.47	0.68	8.77	14.65	158.4
90~120	8.7	8.1	0.42	0.48	8.71	12.20	136.2

8.5.10 七里村系（Qilicun Series）

土　族：壤质混合型温性-钙积简育干润雏形土
拟定者：齐雁冰，常庆瑞，刘梦云

分布与环境条件　分布于陕北地区的榆林市和延安市的黄土丘陵梁峁坡地上，地面坡度较大，一般 7°～25°，海拔 800～1450 m，成土母质为黄土。暖温带半湿润、半干旱季风气候，年日照时数 2500～2600 h，年均温 9.5～10.5 ℃，≥10 ℃年积温 2905～3640 ℃，年均降水量 324～505 mm，无霜期 170 d。

七里村系典型景观

土系特征与变幅　诊断层包括淡薄表层、雏形层、钙积层；诊断特性包括温性土壤温度状况、半干润土壤水分状况。该土系成土母质为老黄土（离石黄土）。因所处地形坡度较大，水力侵蚀严重，使老黄土中红色条带间的黄土层裸露，一般土质较坚实，也称硬黄土。剖面发育微弱，颜色黄棕，土体中多石灰假菌丝体，强石灰反应，质地为粉壤土，碱性土，pH 8.4～8.7。

对比土系　老高川系，同一土族，均处于黄土丘陵区，均为黄土母质，但土壤质地更轻，为不同土系。王村系，不同土类，成土母质均为黄土，土壤质地均为壤质，但王村系未见钙积现象，为不同亚类。

利用性能综述　该土系所处地区地形坡度大，侵蚀严重，土体紧实，水分渗透慢，易流失，养分缺乏，耕性差，土壤硬，适耕期短，适种范围小，作物产量低。利用上可通过修筑梯田，防止水土流失，深翻改土，增施有机肥和化学肥料，培肥地力。

参比土种　硬黄绵土。

代表性单个土体　位于陕西省延安市延长县七里村街道管村，36°35′06″ N，110°04′47″ E，海拔 1024 m，黄土丘陵沟壑梁顶缓坡地，成土母质为老黄土，撂荒地，农作物种植包括小麦、玉米等，一年一熟。剖面质地均一，通体粉壤土，强石灰反应，土体中部可见少量假菌丝体或霜粉状碳酸钙凝结物，土壤发育弱。50 cm 深度土壤温度 12.8 ℃。野外调查时间为 2016 年 7 月 3 日，编号 61-136。

七里村系代表性单个土体剖面

Ah：　0～20 cm，浊黄橙色（10YR 6/3，干），灰白色（7.5Y 8/2，润），粉壤土，块状结构，松软，强石灰反应，大量灌草植物根系，向下层平滑清晰过渡。

Bk1：20～42 cm，浊黄橙色（10YR 6/3，干），灰棕色（5YR 5/2，润），粉壤土，块状结构，紧实，强石灰反应，中量灌草植物根系，向下层平滑清晰过渡。

Bk2：42～55 cm，浊黄棕色（10YR 5/4，干），暗红棕色（2.5YR 3/3，润），粉壤土，块状结构，稍紧实，结构面可见少量假菌丝体或霜粉状碳酸钙聚集体，强石灰反应，少量灌草植物根系，向下层平滑清晰过渡。

Ck：　55～120 cm，浊黄橙色（10YR 6/4，干），浊黄橙色（10YR 6/3，润），粉壤土，无明显结构，稍紧实，结构面可见少量假菌丝体或霜粉状碳酸钙聚集体，并可见少量洞穴内填充根系等物质，强石灰反应，少量灌草植物根系。

七里村系代表性单个土体物理性质

土层	深度 /cm	砾石 (>2mm，体积分数)/%	细土颗粒组成(粒径：mm)/(g/kg)			质地	容重 /(g/cm³)
			砂粒 2～0.05	粉粒 0.05～0.002	黏粒 <0.002		
Ah	0～20	0	229	584	187	粉壤土	1.40
Bk1	20～42	0	190	622	188	粉壤土	1.30
Bk2	42～55	0	207	608	185	粉壤土	1.36
Ck	55～120	0	216	603	181	粉壤土	1.30

七里村系代表性单个土体化学性质

深度 /cm	pH (H₂O)	有机质 /(g/kg)	全氮(N) /(g/kg)	全磷(P) /(g/kg)	全钾(K) /(g/kg)	CEC /(cmol/kg)	CaCO₃ /(g/kg)
0～20	8.4	20.4	1.20	0.50	8.53	12.77	86.4
20～42	8.6	7.3	0.32	0.49	8.01	13.07	132.3
42～55	8.7	7.5	0.34	0.40	8.24	14.32	106.2
55～120	8.6	4.6	0.25	0.25	7.52	13.12	111.0

8.5.11　桐峪系（Tongyu Series）

土　族：壤质混合型温性-钙积简育干润雏形土
拟定者：齐雁冰，常庆瑞，刘梦云

分布与环境条件　分布于秦岭北麓渭南、西安及宝鸡的山前洪积扇前缘，海拔 334～742 m，地面坡度 3°～5°，成土母质为山洪沉积物，土层浅薄，大部分为农耕地。暖温带半湿润、半干旱季风气候，年日照时数 2200～2450 h，年均温 12.5～14 ℃，≥10 ℃年积温 4245～4410 ℃，年均降水量 586～ 653 mm，无霜期 220 d。

桐峪系典型景观

土系特征与变幅　诊断层包括暗瘠表层、雏形层、钙积层；诊断特性包括温性土壤温度状况、半干润土壤水分状况、石质接触面。该土系所处位置为缓坡，坡度一般在 5°以下，成土母质为山洪沉积物，土层浅薄，厚度在 30～50 cm，团粒状或块状结构，黏壤土，土体内有极少量小砾石，较疏松，强石灰反应。土壤发育微弱，粉壤土，碱性土，pH 8.5～8.9。

对比土系　土基系，同一土族，成土母质均为洪积-冲积物，但土层深厚，无石质接触面，为不同土系。

利用性能综述　该土系有效土层浅薄，但质地适宜，耕性良好，适耕期长，底部为砾石层，漏水漏肥，适宜秋季作物生长，也适宜杏、柿等杂果栽培。改良上应加厚有效土层厚度或剥除底部砾石层，重视有机肥施用，合理施肥灌水。

参比土种　中层洪泥土。

代表性单个土体　位于陕西省渭南市潼关县桐峪镇李家村，34°28′52″ N，110°19′08.7″E，海拔 594 m，洪积扇中部，坡度 3°左右，成土母质为洪积沉积物，旱耕地，小麦-玉米轮作。土层浅薄，厚度仅 50 cm 左右，表层耕层较疏松，下层也不黏重，土体内疏松多孔，粉壤土。50 cm 深度土壤温度 15.0 ℃。野外调查时间为 2016 年 6 月 7 日，编号 61-096。

桐峪系代表性单个土体剖面

Ap：0～20 cm，浊黄棕色（10YR 5/3，干），黑棕色（5YR 2/2，润），粉壤土，团粒状结构，松软，强石灰反应，少量直径＞5 mm 的砾石，多量植物根系，向下层平滑清晰过渡。

Bk：20～40 cm，浊黄棕色（10YR 5/4，干），浊红色（2.5R 6/8，润），粉壤土，团块状结构，稍紧实，强石灰反应，少量直径＞5 mm 的砾石，中量植物根系，向下层平滑清晰过渡。

C：40～55 cm，浊黄棕色（10YR 5/4，干），浊黄色（2.5Y 6/4，润），粉壤土，无明显结构，稍紧实，强石灰反应，少量直径＞5 mm 的砾石，少量植物根系。

桐峪系代表性单个土体物理性质

| 土层 | 深度 /cm | 砾石 (>2mm，体积分数)/% | 细土颗粒组成(粒径：mm)/(g/kg) | | | 质地 | 容重 /(g/cm³) |
			砂粒 2～0.05	粉粒 0.05～0.002	黏粒 <0.002		
Ap	0～20	3	259	561	180	粉壤土	1.50
Bk	20～40	5	102	686	212	粉壤土	1.65
C	40～55	8	200	602	198	粉壤土	1.40

桐峪系代表性单个土体化学性质

深度 /cm	pH (H₂O)	有机质 /(g/kg)	全氮(N) /(g/kg)	全磷(P) /(g/kg)	全钾(K) /(g/kg)	CEC /(cmol/kg)	CaCO₃ /(g/kg)
0～20	8.8	22.8	1.11	0.49	8.82	13.73	34.4
20～40	8.5	7.6	0.35	0.45	9.00	11.75	140.6
40～55	8.9	10.7	0.56	0.12	8.50	15.90	15.1

8.5.12 土基系（Tuji Series）

土 族：壤质混合型温性-钙积简育干润雏形土

拟定者：齐雁冰，常庆瑞，刘梦云

分布与环境条件 分布于陕西省延安市的富县、洛川、宜川、黄龙、黄陵等县，铜川所辖各县市及渭南市的白水、澄城等县的川道和沟台地，海拔 800～1150 m，地面坡度 0°～3°，成土母质为黄土，大部分为耕地。暖温带半湿润、半干旱季风气候，年日照时数 2400～2600 h，年均温 9.1～12.3 ℃，≥10 ℃年积温 3000～4000 ℃，年均降水量 554～631 mm，无霜期 180 d。

土基系典型景观

土系特征与变幅 诊断层包括淡薄表层、雏形层、钙积层；诊断特性包括温性土壤温度状况、半干润土壤水分状况。该土系由川台地上次生黄土母质经过长期耕种而形成。地处川道，耕种历史悠久，施肥灌水方便，因精耕细作，形成明显的耕作层与犁底层。耕作层养分含量较高，颜色灰棕，砂质壤土-黏壤土。剖面中下部可见假菌丝体或石灰霜粉。全剖面强石灰反应，质地均一，土壤发育微弱。粉壤土，碱性土，pH 8.6～8.8。

对比土系 桐峪系，同一土族，成土母质均为洪积-冲积物，但土层浅薄，有石质接触面，为不同土系。

利用性能综述 该土系地处川道，地形平坦，水源丰富，交通方便，质地适中，耕性好，易耕期长，适种性广，为渭北塬区高产土壤，一年一熟。但土壤肥力中等，灌溉措施不够完善，种植单一。今后应发展水利，提水灌溉，增施有机肥，实行间作套种与垄沟种植。

参比土种 川台黄墡土。

代表性单个土体 位于陕西省延安市洛川县土基镇土基村，35°35′49.6″ N，109°35′57.1″ E，海拔 1124 m，沟川台地，地面坡度 2°，成土母质为次生黄土，旱耕地，水浇地，近些年开始栽种苹果，间作玉米。全剖面发育微弱，中下部可见明显石灰霜粉，全剖面强石灰反应，质地中壤到黏壤。50 cm 深度土壤温度 13.1 ℃。野外调查时间为 2016 年 6 月 9 日，编号 61-106。

土基系代表性单个土体剖面

Ap1：0～20 cm，浊黄棕色（10YR 5/4，干），灰棕色（7.5YR 4/2，润），耕作层，粉壤土，团粒状结构，松软，强石灰反应，多量细草本植物根系，向下层平滑清晰过渡。

Ap2：20～35 cm，浊黄棕色（10YR 5/4，干），灰黄色（2.5Y 6/2，润），犁底层，粉壤土，团块状结构，稍紧实，强石灰反应，中量细草本植物根系，向下层平滑清晰过渡。

Bw：35～90 cm，浊黄棕色（10YR 5/4，干），灰红色（10R 5/2，润），粉壤土，雏形层较紧实，块状结构，结构面有少量霜粉状石灰聚集体，强石灰反应，少量植物根系，向下层平滑清晰过渡。

Bk1：90～110 cm，浊黄棕色（10YR 5/4，干），棕灰色（5YR 6/1，润），粉壤土，较紧实，发育弱的中块状结构，强石灰反应，少量植物根系，向下层平滑清晰过渡。

Bk2：110～120 cm，浊黄橙色（10YR 6/4，干），灰红色（2.5YR 6/2，润），粉壤土，发育弱的中块状结构，强石灰反应，少量植物根系。

土基系代表性单个土体物理性质

| 土层 | 深度 /cm | 砾石 (>2mm，体积分数)/% | 细土颗粒组成(粒径：mm)/(g/kg) | | | 质地 | 容重 /(g/cm³) |
			砂粒 2～0.05	粉粒 0.05～0.002	黏粒 <0.002		
Ap1	0～20	0	160	623	217	粉壤土	1.36
Ap2	20～35	0	148	653	199	粉壤土	1.49
Bw	35～90	0	114	664	222	粉壤土	1.50
Bk1	90～110	0	140	665	195	粉壤土	1.31
Bk2	110～120	0	134	670	196	粉壤土	1.38

土基系代表性单个土体化学性质

深度 /cm	pH (H₂O)	有机质 /(g/kg)	全氮(N) /(g/kg)	全磷(P) /(g/kg)	全钾(K) /(g/kg)	CEC /(cmol/kg)	CaCO₃ /(g/kg)
0～20	8.6	15.8	0.83	0.79	9.87	34.72	51.1
20～35	8.8	9.8	0.53	0.74	9.05	12.72	58.6
35～90	8.8	8.8	0.40	0.52	9.31	12.54	64.2
90～110	8.6	5.9	0.31	0.49	8.22	11.90	139.6
110～120	8.6	6.5	0.29	0.47	9.54	11.19	148.5

8.5.13　五里系（Wuli Series）

土　　族：壤质混合型温性-钙积简育干润雏形土
拟定者：齐雁冰，常庆瑞，刘梦云

分布与环境条件　分布于陕西省延安市南部的富县、宜川、黄龙及铜川市的宜君等县的塬坡，海拔 600～1150 m，地面坡度 10°～25°，成土母质为黄土，通常用作林草地。暖温带半湿润、半干旱季风气候，年日照时数 2300～2500 h，年均温 9.2～10.8 ℃，≥10℃年积温 3429～3865 ℃，年均降水量 540～680 mm，无霜期 190 d。

五里系典型景观

土系特征与变幅　诊断层包括淡薄表层、雏形层、钙积层；诊断特性包括温性土壤温度状况、半干润土壤水分状况。该土系所处位置坡度较大，用作耕地时地块破碎，成土母质为黄土，全剖面为黏壤土，质地均一，受草被影响，表层有一定腐殖质积累，颜色灰棕，无料姜石，有大孔隙，多植物根系，团块状结构，有机质含量高，表层以下土体紧实，钙积层有明显的石灰假菌丝体和料姜石，全剖面强石灰反应。林草地，土层深厚，厚度在 1.2 m 以上，粉壤土，碱性土，pH 8.6～8.7。

对比土系　大池墕系，同一土族，地形部位均为渭北旱塬的丘陵山地，均有钙积层，但土体中未见料姜石，为不同土系。可仙系，不同土纲，地形部位为渭北旱塬的丘陵山地，均有钙积层，但海拔稍高，淋溶强，形成黏化层，为不同土纲。林皋系，不同土纲，虽然均有料姜石，但有黏化层，为淋溶土纲。

利用性能综述　该土系虽然土层深厚，结构良好，养分含量较高，但因坡度大，水土流失严重，含有一定量的料姜石，不宜用作农用地，通常为荒草地。在利用上，应禁止开荒、烧荒，保护植被，以防水土流失，并发展畜牧业。

参比土种　料姜灰黄墡土。

代表性单个土体　位于陕西省铜川市宜君县五里镇杨沟村，35°28′03″ N，109°17′25″ E，海拔 979 m，塬坡地，中坡，坡度 10°～15°，成土母质为风积黄土，荒草地。土体表层松软，颜色暗褐，中下部有明显假菌丝体或霜粉状碳酸钙物质，土体内有含量 2%～3% 的料姜石，但未形成料姜层。50 cm 深度土壤温度 14.0 ℃。野外调查时间为 2016 年 7 月 4 日，编号 61-143。

五里系代表性单个土体剖面

Ah: 0～20 cm，浊黄棕色（10YR 5/4，干），黄灰色（2.5Y 4/1，润），粉壤土，粒状结构，松软，强石灰反应，草根盘结交错，向下层平滑清晰过渡。

Bk1: 20～40 cm，浊黄橙色（10YR 6/4，干），灰红色（10R 6/2，润），粉壤土，较紧实，块状结构，结构面可见少量粒径 5 mm 以上的料姜石，强石灰反应，少量草本植物根系，向下层平滑清晰过渡。

Bk2: 40～75 cm，浊黄橙色（10YR 6/4，干），灰红色（2.5YR 6/2，润），粉壤土，较紧实，块状结构，结构面可见少量假菌丝体或霜粉状碳酸钙聚集体及少量粒径 5 mm 以上的料姜石，强石灰反应，少量草本植物根系，向下层平滑清晰过渡。

Bk3: 75～120 cm，浊黄橙色（10YR 6/4，干），浊橙色（2.5YR 6/3，润），粉壤土，较紧实，块状结构，结构面可见 5% 左右假菌丝体或霜粉状碳酸钙聚集体及 3% 左右粒径 5 mm 以上的料姜石，强石灰反应，无根系。

五里系代表性单个土体物理性质

土层	深度 /cm	砾石 (>2mm, 体积分数)/%	细土颗粒组成(粒径：mm)/(g/kg)			质地	容重 /(g/cm³)
			砂粒 2～0.05	粉粒 0.05～0.002	黏粒 <0.002		
Ah	0～20	0	151	645	204	粉壤土	1.32
Bk1	20～40	2	105	684	211	粉壤土	1.33
Bk2	40～75	2	27	737	236	粉壤土	1.49
Bk3	75～120	3	89	723	188	粉壤土	1.23

五里系代表性单个土体化学性质

深度 /cm	pH (H₂O)	有机质 /(g/kg)	全氮(N) /(g/kg)	全磷(P) /(g/kg)	全钾(K) /(g/kg)	CEC /(cmol/kg)	CaCO₃ /(g/kg)
0～20	8.6	20.8	1.08	0.35	8.91	16.52	141.9
20～40	8.7	5.9	0.29	0.49	9.10	12.92	161.7
40～75	8.7	4.4	0.21	0.53	8.85	15.67	135.3
75～120	8.6	3.6	0.18	0.36	8.91	15.68	182.9

8.5.14 嵝岭系（Yaoxian Series）

土　族：壤质硅质混合型温性-钙积简育干润雏形土
拟定者：齐雁冰，常庆瑞，刘梦云

分布与环境条件　分布于陕西省黄土高原中南部的黄土丘陵沟台地上，包括延安市的延长、延川、宜川、子长、安塞、志丹、吴起、甘泉、富县、洛川、黄龙等市县区，地面坡度 5°左右，海拔 800～1200 m，成土母质为黄土，旱地，小麦、油菜、玉米或果树，一年一熟或两年三熟。暖温带半湿润、半干旱季风气候，年日照时数 2800～2900 h，年均温 7.8～10.6 ℃，年均降水量

嵝岭系典型景观

445～630 mm，≥10 ℃年积温 2817～3828 ℃，地下水埋深 3～5 m，无霜期 183 d。

土系特征与变幅　诊断层包括淡薄表层、雏形层；诊断特性包括温性土壤温度状况、半干润土壤水分状况、钙积现象。该土系发育于黄土母质，由于地处沟台，土壤曾受地下水影响，在剖面中下部有时可观察到铁锰锈纹锈斑，但目前因河床下切或河道变迁，土体已脱离地下水位的影响。由于受侵蚀堆积的影响，成土年龄短，发育相对较弱，剖面分化不甚明显，各层次间黏粒差异不大，未见明显黏粒物质移动，土层深厚，质地均一，厚度在 1.4 m 以上，粉壤土，通体石灰反应强烈，碱性，pH 8.5～8.9。

对比土系　崔木系，同一亚类，均处于渭北旱塬有一定侵蚀的塬面，均为黑垆土，但侵蚀较轻，为不同土族。

利用性能综述　该土系地处沟台，地面较平坦，土质疏松，易于耕作，地下水位较高，较耐干旱，土壤相对较为肥沃，适宜玉米、高粱等作物生长，一年一熟，属于高产土壤。但速效养分严重不足，作物生长后期易脱肥，因此应注意增施化肥，氮磷配合，同时做好秸秆还田，增加土壤有机质，发展水利，扩大灌溉面积。

参比土种　锈壤黑垆。

代表性单个土体　位于陕西省延安市黄龙县嵝岭乡康乐村，35°44′34.8″ N，109°49′34.2″ E，海拔 1515 m，黄土丘陵岗地宽沟谷台地，坡度 7°，成土母质为黄土，旱耕地或林草地。表层耕作层为原黑垆土层直接出露，养分含量高，下部各层次分化不明显，中下部表明可见少量霜粉状碳酸钙聚集体，全剖面强石灰反应。50 cm 深度土壤温度 11.8 ℃。野外调查时间为 2016 年 6 月 9 日，编号 61-103。

嵝岭系代表性单个土体剖面

Ap1： 0～17 cm，浊黄棕色（10YR 4/3，干），淡黄色（2.5Y 7/4，润），粉壤土，团粒状结构，松软，强石灰反应，中量草被根系，向下层平滑清晰过渡。

Ap2： 17～25 cm，浊黄棕色（10YR 4/3，干），棕灰色（7.5YR 6/1，润），粉壤土，块状结构，较紧实，强石灰反应，少量草本植物根系，向下层平滑清晰过渡。

Bk： 25～55 cm，浊黄橙色（10YR 6/4，干），浊棕色（7.5YR 5/4，润），粉壤土，稍松软，块状结构，强石灰反应，少量植物根系，向下层平滑清晰过渡。

Bw1： 55～85 cm，浊黄棕色（10YR 5/4，干），浊橙色（7.5YR 7/4，润），粉壤土，较紧实，块状结构，强石灰反应，少量植物根系，向下层平滑清晰过渡。

Bw2： 85～120 cm，浊黄棕色（10YR 5/3，干），浊黄橙色（10YR 7/3，润），粉壤土，较紧实，块状结构，强石灰反应，少量树木根系，向下层平滑清晰过渡。

C： 120～140 cm，浊黄棕色（10YR 5/3，干），淡黄色（5Y 7/3，润），粉壤土，单粒，基质状，无结构，强石灰反应，少量树木根系。

嵝岭系代表性单个土体物理性质

土层	深度 /cm	砾石 (>2mm，体积 分数)/%	细土颗粒组成(粒径：mm)/(g/kg)			质地	容重 /(g/cm³)
			砂粒 2～0.05	粉粒 0.05～0.002	黏粒 <0.002		
Ap1	0～17	0	122	645	233	粉壤土	1.11
Ap2	17～25	0	70	693	237	粉壤土	1.37
Bk	25～55	0	40	740	220	粉壤土	1.33
Bw1	55～85	0	60	724	216	粉壤土	1.43
Bw2	85～120	0	38	756	206	粉壤土	1.46
C	120～140	0	61	719	220	粉壤土	1.47

嵝岭系代表性单个土体化学性质

深度 /cm	pH (H₂O)	有机质 /(g/kg)	全氮(N) /(g/kg)	全磷(P) /(g/kg)	全钾(K) /(g/kg)	CEC /(cmol/kg)	CaCO₃ /(g/kg)
0～17	8.5	43.8	2.25	0.72	9.74	24.66	32.4
17～25	8.6	27.0	1.36	0.60	9.79	17.83	33.9
25～55	8.9	18.0	0.95	0.43	8.37	22.62	110.3
55～85	8.9	11.8	0.61	0.64	9.86	17.73	54.0
85～120	8.8	11.8	0.56	0.57	9.68	17.15	60.5
120～140	8.8	11.0	0.55	0.49	9.69	19.47	95.4

8.5.15　王家砭系（Wangjiabian Series）

土　　族：砂质硅质混合型温性-钙积简育干润雏形土
拟定者：齐雁冰，常庆瑞，刘梦云

分布与环境条件　分布于陕北
地区的榆林市和延安市的河谷
阶地，坡度一般在 7°以下，海
拔 800～1200 m，成土母质为沙
黄土。暖温带半干旱季风气候，
年日照时数 2500～2700 h，年均
温 7.6～8.8 ℃，≥10 ℃年积温
2600～3500 ℃，年均降水量
360～460 mm，无霜期 150 d。

王家砭系典型景观

土系特征与变幅　诊断层包括淡薄表层、雏形层、钙积层；诊断特性包括温性土壤温度
状况、半干润土壤水分状况、石灰性。该土系成土母质为沙黄土。剖面土层深厚，地处
川面、台地上，耕种历史悠久。发育弱，砂壤土-砂土。中下部常出现石灰霜粉或假菌丝
体。通体强石灰反应，碱性土，pH 9.1。

对比土系　中沟系，同一土类，地形部位均为黄土丘陵沟壑的梁峁坡地，土壤质地类似，
但剖面位于坡麓，受到侵蚀影响，剖面质地更疏松，为不同亚类。老高川系，同一亚类，
所处地形部位均为丘陵沟壑坡麓沟谷地，质地均为砂壤土，但老高川系不具有石灰性，
为不同土族。

利用性能综述　该土系所处位置坡度大，气候干燥，质地轻，保水保肥性能差，养分含
量低，产量低，适于种植耐旱耐瘠的作物如荞麦、马铃薯、豆类及糜谷等，一年一熟。
改良利用上，坡度稍缓处可通过修筑梯田，改善土壤水分及养分条件，坡度较大处应退
耕还林还草，防止水土流失与沙化危害。

参比土种　川台绵沙土。

代表性单个土体　位于陕西省榆林市佳县王家砭镇西，38°14′05″ N，110°13′48″ E，海拔
1086 m，缓平梁峁坡地，缓坡，坡度 5°左右，坡耕地或裸地，种植玉米、高粱、谷子等，
一年一熟。表层受到植被生长及枯落物分解影响，疏松，有一定的腐殖质积累，中下层
土壤无发育，全剖面质地均一，通体强石灰反应。50 cm 深度土壤温度 11.5 ℃。野外调
查时间为 2016 年 7 月 1 日，编号 61-127。

Ap： 0～30 cm，浊黄棕色（10YR 5/4，干），浊黄橙色（10YR 6/4，润），砂壤土，粒块状结构，疏松，强石灰反应，大量草本植物根系，向下层平滑清晰过渡。

Bk： 30～75 cm，浊黄橙色（10YR 6/4，干），浊棕色（7.5YR 5/3，润），砂土，块状结构，松软，结构面上有少量假菌丝体或石灰霜粉，强石灰反应，有一定的裂隙，少量灌草植物根系，向下层平滑清晰过渡。

C： 75～120 cm，浊黄橙色（10YR 6/4，干），浊橙色（5YR 6/4，润），砂土，无明显结构，松软，结构面上有少量假菌丝体或石灰霜粉，强石灰反应，少量灌草植物根系。

王家砭系代表性单个土体剖面

王家砭系代表性单个土体物理性质

土层	深度 /cm	砾石 (>2mm，体积分数)/%	细土颗粒组成(粒径：mm)/(g/kg)			质地	容重 /(g/cm³)
			砂粒 2～0.05	粉粒 0.05～0.002	黏粒 <0.002		
Ap	0～30	0	784	132	84	砂壤土	1.31
Bk	30～75	0	936	6	58	砂土	1.39
C	75～120	0	896	33	71	砂土	1.33

王家砭系代表性单个土体化学性质

深度 /cm	pH (H₂O)	有机质 /(g/kg)	全氮(N) /(g/kg)	全磷(P) /(g/kg)	全钾(K) /(g/kg)	CEC /(cmol/kg)	CaCO₃ /(g/kg)
0～30	9.1	4.3	0.22	0.33	2.98	5.50	31.2
30～75	9.1	2.2	0.10	0.42	2.60	4.45	20.4
75～120	9.1	2.4	0.12	0.34	2.57	4.86	20.6

8.5.16 叱干系（Chigan Series）

土　族：黏壤质混合型温性-钙积简育干润雏形土
拟定者：齐雁冰，常庆瑞，刘梦云

分布与环境条件　分布于陕西省关中平原北部黄土台塬地带的残塬及河谷阶地上，海拔 850～1300 m，坡度 3°～7°，黄土母质，旱地，种植小麦、油菜、玉米或果树，一年一熟或两年三熟。暖温带半湿润、半干旱季风气候，年日照时数 2200～2300 h，年均温 9～10.5 ℃，年均降水量 550～600 mm，无霜期 174 d。

叱干系典型景观

土系特征与变幅　诊断层包括淡薄表层、雏形层、钙积层；诊断特性包括温性土壤温度状况、半干润土壤水分状况、堆垫现象、石灰性。长期种植小麦、油菜、苹果，农作历史悠久，因人类长期施用土粪堆垫并进行耕作熟化而在表层形成覆盖层，并能观察到炭渣、瓦片等侵入体，原耕作层逐渐被覆盖，土层深厚，厚度在 1.2 m 以上，粉壤土-粉黏壤土，中部黑垆土层次有明显碳酸钙粉末在结构面聚集，通体石灰反应强烈，弱碱性，pH 8.3～8.6。

对比土系　斗门系，同一土类，但表层有人为堆垫层，为不同土系。凤栖系，同一土类，地形部位同为黄土台塬塬面，成土母质为黄土，均为草甸草原向树木草原过渡地带，在堆垫现象厚度及黑垆土层厚度上明显较薄，土壤质地为壤质，为不同土族。

利用性能综述　所处地形较平坦，土体深厚，质地适中，表层疏松多孔，下部黑垆土层稍紧实，具有保水托肥作用，土壤养分含量中等，土壤较肥沃，是关中地区的高产土壤之一。由于地处半湿润、半干旱区域，应完善灌溉条件，保证灌溉，同时由于近些年农民已不再进行有机土粪的堆垫，表层有机质含量有降低的趋势，应注意增施有机肥和实行秸秆还田以培肥土壤。

参比土种　红垆土。

代表性单个土体　位于陕西省咸阳市礼泉县叱干镇西王庄村，34°42′46″ N，108°22′59″ E，海拔 1088 m，低山丘陵顶部残塬，成土母质为黄土物质，旱地，小麦间作苹果地。经过长期耕作和大量施用土粪堆积在表层形成堆垫现象。地势平坦，土壤发育中等，通体强石灰反应，土体中下部结构面含多量斑点状假菌丝体碳酸盐新生体，且向下逐渐增多。

50 cm 深度土壤温度 13.8 ℃。野外调查时间为 2016 年 3 月 27 日，编号 61-039。

叱干系代表性单个土体剖面

Aup1：0～15 cm，灰黄棕色（10YR 6/2，干），灰橄榄色（5Y 6/2，润），粉壤土，耕作层发育强，团粒状结构，较松软，可见炭渣及瓦片，强石灰反应，多量草本植物根系，向下层平滑清晰过渡。

Aup2：15～25 cm，浊黄橙色（10YR 6/3，干），棕灰色（10YR 6/1，润），粉黏壤土，土体发育较强，稍紧实，块状结构，有炭渣、瓦片等侵入体，强石灰反应，细根减少，向下层平滑清晰过渡。

Au：25～45 cm，浊黄橙色（10YR 6/3，干），棕灰色（10YR 5/1，润），粉黏壤土，稍紧实，块状，有炭渣、瓦片等侵入体，强石灰反应，较少根系分布，向下层平滑清晰过渡。

Bk：45～85 cm，浊黄橙色（10YR 6/3，干），紫灰色（5RP 6/1，润），粉黏壤土，稍紧实，棱块状结构，结构体表面有斑点状或假菌丝体状新生体，强石灰反应，少量根系，向下层平滑清晰过渡。

Bw：85～120 cm，浊黄橙色（10YR 6/3，干），灰黄色（2.5Y 7/2，润），粉壤土，稍松软，块状结构，结构体表面有多量斑点状或假菌丝体状新生体及少量豆状结核，强石灰反应，无根系。

叱干系代表性单个土体物理性质

土层	深度/cm	砾石（>2mm，体积分数)/%	细土颗粒组成(粒径：mm)/(g/kg)			质地	容重/(g/cm³)
			砂粒 2～0.05	粉粒 0.05～0.002	黏粒 <0.002		
Aup1	0～15	0	52	689	259	粉壤土	1.39
Aup2	15～25	0	27	701	272	粉黏壤土	1.58
Au	25～45	0	22	697	281	粉黏壤土	1.51
Bk	45～85	0	19	699	282	粉黏壤土	1.37
Bw	85～120	0	13	719	268	粉壤土	1.52

叱干系代表性单个土体化学性质

深度/cm	pH(H₂O)	有机质/(g/kg)	全氮(N)/(g/kg)	全磷(P)/(g/kg)	全钾(K)/(g/kg)	CEC/(cmol/kg)	CaCO₃/(g/kg)
0～15	8.5	17.6	0.95	0.75	9.76	11.53	104.2
15～25	8.5	14.7	0.80	0.70	9.66	11.46	115.0
25～45	8.6	7.5	0.47	0.30	9.34	11.94	113.0
45～85	8.4	9.1	0.50	0.41	9.21	12.41	115.8
85～120	8.3	10.7	0.60	0.30	11.39	15.92	100.1

8.5.17 道镇系（Daozhen Series）

土　族：壤质混合型温性-钙积简育干润雏形土

拟定者：齐雁冰，常庆瑞，刘梦云

分布与环境条件　分布于渭北黄土塬区、陕北黄土丘陵沟壑区，海拔 550～1450 m，地面坡度 7°～30°，成土母质为第四纪夹有料姜石的红土，通常用作林草地。暖温带半湿润、半干旱季风气候，年日照时数 2100～2600 h，年均温 7.5～12.7 ℃，年均降水量 445～760 mm，无霜期 182 d。

道镇系典型景观

土系特征与变幅　诊断层包括淡薄表层、雏形层、钙积层；诊断特性包括温性土壤温度状况、半干润土壤水分状况、石灰性。该土系所处位置坡度较大，用作耕地时地块破碎。剖面上部灰红色，其下为红色土层，无明显层次分化，黏壤土质地，块状结构，通体石灰反应强烈。林草地，土层深厚，厚度在 1.2 m 以上，粉壤土，碱性土，pH 8.7～8.8。

对比土系　楼坪系，同一土类，所处地形部位均为黄土丘陵梁峁区，但成土母质为沙黄土，而道镇系成土母质为受侵蚀的红土，为不同土系。棋盘系，地形部位为黄土高原中南部的土石山区，淋溶作用强烈，具有明显的黏化层，为不同土纲。

利用性能综述　该土系地面坡度大，夹有大小不一的料姜石，影响耕作，土层深厚，有机质及养分含量较低。但个别地方植被破坏严重，土壤裸露，引起水土流失；在利用上应逐渐向林果业发展，同时应以农田基本建设为中心，平整土地，防止水土流失。

参比土种　料姜红土。

代表性单个土体　位于陕西省延安市甘泉县道镇柴窑村，36°15′57″ N，109°28′42″ E，海拔 1246 m，黄土丘陵沟壑宽沟谷地带，成土母质为第四纪红土，但红土层次由于受到侵蚀，厚度较薄，红土层下为黄土层次，林草地。50 cm 深度土壤温度 12.3 ℃。野外调查时间为 2016 年 7 月 4 日，编号 61-142。

道镇系代表性单个土体剖面

Ah：　0～25 cm，浊黄橙色（10YR 6/4，干），暗棕色（7.5YR 3/3，润），腐殖质层，粉壤土，粒状结构，松软，强石灰反应，多量植物根系，以草本植物根系为主，向下层波状清晰过渡。

Bk1：25～50 cm，浊黄橙色（10YR 6/4，干），淡黄橙色（7.5YR 8/6，润），粉壤土，块状结构，紧实，内有少量直径大于15 mm 的料姜石，强石灰反应，细根减少，向下层波状清晰过渡。

Bk2：50～85 cm，浊黄橙色（10YR 6/4，干），浊红棕色（2.5YR 5/4，润），红土母质层，粉壤土，无明显结构，紧实，内有少量直径大于 15 mm 的料姜石，强石灰反应，细根减少，向下层波状清晰过渡。

C：　85～120 cm，浊黄橙色（10YR 6/4，干），浊橙色（7.5YR 6/4，润），黄土母质层，粉壤土，无明显结构，稍疏松，强石灰反应，有较大鼠洞或树洞，无根系。

道镇系代表性单个土体物理性质

| 土层 | 深度 /cm | 砾石 (>2mm，体积分数)/% | 细土颗粒组成(粒径：mm)/(g/kg) | | | 质地 | 容重 /(g/cm³) |
			砂粒 2~0.05	粉粒 0.05~0.002	黏粒 <0.002		
Ah	0～25	0	173	642	185	粉壤土	1.34
Bk1	25～50	3	149	643	208	粉壤土	1.57
Bk2	50～85	5	92	715	193	粉壤土	1.64
C	85～120	0	165	657	178	粉壤土	1.56

道镇系代表性单个土体化学性质

深度 /cm	pH (H₂O)	有机质 /(g/kg)	全氮(N) /(g/kg)	全磷(P) /(g/kg)	全钾(K) /(g/kg)	CEC /(cmol/kg)	CaCO₃ /(g/kg)
0～25	8.7	9.5	0.48	0.42	8.78	12.57	84.3
25～50	8.8	3.2	0.17	0.37	8.91	11.05	70.9
50～85	8.7	4.1	0.22	0.40	10.30	14.53	60.7
85～120	8.8	3.3	0.17	0.66	9.67	10.51	120.6

8.5.18 三道沟系（Sandaogou Series）

土　族：壤质混合型温性-钙积简育干润雏形土
拟定者：齐雁冰，常庆瑞，刘梦云

分布与环境条件　零星分布于
陕北地区的榆林市府谷县等的
丘陵坡麓河谷台地上，所处地势
低平，地下水位较高，地面坡度
3°～7°，海拔 1000～1300 m，成
土母质为沙黄土。中温带半干旱
季风气候，年日照时数 2500～
2600 h，年均温 7.8～8.5 ℃，
≥ 10 ℃ 年 积 温 3200 ～
3400 ℃，年均降水量 414～
460 mm，无霜期 177 d。

三道沟系典型景观

土系特征与变幅　诊断层包括淡薄表层、雏形层、钙积层；诊断特性包括温性土壤温度
状况、半干润土壤水分状况、钙积现象、石灰性。该土系成土母质为沙黄土。剖面有一
定的层次分化，中下部也有一定的植被根系。通体为粉壤土-砂壤土质地。强石灰反应，
碱性土，pH 8.6～8.7。

对比土系　大昌汗系，同一土类，均处于黄土丘陵沟壑梁峁部位，均为沙黄土，但地形
部位上位于坡顶平缓处，大昌汗系所处部位坡度较大，侵蚀危险高。七里村系，同一土
族，地形部位类似，但质地明显较黏，为不同土系。

利用性能综述　该土系位于水分条件较好的山脚台地上，养分相对较高，耕作历史悠久，
较为保水保肥，宜种性广。在利用上应注意用地养地结合，坡度较大处应退耕，坡度较
小处应注重水土保持，防止水土流失。

参比土种　锈黑焦土。

代表性单个土体　位于陕西省榆林市府谷县三道沟镇张明沟后阴地，39°10′23″ N，
110°39′08″ E，海拔 1230 m，黄土丘陵河谷台地，地面坡度 8°左右，成土母质为原生沙
黄土，原为旱耕地，种植玉米、谷子等，一年一熟，现已弃耕，荒草地。表层受到灌草
植被生长影响，较为疏松，之下层次由于原耕作影响及降水量少的缘故则相对紧实，剖
面中部可见少量斑点状霜粉，全剖面强石灰反应。50 cm 深度土壤温度 10.4 ℃。野外调
查时间为 2015 年 8 月 24 日，编号 61-014。

Ah： 0～20 cm，浊黄棕色（10YR 5/4，干），棕灰色（7.5YR 6/1，润），粉壤土，原耕作层，团块状结构，疏松，强石灰反应，大量灌草植物根系，向下层平滑清晰过渡。

2Ah：20～35 cm，浊黄橙色（10YR 6/3，干），淡橄榄灰色（2.5GY 7/1，润），粉壤土，原犁底层，块状结构，紧实，强石灰反应，中量灌草植物根系，向下层平滑清晰过渡。

Bk： 35～80 cm，浊黄橙色（10YR 6/4，干），灰白色（2.5Y 8/1，润），粉壤土，原黑垆土层，块状结构，紧实，强石灰反应，少量斑点状碳酸钙霜粉，中量灌草植物根系，向下层平滑清晰过渡。

Bw： 80～140 cm，浊黄橙色（10YR 6/4，干），淡棕灰色（7.5YR 7/1，润），砂壤土，块状结构，紧实，强石灰反应，少量粒径大于 5 mm 的砾石，少量灌草植物根系。

三道沟系代表性单个土体剖面

三道沟系代表性单个土体物理性质

| 土层 | 深度/cm | 砾石(>2mm，体积分数)/% | 细土颗粒组成(粒径：mm)/(g/kg) | | | 质地 | 容重/(g/cm³) |
			砂粒 2～0.05	粉粒 0.05～0.002	黏粒 <0.002		
Ah	0～20	0	214	678	108	粉壤土	1.42
2Ah	20～35	0	262	639	99	粉壤土	1.41
Bk	35～80	0	198	673	129	粉壤土	1.41
Bw	80～140	5	690	241	69	砂壤土	1.46

三道沟系代表性单个土体化学性质

深度/cm	pH(H₂O)	有机质/(g/kg)	全氮(N)/(g/kg)	全磷(P)/(g/kg)	全钾(K)/(g/kg)	CEC/(cmol/kg)	CaCO₃/(g/kg)
0～20	8.7	15.8	0.53	0.24	4.31	9.66	71.6
20～35	8.7	5.0	0.19	0.28	5.19	8.32	77.7
35～80	8.6	3.2	0.08	0.34	7.01	8.87	100.5
80～140	8.7	3.1	0.08	0.34	7.09	6.51	84.9

8.5.19 天成系（Tiancheng Series）

土　族：壤质混合型温性-钙积简育干润雏形土
拟定者：齐雁冰，常庆瑞，刘梦云

分布与环境条件　分布于陕西省关中北部陇山低山丘陵区域，分布区域海拔 900～1300 m，地面坡度一般 7°～15°，部分可达 25°，通常用作林草地。暖温带半湿润、半干旱季风气候，年日照时数 1950～2050 h，年均温 13～14 ℃，年均降水量 500～700 mm，无霜期 197 d。

天成系典型景观

土系特征与变幅　诊断层包括淡薄表层、人为扰动层、钙积层；诊断特性包括温性土壤温度状况、半干润土壤水分状况、石灰性。该土系成土母质为黄土，土质深厚，因地面存在不同程度的土壤侵蚀，原表面的腐殖质层部分甚至全部遭受侵蚀，耕作层形成在残留的腐殖质层上，而在此之后由于土地平整、修建梯田等人为工程措施，在原耕作层之上人为堆垫一层外来物质而与原土壤层次产生明显区别，剖面中下部则保留原褐土的特征，橙色，壤土，紧实，结构体表面具有大量假菌丝体或霜粉状石灰质淀积，强石灰反应。通常为农耕地，土层深厚，厚度在 1.2 m 以上，粉壤土-壤土，碱性土，pH 8.2～8.7。

对比土系　寺沟系，同一土类，均具有人为扰动层，但寺沟系通体为人为堆垫形成的，而天成系仅因修梯田推平所形成，为不同亚类。文家坡系，不同土纲，地形部位均为陇山的黄土残塬，但表层未受到人为扰动堆垫而具有明显的黏化层，为不同土纲。

利用性能综述　该土系较为黏重，虽有一定的保肥能力，但因具有明显的坡度，水分和养分易流失，地力比较瘠薄，不耐干旱。虽然经过人为平整或修筑梯田后减轻了水土流失，但整体地形坡度较大，排灌措施发展不到位，因此应积极修建灌溉水渠，增施有机肥，改善土壤水肥条件。

参比土种　马肝土。

代表性单个土体　位于陕西省宝鸡市陇县天成镇张家山村，34°51′30″ N，106°44′55″ E，海拔 1117 m，位于陇山的黄土残塬上，坡度 5°～15°，成土母质为原生黄土，旱地，小麦-玉米轮作。剖面中下部为原褐土（马肝土）剖面，结构面有明显的假菌丝体或霜粉状石灰质淀积，表层则是平整土地或修筑梯田而人为堆垫的外源物质，质地和结构明显不同。全剖面粉壤土或壤土，强石灰反应。50 cm深度土壤温度13.6℃。野外调查时间为2016年7月17日，编号61-154。

天成系代表性单个土体剖面

Ap: 0～30 cm，浊黄橙色（10YR 6/4，干），灰黄棕色（10YR 6/2，润），粉壤土，团块状结构，疏松，强石灰反应，大量草本植物根系，向下层波状突变过渡。

Bw: 30～47 cm，浊橙色（7.5YR 6/4，干），浊橙色（2.5YR 6/4，润），壤土，人为堆垫层，颜色与上下差异明显，块状结构，紧实，强石灰反应，大量草本植物根系，向下层波状突变过渡。

Bk1: 47～80 cm，浊黄橙色（10YR 6/4，干），淡灰色（5Y 7/1，润），粉壤土，土壤发育强，块状结构，紧实，缝隙及结构面上有少量假菌丝体或霜粉状石灰质淀积，强石灰反应，少量草本植物根系，向下层波状清晰过渡。

Bk2: 80～120 cm，浊黄橙色（10YR 6/4，干），浊红色（5R 5/8，润），粉壤土，块状结构，紧实，缝隙及结构面上有多量假菌丝体或霜粉状石灰质淀积，强石灰反应，少量草本植物根系。

天成系代表性单个土体物理性质

土层	深度/cm	砾石(>2mm，体积分数)/%	细土颗粒组成(粒径：mm)/(g/kg)			质地	容重/(g/cm³)
			砂粒 2～0.05	粉粒 0.05～0.002	黏粒 <0.002		
Ap	0～30	0	117	654	229	粉壤土	1.59
Bw	30～47	15	399	452	149	壤土	1.57
Bk1	47～80	0	79	728	193	粉壤土	1.42
Bk2	80～120	0	88	706	206	粉壤土	1.57

天成系代表性单个土体化学性质

深度/cm	pH(H₂O)	有机质/(g/kg)	全氮(N)/(g/kg)	全磷(P)/(g/kg)	全钾(K)/(g/kg)	CEC/(cmol/kg)	CaCO₃/(g/kg)
0～30	8.2	16.4	0.94	1.16	9.83	20.26	63.6
30～47	8.7	6.2	0.34	0.80	6.17	18.74	89.1
47～80	8.3	8.8	0.52	0.86	10.26	19.19	85.0
80～120	8.4	7.0	0.41	0.59	9.38	21.47	87.1

8.5.20　程王系（Chengwang Series）

土　　族：壤质混合型温性-钙积简育干润雏形土
拟定者：齐雁冰，常庆瑞，刘梦云

分布与环境条件　分布于陕西省关中平原北部低山丘陵地带的黄土塬面上，以礼泉、永寿、彬州、洛川、富县、旬邑分布相对较多，海拔 900～1350 m，地面坡度 3°～7°，成土母质为黏黄土，旱地，种植小麦、油菜、玉米或果树，一年一熟或两年三熟。暖温带半湿润、半干旱季风气候，年日照时数 2300～2400 h，年均温 10～12 ℃，年均降水量 500～700 mm，≥10 ℃年积温 3000～3500 ℃，无霜期 180 d。

程王系典型景观

土系特征与变幅　诊断层包括淡薄表层、雏形层、钙积层；诊断特性包括堆垫现象、温性土壤温度状况、半干润土壤水分状况、盐积现象、钙积现象、石灰性。长期种植小麦、油菜、苹果，农作历史悠久，因人类长期施用土粪堆垫并进行耕作熟化而在表层形成覆盖层，并能观察到炭渣、瓦片等侵入体，原耕作层逐渐被覆盖。土壤发育中等，层次分化明显，土层深厚，厚度在 1.2 m 以上，粉壤土，中部黑垆土层次有明显碳酸钙粉末在结构面聚集，通体石灰反应强烈，弱碱性，pH 8.2～8.4。

对比土系　叱干系，同一亚类，但所处部位为有一定坡度的黄土台塬地带的残塬及河谷阶地上，而程王系位于黄土塬面上，为不同土系。崔木系，同一土族，地形部位同为黄土台塬塬面，成土母质为黄土，均为草甸草原向树木草原过渡地带，但所处位置在残塬及河谷阶地上，水土流失相对较重，且具有明显的钙积层，为不同土系。

利用性能综述　该土系土层深厚，是黄土高原南部分布较广的土壤类型之一，适种性广，旱作农业发达，以小麦、玉米为主。该土系土质偏黏，保肥性较强，生产上后劲足，但土重、口紧，适耕期短，耕作费劲。由于地处旱塬，水分不足，速效养分较低。因此在生产上应注意结合深耕，多施有机肥，提高土壤蓄水、保墒及抗旱能力，并加强水利建设，扩大灌溉面积，提高灌溉保证率。

参比土种　黏黑垆。

代表性单个土体　位于陕西省咸阳市旬邑县土桥镇程王村，34°59′40″ N，108°23′08″ E，海拔 1267 m，黄土塬塬面，成土母质为黏黄土，水浇地，种植小麦、玉米、油菜等农作物。由原来黑垆土经长期耕作和大量施用土粪堆积增厚形成。土壤发育中等，通体强石灰反应，土体中下部结构面含多量斑点状假菌丝体碳酸盐新生体，并向下逐渐增多。50 cm深度土壤温度 13.1 ℃。野外调查时间为 2016 年 7 月 5 日，编号 61-149。

程王系代表性单个土体剖面

Aup1：0～20 cm，浊黄橙色（10YR 6/3，干），灰红色（7.5R 6/2，润），粉壤土，发育强，团粒状结构，较松软，可见炭渣及瓦片，强石灰反应，多量草本植物根系，向下层平滑清晰过渡。

Aup2：20～35 cm，浊黄橙色（10YR 6/4，干），黄灰色（2.5Y 6/1，润），粉壤土，稍紧实，块状结构，有炭渣、瓦片等侵入体，强石灰反应，较少根系分布，向下层平滑清晰过渡。

Bk：35～60 cm，浊黄橙色（10YR 6/4，干），灰黄棕色（10YR 5/2，润），粉壤土，稍紧实，棱块状结构，结构体表面有斑点状或少量假菌丝体状新生体，强石灰反应，少量根系，向下层平滑清晰过渡。

2Akz：60～130 cm，浊黄棕色（10YR 5/4，干），淡紫灰色（5P 7/1，润），粉壤土，稍紧实，棱块状结构，结构体表面有多量斑点状或假菌丝体状新生体及少量豆状结核，强石灰反应，无根系。

程王系代表性单个土体物理性质

土层	深度/cm	砾石(>2mm,体积分数)/%	细土颗粒组成(粒径：mm)/(g/kg)			质地	容重/(g/cm³)
			砂粒 2～0.05	粉粒 0.05～0.002	黏粒 <0.002		
Aup1	0～20	0	63	732	205	粉壤土	1.34
Aup2	20～35	0	63	743	194	粉壤土	1.52
Bk	35～60	0	49	748	203	粉壤土	1.59
2Akz	60～130	0	48	729	223	粉壤土	1.34

程王系代表性单个土体化学性质

深度/cm	pH(H₂O)	有机质/(g/kg)	全氮(N)/(g/kg)	全磷(P)/(g/kg)	全钾(K)/(g/kg)	CEC/(cmol/kg)	CaCO₃/(g/kg)	易溶性盐总量/(g/kg)
0～20	8.4	17.0	0.81	1.06	9.90	17.70	76.4	1.37
20～35	8.3	16.1	0.75	0.93	9.99	19.54	66.0	1.78
35～60	8.2	11.6	0.54	0.47	9.99	19.05	39.2	1.23
60～130	8.2	10.6	0.55	0.45	10.52	27.26	39.8	2.60

8.5.21　阳峪系（Yangyu Series）

土　族：壤质混合型温性-钙积简育干润雏形土
拟定者：齐雁冰，常庆瑞，刘梦云

分布与环境条件　分布于渭北
塬区及关中平原的黄土台塬，分
布区域较广，包括渭南、咸阳、
宝鸡及延安、铜川、西安等市域
的黄土塬面。海拔 450～
1000 m，地面坡度 2°～7°，成土
母质为黄土，大部分为耕地。暖
温带半湿润、半干旱季风气候，
年日照时数 2200～2500 h，年均
温 10.5～13.5 ℃，≥10 ℃年积
温 3000～4000 ℃，年均降水量
517～650 mm，无霜期 224 d。

阳峪系典型景观

土系特征与变幅　诊断层包括淡薄表层、雏形层、钙积层；诊断特性包括温性土壤温度
状况、半干润土壤水分状况、堆垫现象、石灰性。该土系是台塬区黄土母质经耕种施肥
形成的一组幼年土壤，地处坡度较小的塬面上，土壤侵蚀轻微，熟土层较厚，肥力较高，
耕种历史悠久，施肥灌水方便，因精耕细作，形成明显的耕作层与犁底层。耕作层养分
含量较高，团粒状结构，疏松，颜色灰棕。全剖面强石灰反应，质地均一，土壤发育微
弱。耕地，粉壤土，碱性土，pH 8.6～8.7。

对比土系　牛家塬系，同一土类，地形部位均为黄土丘陵区或台塬区，但通常为荒草地
或草灌地，表层未被耕作熟化，为不同土系。土基系，同一土族，但表层无堆垫现象，
为不同土系。

利用性能综述　该土系土层深厚，通透性、蓄水保墒性、保肥供肥性均较好，在渭北旱
塬多为旱地，两年三熟，适宜种植小麦，种植苹果的区域光热资源较好，但土壤肥力受
到限制。在利用上应合理开展作物布局，蓄水保墒，培肥地力，实行秸秆还田及发展灌
溉配套措施，逐渐改善水肥条件。

参比土种　塬黄墡土。

代表性单个土体　位于陕西省咸阳市乾县阳峪镇铁佛村，34°36′59″ N，108°14′41″ E，海
拔 820 m，关中平原北部黄土台塬区，地面坡度 3°，成土母质为黄土，旱地，两年三熟，
小麦-春玉米轮作。该剖面耕作历史悠久，经过长期耕作和大量施用土粪堆积，表层疏松
多孔，团粒状结构，地势平坦，土壤发育中等，通体强石灰反应，中部雏形层有微弱淋

溶，中下部有少量霜粉状碳酸钙聚集体。50 cm 深度土壤温度 14.8 ℃。野外调查时间为 2016 年 7 月 6 日，编号 61-152。

阳峪系代表性单个土体剖面

Aup1: 0～28 cm，浊黄橙色（10YR 6/3，干），棕灰色（7.5YR 4/1，润），粉壤土，耕作层发育强，团粒状结构，疏松，可见炭渣及瓦片，强石灰反应，大量草本植物根系，向下层平滑清晰过渡。

Aup2: 28～40 cm，浊黄橙色（10YR 6/4，干），橙白色（7.5YR 8/1，润），粉壤土，犁底层，较紧实，块状结构，有炭渣及瓦片等侵入体，强石灰反应，中量草本植物根系，向下层平滑清晰过渡。

Bk: 40～70 cm，浊黄橙色（10YR 6/4，干），浊红橙色（7.5R 6/4，润），粉壤土，雏形层，较紧实，块状结构，强石灰反应，少量植物根系，中量草本植物根系，向下层平滑清晰过渡。

C: 70～120 cm，浊黄橙色（10YR 6/4，干），浊红色（7.5R 6/3，润），粉壤土，母质层，较紧实，无明显结构，强石灰反应，少量植物根系。

阳峪系代表性单个土体物理性质

| 土层 | 深度 /cm | 砾石 (>2mm，体积分数)/% | 细土颗粒组成(粒径：mm)/(g/kg) | | | 质地 | 容重 /(g/cm³) |
			砂粒 2～0.05	粉粒 0.05～0.002	黏粒 <0.002		
Aup1	0～28	0	60	704	236	粉壤土	1.10
Aup2	28～40	0	70	694	236	粉壤土	1.52
Bk	40～70	0	84	717	199	粉壤土	1.27
C	70～120	0	82	732	186	粉壤土	1.27

阳峪系代表性单个土体化学性质

深度 /cm	pH (H₂O)	有机质 /(g/kg)	全氮(N) /(g/kg)	全磷(P) /(g/kg)	全钾(K) /(g/kg)	CEC /(cmol/kg)	CaCO₃ /(g/kg)
0～28	8.7	13.3	0.60	1.04	9.59	15.79	132.4
28～40	8.6	7.8	0.39	0.58	9.51	14.38	131.9
40～70	8.6	7.0	0.37	0.47	9.23	14.77	141.2
70～120	8.6	7.1	0.36	0.57	10.00	14.67	133.3

8.6 普通简育干润雏形土

8.6.1 后峁系（Houmao Series）

土　族：砂质硅质混合型石灰性温性-普通简育干润雏形土
拟定者：齐雁冰，常庆瑞，刘梦云

分布与环境条件　分布于陕北长城沿线的黄土丘陵向风沙过渡地带的梁、峁上，包括榆林市下辖的榆阳、神木、府谷、靖边等县市区，所处区域较平坦，海拔 1000～1500 m，地面坡度 3°～10°，成土母质为黄土状物质，由于所处位置较为干旱，且土壤侵蚀严重，多为荒草地，个别坡度稍缓、侵蚀较轻处用作耕地。中温带半干旱大陆性季风气候，年日照时数 2600～2800 h，年均温

后峁系典型景观

7.9～9.1℃，≥10 ℃年积温 3000～3200 ℃，年均降水量 316～460 mm，无霜期 175 d。

土系特征与变幅　诊断层包括淡薄表层、雏形层；诊断特性包括温性土壤温度状况、半干润土壤水分状况、石灰性。该土系所处位置坡度相对较缓，为 3°～8°，成土母质为黄土状物质，剖面发育完整，土层分化较明显，土壤质地为砂壤土，表层呈栗色，土体中有料姜石，土壤通体强石灰反应，荒草地，砂壤土，碱性土，pH 8.5～8.6。

对比土系　王家砭系，同一土类，地形部位和成土母质类似，但土体无料姜石，为不同亚类。五里系，同一土类，均有料姜石，但有钙积层，为不同亚类。

利用性能综述　该土系目前多为荒草地，也有部分被翻耕，土壤砂壤质，湿润时较易耕，种植谷子、玉米、糜子等，一年一熟，但土壤养分缺乏，水源不足，易受干旱威胁。改良上应以培肥土壤为主，采用草田轮作，种植绿肥，增施有机肥，同时应注意保持水土，防止土壤风蚀沙化及发生水土流失。

参比土种　栗土。

代表性单个土体　位于陕西省榆林市榆阳区麻黄梁镇后峁村，38°24′35.7″ N，110°01′05.0″ E，海拔 1288 m，墩梁地，地面坡度 4°，成土母质为原生黄土，荒草地。全剖面砂壤土，但有硬块状结构，结构紧实，坚硬，土体中有中量料姜石，全剖面呈强石灰反应。50 cm 深度土壤温度 10.8 ℃。野外调查时间为 2015 年 8 月 28 日，编号 61-022。

后峁系代表性单个土体剖面

Ah: 0～11 cm，浊黄橙色（10YR 6/4，干），浊红棕色（2.5YR 5/4，润），腐殖质层，砂壤土，块状结构，较紧实，有少量如枣核大小的料姜石，强石灰反应，中量细草本植物根系，向下层平滑清晰过渡。

Bw1: 11～38 cm，浊黄棕色（10YR 5/4，干），浊红橙色（7.5R 6/4，润），砂壤土，雏形层较紧实，块状结构，有中量直径 5 mm 以上的料姜石，强石灰反应，少量植物根系，向下层平滑清晰过渡。

Bw2: 38～60 cm，浊黄橙色（10YR 6/4，干），浊红棕色（5YR 5/3，润），砂壤土，较紧实，块状结构，强石灰反应，少量料姜石，少量植物根系，向下层平滑清晰过渡。

C1: 60～98 cm，浊黄棕色（10YR 5/4，干），浊橙色（7.5YR 6/4，润），砂壤土，较紧实，无明显结构，强石灰反应，有中量直径 5 mm 以上的料姜石，无植物根系，向下层平滑清晰过渡。

C2: 98～120 cm，黄棕色（10YR 5/6，干），浊棕色（7.5YR 6/3，润），砂壤土，较紧实，无明显结构，强石灰反应，有中量直径 5 mm 以上的料姜石，无植物根系。

后峁系代表性单个土体物理性质

土层	深度 /cm	砾石 (>2mm，体积分数)/%	细土颗粒组成（粒径：mm)/(g/kg)			质地	容重 /(g/cm³)
			砂粒 2～0.05	粉粒 0.05～0.002	黏粒 <0.002		
Ah	0～11	8	544	371	85	砂壤土	1.33
Bw1	11～38	10	548	367	85	砂壤土	1.46
Bw2	38～60	12	569	351	80	砂壤土	1.43
C1	60～98	8	595	324	81	砂壤土	1.49
C2	98～120	9	560	357	83	砂壤土	1.37

后峁系代表性单个土体化学性质

深度 /cm	pH (H₂O)	有机质 /(g/kg)	全氮(N) /(g/kg)	全磷(P) /(g/kg)	全钾(K) /(g/kg)	CEC /(cmol/kg)	CaCO₃ /(g/kg)
0～11	8.5	9.4	0.29	0.68	6.58	7.70	26.2
11～38	8.6	3.6	0.04	0.50	6.04	9.25	32.5
38～60	8.6	3.0	0.06	0.51	5.69	7.87	35.0
60～98	8.5	2.4	0.11	0.60	6.08	6.50	28.2
98～120	8.5	3.1	0.09	0.61	6.22	7.91	27.2

8.6.2 韦林系（Weilin Series）

土 族：砂质硅质混合型石灰性温性-普通简育干润雏形土

拟定者：齐雁冰，常庆瑞，刘梦云

分布与环境条件 分布于陕西省渭南市大荔县沙苑固定沙丘的缓坡及沙丘间洼地，沙苑是由于携带泥沙较多的洛河在入渭河时除输入黄河外，不少泥沙淤塞在洛渭三角洲，风蚀堆积形成的。地面有一定起伏，坡度3°～15°，海拔320～360 m。暖温带半湿润、半干旱季风气候，年日照时数2350～2450 h，≥10℃年积温 4433～4440 ℃，年均温 13.5～14.5 ℃，

韦林系典型景观

年均降水量418～587 mm，无霜期204～208 d。

土系特征与变幅 诊断层包括淡薄表层、雏形层；诊断特性包括温性土壤温度状况、半干润土壤水分状况、石灰性。该土系成土母质为风积沙，是在防风固沙的基础上，经过长期耕作形成的，土壤发育微弱，剖面分化不明显，土壤质地以砂土-壤砂土为主，结构较差，疏松多孔，通体呈强石灰反应。土壤养分贫乏，碱性土，pH 8.8～9.7。

对比土系 大昌汗系，同一亚类，土壤母质均为沙物质，但土壤质地为壤质，矿物类型为混合型，为不同土族。堆子梁系，母质均为风积沙，但地表以自然固定沙丘为主，受人为影响小，土壤养分更低，无明显雏形层，为不同土纲。

利用性能综述 该土系质地轻，疏松多孔，耕性良好，通透性强，土壤昼夜温差大，适宜种植小麦、玉米、花生及西瓜等粮食和经济作物，但土壤砂性大，漏水漏肥，发小苗无后劲，土壤瘠薄，不耐旱，有机质及养分含量较低，同时还常受风蚀的影响。在改良利用上，应以改土培肥为主，应平整土地，将旱地改为水浇地，推广拉土盖沙，引洪压沙，改良土壤质地，重视绿肥种植和有机肥施用，不断改善土壤结构，培肥地力。

参比土种 耕种沙苑土。

代表性单个土体 位于陕西省渭南市大荔县韦林镇国营沙苑农场第六分厂，34°42′32.7″ N，110°06′41.2″ E，海拔328 m，沙苑农场农耕地，地表平缓，坡度小于3°，风积沙物质母质，旱耕地，种植小麦、玉米，兼有桃子等果树，个别地方近几年弃耕，成灌草荒地。剖面表层受到植被枯落物、耕灌的影响有一定的腐殖质层，其下通体质地均一，砂质紧沙土。全剖面强石灰反应。50 cm深度土壤温度15.0 ℃。野外调查时间为2016年6月7日，编号61-097。

K: +1~0 cm，浊黄棕色（10YR 5/4，干），灰棕色（7.5YR 6/2，润），结皮层，砂土，粒状结构，胶结的片状，松脆，强石灰反应，有苔藓、地衣类植被，向下层平滑清晰过渡。

Ap: 0~20 cm，浊黄橙色（10YR 6/3，干），浊红棕色（2.5YR 5/3，润），砂土，粒状结构，疏松，强石灰反应，大量灌草植物根系，向下层平滑清晰过渡。

Bw1: 20~40 cm，浊黄棕色（10YR 5/3，干），淡红灰色（2.5YR 7/2，润），壤砂土，粒块状结构，疏松，紧沙土，强石灰反应，少量灌草植物根系，向下层平滑清晰过渡。

Bw2: 40~65 cm，浊黄橙色（10YR 6/4，干），灰红色（5R 6/4，润），砂土，粒状结构，疏松，紧沙土，强石灰反应，少量灌草植物根系，向下层平滑清晰过渡。

韦林系代表性单个土体剖面

C1: 65~90 cm，浊黄橙色（10YR 6/4，干），灰色（5Y 6/1，润），砂土，粒状结构，疏松，紧沙土，强石灰反应，少量灌草植物根系，向下层平滑清晰过渡。

C2: 90~120 cm，浊黄橙色（10YR 6/4，干），灰红色（2.5YR 6/2，润），砂土，粒状结构，疏松，紧沙土，强石灰反应，少量灌草植物根系。

韦林系代表性单个土体物理性质

| 土层 | 深度/cm | 砾石(>2mm，体积分数)/% | 细土颗粒组成(粒径：mm)/(g/kg) | | | 质地 | 容重/(g/cm³) |
			砂粒 2~0.05	粉粒 0.05~0.002	黏粒 <0.002		
K	+1~0	0	961	1	38	砂土	1.77
Ap	0~20	0	909	36	55	砂土	1.63
Bw1	20~40	0	832	90	78	壤砂土	1.59
Bw2	40~65	0	929	36	35	砂土	1.53
C1	65~90	0	920	43	37	砂土	1.53
C2	90~120	0	925	39	36	砂土	1.53

韦林系代表性单个土体化学性质

深度/cm	pH(H₂O)	有机质/(g/kg)	全氮(N)/(g/kg)	全磷(P)/(g/kg)	全钾(K)/(g/kg)	CEC/(cmol/kg)	CaCO₃/(g/kg)	易溶性盐总量/(g/kg)
+1~0	8.8	13.9	0.65	0.26	2.54	4.17	21.0	0.65
0~20	9.3	8.3	0.45	0.28	2.53	4.06	39.1	0.38
20~40	9.5	5.1	0.26	0.28	1.88	3.00	27.1	0.54
40~65	9.6	4.8	0.26	0.24	1.87	2.70	20.1	0.87
65~90	9.7	2.8	0.14	0.15	1.19	1.94	15.4	0.97
90~120	9.7	3.0	0.16	0.10	0.70	1.73	15.2	0.49

8.6.3 羊圈湾则系（Yangjuanwanze Series）

土　族：砂质硅质混合型石灰性温性-普通简育干润雏形土
拟定者：齐雁冰，常庆瑞，刘梦云

分布与环境条件　分布于陕北地区的榆林市靖边、横山、定边及佳县等县区的沙盖残塬的平缓处和风沙丘陵的背风坡地，海拔 1100～1548 m，成土母质为沙黄土，地面坡度 5°～15°。温带半干旱季风气候，年日照时数 2700～2900 h，年均温 10～14 ℃，≥10 ℃年积温 2800～4100 ℃，年均降水量 400～600 mm，无霜期 193 d。

羊圈湾则系典型景观

土系特征与变幅　诊断层包括淡薄表层、雏形层；诊断特性包括温性土壤温度状况、半干润土壤水分状况、石灰性。该土系所处位置一般为受风蚀堆积影响的残塬，表层为砂土或沙黄土，系风力作用下的堆积覆盖物，称为覆盖层，覆盖层以下为淡褐色黑垆土层，厚度 40～100 cm，向下过渡为母质层，无明显钙积层。全剖面质地较粗，以砂粒为主。全剖面强石灰反应。荒草地，壤砂土-砂壤土，碱性土，pH 8.3～8.5。

对比土系　后峁系，同一土族，成土母质均为黄土状物质，但剖面有料姜石，且剖面无黄土覆盖层，为不同土系。

利用性能综述　该土系因地表覆盖着一层厚度不等的风蚀物，土壤保水、保肥性能差，养分含量很低，在地势较为平缓、覆盖层较薄的地方，以种植荞麦、糜子、马铃薯等作物为主，但因地力水平低，产量较低。在覆盖层较厚的地段，适宜种植草灌，防风固沙。

参比土种　黄盖黑焦土。

代表性单个土体　位于陕西省榆林市靖边县席麻湾镇羊圈湾则村北，37°27′10″ N，108°41′45″ E，海拔 1490 m，沙盖残塬的平缓处，成土母质为沙黄土，旱地，荒草地或旱耕地，零星种植马铃薯、玉米等农作物，表层明显为黄土覆盖层，质地较粗，80 cm 以下为原黑垆土层，为草甸草原向风沙草原过渡区域大量有机物质聚集所形成，颜色较暗，全剖面强石灰反应。50 cm 深度土壤温度 10.8 ℃。野外调查时间为 2016 年 6 月 29 日，编号 61-121。

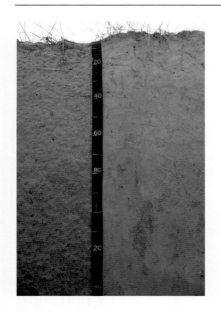

Ah：0～40 cm，浊黄棕色（10YR 5/4，干），暗灰黄色（2.5Y 5/2，润），腐殖质层，壤砂土，粒状结构，松软，强石灰反应，中量细草本植物根系，向下层平滑清晰过渡。

Bw：40～80 cm，浊黄棕色（10YR 5/4，干），淡绿灰色（7.5GY 7/1，润），砂壤土，雏形层，较紧实，块状结构，强石灰反应，少量植物根系，向下层平滑清晰过渡。

2A：80～140 cm，浊黄棕色（10YR 4/3，干），淡红灰色（10R 7/1，润），壤土，砂黑垆土层，块状结构，强石灰反应，少量植物根系。

羊圈湾则系代表性单个土体剖面

羊圈湾则系代表性单个土体物理性质

土层	深度 /cm	砾石 (>2mm，体积分数)/%	细土颗粒组成(粒径：mm)/(g/kg)			质地	容重 /(g/cm³)
			砂粒 2～0.05	粉粒 0.05～0.002	黏粒 <0.002		
Ah	0～40	0	808	116	76	壤砂土	1.43
Bw	40～80	0	704	178	118	砂壤土	1.47
2A	80～140	0	327	469	204	壤土	1.37

羊圈湾则系代表性单个土体化学性质

深度 /cm	pH (H₂O)	有机质 /(g/kg)	全氮(N) /(g/kg)	全磷(P) /(g/kg)	全钾(K) /(g/kg)	CEC /(cmol/kg)	CaCO₃ /(g/kg)
0～40	8.5	5.8	0.28	0.33	4.70	5.46	40.2
40～80	8.4	6.8	0.35	0.26	4.62	7.04	54.3
80～140	8.3	6.7	0.31	0.34	5.26	9.29	32.5

8.6.4 斗门系（Doumen Series）

土　族：黏壤质混合型石灰性温性-普通简育干润雏形土
拟定者：齐雁冰，常庆瑞，刘梦云

分布与环境条件　分布于西安、咸阳、宝鸡等市渭河、泾河、沣河、灞河的河漫滩和一级阶地上，分布地区地形平坦，水源充足，海拔 300～500 m，通常用作旱耕地。暖温带半湿润、半干旱季风气候，年日照时数 1950～2050 h，年均温 13～14 ℃，年均降水量 530～680 mm，无霜期 216 d。

斗门系典型景观

土系特征与变幅　诊断层包括淡薄表层、雏形层；诊断特性包括温性土壤温度状况、半干润土壤水分状况、石灰性。该土系成土母质为河流冲积物，地下水位一般大于 3 m，土体不再受地下水升降的影响，但剖面底部仍遗留有铁锈斑纹，全剖面质地均一，多为粉砂质黏壤土，表层受人为耕作活动影响，颜色灰棕，结构良好，较为疏松。耕地，水浇地，小麦-玉米轮作，土层深厚，厚度在 1.2 m 以上，粉壤土，碱性土，pH 8.4～8.6。

对比土系　叱干系，同一土类，但成土母质为黄土，具有明显的堆垫现象且土壤碳酸钙含量高，为不同土系。

利用性能综述　该土系土层深厚，质地均一，水分条件好，不砂不黏，耕性良好，通透性好，无板结现象，宜精耕细作。土性暖，易发苗，一年两熟，是关中地区较好的高产土壤。今后利用上应充分发挥该土系的增产潜力，进一步培肥土壤，进行秸秆还田，增施有机肥。

参比土种　脱潮土。

代表性单个土体　位于陕西省西安市长安区斗门街道半个城村东，34°13′75″ N，108°44′27″ E，海拔 393 m，沣河一级阶地，成土母质为冲积物，旱地，小麦-玉米轮作，弃耕地，表层种植苜蓿。该剖面 0～20 cm 为人为铺垫的黄土母质土层。50 cm 深度土壤温度 15.4 ℃。野外调查时间为 2016 年 3 月 20 日，编号 61-031。

斗门系代表性单个土体剖面

Au： 0~20 cm，浊黄棕色（10YR 5/3，干），棕灰色（5YR 5/1，润），粉壤土，人为堆垫的黄土质土层，团块状结构，疏松，强石灰反应，大量草本植物根系，并可见少量砖瓦片，向下层平滑突变过渡。

Ap： 20~40 cm，黄棕色（2.5Y 5/3，干），灰白色（5GY 8/1，润），粉壤土，原耕作层发育强，团块状结构，紧实，弱石灰反应，有瓦片、炉渣等侵入体，少量草本植物根系，向下层平滑清晰过渡。

Bw： 40~70 cm，黄棕色（2.5Y 5/3，干），红灰色（2.5YR 5/1，润），粉壤土，块状结构，紧实，弱石灰反应，有瓦片、炉渣等侵入体，少量草本植物根系，向下层平滑清晰过渡。

BC： 70~100 cm，黄棕色（2.5Y 5/3，干），淡棕灰色（7.5YR 7/1，润），粉壤土，无明显结构，稍疏松，弱石灰反应，少量草本植物根系，向下层平滑清晰过渡。

C： 100~120 cm，黄棕色（2.5Y 5/3，干），淡棕灰色（7.5YR 7/1，润），粉壤土，无明显结构，疏松，少量铁锈斑纹，弱石灰反应，无草本植物根系。

斗门系代表性单个土体物理性质

| 土层 | 深度 /cm | 砾石 （>2mm，体积分数)/% | 细土颗粒组成(粒径：mm)/(g/kg) | | | 质地 | 容重 /(g/cm³) |
			砂粒 2~0.05	粉粒 0.05~0.002	黏粒 <0.002		
Au	0~20	0	54	686	260	粉壤土	1.74
Ap	20~40	0	61	700	239	粉壤土	1.60
Bw	40~70	0	57	713	230	粉壤土	1.67
BC	70~100	0	41	729	230	粉壤土	1.49
C	100~120	0	80	724	196	粉壤土	1.50

斗门系代表性单个土体化学性质

深度 /cm	pH (H₂O)	有机质 /(g/kg)	全氮(N) /(g/kg)	全磷(P) /(g/kg)	全钾(K) /(g/kg)	CEC /(cmol/kg)	CaCO₃ /(g/kg)	游离氧化铁 /(g/kg)
0~20	8.4	10.3	0.08	0.50	8.83	12.51	107.9	5.58
20~40	8.4	21.7	0.86	0.86	7.00	13.83	9.7	5.47
40~70	8.5	9.6	0.29	0.46	7.46	12.38	10.0	6.39
70~100	8.5	9.6	0.27	0.66	7.34	12.83	10.6	6.20
100~120	8.6	7.9	0.10	0.41	6.30	10.91	18.4	5.28

8.6.5　刘家塬系（Liujiayuan Series）

土　族：黏壤质混合型石灰性温性-普通简育干润雏形土
拟定者：齐雁冰，常庆瑞，刘梦云

分布与环境条件　分布于陕西省陕北地区黄土丘陵及沟壑区的沟坝地上，主要分布在榆林及延安的一些县市区，海拔 800～1200 m，地面坡度较缓，一般小于 3°，通常用作农用地。中温带-暖温带半湿润、半干旱季风气候，年日照时数 2100～2400 h，年均温 8～11℃，≥10 ℃年积温 2917～3828 ℃，年均降水量 450～630 mm，无霜期 164 d。

刘家塬系典型景观

土系特征与变幅　诊断层包括淡薄表层、雏形层；诊断特性包括温性土壤温度状况、半干润土壤水分状况、人为淤积物质、石灰性。该土系是在黄土高原沟道内，人工筑坝后自然淤积而成的土壤。全剖面淤积层次明显，质地较轻，粉壤土，由于耕种时间长短不一，土壤肥力水平差异较大。全剖面强石灰反应，碱性土，pH 8.7～9.2。

对比土系　三皇庙系，不同土族，所处地形部位均为黄土丘陵区，成土母质均为黄土，但表层无人为淤积物质且土壤质地为壤质，为不同土系。金明寺系，均是由于人为坝淤形成的，但由于未形成明显的雏形层，为人为新成土。

利用性能综述　该土系所处地形较为平坦，土质结构相对较好，水文条件好，质地适中，是黄土丘陵沟壑区群众创造的高产土壤，但由于地表坡度很小，个别低洼处易排水不畅，发生盐渍化，因此改良利用上要建立排水系统，特别是汛期应加固溢洪道，同时增施有机肥，深翻改土。

参比土种　坝淤绵土。

代表性单个土体　位于陕西省延安市延川县刘家塬，36°52′54″ N，110°05′56″ E，海拔 826 m，黄土丘陵沟道坝淤地，成土母质为黄土，但表层为人为淤积物质，地表平缓，坡度小于 2°。旱地，种植玉米或谷子等，一年一熟。尽管表层有人为淤积物质，但淤积物质的厚度仅有 30 cm 左右，表层受到耕作和翻耕的影响，稍紧实，中下部为原黄土母质，质地均一，稍松软，通体强石灰反应。50 cm 深度土壤温度 13.1 ℃。野外调查时间为 2016 年 7 月 2 日，编号 61-134。

Aup1：0～18 cm，浊黄橙色（10YR 6/4，干），淡橄榄灰色（2.5GY 7/1，润），粉壤土，团块状结构，疏松，强石灰反应，大量草本植物根系，向下层平滑清晰过渡。

Aup2：18～28 cm，浊黄橙色（10YR 6/4，干），灰黄色（2.5Y 6/2，润），粉壤土，块状结构，紧实，强石灰反应，中量草本植物根系，向下层平滑清晰过渡。

Bw：　28～60 cm，浊黄橙色（10YR 6/4，干），黄灰色（2.5Y 5/1，润），粉壤土，块状结构，稍松软，强石灰反应，少量草本植物根系，向下层平滑清晰过渡。

BC：　60～120 cm，浊黄橙色（10YR 6/4，干），浊红色（2.5R 5/6，润），粉壤土，块状结构，松软，强石灰反应，少量草本植物根系。

刘家塬系代表性单个土体剖面

刘家塬系代表性单个土体物理性质

土层	深度/cm	砾石(>2mm，体积分数)/%	细土颗粒组成(粒径：mm)/(g/kg)			质地	容重/(g/cm³)
			砂粒 2～0.05	粉粒 0.05～0.002	黏粒 <0.002		
Aup1	0～18	0	257	573	170	粉壤土	1.21
Aup2	18～28	0	164	639	197	粉壤土	1.52
Bw	28～60	0	132	653	215	粉壤土	1.55
BC	60～120	0	132	654	214	粉壤土	1.37

刘家塬系代表性单个土体化学性质

深度/cm	pH(H₂O)	有机质/(g/kg)	全氮(N)/(g/kg)	全磷(P)/(g/kg)	全钾(K)/(g/kg)	CEC/(cmol/kg)	CaCO₃/(g/kg)
0～18	8.7	7.3	0.34	0.54	8.44	13.25	80.3
18～28	9.1	8.4	0.46	0.60	8.30	12.64	80.4
28～60	9.1	6.0	0.29	0.65	7.79	11.87	80.1
60～120	9.2	5.0	0.27	0.49	8.17	12.50	85.6

8.6.6 骆驼湾系（Luotuowan Series）

土　　族：黏壤质混合型石灰性温性-普通简育干润雏形土
拟定者：齐雁冰，常庆瑞，刘梦云

分布与环境条件　分布于关中平原地带渭河流域及其支流的河漫滩及一级阶地上。海拔350～500 m，地势平坦。暖温带半湿润、半干旱季风气候，年日照时数 2000～2200 h，≥10 ℃年积温 3000～4500 ℃，年均温 13～14 ℃，年均降水量 500～650 mm，无霜期 213 d。

骆驼湾系典型景观

土系特征与变幅　诊断层包括淡薄表层、雏形层；诊断特性包括堆垫现象、温性土壤温度状况、半干润土壤水分状况、石灰性、冲积沉积物岩性特征。该土系成土母质为河流冲积-洪积物，粉砂质黏壤土质地，通体可见直径 3 cm 以上磨圆度较好的砾石。农业历史悠久，表层受人为耕作与长期施入土粪影响，形成一定深度的堆垫现象。全剖面冲积层次明显，土壤质地一般为粉壤土或粉黏壤土，通体有石灰反应。弱碱性土，pH 8.3～8.8。

对比土系　阳峪系，同一土类，均位于关中平原且具有一定堆垫现象，但成土母质为黄土，而骆驼湾系成土母质为冲积-洪积物，阳峪系土壤质地为壤质，为不同土系。二曲系，地形部位类似，均为河流阶地，成土母质均为河流冲积物，但土壤质地为壤质，堆垫层厚度达到堆垫表层的要求而为人为土纲。

利用性能综述　该土系地处平坦区域，有灌溉条件，适宜种植小麦、玉米等多种农作物，一年两熟，农业历史悠久，表层肥力较高，主要障碍因素为表层含有一定量的砾石，影响耕作及作物生长。改良利用上可通过捡拾大石块、增施有机肥等途径减少耕作阻力及提高地力。

参比土种　表砾石淤泥土。

代表性单个土体　位于陕西省咸阳市泾阳县云阳镇骆驼湾村，34°38′56″ N，108°47′27″ E，海拔 418 m，河流一级阶地，成土母质为冲积-洪积物，水浇地，小麦/玉米/蔬菜轮作，一年两熟。剖面表层受长期翻耕与施入土粪堆垫影响，形成明显的堆垫现象，可见炭渣、瓦片等人为侵入体，中部出现少量直径 3 cm 以上磨圆度较好的砾石，底部则保留河流冲积物的层次特征。全剖面为粉壤土或粉黏壤土，强石灰反应。50 cm 深度土壤温度 15.1℃。

野外调查时间为 2016 年 3 月 27 日，编号 61-036。

Aup：0～20 cm，浊黄棕色（10YR 5/4，干），橄榄灰色（5GY 5/1，润），粉壤土，耕作层发育强，团粒状结构，松软，可见炭渣、砖瓦片等侵入体，地表可见少量粒径大于 3 cm 磨圆度较好的砾石，强石灰反应，中量孔隙，大量草本植物根系，向下层平滑清晰过渡。

2A：20～35 cm，浊黄棕色（10YR 5/4，干），浊黄色（2.5Y 6/3，润），粉黏壤土，有少量粒径大于 3 cm 磨圆度较好的砾石，块状结构，紧实，可见炭渣、砖瓦片等侵入体，强石灰反应，中量孔隙，中量草本植物根系，向下层平滑清晰过渡。

Bw：35～55 cm，浊黄棕色（10YR 5/4，干），棕灰色（5YR 5/1，润），粉壤土，块状结构，紧实，有少量粒径大于 3 cm 磨圆度较好的砾石，强石灰反应，中量孔隙，少量草本植物根系，向下层平滑清晰过渡。

骆驼湾系代表性单个土体剖面

BC：55～90 cm，浊黄橙色（10YR 6/4，干），紫灰色（5RP 6/1，润），粉黏壤土，块状结构，紧实，有少量粒径大于 3 cm 磨圆度较好的砾石，强石灰反应，中量孔隙，无植物根系，向下层平滑清晰过渡。

C：90～120 cm，浊黄橙色（10YR 6/4，干），暗橄榄灰色（5GY 4/1，润），粉壤土，块状结构，紧实，强石灰反应，中量孔隙，无植物根系。

骆驼湾系代表性单个土体物理性质

土层	深度 /cm	砾石 (>2mm, 体积分数)/%	砂粒 2～0.05	粉粒 0.05～0.002	黏粒 <0.002	质地	容重 /(g/cm³)
			细土颗粒组成（粒径：mm)/(g/kg)				
Aup	0～20	1	72	693	235	粉壤土	1.22
2A	20～35	5	21	701	278	粉黏壤土	1.60
Bw	35～55	8	28	712	260	粉壤土	1.52
BC	55～90	5	10	714	276	粉黏壤土	1.48
C	90～120	0	74	694	232	粉壤土	1.51

骆驼湾系代表性单个土体化学性质

深度 /cm	pH (H₂O)	有机质 /(g/kg)	全氮(N) /(g/kg)	全磷(P) /(g/kg)	全钾(K) /(g/kg)	CEC /(cmol/kg)	CaCO₃ /(g/kg)
0～20	8.3	18.4	1.01	1.37	8.81	11.25	92.3
20～35	8.5	8.6	0.48	0.53	6.53	8.33	117.2
35～55	8.7	5.5	0.37	0.40	6.04	6.82	125.7
55～90	8.7	4.0	0.27	0.48	6.69	6.99	109.5
90～120	8.8	3.0	0.23	0.36	6.39	6.61	112.4

8.6.7 大昌汗系（Dachanghan Series）

土　　族：壤质混合型石灰性温性-普通简育干润雏形土

拟定者：齐雁冰，常庆瑞，刘梦云

分布与环境条件　分布于陕北地区的榆林市和延安市下辖地区的梁峁坡地，位于白于山以北地区，坡度在 5°～25°，海拔800～1500 m，成土母质为沙黄土。暖温带半干旱季风气候，年日照时数 2500～2700 h，年均温7.6～8.8 ℃，≥10 ℃年积温2600～3640 ℃，年均降水量324～460 mm，无霜期 150 d。

大昌汗系典型景观

土系特征与变幅　诊断层包括淡薄表层、雏形层；诊断特性包括温性土壤温度状况、半干润土壤水分状况、石灰性。该土系成土母质为沙黄土。剖面土层深厚，发育弱，粉壤土-壤砂土。由于坡度大，结持力弱，风蚀水蚀强烈，表土不断流失。通体强石灰反应，碱性土，pH 8.7～8.9。

对比土系　中沟系，同一土族，地形部位均为黄土丘陵沟壑的梁峁坡地，但上层出现明显的人为扰动现象，为不同土系。

利用性能综述　该土系所处位置坡度大，气候干燥，质地轻，保水保肥性能差，养分含量低，产量低，适于种植耐旱耐瘠的作物如荞麦、马铃薯、豆类及糜谷等，一年一熟。改良利用上，坡度稍缓处可通过修筑梯田，改善土壤水分及养分条件，坡度较大处应退耕还林还草，防止水土流失与沙化危害。

参比土种　坡绵沙土。

代表性单个土体　位于陕西省榆林市府谷县大昌汗镇松宏湾村，39°17′11.7″ N，110°28′46.3″ E，海拔 1161 m，黄土丘陵沟壑梁峁中上部坡顶，地面坡度 10°左右，成土母质为沙黄土，大部分为荒草地，或为近年退耕还林还草地，个别缓坡处用作旱地，种植玉米、高粱、谷子等，一年一熟。表层受到植被生长及枯落物分解影响，疏松，有一定的腐殖质积累，中下层剖面无发育，全剖面质地均一，粉壤土-壤砂土，通体强石灰反应。50 cm 深度土壤温度 10.6 ℃。野外调查时间为 2015 年 8 月 25 日，编号 61-015。

Ap: 0～22 cm，浊黄棕色（10YR 4/3，干），灰黄棕色（10YR 6/2，润），粉壤土，粒块状结构，疏松，强石灰反应，大量草本植物根系，向下层平滑清晰过渡。

AB: 22～30 cm，浊黄棕色（10YR 5/4，干），红灰色（2.5YR 6/1，润），粉壤土，块状结构，紧实，强石灰反应，中量草本植物根系，向下层平滑清晰过渡。

Bw: 30～80 cm，浊黄橙色（10YR 6/4，干），灰黄棕色（10YR 6/2，润），粉壤土，块状结构，紧实，强石灰反应，中量草本植物根系，向下层平滑清晰过渡。

C: 80～120 cm，浊黄橙色（10YR 6/3，干），绿灰色（7.5GY 6/1，润），壤砂土，无明显结构，紧实，强石灰反应，中量草本植物根系。

大昌汗系代表性单个土体剖面

大昌汗系代表性单个土体物理性质

| 土层 | 深度 /cm | 砾石 (>2mm，体积分数)/% | 细土颗粒组成(粒径: mm)/(g/kg) | | | 质地 | 容重 /(g/cm³) |
			砂粒 2～0.05	粉粒 0.05～0.002	黏粒 <0.002		
Ap	0～22	0	269	614	117	粉壤土	1.35
AB	22～30	0	259	626	115	粉壤土	1.56
Bw	30～80	0	218	661	121	粉壤土	1.52
C	80～120	0	788	151	61	壤砂土	1.50

大昌汗系代表性单个土体化学性质

深度 /cm	pH (H₂O)	有机质 /(g/kg)	全氮(N) /(g/kg)	全磷(P) /(g/kg)	全钾(K) /(g/kg)	CEC /(cmol/kg)	CaCO₃ /(g/kg)	易溶性盐总量 /(g/kg)
0～22	8.9	8.2	0.22	0.30	3.05	5.88	15.9	0.89
22～30	8.8	4.4	0.21	0.30	4.98	5.77	35.0	0.50
30～80	8.8	2.9	0.59	0.59	7.25	5.27	45.1	1.66
80～120	8.7	2.6	0.05	0.38	6.94	6.31	52.7	0.57

8.6.8　坊镇系（Fangzhen Series）

土　族：壤质混合型石灰性温性-普通简育干润雏形土
拟定者：齐雁冰，常庆瑞，刘梦云

分布与环境条件　分布于陕西省关中平原的黄土台塬及渭北旱塬地区，海拔 650～850 m，是黄土母质经长期人为施入土粪及耕种形成的幼年熟土壤，质地均一，因地处塬面，土壤侵蚀较轻，熟土层深厚，旱地，种植小麦、苹果、红薯等作物。暖温带半湿润、半干旱季风气候，年日照时数 2400～2500 h，年均温 11.5～12.5 ℃，年均降水量 510～650 mm，无霜期 190 d。

坊镇系典型景观

土系特征与变幅　诊断层包括淡薄表层、雏形层；诊断特性包括温性土壤温度状况、半干润土壤水分状况、堆垫现象、钙积现象、石灰性。长期小麦-玉米轮作，农作历史悠久，因人类长期施用土粪堆垫并进行耕作熟化而在表层形成覆盖层，并能观察到炭渣、砖瓦片等侵入体，原耕作层逐渐被覆盖，土层深厚，厚度在 1.2 m 以上，有雏形层，粉壤土，碱性，pH 8.7～8.9。

对比土系　道镇系，同一土类，地形部位均为渭北旱塬或黄土台塬，但成土母质为受侵蚀的红土，且无堆垫现象，为不同土系。临平系，地形部位均为渭北旱塬或黄土台塬，成土母质为黄土，堆垫层厚度达到堆垫表层条件而为堆垫简育干润淋溶土；土基系，同一土类，地形部位同为黄土台塬，均为发育微弱的幼年性土壤，均有雏形层，但无堆垫表层且具有钙积层，为不同亚类。

利用性能综述　该土系所处地形平坦，土体深厚，通透性、蓄水保墒性、保肥供肥性均较好，质地适中，耕性好，表层疏松多孔，土壤养分含量中下等，土壤稍贫瘠。由于地处半湿润、半干旱区域，应完善灌溉条件，保证灌溉，同时应注意增施有机肥和实行秸秆还田以培肥土壤。

参比土种　塬黄墡土。

代表性单个土体　位于陕西省渭南市合阳县坊镇鹅毛村夏东寨，35°16′50.2″ N，110°10′0.9″ E，海拔 777 m，黄土台塬区，由原黄绵土经长期耕作和大量施用土粪堆积增厚形成，成土母质为黄土，旱地，小麦-玉米轮作。地势平坦，仅有雏形层未见黏化层，土壤发育较弱，通体强石灰反应，土体中部黏粒含量稍高，但未形成明显黏化层，粉壤土。50 cm 深度土壤温度 14.3 ℃。野外调查时间为 2016 年 6 月 7 日，编号 61-099。

坊镇系代表性单个土体剖面

Aup1：0～8 cm，浊黄棕色（10YR 5/4，干），红黑色（7.5R 2/1，润），粉壤土，耕作层发育中等，团粒状结构，多孔疏松，可见炭渣及瓦片，强石灰反应，大量中细根系，多量大孔隙及虫孔根洞，向下层平滑清晰过渡。

Aup2：8～30 cm，浊黄棕色（10YR 5/4，干），灰色（10Y 6/1，润），粉壤土，犁底层，稍疏松，块状结构，有炭渣、瓦片等侵入体，强石灰反应，中量根系，有裂隙及中量大孔隙，有虫孔根洞，向下层平滑清晰过渡。

Bw1：30～50 cm，浊黄橙色（10YR 6/4，干），淡红灰色（2.5YR 7/1，润），粉壤土，老耕层发育中等，稍疏松，块状结构，强石灰反应，中量中细根系，有裂隙及中量大孔隙，有虫孔根洞，向下层平滑清晰过渡。

Bw2：50～80 cm，浊黄橙色（10YR 6/4，干），灰色（5Y 6/1，润），粉壤土，疏松，块状结构，强石灰反应，少量中根系，有裂隙及少量大孔隙，向下层平滑清晰过渡。

C：　80～120 cm，浊黄橙色（10YR 6/4，干），淡橄榄灰色（5GY 7/1，润），粉壤土，疏松，无明显结构，强石灰反应，少量中根系，有裂隙及少量大孔隙。

坊镇系代表性单个土体物理性质

土层	深度 /cm	砾石 (>2mm，体积 分数)/%	细土颗粒组成(粒径：mm)/(g/kg)			质地	容重 /(g/cm³)
			砂粒 2～0.05	粉粒 0.05～0.002	黏粒 <0.002		
Aup1	0～8	0	108	671	221	粉壤土	1.43
Aup2	8～30	0	71	718	211	粉壤土	1.24
Bw1	30～50	0	71	710	219	粉壤土	1.20
Bw2	50～80	0	56	713	231	粉壤土	1.23
C	80～120	0	87	715	198	粉壤土	1.30

坊镇系代表性单个土体化学性质

深度 /cm	pH (H₂O)	有机质 /(g/kg)	全氮(N) /(g/kg)	全磷(P) /(g/kg)	全钾(K) /(g/kg)	CEC /(cmol/kg)	CaCO₃ /(g/kg)
0～8	8.7	23.8	1.25	0.53	9.63	14.25	117.3
8～30	8.9	10.7	0.58	0.25	9.59	14.98	120.6
30～50	8.9	9.9	0.51	0.34	9.11	15.78	141.5
50～80	8.8	10.7	0.54	0.46	9.81	14.46	146.9
80～120	8.8	7.4	0.40	0.37	9.63	14.17	159.3

8.6.9 红柳沟系（Hongliugou Series）

土　　族：壤质混合型石灰性温性-普通简育干润雏形土
拟定者：齐雁冰，常庆瑞，刘梦云

分布与环境条件　分布于陕北地区定边县的安边堡以西、白于山北麓冲积洪积平原以北的内陆湖盆风沙草滩地，集中于周台子、海子梁、红柳沟、砖井、贺圈等乡镇，地形较平缓，热量条件好，海拔 1300～1500 m，成土母质为红色砂岩风化物，地面坡度 1°～3°。温带半干旱季风气候，年日照时数 2700～2800 h，年均温 8～9 ℃，≥10 ℃年积温 2950～3086 ℃，年均降水量 316～324 mm，无霜期 141 d。

红柳沟系典型景观

土系特征与变幅　诊断层包括淡薄表层、雏形层、钙积层；诊断特性包括温性土壤温度状况、半干润土壤水分状况、石灰性。该土系所处位置一般为内陆湖盆风沙草滩地，成土母质为红色砂岩风化物。质地壤质砂土或砂质壤土，由于风蚀严重，表层一般较薄，呈灰白色，钙积层常接近地表，有假菌丝状石灰淀积或土状石灰软结核，无明显的石膏结核，土壤通体呈强石灰反应，土壤结构差，性状不良，养分极度贫乏。荒草地，粉壤土，碱性土，pH 8.4～9.0。

对比土系　楼坪系，同一土族，但成土过程有腐殖质积累，成土母质为沙黄土，为不同土系。赵圈系，同一土族，所处地形均为较为平缓的风沙滩地或残塬塬面，但成土母质为沙黄土，为不同土系。

利用性能综述　该土系地处半干旱气候区，常受强烈的风蚀危害，质地粗，保水保肥能力差，土壤有机质及养分极度贫乏，生产性能极为不良。不宜用作农业用地，较为平缓处可种植糜子、谷子、荞麦等农作物，一年一熟。在利用上应营造防护林带，种草养畜发展畜牧业，恢复植被，保护生态平衡。

参比土种　黑焦土。

代表性单个土体　位于陕西省榆林市定边县红柳沟镇上红柳沟村，37°26′37″ N，107°17′12″ E，海拔 1387 m，内陆湖盆风沙草滩地，成土母质为红色砂岩风化物，裸地，或旱作农作物，种植糜子、小米等。表层为黄土覆盖层，其下为原耕作层，下部为红色砂岩风化物形成的土壤，全剖面强石灰反应。50 cm 深度土壤温度 11.1 ℃。野外调查时间为 2016 年 6 月 28 日，编号 61-113。

红柳沟系代表性单个土体剖面

Ah： 0～25 cm，浊棕色（7.5YR 5/3，干），暗红棕色（2.5YR 3/6，润），粉壤土，粒块状结构，松软，有一定的裂隙和大孔隙，强石灰反应，有假菌丝状石灰淀积或土状石灰软结核，中量细草本植物根系，向下层平滑清晰过渡。

2A： 25～45 cm，浊棕色（7.5YR 5/4，干），灰黄色（2.5Y 7/2，润），粉壤土，较紧实，棱块状结构，强石灰反应，少量植物根系，向下层平滑清晰过渡。

Bw：45～90 cm，浊棕色（7.5YR 5/3，干），浊红色（7.5R 4/4，润），粉壤土，较紧实，块状结构，强石灰反应，少量植物根系，向下层平滑清晰过渡。

C： 90～120 cm，浊棕色（7.5YR 5/3，干），浊红橙色（10R 6/3，润），粉壤土，较紧实，无明显结构，强石灰反应，少量植物根系。

红柳沟系代表性单个土体物理性质

| 土层 | 深度/cm | 砾石(>2mm，体积分数)/% | 细土颗粒组成(粒径：mm)/(g/kg) | | | 质地 | 容重/(g/cm³) |
			砂粒 2～0.05	粉粒 0.05～0.002	黏粒 <0.002		
Ah	0～25	0	158	650	192	粉壤土	1.57
2A	25～45	0	276	542	182	粉壤土	1.32
Bw	45～90	0	170	638	192	粉壤土	1.31
C	90～120	0	225	588	187	粉壤土	1.41

红柳沟系代表性单个土体化学性质

深度/cm	pH(H₂O)	有机质/(g/kg)	全氮(N)/(g/kg)	全磷(P)/(g/kg)	全钾(K)/(g/kg)	CEC/(cmol/kg)	CaCO₃/(g/kg)
0～25	9.0	6.6	0.32	0.42	7.84	13.06	77.5
25～45	8.9	12.6	0.65	0.59	11.35	24.72	71.0
45～90	8.8	9.1	0.40	0.74	9.39	21.47	78.5
90～120	8.4	8.3	0.42	0.58	9.88	17.80	74.8

8.6.10 三皇庙系 (Sanhuangmiao Series)

土　族：壤质混合型石灰性温性-普通简育干润雏形土
拟定者：齐雁冰，常庆瑞，刘梦云

分布与环境条件 分布于陕北地区的榆林市和延安市坡度为 7°～15°坡面的梁峁坡地上，海拔 800～1500 m，成土母质为沙黄土。暖温带半干旱季风气候，年日照时数 2500～2700 h，年均温 7.8～9.5 ℃，≥10 ℃年积温 2600～3600 ℃，年均降水量 324～460 mm，无霜期 150 d。

三皇庙系典型景观

土系特征与变幅 诊断层包括淡薄表层、雏形层；诊断特性包括温性土壤温度状况、半干润土壤水分状况、石灰性。该土系为黄土母质，是在人工修筑的梯田或人造平原的基础上经多年耕种形成的，剖面土层深厚，土壤发育弱，砂质壤土，中下部有少量石灰假菌丝体或斑点状石灰霜粉。由于坡地变平地，有效地防止了土壤侵蚀。通体强石灰反应，碱性土，pH 8.3～8.4。

对比土系 红柳沟系，同一土族，但地形部位为冲积洪积平原以北的内陆湖盆风沙草滩地，为不同土系。老高川系，同一土类，所处地形部位均为丘陵沟壑坡麓沟谷地，但三皇庙系具有石灰性且质地为壤土，为不同亚类。

利用性能综述 该土系由于修筑梯田或人工平整，田面平整，为保蓄水肥创造了条件，可以种植玉米、高粱等农作物，一年一熟，产量适中。但土壤质地较粗，新修梯田土层受到扰动，养分含量低，在改良利用上应通过深耕改土、重施有机肥及合理施用化肥，提高土壤肥力，加强保墒措施，实行垄沟种植、地膜覆盖等技术，同时在田坎种植柠条等灌木，以保护梯田，防止水土流失。

参比土种 梯绵沙土。

代表性单个土体 位于陕西省榆林市佳县金明寺镇三皇庙村，38°02′31″ N，110°10′22″ E，海拔 1193 m，黄土丘陵沟壑梁峁顶部的人工梯田上，地面坡度 10°左右，成土母质为沙黄土，旱地，种植玉米、高粱、谷子等，一年一熟。表层受到植被生长及耕作的影响，疏松，腐殖质积累多，中下层土壤无发育，全剖面质地均一，中下部可见少量斑点状石灰霜粉，通体强石灰反应。50 cm 深度土壤温度 11.3 ℃。野外调查时间为 2016 年 6 月 30 日，编号 61-124。

Ap: 0～20 cm，浊黄橙色（10YR 6/3，干），灰棕色（5YR 6/2，润），壤土，团块状结构，疏松，强石灰反应，大量草本植物根系，向下层平滑清晰过渡。

Bw1: 20～60 cm，浊黄橙色（10YR 6/4，干），暗橄榄灰色（5GY 4/1，润），壤土，块状结构，稍紧实，结构面可见少量斑点状石灰霜粉，强石灰反应，少量灌草植物根系，向下层平滑清晰过渡。

Bw2: 60～120 cm，浊黄橙色（10YR 6/4，干），黑棕色（5YR 3/1，润），壤土，无明显结构，稍松软，强石灰反应，少量灌草植物根系。

三皇庙系代表性单个土体剖面

三皇庙系代表性单个土体物理性质

土层	深度 /cm	砾石 (>2mm，体积分数)/%	细土颗粒组成(粒径：mm)/(g/kg)			质地	容重 /(g/cm³)
			砂粒 2～0.05	粉粒 0.05～0.002	黏粒 <0.002		
Ap	0～20	0	435	437	128	壤土	1.35
Bw1	20～60	0	438	439	123	壤土	1.32
Bw2	60～120	0	515	375	110	壤土	1.32

三皇庙系代表性单个土体化学性质

深度 /cm	pH (H₂O)	有机质 /(g/kg)	全氮(N) /(g/kg)	全磷(P) /(g/kg)	全钾(K) /(g/kg)	CEC /(cmol/kg)	CaCO₃ /(g/kg)
0～20	8.3	5.4	0.30	0.50	7.03	7.69	61.0
20～60	8.4	3.4	0.14	0.46	7.17	8.42	68.8
60～120	8.3	4.0	0.21	0.45	5.87	7.19	69.9

8.6.11　楼坪系（Louping Series）

土　族：壤质混合型石灰性温性-普通简育干润雏形土
拟定者：齐雁冰，常庆瑞，刘梦云

分布与环境条件　分布于陕北地区的榆林市靖边、横山、定边及佳县等县区的沙盖残塬的平缓处和风沙丘陵的背风坡地，海拔 1100～1548 m，成土母质为沙黄土，地面坡度 5°～15°。温带半干旱季风气候，年日照时数 2700～2900 h，年均温 10～14 ℃，≥10 ℃年积温 2800～4100 ℃，年均降水量 400～600 mm，无霜期 157d。

楼坪系典型景观

土系特征与变幅　诊断层包括淡薄表层、雏形层；诊断特性包括温性土壤温度状况、半干润土壤水分状况、石灰性。该土系所处位置一般为受风蚀堆积影响的残塬，表层为砂土或沙黄土，系风力作用下的堆积覆盖物，称为覆盖层，覆盖层以下为淡褐色黑垆土层，厚度 40～100 cm，向下过渡为母质层，无明显钙积层。全剖面质地较粗，以砂粒为主。全剖面强石灰反应。荒草地，粉壤土，碱性土，pH 8.8。

对比土系　羊圈湾则系，同一亚类，成土母质均为沙黄土，均为草甸草原向荒漠草原过渡的植被条件和半湿润向半干旱过渡的条件下形成的，均属于黄盖黑焦土，但土壤质地为砂质，为不同土族。桥上系，同一土类，均属黑垆土，但黑垆土层颜色深厚，剖面有较多碳酸钙粉末，有钙积层，为不同亚类。

利用性能综述　该土系因地表覆盖着一层厚度不等的风蚀物，土壤保水保肥性能差，养分含量很低，在地势较为平缓、覆盖层较薄的地方，以种植荞麦、糜子、马铃薯等作物为主，但因地力水平低，产量较低。在覆盖层较厚的地段，适宜种植草灌，防风固沙。

参比土种　黄盖黑焦土。

代表性单个土体　位于陕西省延安市安塞区楼坪乡洛坪川村，36°35′40″ N，109°10′50″ E，海拔 1177 m，沙盖残塬的平缓处，成土母质为沙黄土，旱地，荒草地或旱耕地，零星种植马铃薯、玉米等农作物，表层明显为黄土覆盖层，质地较粗，120 cm 以下为原黑垆土层，为草甸草原向风沙草原过渡区域大量有机物质聚集形成，颜色较暗，全剖面强石灰反应。50 cm 深度土壤温度 12.3℃。野外调查时间为 2016 年 7 月 3 日，编号 61-138。

Ah:　0～20 cm，浊黄橙色（10YR 6/4，干），橄榄灰色（5GY 6/1，润），腐殖质层，粉壤土，粒块状结构，松软，强石灰反应，中量细草本植物根系，向下层平滑清晰过渡。

Bw1：20～50 cm，浊黄棕色（10YR 5/4，干），灰黄棕色（10YR 5/2，润），粉壤土，雏形层较紧实，块状结构，强石灰反应，少量植物根系，向下层平滑清晰过渡。

Bw2：50～140 cm，浊黄橙色（10YR 6/4，干），橄榄灰色（2.5GY 6/1，润），粉壤土，无明显结构，强石灰反应，少量植物根系。

楼坪系代表性单个土体剖面

楼坪系代表性单个土体物理性质

土层	深度 /cm	砾石 (>2mm，体积分数)/%	细土颗粒组成(粒径：mm)/(g/kg)			质地	容重 /(g/cm³)
			砂粒 2～0.05	粉粒 0.05～0.002	黏粒 <0.002		
Ah	0～20	0	287	547	166	粉壤土	1.12
Bw1	20～50	0	195	607	198	粉壤土	1.34
Bw2	50～140	0	206	595	199	粉壤土	1.32

楼坪系代表性单个土体化学性质

深度 /cm	pH (H₂O)	有机质 /(g/kg)	全氮(N) /(g/kg)	全磷(P) /(g/kg)	全钾(K) /(g/kg)	CEC /(cmol/kg)	CaCO₃ /(g/kg)
0～20	8.8	17.6	0.95	0.58	7.87	10.28	97.4
20～50	8.8	13.9	0.76	0.54	8.04	9.02	101.0
50～140	8.8	7.5	0.43	0.49	7.72	9.00	105.4

8.6.12　麻家塔系（Majiata Series）

土　族：壤质混合型石灰性温性–普通简育干润雏形土
拟定者：齐雁冰，常庆瑞，刘梦云

分布与环境条件　分布于榆林市及延安市的部分河谷中上川地，海拔 800～1200 m，多数用作农耕地，种植玉米、谷子等农作物，一年一熟。温带半湿润、半干旱季风气候，年日照时数 2700～2900 h，≥10 ℃年积温 2900～3200 ℃，年均温 8～11 ℃，年均降水量 300～450 mm，无霜期 169 d。

麻家塔系典型景观

土系特征与变幅　诊断层包括淡薄表层、雏形层；诊断特性包括温性土壤温度状况、半干润土壤水分状况、冲积沉积物岩性特征、钙积现象、石灰性。该土系成土母质为河流冲积物，质地黏重，通体为粉壤土或粉黏壤土质地，但整个剖面土壤基本无发育，中下部有明显的淤积层次。全剖面质地均一，强石灰反应，碱性土，pH 8.2～8.9。

对比土系　斗门系，同一亚类，成土母质及地形部位类似，均为冲积母质，但通体土壤质地属黏壤质，且土体表层具有人为堆垫的黄土质土层，为不同土族。

利用性能综述　该土系土层深厚，一般在 1 m 以上，但养分贫瘠，质地为粉壤土或粉黏壤土，疏松易耕，通气透水，蓄水保肥能力弱，抗旱力较差。在利用上应积极发展灌溉，增施有机肥，以逐渐提高地力和提供水源保证。

参比土种　淤绵沙土。

代表性单个土体　位于陕西省榆林市神木市麻家塔乡后麻家塔村，水磨河南岸，38°53′8.5″N，110°25′54.4″E，海拔 976 m，河谷中上川地，地面平整，成土母质为河流冲积物，旱耕地，苗木基地，之前为农耕地，种植玉米或谷子，一年一熟。表层受到耕作影响，表现出明显的耕作特征，中部则基本保持母质特征，底部能看出不同的冲积层次，全剖面质地粉壤土或粉黏壤土，强石灰反应。50 cm 深度土壤温度 11.5 ℃。野外调查时间为 2015 年 8 月 27 日，编号 61-019。

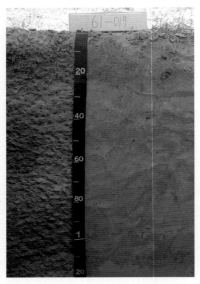

麻家塔系代表性单个土体剖面

Ap: 0～20 cm，棕色（10YR 4/4，干），棕灰色（10YR 5/1，润），粉壤土，发育弱，团块状结构，疏松，强石灰反应，中量孔隙，中量草本植物根系，向下层平滑清晰过渡。

Bw: 20～38 cm，浊黄棕色（10YR 5/4，干），浅淡黄色（2.5Y 8/3，润），粉黏壤土，块状结构，稍紧实，强石灰反应，中量孔隙，中量草本植物根系，向下层平滑清晰过渡。

C1: 38～58 cm，浊黄棕色（10YR 5/4，干），灰色（5Y 4/1，润），粉黏壤土，无明显结构，保持冲积物层理，稍紧实，强石灰反应，中量孔隙，无植物根系，向下层平滑清晰过渡。

C2: 58～77 cm，浊黄棕色（10YR 5/4，干），棕灰色（5YR 4/1，润），粉壤土，无明显结构，保持冲积物层理，稍紧实，强石灰反应，中量孔隙，无植物根系，向下层平滑清晰过渡。

C3: 77～120 cm，浊黄橙色（10YR 6/3，干），淡紫灰色（5P 7/1，润），粉壤土，无明显结构，保持冲积物层理，松软，强石灰反应，中量孔隙，无植物根系。

麻家塔系代表性单个土体物理性质

土层	深度/cm	砾石(>2mm，体积分数)/%	砂粒 2～0.05	粉粒 0.05～0.002	黏粒 <0.002	质地	容重/(g/cm³)
			细土颗粒组成(粒径：mm)/(g/kg)				
Ap	0～20	0	206	551	243	粉壤土	1.44
Bw	20～38	0	25	670	305	粉黏壤土	1.64
C1	38～58	0	80	637	283	粉黏壤土	1.56
C2	58～77	0	155	592	253	粉壤土	1.50
C3	77～120	0	101	672	227	粉壤土	1.67

麻家塔系代表性单个土体化学性质

深度/cm	pH(H₂O)	有机质/(g/kg)	全氮(N)/(g/kg)	全磷(P)/(g/kg)	全钾(K)/(g/kg)	CEC/(cmol/kg)	CaCO₃/(g/kg)	易溶性盐总量/(g/kg)
0～20	8.2	19.5	0.72	0.51	6.28	16.77	22.0	0.42
20～38	8.3	4.6	0.10	0.30	4.74	9.34	11.2	1.07
38～58	8.6	3.4	0.04	0.33	3.91	6.61	11.9	0.72
58～77	8.9	2.7	0.06	0.24	2.30	4.24	11.1	0.19
77～120	8.6	3.4	0.07	0.52	7.77	8.01	60.5	0.43

8.6.13 牛家塬系（Niujiayuan Series）

土 族：壤质混合型石灰性温性-普通简育干润雏形土

拟定者：齐雁冰，常庆瑞，刘梦云

分布与环境条件 分布于延安市以南的陕北丘陵沟壑、渭北黄土台塬区丘陵塬边及沟坡上，海拔 450～1200 m，地面坡度 7°～25°，成土母质为风成黄土，大部分为荒草地，个别坡度稍缓处用作坡耕地。暖温带半湿润、半干旱季风气候，年日照时数 2200～2450 h，年均温 9～14 ℃，≥10 ℃年积温 3026～4408 ℃，年均降水量 577～620 mm，无霜期 210 d。

牛家塬系典型景观

土系特征与变幅 诊断层包括淡薄表层、雏形层；诊断特性包括温性土壤温度状况、半干润土壤水分状况、石灰性。该土系所处位置坡度一般在 7°以上，成土母质为黄土，土层深厚，地表为茂密的灌木植被，土壤湿度稍大，利于腐殖质积累，腐殖质层分化明显，表层土色呈淡灰棕色，粒状结构，疏松多孔，有轻度淋溶，剖面中下部有霜粉状或者管状白色石灰淀积，但未形成明显钙积层，全剖面中壤土，质地均一，土壤发育微弱，其性状承袭了母土的特性。全剖面强石灰反应。林草地或耕地，粉壤土，碱性土，pH 8.9～9.1。

对比土系 三道沟系，同一土类，所处地形部位为丘陵坡麓河谷台地，而牛家塬系地形部位为黄土台塬区丘陵塬边及沟坡上，为不同土系。大池墕系，同一土类，地形部位同为渭北旱塬的丘陵山地，雏形层发育更明显，且具有明显的钙积层，为不同亚类。

利用性能综述 该土系目前多为荒草地，但土层深厚，质地适中，疏松多孔，通透性强，土壤侵蚀强烈，气候条件好，林草茂盛，在渭北旱塬宜发展畜牧业，坡度稍大处宜栽种核桃、苹果等经济果树。

参比土种 灰黄墡土。

代表性单个土体 位于陕西省延安市宜川县丹州镇牛家塬村，36°01′51.8″ N，110°09′36.3″ E，海拔 940 m，黄土丘陵沟壑塬边，坡地中下部，坡度 10°左右，成土母质为黄土，荒草地。全剖面发育微弱，除表层具有浅层腐殖化过程外，中下层基本保持黄土特征，中下部可见明显石灰霜粉，质地中壤到黏壤。50 cm 深度土壤温度 13.7 ℃。野外调查时间为 2016 年 6 月 10 日，编号 61-108。

牛家塬系代表性单个土体剖面

Ah: 0～25 cm，浊黄橙色（10YR 6/4，干），浊黄色（2.5Y 6/3，润），腐殖质层，粉壤土，粒状结构，松软，强石灰反应，多量细草本植物根系，向下层平滑清晰过渡。

Bw: 25～50 cm，浊黄橙色（10YR 6/4，干），棕灰色（10YR 6/1，润），粉壤土，雏形层较紧实，块状结构，强石灰反应，少量植物根系，向下层平滑清晰过渡。

BC: 50～95 cm，浊黄橙色（10YR 6/4，干），灰橄榄色（5Y 6/2，润），粉壤土，过渡层较紧实，块状结构，强石灰反应，有少量石灰霜粉，少量植物根系，向下层平滑清晰过渡。

C: 95～120 cm，浊黄橙色（10YR 6/4，干），棕灰色（5YR 6/1，润），粉壤土，母质层较紧实，无明显结构，强石灰反应，少量植物根系。

牛家塬系代表性单个土体物理性质

| 土层 | 深度 /cm | 砾石 (>2mm，体积分数)/% | 细土颗粒组成(粒径：mm)/(g/kg) | | | 质地 | 容重 /(g/cm³) |
			砂粒 2～0.05	粉粒 0.05～0.002	黏粒 <0.002		
Ah	0～25	0	275	559	166	粉壤土	1.14
Bw	25～50	0	194	614	192	粉壤土	1.31
BC	50～95	0	114	668	218	粉壤土	1.25
C	95～120	0	137	650	213	粉壤土	1.26

牛家塬系代表性单个土体化学性质

深度 /cm	pH (H₂O)	有机质 /(g/kg)	全氮(N) /(g/kg)	全磷(P) /(g/kg)	全钾(K) /(g/kg)	CEC /(cmol/kg)	CaCO₃ /(g/kg)
0～25	8.9	19.1	1.07	0.62	8.60	12.20	147.0
25～50	9.1	7.8	0.41	0.32	8.56	13.41	132.1
50～95	9.0	5.3	0.24	0.18	7.44	12.58	160.8
95～120	9.0	7.3	0.37	0.22	8.11	13.30	158.8

8.6.14 石洞沟系（Shidonggou Series）

土　　族：壤质混合型石灰性温性-普通简育干润雏形土
拟定者：齐雁冰，常庆瑞，刘梦云

分布与环境条件　分布于陕西省陕北地区榆林市定边县的盐场堡、周台子、白泥井和石洞沟等乡镇的湖盆草滩地上，海拔900～1500 m，地面坡度较缓，一般 2°～3°，通常用作农地，部分积盐严重区域为荒草地，地下水位 6～10 m，土壤含盐量高。中温带-暖温带半湿润、半干旱季风气候，年日照时数 2700～2800 h，年均温 7.5～8.5 ℃，≥ 10 ℃ 年 积 温 2950 ～

石洞沟系典型景观

3000 ℃，年均降水量 300～350 mm，无霜期 141 d。

土系特征与变幅　诊断层包括淡薄表层、雏形层；诊断特性包括温性土壤温度状况、半干润土壤水分状况、盐积现象、石灰性。该土系发育于湖积物母质，通常位于湖泊周围，由于湖盆干枯或湖面收缩，使地下水位大幅度下降，积盐停止。残存在土壤中的盐分，在雨季时自然淋洗，盐分下淋聚集。剖面呈上轻下重质地结构，上部以粉壤土为主，下部为壤土。全剖面土体紧实，发育微弱，全剖面强石灰反应，碱性土，pH 8.5～8.7。

对比土系　羊圈湾则系，同一亚类，但由于有砂黑垆土层，土壤质地为砂质，且二者成土过程差异明显，为不同土族。袁家圪堵系，同一土纲，成土母质均为湖泊沉积物，所处地形均为湖滩地，具有盐积层，但为半干润土壤水分状况，为不同亚纲。

利用性能综述　该土系尽管已经脱离了积盐过程，但本身含盐量较高，土壤僵硬，通透性极差，仅生长一些耐盐植被，用作农业种植时土壤不宜耕作，养分含量低，产量低。改良利用上应通过灌溉洗盐、深翻等途径，改善土壤结构，通过秸秆还田、施用有机肥、种植绿肥等途径提高地力。

参比土种　残余松白盐土。

代表性单个土体　位于陕西省榆林市定边县石洞沟乡，37°34′20″ N，108°07′26″ E，海拔1340 m，盐碱滩地，成土母质为湖盆沉积物，荒草地，地势稍高处经开垦后用作农地，一年一熟，种植玉米、谷子等农作物。地表可见少量盐斑或盐结皮，剖面整体较紧实，底部仍可见原潜育特征痕迹，通体质地均一，颜色上部黄亮，下部灰暗，不同层次间呈渐变过渡。50 cm深度土壤温度11.1 ℃。野外调查时间为2016年6月29日，编号61-118。

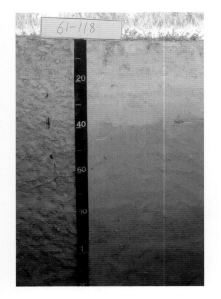

Ah：0～38 cm，浊黄橙色（10YR 6/4，干），灰白色（10Y 8/1，润），粉壤土，块状结构，湿时稍松软，干时紧实，强石灰反应，少量虫草孔隙，大量草本植物根系，向下层平滑渐变过渡。

Bz：38～80 cm，浊黄橙色（10YR 6/3，干），棕灰色（7.5YR 6/1，润），壤土，块状结构，紧实，强石灰反应，少量虫草孔隙，少量草本植物根系，向下层平滑渐变过渡。

Cz：80～120 cm，浊黄棕色（10YR 5/3，干），浊红色（2.5R 4/6，润），壤土，无明显结构，稍松软，强石灰反应，少量植物根系。

石洞沟系代表性单个土体剖面

石洞沟系代表性单个土体物理性质

土层	深度/cm	砾石（>2mm，体积分数)/%	细土颗粒组成(粒径：mm)/(g/kg)			质地	容重/(g/cm³)
			砂粒 2～0.05	粉粒 0.05～0.002	黏粒 <0.002		
Ah	0～38	0	341	522	137	粉壤土	1.42
Bz	38～80	0	428	445	127	壤土	1.60
Cz	80～120	0	487	386	127	壤土	1.47

石洞沟系代表性单个土体化学性质

深度/cm	pH(H₂O)	有机质/(g/kg)	全氮(N)/(g/kg)	全磷(P)/(g/kg)	全钾(K)/(g/kg)	CEC/(cmol/kg)	CaCO₃/(g/kg)	可溶性盐总量/(g/kg)
0～38	8.5	8.2	0.38	0.60	6.72	6.23	59.9	0.51
38～80	8.7	3.5	0.16	0.49	6.57	5.64	63.2	2.07
80～120	8.5	4.8	0.23	0.60	6.58	6.07	68.5	3.16

8.6.15 水口峁系 (Shuikoumao Series)

土　　族：壤质混合型石灰性温性-普通简育干润雏形土
拟定者：齐雁冰，常庆瑞，刘梦云

分布与环境条件　分布于陕西省陕北地区榆林市定边及横山等县区的姬塬、刘峁塬、狄青塬等残塬塬面，北与毛乌素沙地相接，南至白于山。海拔 1200～1650 m，地面坡度较缓，一般 3°～7°，通常用作农用地。中温带-暖温带半湿润、半干旱季风气候，年日照时数 2700～2800 h，年均温 8～9 ℃，≥10 ℃年积温 2950～3260 ℃，年均降水量 317～410 mm，无霜期 141 d。

水口峁系典型景观

土系特征与变幅　诊断层包括淡薄表层、雏形层；诊断特性包括温性土壤温度状况、半干润土壤水分状况、钙积现象、石灰性。该土系成土母质为沙黄土，由于水土流失较轻，全剖面为粉壤土或壤土，质地均一，土壤发育微弱，疏松多孔，黄橙色，全剖面强石灰反应，碱性土，pH 8.2～9.3。

对比土系　刘家塬系，同一亚类，成土母质为黄土，但具有明显的人为淤积物质，且土壤质地为黏壤质，为不同土族。三皇庙系，同一土族，所处地形部位均为黄土丘陵区，成土母质均为沙黄土，但由于所处位置一般为人工梯田，剖面表层受人为影响大，为不同土系。

利用性能综述　该土系地处塬面，地形较为平坦，土绵易耕，通透性好，但土壤质地相对较轻，养分含量低，保水保肥性能差，干旱、瘠薄、水土流失、风沙侵袭问题较多，适宜种植荞麦、谷子、糜子等耐瘠作物。在利用上应重施有机肥，配施化肥，增加养分供给，采取抗旱措施，通过修筑塬边埂和水平埝地，建立塬边防护林，减少侵蚀，保护塬面。

参比土种　塬绵沙土。

代表性单个土体　位于陕西省榆林市定边县红柳沟镇水口峁村，37°28′25″ N，108°05′49″ E，海拔 1420 m，位于黄土丘陵与毛乌素沙地过渡地带的残塬塬面，地面平整，坡度 3°左右，旱耕地，种植玉米、高粱、谷子等农作物，一年一熟。剖面侵蚀较弱，除表层受到耕作影响有一定的腐殖质积累，较疏松外，通体质地均一，结构一致，中上部有微弱发育，颜色灰黄，全剖面强石灰反应。50 cm 深度土壤温度 11.0 ℃。野外调查时间为 2016 年 6 月 29 日，编号 61-117。

Ap：　0～10 cm，浊黄橙色（10YR 6/4，干），黄灰色（2.5Y 4/1，润），粉壤土，块状结构，疏松，强石灰反应，大量草本植物根系，向下层平滑清晰过渡。

AB：　10～20 cm，浊黄橙色（10YR 6/4，干），淡灰色（5Y 7/2，润），粉壤土，块状结构，紧实，强石灰反应，中量草本植物根系，向下层平滑清晰过渡。

Bw：　20～80 cm，浊黄橙色（10YR 6/4，干），灰黄色（2.5Y 7/2，润），粉壤土，块状结构，紧实，强石灰反应，少量草本植物根系，向下层平滑清晰过渡。

C：　80～120 cm，浊黄橙色（10YR 6/4，干），紫灰色（5P 5/1，润），壤土，块状结构，稍紧实，强石灰反应，少量草本植物根系。

水口峁系代表性单个土体剖面

水口峁系代表性单个土体物理性质

土层	深度 /cm	砾石 (>2mm，体积分数)/%	细土颗粒组成(粒径：mm)/(g/kg)			质地	容重 /(g/cm³)
			砂粒 2～0.05	粉粒 0.05～0.002	黏粒 <0.002		
Ap	0～10	0	238	569	193	粉壤土	1.32
AB	10～20	0	123	710	167	粉壤土	1.34
Bw	20～80	0	155	685	160	粉壤土	1.37
C	80～120	0	426	452	122	壤土	1.45

水口峁系代表性单个土体化学性质

深度 /cm	pH (H₂O)	有机质 /(g/kg)	全氮(N) /(g/kg)	全磷(P) /(g/kg)	全钾(K) /(g/kg)	CEC /(cmol/kg)	CaCO₃ /(g/kg)
0～10	9.3	6.2	0.33	0.54	6.07	7.95	82.7
10～20	8.2	3.9	0.20	0.55	7.41	9.37	106.6
20～80	8.6	3.1	0.15	0.48	6.38	8.13	100.9
80～120	8.6	2.7	0.12	0.48	6.50	5.85	81.0

8.6.16 四十里铺系（Sishilipu Series）

土　族：壤质混合型石灰性温性-普通简育干润雏形土
拟定者：齐雁冰，常庆瑞，刘梦云

分布与环境条件　分布于陕西省陕北地区延安市下辖各县区及榆林市南部各县区的黄土高原丘陵沟壑地区的坡地与人造平原上，海拔 850～1550 m，地面坡度 2°～3°。暖温带半湿润、半干旱季风气候，年日照时数 2500～2800 h，年均温 7.9～10.6 ℃，≥10℃年积温 2847～3828 ℃，年均降水量 316～566 mm，无霜期 171 d。

四十里铺系典型景观

土系特征与变幅　诊断层包括淡薄表层、雏形层；诊断特性包括温性土壤温度状况、半干润土壤水分状况、石灰性。该土系成土母质为黄土，是在黄土丘陵沟壑区的坡地上，因人为修造梯田或"小平原"，经耕种而形成的。人为改变了原来坡地的微地形，使田面平坦，有效防止了土壤侵蚀，土壤向培肥方向发展，全剖面颜色浊黄橙，质地均一，壤土-粉壤土，通气良好，渗水性强，发育微弱，疏松多孔，全剖面强石灰反应，碱性土，pH 8.9～9.0。

对比土系　乔沟系，同一亚类，地形部位类似，成土母质一致，但表层腐殖质层浅薄，土壤质地更紧，矿物类型为硅质混合型，为不同土族。三皇庙系，同一土族，所处地形部位均为黄土丘陵区，均为人工梯田，剖面受人为影响大，土壤质地为壤质，但成土母质为沙黄土，为不同土系。

利用性能综述　该土系所处地形部位较为平坦，土层深厚，生产性能较好，水土流失较轻，易于培肥，但多数梯田为新修梯田，养分含量相对不高。改良利用上应深翻改土，增施有机肥，秸秆还田，不断提高土壤养分，改良土壤结构。

参比土种　梯黄绵土。

代表性单个土体　位于陕西省榆林市绥德县四十里铺镇马庄村，37°36′49″ N，110°09′56″ E，海拔 884 m，黄土丘陵沟壑区的沟坡中下部梯田，地面坡度 2°，成土母质为黄土，旱耕地，种植玉米、高粱、谷子等农作物，一年一熟。近些年有部分已经撂荒，部分转为林果地。剖面表层受到耕种的影响，疏松多孔，有一定的腐殖质积累，中下部质地均一，全剖面发育微弱，强石灰反应。50 cm 深度土壤温度 12.5 ℃。野外调查时间为 2016 年 7 月 1 日，编号 61-128。

Ah：0～30 cm，浊黄橙色（10YR 6/4，干），黄棕色（2.5Y 5/4，润），壤土，团块状结构，疏松多孔，强石灰反应，大量草本植物根系，向下层平滑清晰过渡。

Bw：30～75 cm，浊黄橙色（10YR 6/4，干），浊黄棕色（10YR 5/4，润），粉壤土，块状结构，稍紧实，疏松多孔，强石灰反应，中量草本植物根系，向下层平滑清晰过渡。

BC：75～140 cm，浊黄橙色（10YR 6/4，干），浅淡橙色（5YR 8/3，润），粉壤土，块状结构，稍紧实，强石灰反应，中量草本植物根系。

四十里铺系代表性单个土体剖面

四十里铺系代表性单个土体物理性质

| 土层 | 深度 /cm | 砾石 (>2mm, 体积分数)/% | 细土颗粒组成(粒径: mm)/(g/kg) | | | 质地 | 容重 /(g/cm³) |
			砂粒 2～0.05	粉粒 0.05～0.002	黏粒 <0.002		
Ah	0～30	0	362	497	141	壤土	1.19
Bw	30～75	0	274	564	162	粉壤土	1.25
BC	75～140	0	335	511	154	粉壤土	1.33

四十里铺系代表性单个土体化学性质

深度 /cm	pH (H₂O)	有机质 /(g/kg)	全氮(N) /(g/kg)	全磷(P) /(g/kg)	全钾(K) /(g/kg)	CEC /(cmol/kg)	CaCO₃ /(g/kg)	易溶性盐总量 /(g/kg)
0～30	8.9	7.8	0.44	0.44	6.66	8.06	67.7	0.34
30～75	9.0	4.8	0.22	0.49	6.76	9.33	83.8	1.10
75～140	8.9	5.5	0.30	0.63	7.02	8.29	76.6	0.82

8.6.17 寺沟系（Sigou Series）

土　　族：壤质混合型石灰性温性-普通简育干润雏形土
拟定者：齐雁冰，常庆瑞，刘梦云

分布与环境条件　零星分布于
陕西省黄土台塬-黄土丘陵及沟
壑区河流两侧的河漫滩和沟台
地上，海拔 400～1100 m，地面
坡度 3°～15°，通常用作农用地。
暖温带半湿润、半干旱季风气
候，年日照时数 1850～2350 h，
年均温 10～14 ℃，年均降水量
400～800 mm，无霜期 180～
230 d。

寺沟系典型景观

土系特征与变幅　诊断层包括淡薄表层、人为扰动层、雏形层；诊断特性包括温性土壤
温度状况、半干润土壤水分状况、石灰性。该土系是在原砾石河滩上人工覆盖 60 cm 以
上的黄土，经耕种而形成的幼年土壤，土壤颜色、质地、结构及养分含量因覆盖土壤来
源和耕种时间长短而差异较大，通常砾石河滩上部土壤疏松，但经过人为耕作后具有明
显的耕作层和犁底层，中下部则基本保持原覆盖土层的特征，全剖面基本无发育，通体
强石灰反应，粉壤土，碱性土，pH 8.5～8.8。

对比土系　天成系，同一土类，上层均具有人为扰动层，但天成系是修梯田而推平形成
的，而寺沟系是人为堆垫形成的，为不同亚类。

利用性能综述　该土系所处地形较为平坦，土质疏松，耕性良好，因地处河道，要加固
河堤，防止洪水冲毁农田，同时应增施有机肥，提高地力。

参比土种　厚层堆垫土。

代表性单个土体　位于陕西省铜川市耀州区寺沟镇阿姑社村，34°57′03″ N，108°55′57″ E，
海拔 682 m，河谷滩地，地表较平整，坡度小于 3°，该土壤是人民公社时期在砾石河滩
上人为堆垫覆盖的堆垫土层。水浇地，小麦-玉米轮作。表层经几十年的翻耕较为疏松，
犁底层不明显，中下部则物质混杂，能看出不同堆垫层次，底部为砾石河滩，通体强石
灰反应。50 cm 深度土壤温度 14.6 ℃。野外调查时间为 2016 年 7 月 5 日，编号 61-147。

寺沟系代表性单个土体剖面

Ap: 0～20 cm, 浊黄棕色（10YR 5/3, 干）, 灰棕色（5YR 4/2, 润）, 粉壤土, 团块状结构, 疏松, 强石灰反应, 大量草本植物根系, 向下层平滑清晰过渡。

AB: 20～40 cm, 浊黄橙色（10YR 6/4, 干）, 暗红棕色（5YR 3/2, 润）, 粉壤土, 块状结构, 稍紧实, 强石灰反应, 少量草本植物根系, 向下层平滑渐变过渡。

Bw: 40～65 cm, 浊黄橙色（10YR 6/4, 干）, 灰红色（2.5YR 4/2, 润）, 粉壤土, 发育弱的小块状结构, 稍坚实, 强石灰反应, 少量草本植物根系, 向下层平滑渐变过渡。

Ab: 65～110 cm, 浊黄橙色（10YR 6/4, 干）, 暗红灰色（10R 4/1, 润）, 粉壤土, 无明显结构, 松软, 强石灰反应, 底部可见少量粒径大于 5 mm、磨圆度较好的砾石, 无植物根系。

寺沟系代表性单个土体物理性质

土层	深度 /cm	砾石 (>2mm, 体积分数)/%	砂粒 2～0.05	粉粒 0.05～0.002	黏粒 <0.002	质地	容重 /(g/cm³)
			细土颗粒组成（粒径: mm)/(g/kg)				
Ap	0～20	0	70	708	222	粉壤土	1.62
AB	20～40	0	54	714	232	粉壤土	1.56
Bw	40～65	0	47	725	228	粉壤土	1.38
Ab	65～110	20	49	731	220	粉壤土	1.44

寺沟系代表性单个土体化学性质

深度 /cm	pH (H₂O)	有机质 /(g/kg)	全氮(N) /(g/kg)	全磷(P) /(g/kg)	全钾(K) /(g/kg)	CEC /(cmol/kg)	CaCO₃ /(g/kg)	易溶性盐总量 /(g/kg)
0～20	8.5	19.0	0.86	0.59	8.65	20.14	133.3	1.32
20～40	8.7	6.4	0.30	0.48	9.07	19.94	134.1	2.92
40～65	8.7	4.6	0.23	0.42	9.59	19.76	141.8	1.43
65～110	8.8	6.8	0.30	0.60	10.04	18.76	157.1	0.80

8.6.18　王村系（Wangcun Series）

土　族：壤质混合型石灰性温性-普通简育干润雏形土
拟定者：齐雁冰，常庆瑞，刘梦云

分布与环境条件　分布于渭北塬区及关中平原的黄土台塬，分布区域较广，包括渭南、咸阳、宝鸡及延安、铜川、西安等市域的黄土塬面。海拔 350～1000 m，地面坡度 2°～7°，成土母质为黄土，大部分为耕地。暖温带半湿润、半干旱季风气候，年日照时数 2200～2500 h，年均温 10.5～13.5 ℃，≥10 ℃年积温 3000～4000 ℃，年均降水量 517～650 mm，无霜期 224 d。

王村系典型景观

土系特征与变幅　诊断层包括淡薄表层、雏形层；诊断特性包括温性土壤温度状况、半干润土壤水分状况、石灰性。该土系是台塬区黄土母质经耕种施肥形成的一组幼年土壤，地处坡度较小的塬面上，土壤侵蚀轻微，熟土层较厚，肥力较高，耕种历史悠久，施肥灌水方便，因精耕细作，形成明显的耕作层与犁底层。耕作层养分含量较高，粒状结构，疏松，颜色浊黄橙，粉壤土。全剖面强石灰反应，质地均一，土壤发育微弱。耕地，碱性土，pH 8.8～9.4。

对比土系　阳峪系，同一土类，地形部位及成土母质一致，但表层有堆垫现象，为不同土系。牛家塬系，同一土族，地形部位均为黄土丘陵区或台塬区，但通常为荒草地或草灌地，表层未被耕作熟化，为不同土系。

利用性能综述　该土系土层深厚，通透性、蓄水保墒性、保肥供肥性均较好，在渭北旱塬多为旱地，两年三熟，较适宜种植小麦，种植苹果的区域光热资源较好，但土壤肥力受到限制。在利用上应合理开展作物布局，蓄水保墒，培肥地力，实行秸秆还田及发展灌溉配套措施，逐渐改善水肥条件。

参比土种　塬黄墡土。

代表性单个土体　位于陕西省渭南市合阳县王村镇，35°08′39.9″ N，110°19′39.9″ E，海拔 361 m，关中平原北部黄土台塬区，地面坡度 3°，成土母质为黄土，旱地，两年三熟，小麦-春玉米轮作。该剖面耕作历史悠久，经过长期耕作和施用土粪堆积，表层疏松多孔，团粒结构，地势平坦，土壤发育中等，通体强石灰反应，中部雏形层有微弱淋溶。50 cm 深度土壤温度 14.7 ℃。野外调查时间为 2016 年 6 月 8 日，编号 61-100。

王村系代表性单个土体剖面

Ap:　0～15 cm，浊黄棕色（10YR 5/3，干），橄榄黑色（5Y 2/2，润），粉壤土，耕作层发育中等，粒状结构，疏松，可见炭渣及瓦片，强石灰反应，大量草本植物根系，向下层平滑清晰过渡。

AB:　15～30 cm，浊黄棕色（10YR 5/4，干），棕色（7.5YR 4/4，润），粉壤土，较紧实，块状结构，强石灰反应，中量草本植物根系，向下层平滑清晰过渡。

Bw1:　30～46 cm，浊黄橙色（10YR 6/3，干），浊黄色（2.5Y 6/4，润），粉壤土，雏形层较紧实，块状结构，强石灰反应，少量草本植物根系，向下层平滑清晰过渡。

Bw2:　46～70 cm，浊黄橙色（10YR 6/3，干），浊橙色（5YR 6/3，润），粉壤土，雏形层较紧实，块状结构，强石灰反应，少量植物根系，向下层平滑清晰过渡。

C:　70～120 cm，浊黄橙色（10YR 6/4，干），黄橙色（7.5YR 8/8，润），粉壤土，单粒，无结构，强石灰反应，少量植物根系。

王村系代表性单个土体物理性质

| 土层 | 深度/cm | 砾石（>2mm，体积分数)/% | 细土颗粒组成(粒径：mm)/(g/kg) | | | 质地 | 容重/(g/cm³) |
			砂粒 2～0.05	粉粒 0.05～0.002	黏粒 <0.002		
Ap	0～15	0	120	641	239	粉壤土	1.52
AB	15～30	0	60	718	222	粉壤土	1.43
Bw1	30～46	0	47	714	239	粉壤土	1.40
Bw2	46～70	0	158	600	242	粉壤土	1.43
C	70～120	0	131	629	240	粉壤土	1.73

王村系代表性单个土体化学性质

深度/cm	pH(H₂O)	有机质/(g/kg)	全氮(N)/(g/kg)	全磷(P)/(g/kg)	全钾(K)/(g/kg)	CEC/(cmol/kg)	CaCO₃/(g/kg)
0～15	8.8	24.7	1.25	0.86	7.45	13.40	50.0
15～30	8.8	12.0	0.54	0.29	9.86	18.91	51.7
30～46	9.1	9.5	0.45	0.68	6.53	8.75	67.2
46～70	9.3	10.5	0.48	0.81	6.17	5.43	64.8
70～120	9.4	4.9	0.24	0.29	3.31	4.87	51.1

8.6.19　文安驿系（Wen'anyi Series）

土　　族：壤质混合型石灰性温性–普通简育干润雏形土
拟定者：齐雁冰，常庆瑞，刘梦云

分布与环境条件　广泛分布于
陕西省陕北地区延安市下辖各
县区及榆林市南部各县区的黄
土高原丘陵沟壑地区，地貌部位
包括沟坡地、梁峁地、塬坡地、
湾塔地，海拔 850～1650 m，地
面坡度 7°～25°。暖温带半湿润、
半干旱季风气候，年日照时数
2500～2800 h，年均温 8～10 ℃，
≥ 10 ℃ 年 积 温 2847 ～
3828 ℃，年均降水量 316～
566 mm，无霜期 171 d。

文安驿系典型景观

土系特征与变幅　诊断层包括淡薄表层、雏形层；诊断特性包括温性土壤温度状况、半
干润土壤水分状况、石灰性。该土系成土母质为新黄土，经常年耕作侵蚀，性状与母质
相近，全剖面颜色为黄橙色，质地均一，粉壤土，通气良好，渗水性强，发育微弱，疏
松多孔，全剖面强石灰反应，碱性土，pH 8.2～9.0。

对比土系　乔沟系，不同土族，地貌部位、成土母质均一致，但表层腐殖质层较薄，为
不同土系。玉家湾系，同一土族，成土母质一致，但地形部位上位于坡顶坡度稍缓处，
侵蚀稍轻，为不同土系。三皇庙系，同一土族，所处地形部位均为黄土丘陵区，成土
母质均为黄土，但由于所处位置一般为人工梯田，剖面表层受人为影响大，为不同
土系。

利用性能综述　该土系土层深厚，疏松绵软，通透性强，耕性好，适耕期长，由于毛管
孔隙发达，保水性能差，不耐旱，加之水土流失严重，耕作粗放，养分含量低。改良利
用上，对于坡度较大的地区，应坚持退耕还林还草，保持水土，缓坡地应修筑梯田，减
少水土和养分的流失，提高粮食产量，同时应通过种植绿肥、实行草田轮作等途径，提
高土壤肥力，改良土壤结构。

参比土种　坡黄绵土。

代表性单个土体　位于陕西省延安市延川县文安驿镇高家坪村，36°51′35″ N，110°01′39″ E，
海拔 975 m，黄土丘陵沟壑区的沟坡中部，地面坡度 10°左右，成土母质为新黄土，撂荒
地，目前栽种果树，底部较平缓处用于旱耕地，种植玉米、高粱、谷子、苗木等，一年

一熟。剖面表层受到耕种或植被枯落物的影响，疏松多孔，有一定的腐殖质积累，中下部质地均一，全剖面发育微弱，强石灰反应。50 cm 深度土壤温度 13.0 ℃。野外调查时间为 2016 年 7 月 2 日，编号 61-135。

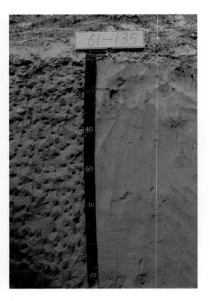

Ah:　0~20 cm，浊黄橙色（10YR 6/3，干），橄榄棕色（2.5Y 4/3，润），粉壤土，腐殖质，团块状结构，疏松多孔，强石灰反应，大量草本植物根系，向下层平滑清晰过渡。

Bw1:　20~60 cm，浊黄橙色（10YR 6/3，干），棕色（7.5YR 4/3，润），粉壤土，块状结构，稍紧实，强石灰反应，中量草本植物根系，向下层平滑清晰过渡。

Bw2:　60~120 cm，浊黄橙色（10YR 6/4，干），浊黄橙色（10YR 6/4，润），粉壤土，块状结构，稍紧实，强石灰反应，少量草本植物根系。

文安驿系代表性单个土体剖面

文安驿系代表性单个土体物理性质

| 土层 | 深度 /cm | 砾石 (>2mm, 体积分数)/% | 细土颗粒组成(粒径：mm)/(g/kg) | | | 质地 | 容重 /(g/cm³) |
			砂粒 2~0.05	粉粒 0.05~0.002	黏粒 <0.002		
Ah	0~20	0	205	632	163	粉壤土	1.26
Bw1	20~60	0	152	675	173	粉壤土	1.39
Bw2	60~120	0	181	656	163	粉壤土	1.41

文安驿系代表性单个土体化学性质

深度 /cm	pH (H₂O)	有机质 /(g/kg)	全氮(N) /(g/kg)	全磷(P) /(g/kg)	全钾(K) /(g/kg)	CEC /(cmol/kg)	CaCO₃ /(g/kg)	易溶性盐总量 /(g/kg)
0~20	9.0	7.3	0.35	0.56	7.97	10.96	83.7	0.86
20~60	8.5	5.1	0.29	0.70	8.22	8.54	92.7	1.43
60~120	8.2	5.3	0.28	0.73	8.59	7.87	88.8	0.64

8.6.20 席麻湾系（Ximawan Series）

土　族：砂质盖壤质混合型石灰性温性-普通简育干润雏形土
拟定者：齐雁冰，常庆瑞，刘梦云

分布与环境条件　分布于陕西
省陕北地区榆林市定边及横山
等县区的姬塬、刘峁塬、狄青塬
等残塬塬面，北与毛乌素沙地相
接，南至白于山。海拔 1200～
1650 m，地面坡度较缓，一般为
5°～7°，通常用作农用地。中温
带-暖温带半湿润、半干旱季风
气候，年日照时数 2700～2800 h，
年均温 8～9 ℃，≥10 ℃年积温
2950～3260 ℃，年均降水量
317～410 mm，无霜期 141 d。

席麻湾系典型景观

土系特征与变幅　诊断层包括淡薄表层、雏形层；诊断特性包括温性土壤温度状况、半
干润土壤水分状况、石灰性。该土系成土母质为沙黄土，由于水土流失较轻，全剖面为
壤砂土-砂壤土，质地均一，土壤发育微弱，疏松多孔，黄橙色，全剖面强石灰反应，碱
性土，pH 8.3～9.0。

对比土系　水口峁系，不同土族，均处于黄土丘陵与毛乌素沙地过渡地带的残塬塬面，
但席麻湾系能看出具有二元结构，为不同土系。三皇庙系，不同土族，所处地形部位均
为黄土丘陵区，成土母质均为沙黄土，但由于所处位置一般为人工梯田，剖面表层受人
为影响大，为不同土系。

利用性能综述　该土系地处塬面，地形较为平坦，土绵易耕，通透性好，但土壤质地相
对较轻，养分含量低，保水保肥性能差，干旱、瘠薄、水土流失、风沙侵袭问题较多，
适宜种植荞麦、谷子、糜子等耐瘠作物。在利用上应重施有机肥，配施化肥，增加养分
供给，采取抗旱措施，通过修筑塬边埂和水平埝地，建立塬边防护林，减少侵蚀，保护
塬面。

参比土种　塬绵沙土。

代表性单个土体　位于陕西省榆林市靖边县席麻湾镇大沟村，37°31′47″ N，108°39′14″ E，
海拔 1447 m，位于黄土丘陵与毛乌素沙地过渡地带的残塬塬面，地面平整，坡度 3°左右，
旱耕地，种植玉米、高粱、谷子等农作物，一年一熟。剖面侵蚀较弱，除表层受耕作影
响有一定的腐殖质积累，较疏松外，通体质地均一，结构一致，颜色橙黄，全剖面强石

灰反应。50 cm 深度土壤温度 10.9 ℃。野外调查时间为 2016 年 6 月 29 日，编号 61-120。

Ap：　0～22 cm，浊黄棕色（10YR 5/3，干），浊黄橙色（10YR 7/3，润），壤砂土，团块状结构，疏松，强石灰反应，大量草本植物根系，向下层平滑清晰过渡。

Bw：　22～45 cm，浊黄橙色（10YR 6/3，干），浅淡黄色（5Y 8/3，润），砂壤土，块状结构，紧实，强石灰反应，中量草本植物根系，向下层突变清晰过渡。

C：　45～120 cm，浊黄橙色（10YR 6/4，干），淡红灰色（10R 7/1，润），壤土，块状结构，稍紧实，强石灰反应，少量草本植物根系。

席麻湾系代表性单个土体剖面

席麻湾系代表性单个土体物理性质

| 土层 | 深度 /cm | 砾石 (>2mm，体积分数)/% | 细土颗粒组成(粒径：mm)/(g/kg) | | | 质地 | 容重 /(g/cm³) |
			砂粒 2～0.05	粉粒 0.05～0.002	黏粒 <0.002		
Ap	0～22	0	808	116	76	壤砂土	1.27
Bw	22～45	0	704	178	118	砂壤土	1.50
C	45～120	0	327	469	204	壤土	1.60

席麻湾系代表性单个土体化学性质

深度 /cm	pH (H₂O)	有机质 /(g/kg)	全氮(N) /(g/kg)	全磷(P) /(g/kg)	全钾(K) /(g/kg)	CEC /(cmol/kg)	CaCO₃ /(g/kg)
0～22	8.3	7.8	0.37	0.58	5.95	7.19	54.6
22～45	8.4	3.4	0.20	0.36	5.76	6.43	56.6
45～120	9.0	2.3	0.12	0.40	6.04	6.83	64.0

8.6.21 玉家湾系（Yujiawan Series）

土　族：壤质混合型石灰性温性–普通简育干润雏形土
拟定者：齐雁冰，常庆瑞，刘梦云

分布与环境条件　广泛分布于陕西省陕北地区延安市下辖各县区及榆林市南部各县区的黄土高原丘陵沟壑地区，地貌部位包括沟坡地、梁峁地、塬坡地、湾塔地，海拔 850～1650 m，地面坡度 7°～25°。暖温带半湿润、半干旱季风气候，年日照时数 2500～2800 h，年均温 8～10 ℃，≥ 10 ℃ 年 积 温 2847 ～ 3828 ℃，年 均 降 水 量 316～ 566 mm，无霜期 171 d。

玉家湾系典型景观

土系特征与变幅　诊断层包括淡薄表层、雏形层；诊断特性包括温性土壤温度状况、半干润土壤水分状况、石灰性。该土系成土母质为新黄土，经常年耕作侵蚀，性状与母质相近，全剖面颜色为黄橙色，质地均一，壤土，通气良好，渗水性强，土壤发育微弱，疏松多孔，全剖面强石灰反应，碱性土，pH 9.0～9.1。

对比土系　王家砭系，同一土类，均处于黄土丘陵沟壑区，但土壤质地属于砂壤土–砂土，为不同亚类。三皇庙系，同一土族，所处地形部位均为黄土丘陵区，成土母质均为黄土，但由于所处位置一般为人工梯田，剖面表层受人为影响大，为不同土系。

利用性能综述　该土系土层深厚，疏松绵软，通透性强，耕性好，适耕期长，由于毛管孔隙发达，保水性能差，不耐旱，加之水土流失严重，耕作粗放，养分含量低。改良利用上，对于坡度较大的地区，应坚持退耕还林还草，保持水土，缓坡地应修筑梯田，减少水土和养分的流失，提高粮食产量，同时应通过种植绿肥、实行草田轮作等途径，提高土壤肥力，改良土壤结构。

参比土种　坡黄绵土。

代表性单个土体　位于陕西省延安市子长市玉家湾镇刘来沟村，37°12′49″ N，109°45′54″ E，海拔 1078 m，黄土丘陵沟壑区的湾塔地中坡，地面坡度 15°，成土母质为新黄土，旱耕地，种植玉米、高粱、谷子等农作物，一年一熟。近些年有部分已经撂荒，部分转为林果地。剖面表层受到植被枯落物影响，有一定的腐殖质积累，中上部受到植被根系影响，相对疏松多孔，中下部质地均一，全剖面发育微弱，强石灰反应。50 cm 深度土壤温度

12.2 ℃。野外调查时间为 2016 年 7 月 2 日，编号 61-131。

Ah：　0～20 cm，浊黄橙色（10YR 6/3，干），灰棕色（7.5YR 6/2，润），壤土，粒块状结构，疏松多孔，强石灰反应，多量大孔隙，大量草本植物根系，向下层平滑清晰过渡。

Bw：20～60 cm，浊黄橙色（10YR 6/3，干），灰黄色（2.5Y 6/2，润），壤土，块状结构，疏松多孔，强石灰反应，多量大孔隙，中量草本植物根系，向下层平滑清晰过渡。

C：　60～120 cm，浊黄橙色（10YR 6/4，干），灰黄色（2.5Y 7/2，润），壤土，无明显结构，稍紧实，强石灰反应，少量草本植物根系。

玉家湾系代表性单个土体剖面

玉家湾系代表性单个土体物理性质

土层	深度 /cm	砾石 (>2mm，体积分数)/%	细土颗粒组成(粒径：mm)/(g/kg)			质地	容重 /(g/cm³)
			砂粒 2～0.05	粉粒 0.05～0.002	黏粒 <0.002		
Ah	0～20	0	364	486	150	壤土	1.30
Bw	20～60	0	477	409	114	壤土	1.19
C	60～120	0	477	413	110	壤土	1.33

玉家湾系代表性单个土体化学性质

深度 /cm	pH (H₂O)	有机质 /(g/kg)	全氮(N) /(g/kg)	全磷(P) /(g/kg)	全钾(K) /(g/kg)	CEC /(cmol/kg)	CaCO₃ /(g/kg)
0～20	9.0	8.8	0.39	0.56	6.62	7.42	71.9
20～60	9.1	5.7	0.29	0.62	7.03	8.03	71.6
60～120	9.1	3.2	0.15	0.50	6.25	8.06	74.5

8.6.22 张家滩系（Zhangjiatan Series）

土　　族：壤质混合型石灰性温性-普通简育干润雏形土
拟定者：齐雁冰，常庆瑞，刘梦云

分布与环境条件　分布于陕西省陕北地区延安市的宜川、延长、延川等县，海拔 900～1100 m，地面坡度 3°～7°。暖温带半湿润、半干旱季风气候，年日照时数 2500～2800 h，年均温 8.0～10.5 ℃，≥10 ℃年积温 3086～3828 ℃，年均降水量 316～577 mm，无霜期 180 d。

张家滩系典型景观

土系特征与变幅　诊断层包括淡薄表层、雏形层；诊断特性包括温性土壤温度状况、半干润土壤水分状况、石灰性。该土系成土母质为绵黄土，由于地处塬面，地面平坦，长期耕种施肥，经常年耕作形成明显的耕作层，耕作层以下颜色淡黄。全剖面质地均一，粉壤土，土壤发育微弱，疏松多孔，黄橙色，强石灰反应，碱性土，pH 8.6～8.8。

对比土系　玉家湾系，同一土族，成土母质为新黄土，地形部位均为黄土丘陵沟壑区，但由于位于坡面上，土壤侵蚀严重，为不同土系。席麻湾系，不同土族，所处部位均为黄土丘陵区的塬面，但土壤质地属于砂壤土，为不同土系。

利用性能综述　该土系地势平坦，土层深厚，土质较轻，耕性好，适耕期长，产量适中。由于处于残塬或破碎塬面，塬面面积较小，仍有较大水土流失风险，大部分地区耕作粗放，广种薄收，土壤养分含量不高，保水保肥能力较差。改良利用上应种养结合，培肥土壤，种植绿肥，塬边种植林灌，修筑堤埂，建立森林保护带，大力平整塬面防止水土流失，增施有机肥，深耕保墒，提高水分利用率。

参比土种　塬黄绵土。

代表性单个土体　位于陕西省延安市延长县张家滩镇下君东村，36°31′37″ N，110°11′13″ E，海拔 908 m，黄土高原残塬平整塬面，成土母质为绵黄土，地表平整，旱地，种植小麦、玉米或谷子等，一年一熟。表层受到长期耕作影响，具有明显的耕作层和犁底层，耕层之下则基本保持母质特征，仅有微弱物质移动，质地均一，黄橙色，强石灰反应，粉壤土。50 cm 深度土壤温度 13.3 ℃。野外调查时间为 2016 年 7 月 3 日，编号 61-137。

Ap：0～20 cm，浊黄橙色（10YR 6/3，干），浊黄橙色（10YR 6/4，润），粉壤土，团块状结构，疏松，强石灰反应，大量草本植物根系，向下层平滑清晰过渡。

Bw：20～50 cm，浊黄橙色（10YR 6/4，干），棕色（7.5YR 4/4，润），粉壤土，块状结构，紧实，强石灰反应，中量草本植物根系，向下层平滑清晰过渡。

C：　50～120 cm，浊黄橙色（10YR 6/4，干），淡红灰色（10R 7/1，润），粉壤土，无明显结构，稍紧实，强石灰反应，少量草本植物根系。

张家滩系代表性单个土体剖面

张家滩系代表性单个土体物理性质

| 土层 | 深度/cm | 砾石（>2mm，体积分数）/% | 细土颗粒组成(粒径: mm)/(g/kg) | | | 质地 | 容重/(g/cm³) |
			砂粒 2～0.05	粉粒 0.05～0.002	黏粒 <0.002		
Ap	0～20	0	242	588	170	粉壤土	1.17
Bw	20～50	0	268	571	161	粉壤土	1.39
C	50～120	0	296	556	148	粉壤土	1.42

张家滩系代表性单个土体化学性质

深度/cm	pH(H₂O)	有机质/(g/kg)	全氮(N)/(g/kg)	全磷(P)/(g/kg)	全钾(K)/(g/kg)	CEC/(cmol/kg)	CaCO₃/(g/kg)
0～20	8.8	8.7	0.46	0.66	8.14	8.86	95.0
20～50	8.7	3.7	0.19	0.52	7.63	8.97	97.6
50～120	8.6	4.0	0.22	0.44	7.69	8.24	88.3

8.6.23 赵圈系（Zhaojuan Series）

土　　族：壤质混合型石灰性温性-普通简育干润雏形土
拟定者：齐雁冰，常庆瑞，刘梦云

分布与环境条件　分布于陕西省陕北地区榆林市定边及横山等县区的姬塬、刘峁塬、狄青塬等残塬塬面，北与毛乌素沙地相接，南至白于山。海拔 1200～1650 m，地面坡度较缓，一般为 5°～7°，通常用作农用地。中温带-暖温带半湿润、半干旱季风气候，年日照时数 2700～2800 h，年均温 8～9 ℃，≥10 ℃年积温 2950～3260 ℃，年均降水量 317～410 mm，无霜期 141 d。

赵圈系典型景观

土系特征与变幅　诊断层包括淡薄表层、雏形层；诊断特性包括温性土壤温度状况、半干润土壤水分状况、石灰性。该土系成土母质为沙黄土，由于水土流失较轻，全剖面为砂壤土-壤土，质地均一，土壤发育微弱，疏松多孔，黄橙色，全剖面强石灰反应，碱性土，pH 9.1～9.2。

对比土系　席麻湾系，不同土族，均处于黄土丘陵与毛乌素沙地过渡地带的残塬塬面，但剖面能看出具有二元结构，为不同土系。水口峁系，同一土族，均处于黄土丘陵与毛乌素沙地过渡地带的残塬塬面，但剖面结构更紧实，具有钙积现象，为不同土系。三皇庙系，同一土族，所处地形部位均为黄土丘陵区，成土母质均为沙黄土，但由于所处位置一般为人工梯田，剖面表层受人为影响大，为不同土系。

利用性能综述　该土系地处塬面，地形较为平坦，土绵易耕，通透性好，但土壤质地相对较轻，养分含量低，保水保肥性能差，干旱、瘠薄、水土流失、风沙侵袭问题较多，适宜种植荞麦、谷子、糜子等耐瘠作物。在利用上应重施有机肥，配施化肥，增加养分供给，采取抗旱措施，通过修筑塬边埂和水平垫地，建立塬边防护林，减少侵蚀，保护塬面。

参比土种　塬绵沙土。

代表性单个土体　位于陕西省榆林市定边县红柳沟镇赵圈村，37°28′23″ N，107°24′31″ E，海拔 1410 m，位于黄土丘陵与毛乌素沙地过渡地带的残塬塬面，地面平整，坡度 3°左右，旱耕地，种植玉米、高粱、谷子等农作物，一年一熟。剖面侵蚀较弱，除表层受到耕作影响有一定的腐殖质积累，较疏松外，通体质地均一，结构一致，颜色灰黄，全剖面强石灰反应。50 cm 深度土壤温度 11.0 ℃。野外调查时间为 2016 年 6 月 28 日，编号 61-112。

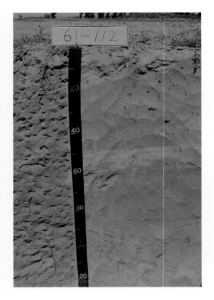

Ap:　0～25 cm，浊黄棕色（10YR 5/4，干），橙色（5YR 6/6，润），砂壤土，块状结构，疏松，强石灰反应，大量草本植物根系，向下层平滑清晰过渡。

Bw1：25～50 cm，浊黄橙色（10YR 6/4，干），黄橙色（7.5YR 7/8，润），壤土，块状结构，紧实，强石灰反应，中量草本植物根系，向下层平滑清晰过渡。

Bw2：50～85 cm，浊黄橙色（10YR 6/4，干），橙色（2.5YR 7/8，润），壤土，块状结构，紧实，强石灰反应，少量草本植物根系，向下层平滑清晰过渡。

C:　85～120 cm，浊黄橙色（10YR 6/4，干），橙色（5YR 7/6，润），壤土，无明显结构，紧实，强石灰反应，少量草本植物根系。

赵圈系代表性单个土体剖面

赵圈系代表性单个土体物理性质

| 土层 | 深度/cm | 砾石(>2mm，体积分数)/% | 细土颗粒组成(粒径: mm)/(g/kg) | | | 质地 | 容重/(g/cm³) |
			砂粒 2～0.05	粉粒 0.05～0.002	黏粒 <0.002		
Ap	0～25	0	730	156	114	砂壤土	1.49
Bw1	25～50	0	489	382	129	壤土	1.49
Bw2	50～85	0	353	481	166	壤土	1.58
C	85～120	0	484	383	133	壤土	1.48

赵圈系代表性单个土体化学性质

深度/cm	pH(H₂O)	有机质/(g/kg)	全氮(N)/(g/kg)	全磷(P)/(g/kg)	全钾(K)/(g/kg)	CEC/(cmol/kg)	CaCO₃/(g/kg)
0～25	9.1	3.9	0.19	0.26	5.12	5.71	44.1
25～50	9.1	3.7	0.17	0.48	6.60	6.42	73.5
50～85	9.1	4.8	0.23	0.48	7.18	8.11	79.3
85～120	9.2	5.3	0.29	0.54	6.91	6.54	70.5

8.6.24 砖窑湾系（Zhuanyaowan Series）

土　族：壤质混合型石灰性温性-普通简育干润雏形土
拟定者：齐雁冰，常庆瑞，刘梦云

分布与环境条件　分布于陕北丘陵沟壑的黄土沟坡上，包括延安市的延长、延川、宜川、安塞及榆林市的府谷、榆阳、神木、靖边、子洲等县市的黄土沟坡。海拔 800～1500 m，地面坡度通常在 25°以上，成土母质为老黄土（离石黄土），大部分为灌草地，个别坡度稍缓处用作坡耕地。暖温带半湿润、半干旱季风气候，年日照时数 2350～2500 h，年均温 7.9～10.6 ℃，

砖窑湾系典型景观

≥10 ℃年积温 2847～3532 ℃，年均降水量 316～565 mm，无霜期 157 d。

土系特征与变幅　诊断层包括淡薄表层、雏形层；诊断特性包括温性土壤温度状况、半干润土壤水分状况、石灰性。该土系所处位置坡度一般在 25°以上，成土母质为老黄土，土层较深厚，地表多为灌草植被，由于地处陡坡，土壤侵蚀强烈，老黄土中的料姜石层出露，通体有料姜石，剖面发育微弱，表层受到草灌生长影响，有一定的腐殖化过程，中下部基本保持母质特征。全剖面强石灰反应。林草地，粉壤土，碱性土，pH 8.7～8.9。

对比土系　楼坪系，同一土族，但在地形部位上为沙盖残塬的平缓处，且剖面下部为大量有机物质聚集形成的原黑垆土层，为不同土系。大池垴系，不同土族，剖面无料姜石，为不同土系。五里系，同一亚纲，均有料姜石，但料姜石形成原因不同，且剖面中部有霜粉状碳酸钙聚集体形成的钙积层，为不同土系。

利用性能综述　该土系目前多为荒草地，由于所处位置坡度大，土壤侵蚀严重，土中有多量料姜石，难以耕种，适耕期短，养分含量低。在利用上主要用作水土保持林，退耕还林还草，保持水土，缓坡处可修筑梯田，深翻改土，捡除料姜石，增施肥料，实行水平沟种植，提高生产水平。

参比土种　料姜黄绵土。

代表性单个土体　位于陕西省延安市安塞区砖窑湾镇高家湾村，36°42′25″ N，109°05′50″ E，海拔 1204 m，丘陵沟壑沟坡地，坡度 30°，成土母质为老黄土，灌草地。表层受到草灌生长有一定的腐殖化过程，颜色稍暗棕，中上部可见中量料姜石，通体强石灰反应。50 cm

深度土壤温度 12.2 ℃。野外调查时间为 2016 年 7 月 3 日，编号 61-139。

Ah：　0～20 cm，浊黄橙色（10YR 6/4，干），灰红色（2.5YR 5/2，润），腐殖质层，粉壤土，粒状结构，松软，有少量如枣核大小的料姜石，强石灰反应，多量细草本植物根系，向下层平滑清晰过渡。

Bw1：20～50 cm，浊黄棕色（10YR 5/4，干），棕灰色（7.5YR 6/1，润），粉壤土，雏形层，较紧实，块状结构，有中量直径 5 mm 以上的料姜石，强石灰反应，少量植物根系，向下层平滑清晰过渡。

Bw2：50～120 cm，浊黄橙色（10YR 6/3，干），淡红灰色（10R 7/1，润），粉壤土，母质层，较紧实，块状结构，强石灰反应，少量植物根系。

砖窑湾系代表性单个土体剖面

砖窑湾系代表性单个土体物理性质

| 土层 | 深度 /cm | 砾石 (>2mm，体积分数)/% | 细土颗粒组成(粒径：mm)/(g/kg) | | | 质地 | 容重 /(g/cm³) |
			砂粒 2～0.05	粉粒 0.05～0.002	黏粒 <0.002		
Ah	0～20	5	249	587	164	粉壤土	1.29
Bw1	20～50	8	183	642	175	粉壤土	1.15
Bw2	50～120	5	164	658	178	粉壤土	1.29

砖窑湾系代表性单个土体化学性质

深度 /cm	pH (H₂O)	有机质 /(g/kg)	全氮(N) /(g/kg)	全磷(P) /(g/kg)	全钾(K) /(g/kg)	CEC /(cmol/kg)	CaCO₃ /(g/kg)
0～20	8.9	8.2	0.44	0.56	8.80	13.07	94.5
20～50	8.7	16.8	0.85	0.64	8.75	13.32	85.3
50～120	8.7	13.3	0.62	0.78	8.57	11.58	99.3

8.6.25 中沟系（Zhonggou Series）

土　　族：壤质混合型石灰性温性-普通简育干润雏形土
拟定者：齐雁冰，常庆瑞，刘梦云

分布与环境条件　分布于陕北地区的榆林市和延安市所属的梁峁坡地，位于白于山以北地区，坡度在 15°～25°，海拔 800～1500 m，成土母质为沙黄土。暖温带半干旱季风气候，年日照时数 2500～2700 h，年均温 7.6～8.8 ℃，≥10 ℃年积温 2600～3640 ℃，年均降水量 324～460 mm，无霜期 150 d。

中沟系典型景观

土系特征与变幅　诊断层包括淡薄表层、雏形层、人为扰动层；诊断特性包括温性土壤温度状况、半干润土壤水分状况、石灰性。该土系成土母质为沙黄土。剖面土层深厚，发育弱，砂质壤土。由于坡度大，结持力弱，风蚀水蚀强烈，表土不断流失。为了在坡地上开垦种植，人为将坡推平、堆垫，从而形成较厚的人为扰动层，该层次结构较为疏松，结构面有多量大孔隙及植被根系。通体强石灰反应，碱性土，pH 8.9～9.0。

对比土系　三皇庙系，同一土族，地形部位均为黄土丘陵沟壑的梁峁坡地，但受人为平整影响，剖面稍紧实，表层有机质及养分较高。老高川系，同一土类，所处地形部位均为丘陵沟壑坡麓沟谷地，具有明显的钙积层，为不同亚类。

利用性能综述　该土系所处位置坡度大，气候干燥，质地轻，保水保肥性能差，养分含量低，产量低，适于种植耐旱耐瘠的作物如荞麦、马铃薯、豆类及糜谷等，一年一熟。改良利用上，坡度稍缓处可通过修筑梯田，改善土壤水分及养分条件，坡度较大处应退耕还林还草，防止水土流失与沙化危害。

参比土种　坡绵沙土。

代表性单个土体　位于陕西省榆林市佳县通镇中沟村，38°09′15″ N，110°20′03″ E，海拔 1053 m，黄土丘陵沟壑梁峁中上部坡顶，地面坡度 18°左右，成土母质为沙黄土，大部分为荒草地，或为近年退耕还林还草地，个别缓坡处用作旱地，种植玉米、高粱、谷子等，一年一熟。为了在坡地上开垦种植，人为将坡推平、堆垫，从而形成较厚的人为扰动层，该层次结构较为疏松，结构面有多量大孔隙及植被根系。表层受到植被生长及枯落物分解影响，疏松，有一定的腐殖质积累，中下层土壤无发育，全剖面质地均一，通体强石灰反应。50 cm 深度土壤温度 11.6 ℃。野外调查时间为 2016 年 7 月 1 日，编号61-126。

中沟系代表性单个土体剖面

Ah：0～20 cm，浊黄橙色（10YR 6/4，干），棕灰色（5YR 4/1，润），壤土，碎块状结构，疏松，多量大孔隙，强石灰反应，大量草本植物根系，向下层平滑清晰过渡。

Bw：20～100 cm，浊黄橙色（10YR 6/4，干），淡棕灰色（7.5YR 7/1，润），壤土，碎块状结构，松软，多量大孔隙，强石灰反应，中量灌草植物根系，向下层平滑清晰过渡。

C：100～120 cm，浊黄橙色（10YR 6/4，干），棕灰色（10YR 4/1，润），壤土，无明显结构，紧实，强石灰反应，少量灌草植物根系。

中沟系代表性单个土体物理性质

土层	深度/cm	砾石(>2mm, 体积分数)/%	细土颗粒组成(粒径：mm)/(g/kg)			质地	容重/(g/cm³)
			砂粒 2～0.05	粉粒 0.05～0.002	黏粒 <0.002		
Ah	0～20	0	437	438	125	壤土	1.26
Bw	20～100	0	423	448	129	壤土	1.27
C	100～120	0	404	465	131	壤土	1.40

中沟系代表性单个土体化学性质

深度/cm	pH(H₂O)	有机质/(g/kg)	全氮(N)/(g/kg)	全磷(P)/(g/kg)	全钾(K)/(g/kg)	CEC/(cmol/kg)	CaCO₃/(g/kg)
0～20	9.0	5.4	0.28	0.54	6.54	6.13	75.0
20～100	8.9	3.2	0.16	0.54	6.51	7.58	84.6
100～120	8.9	3.5	0.17	0.51	6.96	7.38	82.6

8.6.26 乔沟系 (Qiaogou Series)

土　族：壤质硅质混合型石灰性温性-普通简育干润雏形土
拟定者：齐雁冰，常庆瑞，刘梦云

分布与环境条件　广泛分布于陕西省陕北地区延安市下辖各县区及榆林市南部各县区的黄土高原丘陵沟壑地区，地貌部位包括沟坡地、梁峁地、塬坡地、湾塔地，海拔 850～1650 m，地面坡度 7°～25°。暖温带半湿润、半干旱季风气候，年日照时数2500～2800 h，年均温 8～10 ℃，≥10 ℃年积温 2847～3828 ℃，年均降水量 316～566 mm，无霜期 171 d。

乔沟系典型景观

土系特征与变幅　诊断层包括淡薄表层、雏形层；诊断特性包括温性土壤温度状况、半干润土壤水分状况、石灰性。该土系成土母质为新黄土，经常年耕作侵蚀，性状与母质相近，全剖面颜色为黄橙色，质地均一，粉壤土，通气良好，渗水性强，发育微弱，疏松多孔，全剖面强石灰反应，碱性土，pH 8.8～8.9。

对比土系　玉家湾系，不同土族，地形部位类似，成土母质一致，但土壤质地属于壤土，土壤矿物为混合型，为不同土系。三皇庙系，不同土族，所处地形部位均为黄土丘陵区，成土母质均为黄土，但由于所处位置一般为人工梯田，剖面表层受人为影响大，为不同土系。

利用性能综述　该土系土层深厚，疏松绵软，通透性强，耕性好，适耕期长，由于毛管孔隙发达，保水性能差，不耐旱，加之水土流失严重，耕作粗放，养分含量低。改良利用上，对于坡度较大的地区，应坚持退耕还林还草，保持水土，缓坡地应修筑梯田，减少水土和养分的流失，提高粮食产量，同时应通过种植绿肥、实行草田轮作等途径，提高土壤肥力，改良土壤结构。

参比土种　坡黄绵土。

代表性单个土体　位于陕西省延安市志丹县保安街道乔沟村，36°52′46″ N，108°44′08″ E，海拔 1494 m，黄土丘陵沟壑区的沟坡顶部，地面坡度 15°，成土母质为新黄土，旱耕地，种植玉米、高粱、谷子等农作物，一年一熟。近些年有部分已经撂荒，部分转为林果地。剖面表层受到耕种的影响，疏松多孔，有一定的腐殖质积累，中下部质地均一，全剖面发育微弱，强石灰反应。50 cm深度土壤温度11.1℃。野外调查时间为2016年7月4日，编号61-141。

Ah：0～30 cm，浊黄橙色（10YR 6/4，干），灰白色（5Y 8/2，润），粉壤土，发育中等的粒状-小块状结构，松散-稍坚实，强石灰反应，多量草被植物根系，向下层平滑清晰过渡。

Bw：30～60 cm，浊黄橙色（10YR 6/4，干），淡黄色（2.5Y 7/3，润），粉壤土，发育弱的小块状结构，稍紧实，强石灰反应，中量草被植物根系，向下层波状清晰过渡。

C：60～120 cm，浊黄橙色（10YR 6/4，干），极暗棕色（7.5YR 2/3，润），粉壤土，单粒，无结构，强度石灰反应，少量草被植物根系，强石灰反应。

乔沟系代表性单个土体剖面

乔沟系代表性单个土体物理性质

| 土层 | 深度/cm | 砾石(>2mm，体积分数)/% | 细土颗粒组成(粒径：mm)/(g/kg) | | | 质地 | 容重/(g/cm³) |
			砂粒 2～0.05	粉粒 0.05～0.002	黏粒 <0.002		
Ah	0～30	0	290	557	153	粉壤土	1.35
Bw	30～60	0	282	570	148	粉壤土	1.18
C	60～120	0	269	586	145	粉壤土	1.53

乔沟系代表性单个土体化学性质

深度/cm	pH(H₂O)	有机质/(g/kg)	全氮(N)/(g/kg)	全磷(P)/(g/kg)	全钾(K)/(g/kg)	CEC/(cmol/kg)	CaCO₃/(g/kg)	易溶性盐总量/(g/kg)
0～30	8.9	6.0	0.30	0.43	7.38	7.90	115.3	1.18
30～60	8.8	4.6	0.23	0.52	7.59	7.73	106.1	0.79
60～120	8.9	5.0	1.20	0.55	7.88	7.63	110.3	0.39

8.6.27 麻黄梁系（Mahuangliang Series）

土　族：壤质混合型石灰性温性-普通简育干润雏形土
拟定者：齐雁冰，常庆瑞，刘梦云

分布与环境条件　分布于陕西省北部榆林市的神木、子洲、榆阳、绥德、清涧等市县区的沟坝地上，海拔 800～1300 m，地面坡度在 3°左右，成土母质为黄土及红色黏质土，经洪水携带淤积坝内而形成，通常为农业用地。中温带半干旱季风气候，年日照时数 2700～2800 h，年均温 8.0～8.8 ℃，≥10 ℃年积温 1800～2400 ℃；年均降水量 300～400 mm，无霜期 149 d。

麻黄梁系典型景观

土系特征与变幅　诊断层包括淡薄表层、雏形层；诊断特性包括温性土壤温度状况、半干润土壤水分状况、盐积现象、人为淤积物质、石灰性。成土母质为黄土及红色黏质土，经洪水携带淤积坝内而形成。表层覆盖小于 30 cm 的绵沙土，下层为淤积层次明显的红黄色黏质土，层片状结构，底部是块状黏质泥岩。全剖面轻-中石灰反应，弱碱性土，pH 7.7～8.6。

对比土系　刘家塬系，同一亚类，均为坝淤形成的土壤，淤积层次都很明显，但土壤质地为黏壤质，土壤酸碱反应为石灰性，为不同土族。

利用性能综述　该土系所处地形较平坦，土壤质地较黏，土体紧实，保水保肥，但雨季地表易积水，土性凉，养分含量低。在利用上可发展排灌措施，防止土壤盐渍化，深翻疏松土壤，改善土壤结构和质地，增施有机肥提高地力。

参比土种　坝淤泥土。

代表性单个土体　位于陕西省榆林市榆阳区麻黄梁镇柳巷村，38°28′24.5″ N，109°57′45.3″ E，海拔 1281 m，沟坝地，地面坡度 3°左右，成土母质为红色黏质土，农耕地，种植玉米、马铃薯，一年一熟。受到翻耕及风积影响，表层呈壤土，厚度约 20 cm，之下则为红黄色黏质硬黄土，呈块状或层片状，通体轻-中石灰反应。50 cm 深度土壤温度 10.7 ℃。野外调查时间为 2015 年 8 月 28 日，编号 61-021。

麻黄梁系代表性单个土体剖面

Ap1：0～16 cm，浊黄棕色（10YR 5/4，干），灰棕色（7.5YR 5/2，润），壤土，块状结构，疏松，轻度石灰反应，向下层平滑清晰过渡。

Ap2：16～30 cm，浊黄棕色（10YR 5/4，干），浊红棕色（2.5YR 5/3，润），粉壤土，较紧实，块状结构，轻度石灰反应，向下层不规则清晰过渡。

Bw：30～50 cm，浊黄棕色（10YR 5/4，干），浊橙色（5YR 7/3，润），粉壤土，发育弱的小块状结构，稍坚实，轻度石灰反应，向下层不规则清晰过渡。

C1：50～79 cm，浊黄棕色（10YR 5/4，干），浊红棕色（5YR 5/3，润），粉壤土，单粒，无结构，可见淤积层理，中度石灰反应，向下层不规则清晰过渡。

C2：79～120 cm，浊黄棕色（10YR 5/4，干），浊红棕色（5 YR 5/4，润），粉壤土，较紧实，层片状结构，土块呈大块的片状，中度石灰反应，结构面有较多缝隙，缝隙内有中量植物根系。

麻黄梁系代表性单个土体物理性质

| 土层 | 深度 /cm | 砾石 (>2mm，体积分数)/% | 细土颗粒组成(粒径：mm)/(g/kg) | | | 质地 | 容重 /(g/cm³) |
			砂粒 2～0.05	粉粒 0.05～0.002	黏粒 <0.002		
Ap1	0～16	0	402	476	122	壤土	1.56
Ap2	16～30	0	148	715	137	粉壤土	1.58
Bw	30～50	0	145	719	136	粉壤土	1.51
C1	50～79	0	138	730	132	粉壤土	1.53
C2	79～120	0	174	700	126	粉壤土	1.57

麻黄梁系代表性单个土体化学性质

深度 /cm	pH (H₂O)	有机质 /(g/kg)	全氮(N) /(g/kg)	全磷(P) /(g/kg)	全钾(K) /(g/kg)	CEC /(cmol/kg)	CaCO₃ /(g/kg)	易溶性盐总量 /(g/kg)
0～16	8.6	20.4	1.09	0.42	5.39	11.46	19.8	0.12
16～30	8.3	3.9	0.05	0.11	7.51	4.65	8.2	4.52
30～50	8.1	2.4	0.00	0.20	10.31	6.47	7.5	0.58
50～79	7.7	2.6	0.06	0.24	10.34	1.86	7.6	1.18
79～120	8.0	1.9	0.00	0.40	9.40	2.80	40.0	1.32

8.6.28 小金系（Xiaojin Series）

土　族：黏壤质混合型石灰性温性-普通简育干润雏形土
拟定者：齐雁冰，常庆瑞，刘梦云

分布与环境条件　分布于陕西
省秦岭北坡的中低山或山前丘
陵区以及渭河高阶地上，海拔
559～1323 m，成土母质为坡积
黄土，是秦岭山区和山前丘陵区
的主要耕种土壤；旱地，小麦-
玉米轮作。暖温带半湿润、半干
旱季风气候，年日照时数
1950～2050 h，年均温 13～
14 ℃，年均降水量 550～
650 mm，无霜期 219 d。

小金系典型景观

土系特征与变幅　诊断层包括淡薄表层、雏形层；诊断特性包括温性土壤温度状况、半
干润土壤水分状况、堆垫现象、钙积现象、石灰性。该土系所处位置一般坡度较缓，土
层深厚，土壤淋溶作用强，黏粒含量高，黏重紧实，呈大棱柱状结构，个别地方有褐色
胶膜，结构面垂直裂隙明显。长期小麦-玉米轮作，土层深厚，厚度在 1.2 m 以上，达
60 cm 以上，通体粉黏壤土，弱碱性土，pH 8.3～8.5。

对比土系　杜曲系，不同土纲，地形部位为宽平塬面，秦岭北坡山前丘陵，但堆垫层厚
度超过 50 cm 而归为土垫旱耕人为土。

利用性能综述　该土系所处位置为山前低丘陵地带，坡度较缓，土体深厚，质地适中，
下部稍紧实，具有保水托肥作用，土壤养分含量中等，土壤较肥沃。在利用上应通过植
树造林，平整土地，保坡护水，防止冲刷，建设梯田。由于地处半湿润、半干旱区域的
塬边，应完善灌溉条件，保证灌溉，注意增施有机肥和实行秸秆还田以培肥土壤。

参比土种　马肝泥。

代表性单个土体　位于陕西省西安市临潼区小金乡石三湾村，34°21′53″ N，109°25′28″ E，
海拔 794 m，秦岭北坡山前丘陵区，坡度 3°～5°，成土母质为原生黄土，耕地，土壤发
育中等，通体强石灰反应，土体中部黏粒含量较多。旱地，小麦-玉米轮作。该剖面上
部 40 cm 为 20 世纪 60 年代人为从高处将地面机械推平形成，40 cm 以下为原土壤剖面。
50 cm 深度土壤温度 14.9 ℃。野外调查时间为 2016 年 3 月 26 日，编号 61-034。

Aup1：0～15 cm，浊黄棕色（10YR 5/4，干），灰橄榄色（5Y 6/2，润），粉黏壤土，耕作层发育强，团粒状结构，疏松，肉眼可见炭渣及瓦片，强石灰反应，大量草本植物根系，向下层平滑清晰过渡。

Aup2：15～40 cm，浊黄棕色（10YR 5/4，干），黄灰色（2.5Y 6/1，润），粉黏壤土，犁底层发育强，粒状结构，疏松，肉眼可见炭渣及瓦片，强石灰反应，大量草本植物根系，向下层平滑明显过渡。

Bw1：40～70 cm，浊黄棕色（10YR 5/4，干），灰色（7.5Y 6/1，润），粉黏壤土，块状结构，紧实，强石灰反应，少量草本植物根系，向下层平滑逐渐过渡。

Bw2：70～120 cm，浊黄棕色（10YR 5/4，干），橄榄黑色（5GY 2/1，润），粉黏壤土，块状结构，稍紧实，强石灰反应，少量草本植物根系，结构面有砖瓦块。

小金系代表性单个土体剖面

小金系代表性单个土体物理性质

| 土层 | 深度/cm | 砾石(>2mm，体积分数)/% | 细土颗粒组成(粒径：mm)/(g/kg) | | | 质地 | 容重/(g/cm³) |
			砂粒 2～0.05	粉粒 0.05～0.002	黏粒 <0.002		
Aup1	0～15	0	16	711	273	粉黏壤土	1.16
Aup2	15～40	0	2	709	289	粉黏壤土	1.44
Bw1	40～70	0	5	719	276	粉黏壤土	1.36
Bw2	70～120	0	3	693	304	粉黏壤土	1.57

小金系代表性单个土体化学性质

深度/cm	pH(H₂O)	有机质/(g/kg)	全氮(N)/(g/kg)	全磷(P)/(g/kg)	全钾(K)/(g/kg)	CEC/(cmol/kg)	CaCO₃/(g/kg)
0～15	8.3	19.5	0.77	0.89	9.38	17.01	79.6
15～40	8.4	15.4	0.50	0.51	10.47	15.95	108.7
40～70	8.5	9.3	0.53	0.37	9.07	15.41	94.3
70～120	8.5	8.8	0.48	0.40	9.66	13.65	91.9

8.6.29 斜峪关系（Xieyuguan Series）

土　族：黏壤质混合型石灰性温性-普通简育干润雏形土
拟定者：齐雁冰，常庆瑞，刘梦云

分布与环境条件　分布于关中平原向秦岭山地的过渡地带，多在山脚下平缓处，成土母质为坡积物，一般具有明显的粗骨性，有一定的砾石含量，海拔 500～700 m，地面坡度较平整，一般小于 3°，通常用作农用地。暖温带半湿润季风气候，年日照时数 2050～2150 h，年均温 12～13 ℃，≥10 ℃年积温 4000～4200 ℃，年均降水量 600～700 mm，无霜期 218 d。

斜峪关系典型景观

土系特征与变幅　诊断层为人为扰动层、淡薄表层、雏形层；诊断特性包括温性土壤温度状况、半干润土壤水分状况、石灰性。该土系是在秦岭山脚下经人为平整而成的，受到坡积物中砾石含量的影响，土层中具有一定的砾石含量。剖面人为堆垫层次明显，质地较重，粉壤土-粉黏壤土，尽管有一定的耕种时间，但整体熟化程度低。全剖面中石灰反应，碱性土，pH 8.5～8.8。

对比土系　三川口系，均是由于人为堆垫或淤积而形成的，发育均较微弱，均具有石灰性，但三川口系为坝淤土，土壤质地为壤质，无砾石，斜峪关系为人为平整的土壤，内有较多砾石，为不同土纲。

利用性能综述　该土系所处地形较为平坦，土质结构相对较好，水文条件好，质地适中，但土壤具有明显的粗骨性，漏水漏肥，不宜耕作。在改良利用上，应通过挑拣砾石减少其对耕作及作物生长的影响，同时由于地处坡脚，应尽量保持水土，退耕还林。

参比土种　厚层堆垫土。

代表性单个土体　位于陕西省宝鸡市眉县齐镇斜峪关村，34°10′42″ N，107°39′42″ E，海拔 686 m，位于秦岭山地山脚平缓地带，成土母质为坡积物，农耕地，近年逐渐撂荒，小麦-玉米轮作。剖面可明显看出上部为人为整地而成，底部为原坡积物，剖面中有少量砾石，质地较黏，全剖面中石灰反应。50 cm 深度土壤温度 15.2 ℃。野外调查时间为 2016 年 4 月 8 日，编号 61-052。

斜峪关系代表性单个土体剖面

Ap1: 0～20 cm，浊黄棕色（10YR 5/4，干），黑棕色（7.5YR 3/2，润），粉壤土，团块状结构，疏松，中石灰反应，大量草本植物根系，含有 3%左右直径大于 5 mm 的砾石，向下层平滑清晰过渡。

Ap2: 20～30 cm，浊黄棕色（10YR 5/4，干），橄榄灰色（5GY 5/1，润），粉壤土，无结构，稍紧实，中石灰反应，大量草本植物根系，含有 5%左右直径大于 5 mm 的砾石，向下层平滑清晰过渡。

Bw: 30～60 cm，浊黄棕色（10YR 5/4，干），浊橙色（5YR 6/3，润），粉黏壤土，无明显结构，紧实，中石灰反应，中量草本植物根系，含有 10%左右直径大于 5 mm 的砾石，向下层平滑清晰过渡。

C: 60～120 cm，浊黄棕色（10YR 5/4，干），橄榄黄色（5Y 6/3，润），粉黏壤土，无明显结构，紧实，中石灰反应，含有 15%左右直径大于 5 mm 的砾石，无植物根系。

斜峪关系代表性单个土体物理性质

| 土层 | 深度/cm | 砾石(>2mm，体积分数)/% | 细土颗粒组成(粒径：mm)/(g/kg) | | | 质地 | 容重/(g/cm³) |
			砂粒 2～0.05	粉粒 0.05～0.002	黏粒 <0.002		
Ap1	0～20	3	6	729	265	粉壤土	1.54
Ap2	20～30	5	6	736	258	粉壤土	1.57
Bw	30～60	10	7	723	270	粉黏壤土	1.79
C	60～120	15	14	701	285	粉黏壤土	1.70

斜峪关系代表性单个土体化学性质

深度/cm	pH(H₂O)	有机质/(g/kg)	全氮(N)/(g/kg)	全磷(P)/(g/kg)	全钾(K)/(g/kg)	CEC/(cmol/kg)	CaCO₃/(g/kg)
0～20	8.5	9.59	0.50	0.50	10.20	20.9	22.2
20～30	8.8	9.70	0.49	0.41	10.21	20.7	23.9
30～60	8.7	9.47	0.51	0.59	10.18	21.0	20.5
60～120	8.7	15.51	0.73	0.84	11.04	20.4	14.7

8.7 普通简育常湿雏形土

8.7.1 光雾山系（Guangwushan Series）

土　族：壤质长石混合型石灰性热性-普通简育常湿雏形土
拟定者：齐雁冰，常庆瑞，刘梦云

分布与环境条件　分布于秦巴山区的汉中、安康等市石质山地的沟道坡面，多为林草地，坡度在 25°以上，海拔 400～1420 m，成土母质为花岗片麻岩风化物的坡积、残积母质。北亚热带湿润季风气候，年日照时数 1500～1700 h，年均温 13.5～14.5 ℃，≥10 ℃年积温 2500～4000 ℃，年均降水量 800～1000 mm，无霜期 240 d。

光雾山系典型景观

土系特征与变幅　诊断层包括淡薄表层、雏形层；诊断特性包括热性土壤温度状况、常湿润土壤水分状况。该土系所处位置坡度大，成土母质为花岗片麻岩风化物的坡积、残积母质，坡麓坡腰母质来源复杂，土体中砾石含量高，常在 20%以下，有效土层 40 cm 左右，以下为砂砾层，也有坡积物质堆积较厚的，可达 1 m 以上，全剖面无石灰反应，壤土-砂壤土，中性或微碱性土，pH 8.0～8.2。

对比土系　马桑坪系，同一土纲，所处位置均为秦巴山地低丘坡麓，成土母质均为来源复杂的各类岩石风化物的坡洪积物，但为湿润土壤水分状况，为不同亚纲。

利用性能综述　该土系地面坡度大，水土流失严重，质地较粗，砾石含量高，土体疏松，通透性强，保水保肥弱，土温易升易降，温差大，作物发苗快。在利用上，沟谷坡地有少量平缓处可供农用，土体砾石含量高，尽管表层肥力较高，但翻种收割困难，利用率较低，多数为林地，改良上对于坡度较大区域，以保护植被减少破坏、保持水土为主，位于坡脚平缓处可以采取修筑水平梯田、掏石客土等途径，增厚土层。

参比土种　麻骨石渣土。

代表性单个土体　位于陕西省汉中市南郑区红庙镇光雾山，32°44′54″ N，106°52′46.1″ E，海拔 1347 m，山地中坡，坡度 30°，成土母质为坡积物，林草地。剖面表层受到植被生长及枯落物分解影响，腐殖质积累较多，较厚，颜色暗褐，有机质含量高，质地为壤土，砾石含量 5%～10%；中下部则基本保持坡残积物特征，剖面通体有 10%～20% 的砾石，全剖面无石灰反应。50 cm 深度土壤温度 14.3 ℃。野外调查时间为 2016 年 4 月 4 日，编号 61-047。

Ah：　0～15 cm，浊黄棕色（10YR 5/3，干），紫黑色（5RP 2/1，润），壤土，团块状结构，疏松，无石灰反应，大量草本植物根系，夹杂有少量直径大于 5 mm 的砾石，向下层平滑清晰过渡。

AB：　15～30 cm，浊黄棕色（10YR 5/4，干），浊黄色（2.5Y 6/3，润），砂壤土，块状结构，较松软，无石灰反应，中量草本植物根系，夹杂有少量直径大于 5 mm 的砾石，向下层平滑清晰过渡。

Bw1：30～50 cm，浊黄棕色（10YR 5/4，干），淡黄色（7.5Y 7/3，润），砂壤土，块状结构，较松软，无石灰反应，少量草本植物根系，夹杂有少量直径大于 5 mm 的砾石，向下层平滑清晰过渡。

Bw2：50～120 cm，浊黄橙色（10YR 6/4，干），浊黄棕色（10YR 5/4，润），壤土，块状结构，较松软，无石灰反应，无植物根系，夹杂有少量直径大于 5 mm 的砾石。

光雾山系代表性单个土体剖面

光雾山系代表性单个土体物理性质

土层	深度/cm	砾石(>2mm，体积分数)/%	细土颗粒组成(粒径：mm)/(g/kg)			质地	容重/(g/cm³)
			砂粒 2～0.05	粉粒 0.05～0.002	黏粒 <0.002		
Ah	0～15	10	416	484	100	壤土	0.98
AB	15～30	15	603	311	86	砂壤土	1.51
Bw1	30～50	20	638	273	89	砂壤土	1.55
Bw2	50～120	20	437	437	126	壤土	1.42

光雾山系代表性单个土体化学性质

深度/cm	pH(H₂O)	有机质/(g/kg)	全氮(N)/(g/kg)	全磷(P)/(g/kg)	全钾(K)/(g/kg)	CEC/(cmol/kg)	游离氧化铁/(g/kg)
0～15	8.0	30.2	1.31	0.57	8.27	14.77	6.04
15～30	8.1	8.0	0.36	0.57	11.07	13.28	7.15
30～50	8.2	6.7	0.31	0.48	11.32	12.72	6.26
50～120	8.0	8.3	0.42	0.43	10.49	22.79	6.10

8.8　腐殖钙质湿润雏形土

8.8.1　双石铺系（**Shuangshipu Series**）

土　族：壤质碳酸盐型热性-腐殖钙质湿润雏形土
拟定者：齐雁冰，常庆瑞，刘梦云

分布与环境条件　分布于秦巴山区的汉中、安康、宝鸡等市石灰岩低山沟道坡面，多为林草地，坡度在 15°以上，海拔 540～1300 m，成土母质为石灰岩风化物的坡积、残积母质。北亚热带湿润季风气候，年日照时数 1500～1800 h，年均温 12.5～14.5 ℃，≥10 ℃年积温 2800～3900 ℃，年均降水量 600～1100 mm，无霜期 240 d。

双石铺系典型景观

土系特征与变幅　诊断层包括暗沃表层、雏形层；诊断特性包括热性土壤温度状况、湿润土壤水分状况、碳酸盐岩岩性特征、腐殖质特性、石质接触面和石灰性。该土系所处位置坡度大，成土母质为石灰岩风化物的坡积、残积母质，土体中富含砾石，常在 10%以上，有效土层薄厚不均，薄的 30 cm 左右，厚的可达 100 cm 以上，以下为砂砾层，全剖面强石灰反应，粉壤土，弱碱性土，pH 8.2～8.5。

对比土系　火地塘系，同一亚纲，所处位置均为秦巴山地低丘坡麓，但成土母质为花岗片麻岩风化物的坡积、残积母质，且质地为粗骨壤质，为不同土类。光雾山系，同一土纲，所处位置均为秦巴山地低丘坡麓，但为常湿润土壤水分状况，成土母质为花岗片麻岩风化物的坡积、残积母质且质地为壤质，为不同亚纲。

利用性能综述　该土系地面坡度大，水土流失严重，土层薄，砾石多，草灌植被及乔木生长旺盛，尽管土壤有机质及养分含量较高，但因土层浅薄及质地过粗而不宜农垦，坡度稍缓处则可通过修筑梯田等方式进行保护性利用，坡度较大处不宜农用，以发展林果为主要利用方向，同时注重地表植被保护，防止水土流失。

参比土种　灰石渣土。

代表性单个土体　位于陕西省宝鸡市凤县双石铺镇十里店村，33°52′58″ N，106°33′17″ E，海拔 1240 m，石质山地中下坡，坡度 30°左右，成土母质为坡积物，林草地。剖面表层受到植被生长及枯落物分解影响,有 1~2 cm 厚的枯枝落叶,腐殖质积累较多,较厚,形成暗沃表层,颜色暗褐,有机质含量高,质地为粉壤土,砾石含量 10%左右;中下部则基本保持坡残积物特征,剖面通体有 10%~20%的砾石,有效土层厚 60 cm 左右,以下为母岩层,全剖面强石灰反应。50 cm 深度土壤温度 13.9 ℃。野外调查时间为 2016 年 7 月 19 日,编号 61-157。

Ah: 0~17 cm,浊黄橙色(10YR 6/3,干),红黑色(2.5YR 2/1,润),粉壤土,暗沃表层发育强,团块状结构,疏松,强石灰反应,大量植物根系,夹杂有少量直径大于 5 mm 的砾石,向下层平滑清晰过渡。

AB: 17~30 cm,浊黄橙色(10YR 6/4,干),棕灰色(5YR 4/1,润),粉壤土,块状结构,较松软,强石灰反应,中量植物根系,夹杂有多量直径大于 5 mm 的砾石,裂隙壁可见明显的腐殖质淀积胶膜,向下层波状清晰过渡。

Bw: 30~60 cm,浊黄棕色(10YR 5/4,干),淡灰色(2.5Y 7/1,润),粉壤土,块状结构,较松软,强石灰反应,少量植物根系,夹杂有多量直径大于 5 mm 的砾石,裂隙壁可见明显的腐殖质淀积胶膜。

双石铺系代表性单个土体剖面

双石铺系代表性单个土体物理性质

| 土层 | 深度 /cm | 砾石 (>2mm,体积分数)/% | 细土颗粒组成(粒径: mm)/(g/kg) | | | 质地 | 容重 /(g/cm³) |
			砂粒 2~0.05	粉粒 0.05~0.002	黏粒 <0.002		
Ah	0~17	10	151	620	229	粉壤土	1.22
AB	17~30	15	111	699	190	粉壤土	1.34
Bw	30~60	15	143	671	186	粉壤土	1.24

双石铺系代表性单个土体化学性质

深度 /cm	pH (H₂O)	有机质 /(g/kg)	全氮(N) /(g/kg)	全磷(P) /(g/kg)	全钾(K) /(g/kg)	CEC /(cmol/kg)	CaCO₃ /(g/kg)	游离氧化铁 /(g/kg)
0~17	8.2	41.0	2.21	1.31	11.93	30.39	90.2	8.17
17~30	8.4	19.7	1.00	0.42	11.92	24.27	108.7	8.51
30~60	8.5	15.1	0.72	0.36	12.49	22.50	121.3	8.43

8.9　普通钙质湿润雏形土

8.9.1　平梁系（Pingliang Series）

土　　族：壤质混合型热性-普通钙质湿润雏形土
拟定者：齐雁冰，常庆瑞，刘梦云

分布与环境条件　分布于秦巴山区的汉中、安康、商洛等市的石灰岩低山丘陵地，多为林草地，坡度在 15° 以下，海拔 440～1300 m，成土母质为石灰岩风化物的坡积、残积母质。北亚热带湿润季风气候，年日照时数 1500～1800 h，年均温 12.5～14.5 ℃，≥10 ℃年积温 2500～3700 ℃，年均降水量 600～1000 mm，无霜期 240 d。

平梁系典型景观

土系特征与变幅　诊断层包括淡薄表层、钙积层；诊断特性包括热性土壤温度状况、湿润土壤水分状况、碳酸盐岩岩性特征、准石质接触面。该土系所处位置一般为缓坡地，成土母质为石灰岩风化物的坡积、残积母质，土体中富含砾石，常在 3%～50%，有效土层薄厚不均，薄的 30 cm 左右，厚的可达 100 cm 以上，以下为准石质接触面，全剖面强石灰反应，砂砾质粉壤土，弱碱性土，pH 8.2～8.8。

对比土系　双石铺系，同一土类，所处位置均为秦巴山地低山丘陵，成土母质均为石灰岩风化物的坡积、残积母质，但具有暗沃表层，为不同亚类。

利用性能综述　该土系地面坡度相对平缓，但仍有一定坡度，有一定的水土流失，土层薄，砾石多，草灌植被及乔木生长旺盛，尽管土壤有机质及养分含量较高，但因土层浅薄及质地过粗而不宜农垦，应以发展林果为主要利用方向，同时注重地表植被保护，防止水土流失。

参比土种　灰棕石灰土。

代表性单个土体　位于陕西省安康市汉阴县平梁镇清河村，32°53′25″ N，108°25′29″ E，海拔 470 m，低山丘陵缓坡地，坡度 8° 左右，成土母质为石灰岩风化物的坡积、残积母质，灌草地，退耕。土层浅薄，有效土层 40 cm 左右，底部为碳酸盐类泥质岩，可看到灰色碳酸钙聚集层，剖面含 3% 左右碳酸盐岩砾石，质地为粉壤土。全剖面强石灰反应。50 cm 深度土壤温度 16.2 ℃。野外调查时间为 2016 年 5 月 24 日，编号 61-083。

Ah：0～18 cm，浊棕色（7.5YR 5/4，干），浊棕色（7.5YR 6/3，润），粉壤土，块状结构，疏松，强石灰反应，大量植物根系，夹杂有 3% 左右直径大于 5 mm 的砾石，向下层平滑清晰过渡。

Bk：18～40 cm，浊棕色（7.5YR 5/4，干），浊黄橙色（10YR 6/3，润），粉壤土，块状结构，较松软，强石灰反应，中量植物根系，夹杂有 8% 左右直径大于 5 mm 的砾石，向下层平滑清晰过渡。

BC：40～50 cm，浊棕色（7.5YR 5/4，干），浊黄棕色（10YR 4/3，润），粉壤土，块状结构，紧实，强石灰反应，无植物根系，有超过一半的体积为较为坚硬的泥质岩，但用铁锹尚能挖掘。

平梁系代表性单个土体剖面

平梁系代表性单个土体物理性质

| 土层 | 深度 /cm | 砾石 (>2mm，体积分数)/% | 细土颗粒组成(粒径：mm)/(g/kg) | | | 质地 | 容重 /(g/cm³) |
			砂粒 2～0.05	粉粒 0.05～0.002	黏粒 <0.002		
Ah	0～18	3	120	654	154	粉壤土	1.40
Bk	18～40	8	302	512	123	粉壤土	1.44
BC	40～50	50	134	668	112	粉壤土	1.83

平梁系代表性单个土体化学性质

深度 /cm	pH (H₂O)	有机质 /(g/kg)	全氮(N) /(g/kg)	全磷(P) /(g/kg)	全钾(K) /(g/kg)	CEC /(cmol/kg)	CaCO₃ /(g/kg)	游离氧化铁 /(g/kg)
0～18	8.8	20.2	0.95	0.70	19.69	22.8	91.4	10.4
18～40	9.0	7.2	0.41	0.58	15.99	18.8	146.8	10.8
40～50	9.2	3.4	0.18	0.28	15.91	14.1	106.2	11.9

8.10 斑纹紫色湿润雏形土

8.10.1 堰口系（**Yankou Series**）

土　族：黏壤质混合型非酸性热性-斑纹紫色湿润雏形土
拟定者：齐雁冰，常庆瑞，刘梦云

分布与环境条件　分布于陕西省汉中市下辖区域的丘陵低山及中山区，海拔 500～1600 m，地面坡度较大，为 5°～25°，成土母质为紫色、紫红色砂岩或砾岩风化残积物，旱地或水田。北亚热带湿润季风气候；年日照时数 1650～1750 h，年均温 14～15 ℃，≥10℃年积温 3000～4100 ℃，年均降水量 600～1100 mm，无霜期 246 d。

堰口系典型景观

土系特征与变幅　诊断层包括暗瘠表层、雏形层；诊断特性包括热性土壤温度状况，湿润土壤水分状况，紫色砂、页岩岩性特征，氧化还原特征。成土母质为紫色、紫红色砂岩或砾岩风化残积物，有效土层厚度厚薄不等，薄的不足 30 cm，缓坡沟谷底部常常较厚，可达 100 cm 以上。剖面无发育，性状接近母质，全剖面呈红褐或红紫色，质地较轻，粉壤土-砂壤土，富含砾质，无石灰反应。中-弱酸性，pH 6.9～7.7。

对比土系　牟家庄系，均具有紫色砂、页岩岩性特征，但土层浅薄，具有石质接触面，不具有氧化还原特征，且未形成明显的雏形层，土壤质地为壤质，为不同土纲。

利用性能综述　该土系富含砂砾，质地粗，土层浅，渗透性强，蓄水能力差，不耐旱，养分含量不高，保肥力弱，物理化学性质差，一般一年一熟，产量低。在改良利用上应逐渐退耕，保持水土，促进土壤发育。

参比土种　紫砂土。

代表性单个土体　位于陕西省汉中市西乡县堰口镇牟家庄村委会附近，32°59′49″N，107°53′03″E，海拔 530 m，丘陵岗地宽沟谷地带，地面坡度 5°左右，成土母质为紫红色砂岩残积物，水田，小麦/油菜-水稻轮作或单季稻。除长期种植水稻进行水耕，中下部剖面基本无发育，中部有少量锈纹锈斑。50 cm 深度土壤温度 16.2 ℃。野外调查时间为 2016 年 5 月 23 日，编号 61-080。

堰口系代表性单个土体剖面

Ap1：0～18 cm，暗灰紫色（7.5RP 3/3，干），灰紫色（5RP 4/3，润），粉黏土，发育中等，团块状结构，松软，无石灰反应，大量草本植物根系，向下层平滑清晰过渡。

Ap2：18～30 cm，暗灰紫色（7.5RP 3/3，干），暗灰紫色（5RP 3/3，润），砂黏壤土，较紧实，块状结构，无石灰反应，结构面有少量锈纹锈斑，少量草本植物根系，向下层平滑清晰过渡。

Bw：30～70 cm，暗灰紫色（7.5RP 3/2，干），暗灰紫色（5RP 3/3，润），粉黏壤土，紧实，块状结构，无石灰反应，结构面可见明显锈纹锈斑，少量根系，向下层平滑清晰过渡。

C1：70～90 cm，暗灰紫色（7.5RP 3/2，干），暗灰紫色（5RP 3/2，润），砂壤土，紧实，无明显结构，无石灰反应，可见少量粒径 5 mm 以上的小砾石，无根系，向下层平滑清晰过渡。

C2：90～120 cm，暗灰紫色（7.5RP 3/2，干），暗灰紫色（5RP 3/2，润），砂壤土，紧实，块状结构，无石灰反应，可见少量粒径 5 mm 以上的小砾石，无根系。

堰口系代表性单个土体物理性质

| 土层 | 深度/cm | 砾石(>2mm，体积分数)/% | 细土颗粒组成(粒径：mm)/(g/kg) | | | 质地 | 容重/(g/cm³) |
			砂粒 2～0.05	粉粒 0.05～0.002	黏粒 <0.002		
Ap1	0～18	0	21	541	438	粉黏土	1.37
Ap2	18～30	0	450	278	272	砂黏壤土	1.71
Bw	30～70	0	41	594	365	粉黏壤土	1.91
C1	70～90	5	630	199	171	砂壤土	1.86
C2	90～120	5	667	176	157	砂壤土	1.86

堰口系代表性单个土体化学性质

深度/cm	pH(H₂O)	有机质/(g/kg)	全氮(N)/(g/kg)	全磷(P)/(g/kg)	全钾(K)/(g/kg)	CEC/(cmol/kg)	游离氧化铁/(g/kg)
0～18	6.9	20.0	1.00	0.52	10.59	18.08	11.60
18～30	7.5	10.0	0.58	0.32	11.48	17.15	10.31
30～70	7.6	6.7	0.35	0.19	10.79	16.35	10.88
70～90	7.7	5.2	0.24	0.24	12.61	18.16	10.71
90～120	7.7	5.1	0.23	0.24	10.90	17.52	10.74

8.11 斑纹简育湿润雏形土

8.11.1 西岔河系（Xichahe Series）

土　　族：粗骨砂质硅质混合型非酸性热性-斑纹简育湿润雏形土
拟定者：齐雁冰，常庆瑞，刘梦云

分布与环境条件　分布于秦岭山地的商洛、汉中、安康等市中山区的沟道坡面，多为林草地，坡度在 25°以上，海拔 690～1200 m，成土母质为泥质岩类风化形成的残积及坡积物。北亚热带湿润季风气候，年日照时数 1700～1850 h，年均温 11～12 ℃，≥10 ℃年积温 3500～3900 ℃，年均降水量 750～1100 mm，无霜期 218 d。

西岔河系典型景观

土系特征与变幅　诊断层包括淡薄表层、雏形层；诊断特性包括热性土壤温度状况、湿润土壤水分状况、氧化还原特征、准石质接触面。该土系所处位置坡度大，成土母质为泥质岩风化物的坡积、残积母质，土体中可见少量砾石，中下部有半风化泥质岩、片岩半风化物，块状结构，物理性黏粒及铁锰的移动与淀积有轻微发生。土壤发育微弱，层次分化隐约可见，有效土层厚 40 cm 左右，以下为泥质岩或砂页岩，全剖面无石灰反应，砂砾质砂壤土-壤砂土，中性或弱酸性土，pH 6.5～7.7。

对比土系　火地塘系，同一亚类，所处位置均为秦巴山地中高山沟谷地，但成土母质为花岗片麻岩风化物的坡积、残积母质，且具有暗沃表层，为不同土族。龙村系，不同土纲，所处位置均为秦巴山地中低山坡麓，成土母质均为泥质岩或花岗片麻岩风化物，但土壤具有明显的黏化层，为淋溶土纲。

利用性能综述　该土系土质较黏重，富含砾石，地面坡度大，水土流失严重，质地较粗，土体疏松，一般所处区域林木草类生长茂盛，肥力较高，但土层薄，不宜农用；水热条件较好，平缓处可发展林特菌类生产，但利用时应注意林木管理，防止水土流失。

参比土种　润麻石土。

代表性单个土体　位于陕西省汉中市佛坪县西岔河镇李家河坝村，33°24′38″ N，107°58′42″ E，海拔 698 m，秦岭山地中山区宽沟谷地带坡中下部，成土母质为泥质岩类风化形成的残积、坡积物，林草地。剖面表层受到植被生长及枯落物分解影响，有一定的腐殖质积累，质地砂砾质砂壤土，宽谷平缓处被人为平整后粗放利用为农地，大部分退耕，50 cm 深度土壤温度 15.8 ℃。野外调查时间为 2016 年 7 月 26 日，编号 61-164。

Ah：0～15 cm，浊黄橙色（10YR 6/4，干），浊橙色（5YR 6/3，润），砂壤土，块状结构，较松软，无石灰反应，大量植物根系，夹杂有少量直径大于 5 mm 的砾石，向下层平滑模糊过渡。

Br：15～30 cm，浊黄棕色（10YR 5/4，干），淡红灰色（7.5R 7/1，润），砂壤土，块状结构，较松软，无石灰反应，有明显的锈纹锈斑，中量植物根系，夹杂有少量直径大于 5 mm 的砾石，向下层平滑渐变过渡。

Cr：30～80 cm，浊黄橙色（10YR 6/4，干），浊橙色（7.5YR 7/4，润），壤砂土，保持泥质岩层结构，较松软，无石灰反应，结构面可见铁锈斑纹，少量植物根系，夹杂有大量直径大于 5 mm 的砾石，留有保持原母岩形状的半风化物。

西岔河系代表性单个土体剖面

西岔河系代表性单个土体物理性质

| 土层 | 深度 /cm | 砾石 (>2mm，体积分数)/% | 细土颗粒组成（粒径：mm)/(g/kg) | | | 质地 | 容重 /(g/cm³) |
			砂粒 2～0.05	粉粒 0.05～0.002	黏粒 <0.002		
Ah	0～15	10	540	377	83	砂壤土	1.58
Br	15～30	24	741	216	43	砂壤土	1.61
Cr	30～80	70	793	167	40	壤砂土	1.76

西岔河系代表性单个土体化学性质

深度 /cm	pH (H₂O)	有机质 /(g/kg)	全氮(N) /(g/kg)	全磷(P) /(g/kg)	全钾(K) /(g/kg)	CEC /(cmol/kg)	游离氧化铁 /(g/kg)
0～15	6.5	12.6	0.60	0.19	14.03	30.18	9.81
15～30	7.6	3.8	0.17	0.13	15.47	26.79	8.94
30～80	7.7	2.7	0.13	0.21	13.38	24.74	7.94

8.11.2 甘露沟系（Ganlugou Series）

土　　族：粗骨壤质长石混合型非酸性热性-斑纹简育湿润雏形土
拟定者：齐雁冰，常庆瑞，刘梦云

分布与环境条件　分布于陕西省秦巴山区商洛地区的洪积扇中上部及山麓缓坡处，海拔400～800 m，所处区域通常为中低山宽谷缓坡，多为林草地，低海拔地区坡底中下部坡度稍缓处被人为平整后用为农地，坡度在 5°～25°，成土母质为洪积物。北亚热带湿润季风气候，年日照时数 1700～1780 h，年均温 14～15 ℃，≥10 ℃年积温 3500～4000 ℃，年均降水量 700～1000 mm，无霜期 216 d。

甘露沟系典型景观

土系特征与变幅　诊断层包括淡薄表层、雏形层；诊断特性包括热性土壤温度状况、湿润土壤水分状况、准石质接触面、氧化还原特征。该土系所处位置一般为低丘缓坡地，多分布于坡麓，是在花岗岩、片麻岩等洪水冲积物堆积物母质上及草灌植被下发育的洪积土壤，有效土层较薄，表层生物积累强，中下部积累弱。剖面几乎无分化，一般为砾质与泥、沙的混合物，层次不明显，只能依据颜色、沙土比的不同予以区别。剖面自上而下均有较多砾石，土质较为紧实，剖面基本无发育，全剖面无石灰反应，砂砾质粉壤土，中性土，pH 7.1～7.5。

对比土系　西岔河系，同一亚类，所处区域均为秦巴山地低丘坡麓，但成土母质为坡积物，土壤质地为粗骨砂质且矿物类型为硅质混合型，为不同土族。龙村系，不同土纲，所处区域均为秦巴山地低丘坡麓，但矿物类型为云母混合型，而且形成明显的黏化层，为淋溶土纲。

利用性能综述　该土系因含有大量砾石，易磨损机具而不宜耕作，播种后捉苗难，土壤有机质及养分含量较高；但该土系所处地形部位水热条件较好，坡度平缓处可以通过去除较大石块，加以平整，通过修筑梯田等方式进行保护性利用，种植小麦、玉米等旱生作物，坡度较大处不宜农用，应以发展林果为主要利用方向，同时注重地表植被保护，防止水土流失。

参比土种　砾质泥土。

代表性单个土体　　位于陕西省商洛市商南县青山镇甘露沟村，33°27′33″N，110°52′23″E，海拔 425 m，中低山沟谷洪积扇坡麓底部，成土母质为洪积物，有林地，坡麓底部稍平缓处被用作旱耕地，种植玉米等农作物，退耕后种植板栗等经济林，剖面深度在 1.0 m 左右，上下质地较为均一，内含多量砾石。50 cm 深度土壤温度 15.9 ℃。野外调查时间为 2016 年 7 月 28 日，编号 61-169。

Ah：　0～15 cm，浊黄棕色（10YR 5/4，干），灰橄榄色（5Y 6/2，润），含 25%岩石碎屑，粉壤土，发育强的粒状-小块状结构，松散-稍紧实，多量灌草根系，无石灰反应，向下层不规则过渡。

Br1：15～40 cm，浊黄棕色（10YR 5/4，干），淡绿灰色（7.5GY 8/1，润），含 35%砂砾，粉壤土，发育中等的小块状结构，稍坚实，结构面可见少量铁锈斑纹痕迹，少量灌草根系，无石灰反应，向下层波状清晰过渡。

Br2：40～100 cm，浊黄棕色（10YR 5/4，干），浊红棕色（5YR 4/4，润），含 35%岩石碎屑，粉壤土，结构面可见少量铁锈斑纹痕迹，发育弱的小块状结构，坚实，无石灰反应。

甘露沟系代表性单个土体剖面

甘露沟系代表性单个土体物理性质

土层	深度/cm	砾石(>2mm，体积分数)/%	细土颗粒组成(粒径：mm)/(g/kg)			质地	容重/(g/cm³)
			砂粒 2～0.05	粉粒 0.05～0.002	黏粒 <0.002		
Ah	0～15	25	336	561	103	粉壤土	1.05
Br1	15～40	35	271	626	103	粉壤土	1.12
Br2	40～100	35	170	716	114	粉壤土	1.00

甘露沟系代表性单个土体化学性质

深度/cm	pH(H₂O)	有机质/(g/kg)	全氮(N)/(g/kg)	全磷(P)/(g/kg)	全钾(K)/(g/kg)	CEC/(cmol/kg)	游离氧化铁/(g/kg)
0～15	7.5	24.7	1.33	0.37	11.33	20.17	5.50
15～40	7.2	6.4	0.28	0.34	10.33	22.98	7.08
40～100	7.1	4.3	0.22	0.54	11.25	21.36	7.42

8.11.3　火地塘系（Huoditang Series）

土　族：粗骨壤质长石混合型非酸性热性-斑纹简育湿润雏形土
拟定者：齐雁冰，常庆瑞，刘梦云

分布与环境条件　分布于秦巴
山区的汉中、安康等市石质山地
的沟道坡面，多为林草地，坡度
在 25°以上，海拔 700~1600 m，
成土母质为花岗片麻岩风化物
的坡积、残积母质。北亚热带湿
润季风气候，年日照时数
1500~1800 h，年均温 12.5~
14.5 ℃，≥10 ℃年积温 2800~
3900 ℃，年均降水量 600~
1100 mm，无霜期 240 d。

火地塘系典型景观

土系特征与变幅　诊断层包括暗沃表层、雏形层；诊断特性包括热性土壤温度状况、湿
润土壤水分状况、氧化还原特征、准石质接触面。该土系所处位置坡度大，成土母质为
花岗片麻岩风化物的坡积、残积母质，坡麓坡腰母质来源复杂，土体中砾石含量高，常
在 25%以上，有效土层厚 40 cm 左右，以下为砂砾层，也有坡积物质堆积较厚的，可达
1 m 以上，全剖面无石灰反应，砂壤土-壤土，弱酸性土，pH 6.0~6.5。

对比土系　甘露沟系，同一土族，地形部位为洪积扇中上部，且未形成暗沃表层，为不
同土系。双石铺系，同一亚纲，所处位置均为秦巴山地低丘坡麓，但成土母质为石灰岩
风化物且质地为壤质，为不同土类。马桑坪系，不同亚类，所处位置均为秦巴山地低丘
坡麓，成土母质均为来源复杂的各类岩石风化物的坡洪积物，地形部位为坡麓，且土壤
矿物类型为混合型，为不同土族。蒿滩沟系，不同土纲，所处位置均为秦巴山地中高山
沟谷地，成土母质均为花岗片麻岩风化物的坡积、残积母质，但土壤质地疏松，属砂砾
质壤土，不具有明显的雏形层，为粗骨质，为新成土纲。

利用性能综述　该土系地面坡度大，水土流失严重，质地较粗，砾石含量高，土体疏松，
一般所处区域林木草类生长茂盛，肥力较高，但土层薄，不宜农用，可发展林特菌类生
产，利用时应注意林木管理，防止水土流失。

参比土种　灰麻骨石渣土。

代表性单个土体　位于陕西省安康市宁陕县火地塘林场，33°26′12″ N，108°26′45″ E，海
拔 1558 m，山地中下坡，坡度 40°，成土母质为坡积物，林草地。剖面表层受到植被生

长及枯落物分解影响，腐殖质积累较多，较厚，形成暗沃表层，颜色暗褐，有机质含量高，质地砂砾质壤土，砾石含量25%左右；中下部则基本保持坡残积物特征，剖面通体有25%～65%砾石，全剖面无石灰反应。50 cm深度土壤温度13.2 ℃。野外调查时间为2016年7月26日，编号61-163。

Ah：　0～15 cm，浊黄棕色（10YR 5/3，干），红黑色（2.5YR 2/1，润），含25%岩石碎屑，砂壤土，发育强的粒状-小块状结构，松散-稍坚实，多量树灌根系，无石灰反应，向下层平滑清晰过渡。

Bw：　15～50 cm，浊黄棕色（10YR 5/4，干），灰紫色（2.5RP 4/4，润），含45%岩石碎屑，砂壤土，发育中等的小块状结构，稍坚实，中量树灌根系，无石灰反应，向下层波状渐变过渡。

Cr：　50～90 cm，浊黄棕色（10YR 5/4，干），灰紫色（10RP 4/2，润），含65%岩石碎屑，壤土，单粒，无结构，少量树灌根系，少量铁锰斑纹，无石灰反应。

火地塘系代表性单个土体剖面

火地塘系代表性单个土体物理性质

| 土层 | 深度/cm | 砾石(>2mm，体积分数)/% | 细土颗粒组成(粒径：mm)/(g/kg) | | | 质地 | 容重/(g/cm³) |
			砂粒 2～0.05	粉粒 0.05～0.002	黏粒 <0.002		
Ah	0～15	25	553	346	101	砂壤土	1.32
Bw	15～50	45	541	336	123	砂壤土	1.26
Cr	50～90	65	390	480	130	壤土	1.09

火地塘系代表性单个土体化学性质

深度/cm	pH(H₂O)	有机质/(g/kg)	全氮(N)/(g/kg)	全磷(P)/(g/kg)	全钾(K)/(g/kg)	CEC/(cmol/kg)	CaCO₃/(g/kg)	游离氧化铁/(g/kg)
0～15	6.0	34.9	2.04	0.60	8.92	19.45	6.1	8.14
15～50	6.5	21.7	1.18	0.45	6.94	25.63	5.6	8.27
50～90	6.5	28.3	1.45	0.93	7.64	29.22	5.3	8.21

8.11.4 小河庙系（Xiaohemiao Series）

土 族：粗骨壤质长石混合型非酸性热性-斑纹简育湿润雏形土
拟定者：齐雁冰，常庆瑞，刘梦云

分布与环境条件 分布于陕西秦巴山区汉中、商洛两市的商州、洛南、西乡、镇巴、略阳、南郑、勉县、留坝、城固等县区石质山地的陡峭山坡坡麓处，海拔 720～1890 m，地面坡度一般在 25°以上。成土母质为花岗片麻岩及砂砾岩等岩石风化物的坡洪积母质。多为林草地，坡脚底部平缓处有少量农耕地。北亚热带湿润季风气候，年日照时数 1600～1800 h，年均温 12.5～

小河庙系典型景观

14.5 ℃，≥10 ℃年积温 3800～4500 ℃，年均降水量 810～1000 mm，无霜期 235 d。

土系特征与变幅 诊断层包括淡薄表层、雏形层；诊断特性包括热性土壤温度状况、湿润土壤水分状况、氧化还原特征。该土系所处位置坡度大，成土母质为花岗片麻岩及砂砾岩等岩石风化物的坡洪积母质。地表植被较为稀疏，坡度大，侵蚀严重，土层薄厚不一，薄的不足 30 cm，厚的可达 100 cm 以上，物质组成混杂，砾石含量高，质地为黏壤土，表层受林草枯落物生长影响有一定的腐殖质积累，下部土体稍松软，未形成明显黏化层，全剖面无石灰反应，粉壤土-粉黏壤土，弱酸性土，pH 5.4～6.2。

对比土系 马桑坪系，同一亚类，所处位置均为秦巴山地低丘坡麓，成土母质均为来源复杂的各类岩石风化物的坡洪积物，但所处位置低下，土壤矿物类型为混合型，为不同土族。

利用性能综述 该土系地面坡度大，土层浅薄，在沟谷坡地有少量平缓处可供农用，土体砾石含量高，尽管表层肥力较高，但翻种收割困难，利用率较低，多数为林地。改良上对于坡度较大区域，应以保护植被减少破坏，保持水土为主，坡脚平缓处可以采取修筑水平梯田、掏石客土等途径，增厚土层。

参比土种 灰杂石渣土。

代表性单个土体 位于陕西省汉中市勉县小河庙乡黑滩沟村，32°58′40.3″ N，106°42′21.3″ E，海拔 804 m，石质山地的坡麓，坡度 25°，成土母质为砂砾岩坡积物，有林地。表层尽管有枯枝落叶，但枯落物积累少，其下则有部分物质移动，但未形成明

显的黏化层，底部则为母岩层，整体剖面为黏壤土，无石灰反应。50 cm 深度土壤温度
16.0 ℃。野外调查时间为 2016 年 4 月 3 日，编号 61-044。

小河庙系代表性单个土体剖面

Ah：0～15 cm，淡黄色（2.5Y 7/4，干），淡黄色（7.5Y 7/3，润），粉黏壤土，腐殖质层发育中等，团块状结构，疏松，无石灰反应，大量草本植物根系，夹杂有少量直径大于 5 mm 的砾石，向下层平滑清晰过渡。

Bw1：15～45 cm，淡黄色（2.5Y 7/4，干），淡黄色（7.5Y 7/3，润），粉黏壤土，团块状结构，稍紧实，无石灰反应，少量草本植物根系，夹杂有少量直径大于 5 mm 的砾石，向下层平滑清晰过渡。

Bw2：45～63 cm，淡黄色（2.5Y 7/4，干），黄棕色（2.5Y 5/3，润），粉壤土，块状结构，稍紧实，无石灰反应，无植物根系，夹杂有中量直径大于 5 mm 的砾石，向下层平滑清晰过渡。

Cr1：63～90 cm，淡黄色（2.5Y 7/4，干），浊黄棕色（10YR 4/3，润），粉黏壤土，无明显结构，稍紧实，无石灰反应，可见明显锈纹锈斑，无植物根系，夹杂有大量直径大于 5 mm 的砾石，向下层平滑清晰过渡。

Cr2：90～120 cm，淡黄色（2.5Y 7/4，干），灰橄榄色（7.5Y 5/3，润），粉壤土，无明显结构，稍紧实，无石灰反应，可见少量锈纹锈斑，无植物根系，夹杂有大量直径大于 5 mm 的砾石。

小河庙系代表性单个土体物理性质

| 土层 | 深度 /cm | 砾石 (>2mm，体积分数)/% | 细土颗粒组成(粒径：mm)/(g/kg) | | | 质地 | 容重 /(g/cm³) |
			砂粒 2～0.05	粉粒 0.05～0.002	黏粒 <0.002		
Ah	0～15	5	7	702	291	粉黏壤土	1.57
Bw1	15～45	10	5	707	288	粉黏壤土	1.63
Bw2	45～63	20	42	701	257	粉壤土	1.70
Cr1	63～90	40	11	717	272	粉黏壤土	1.65
Cr2	90～120	55	13	736	251	粉壤土	1.72

小河庙系代表性单个土体化学性质

深度 /cm	pH (H₂O)	有机质 /(g/kg)	全氮(N) /(g/kg)	全磷(P) /(g/kg)	全钾(K) /(g/kg)	CEC /(cmol/kg)	CaCO₃ /(g/kg)	游离氧化铁 /(g/kg)
0～15	5.6	9.4	0.52	0.31	17.74	15.17	11.7	9.72
15～45	5.6	6.9	0.34	0.18	16.63	14.61	11.3	9.80
45～63	6.2	5.0	0.28	0.29	18.97	13.45	16.9	12.03
63～90	5.6	4.0	0.21	0.99	15.46	15.34	9.5	12.18
90～120	5.4	3.3	0.18	0.17	19.34	21.44	16.9	8.85

8.11.5 马桑坪系（Masangping Series）

土 族：粗骨壤质混合型石灰性热性-斑纹简育湿润雏形土
拟定者：齐雁冰，常庆瑞，刘梦云

分布与环境条件 分布于陕西秦巴山区汉中地区石质山地的坡麓和坡腰位置，海拔 560～1900 m，地面坡度 15°～30°。成土母质为各类岩石风化物的坡洪积物。多为林草地，坡脚底部平缓处有少量农耕地。北亚热带湿润季风气候，年日照时数 1500～1600 h，年均温 13.5～14.5 ℃，≥10 年积温 4000～4600 ℃，年均降水量 850～1000 mm，无霜期 242 d。

马桑坪系典型景观

土系特征与变幅 诊断层包括淡薄表层、雏形层；诊断特性包括热性土壤温度状况、湿润土壤水分状况、氧化还原特征、准石质接触面。该土系所处位置坡度大，坡麓坡腰母质来源复杂，土体中砾石含量高，常在 5%～55%，有效土层厚 40 cm 左右，以下为砂砾层，全剖面无石灰反应，砂砾质粉壤土，微碱性土，pH 8.4～8.6。

对比土系 小河庙系，同一亚类，所处位置均为秦巴山地低丘坡麓，成土母质均为来源复杂的各类岩石风化物的坡洪积物，但所处位置低下，土壤矿物类型为长石混合型，为不同土族。

利用性能综述 该土系地面坡度大，土层浅薄，在沟谷坡地有少量平缓处可供农用，土体砾石含量高，尽管表层肥力较高，但翻种收割困难，利用率较低，多数为林地。改良上对于坡度较大区域，应以保护植被减少破坏，保持水土为主，坡脚平缓处可以采取修筑水平梯田、掏石客土等途径，增厚土层。

参比土种 杂石渣土。

代表性单个土体 位于陕西省汉中市略阳县城关镇马桑坪村碓场，33°20′18″ N，106°11′14″ E，海拔 688 m，山地坡脚，坡度 30°，成土母质为坡积物，人为平整长期耕作，油菜-玉米轮作。剖面表层经耕作熟化，颜色暗褐，有机质含量高，质地为砂砾质粉壤土，砾石含量 5%左右，其下为砾石层，含量 15%以上，全剖面无石灰反应。50 cm 深度土壤温度 15.8 ℃。野外调查时间为 2016 年 4 月 19 日，编号 61-057。

Ap: 0～20 cm, 黄棕色 (2.5Y 5/3, 干), 暗橄榄灰色 (5GY 4/1, 润), 粉壤土, 团块状结构, 疏松, 无石灰反应, 大量草本植物根系, 夹杂有少量直径大于 5 mm 的砾石, 向下层平滑清晰过渡。

Br: 20～40 cm, 黄棕色 (2.5Y 5/4, 干), 淡棕灰色 (7.5YR 7/1, 润), 粉壤土, 犁底层发育中等, 块状结构, 稍紧实, 无石灰反应, 结构面可见明显锈纹锈斑, 少量草本植物根系, 夹杂有少量直径大于 5 mm 的砾石, 向下层平滑清晰过渡。

Cr: 40～80 cm, 黄棕色 (2.5Y 5/4, 干), 暗灰紫色 (5RP 3/2, 润), 粉壤土, 母质层, 结构面可见明显锈纹锈斑, 无结构, 松散, 多量直径大于 5 mm 的砾石, 无石灰反应。

马桑坪系代表性单个土体剖面

马桑坪系代表性单个土体物理性质

| 土层 | 深度 /cm | 砾石 (>2mm, 体积分数)/% | 细土颗粒组成(粒径: mm)/(g/kg) | | | 质地 | 容重 /(g/cm³) |
			砂粒 2～0.05	粉粒 0.05～0.002	黏粒 <0.002		
Ap	0～20	5	92	686	222	粉壤土	1.22
Br	20～40	15	132	641	227	粉壤土	1.48
Cr	40～80	55	123	674	203	粉壤土	1.64

马桑坪系代表性单个土体化学性质

深度 /cm	pH (H₂O)	有机质 /(g/kg)	全氮(N) /(g/kg)	全磷(P) /(g/kg)	全钾(K) /(g/kg)	CEC /(cmol/kg)	CaCO₃ /(g/kg)	游离氧化铁 /(g/kg)
0～20	8.6	28.9	1.46	0.75	15.67	22.21	9.0	5.15
20～40	8.6	19.4	0.98	0.76	14.55	22.21	5.7	5.16
40～80	8.4	11.2	0.50	0.63	12.19	14.74	5.4	5.12

8.11.6 五郎沟系（Wulanggou Series）

土　　族：黏壤质混合型非酸性热性-斑纹简育湿润雏形土
拟定者：齐雁冰，常庆瑞，刘梦云

分布与环境条件　分布于陕西省秦岭南麓汉江谷地的汉中、南郑、洋县、勉县的河流一级阶地和丘陵浅山宽谷，海拔 475～560 m，地面坡度 10°～15°，成土母质为冲积黄土，坡积物。坡度较缓区域零星用作农地，大部分地区为林草地。年日照时数 1700～1800 h，年均温 14～15℃，年均降水量 800～900 mm，无霜期 239 d。

五郎沟系典型景观

土系特征与变幅　诊断层包括淡薄表层、雏形层；诊断特性包括热性土壤温度状况、湿润土壤水分状况、氧化还原特征。该土系成土母质为冲积黄土，土层深厚，质地较均一，耕作层碎块状结构，壤质黏土或粉砂质黏壤土，雏形层深厚，厚 30～50 cm，块状结构，结构体表面多有铁锈斑纹及铁锰胶膜，质地黏重。土层厚度在 1.2 m 以上，粉黏壤土-粉壤土，中-弱碱性土，pH 5.5～8.1。

对比土系　溢水系，同一土族，所处位置均为秦巴山地低山丘陵区，成土母质均为黄土，内有料姜石，为不同土系。

利用性能综述　该土系土层深厚，通透性良好，养分释放较快，但所处位置坡度大，通常修筑梯田，收种困难。在利用上应增施有机肥，不断改善土壤结构，培肥地力，加固边坡以防水土流失。

参比土种　白墡泥。

代表性单个土体　位于陕西省汉中市洋县草庙乡沙溪村（与五郎沟村相邻），33°05′54″ N，107°32′34″ E，海拔 552 m，河流阶地的中下部，成土母质为冲积黄土，水浇地，油菜-玉米轮作。表层疏松多孔，黏重，下部结构面有铁锈斑纹及铁锰胶膜，通体弱石灰反应。50 cm 深度土壤温度 16.1℃。野外调查时间为 2016 年 4 月 22 日，编号 61-070。

五郎沟系代表性单个土体剖面

Ap: 0～18 cm，浊黄橙色（10YR 6/4，干），红灰色（10R 6/1，润），粉黏壤土，团粒状结构，疏松，弱石灰反应，大量草本植物根系，向下层平滑清晰过渡。

AB: 18～30 cm，浊黄橙色（10YR 6/4，干），橙白色（10YR 8/2，润），粉黏壤土，稍紧实，块状结构，弱石灰反应，结构面有少量腐殖质胶膜，少量草本植物根系，向下层平滑清晰过渡。

Br1: 30～90 cm，浊黄橙色（10YR 6/4，干），浊橙色（7.5YR 7/3，润），粉壤土，紧实，块状结构，弱石灰反应，中量铁锰胶膜和斑纹，无根系，向下层平滑清晰过渡。

Br2: 90～120 cm，浊黄橙色（10YR 6/4，干），浊红色（2.5R 5/6，润），粉壤土，紧实，块状结构，无石灰反应，中量铁锰胶膜和斑纹，无根系。

五郎沟系代表性单个土体物理性质

| 土层 | 深度 /cm | 砾石 (>2mm，体积分数)/% | 细土颗粒组成(粒径：mm)/(g/kg) | | | 质地 | 容重 /(g/cm³) |
			砂粒 2～0.05	粉粒 0.05～0.002	黏粒 <0.002		
Ap	0～18	0	88	629	283	粉黏壤土	1.34
AB	18～30	0	65	654	281	粉黏壤土	1.61
Br1	30～90	0	66	701	233	粉壤土	1.66
Br2	90～120	0	46	752	202	粉壤土	1.71

五郎沟系代表性单个土体化学性质

深度 /cm	pH (H₂O)	有机质 /(g/kg)	全氮(N) /(g/kg)	全磷(P) /(g/kg)	全钾(K) /(g/kg)	CEC /(cmol/kg)	CaCO₃ /(g/kg)	游离氧化铁 /(g/kg)
0～18	5.5	22.1	1.19	0.45	8.45	22.33	6.9	9.66
18～30	7.2	10.7	0.51	0.23	9.24	20.10	3.8	10.44
30～90	8.1	5.9	0.29	0.24	10.29	20.68	6.0	10.44
90～120	8.1	4.8	0.23	0.47	12.55	19.34	7.4	10.71

8.11.7 官沟系（Guangou Series）

土　　族：黏壤质混合型非酸性热性-斑纹简育湿润雏形土
拟定者：齐雁冰，常庆瑞，刘梦云

分布与环境条件　分布于陕西省秦岭南麓汉江谷地的汉中、南郑、洋县、勉县的河流一级阶地和丘陵浅山宽谷，海拔 475～565 m，地面坡度 8°～15°，成土母质为冲积黄土。坡度较缓区域零星用作农地，大部分地区为林草地区。年日照时数 1700～1800 h，年均温 14～15 ℃，年均降水量 800～900 mm，无霜期239 d。

官沟系典型景观

土系特征与变幅　诊断层包括淡薄表层、雏形层；诊断特性包括热性土壤温度状况、湿润土壤水分状况、氧化还原特征。该土系成土母质为冲积黄土，土层深厚，质地较均一，耕作层碎块状结构，壤质黏土或粉砂质黏壤土，雏形层深厚，厚 30～50 cm，块状结构，结构体表面有铁锈斑纹及铁锰胶膜，质地黏重。土层厚度在 1.2 m 以上，粉壤土-粉黏壤土，中-弱酸性土，pH 6.5～7.0。

对比土系　五郎沟系，同一土族，所处位置均为秦巴山地低山丘陵区，成土母质均为黄土，但五郎沟系为冲积黄土，坡积物，而官沟系为冲积黄土，为不同土系。

利用性能综述　该土系土层深厚，通透性良好，养分释放较快，但所处位置坡度大，通常修筑梯田，收种困难。在利用上应增施有机肥，不断改善土壤结构，培肥地力，加固边坡以防水土流失。

参比土种　白墙泥。

代表性单个土体　位于陕西省汉中市勉县同沟寺镇官沟村，33°20′17″ N，107°33′55″ E，海拔 562 m，位于河流阶地，成土母质为冲积黄土，旱地，油菜-玉米轮作。表层疏松多孔，黏重，下部结构面有铁锈斑纹及铁锰胶膜，底部可见明显冲积层理，土体中部夹杂有少量砾石，通体无石灰反应。50 cm 深度土壤温度 16.1 ℃。野外调查时间为 2016 年 4 月 23 日，编号 61-071。

官沟系代表性单个土体剖面

Ap: 0～20 cm，浊黄橙色（10YR 6/4，干），淡灰色（5Y 7/2，润），粉黏壤土，团粒状结构，疏松，无石灰反应，大量草本植物根系，向下层平滑清晰过渡。

AB: 20～60 cm，浊黄橙色（10YR 6/4，干），灰橄榄色（7.5Y 5/3，润），粉壤土，稍紧实，块状结构，无石灰反应，结构面有少量腐殖质胶膜，少量草本植物根系，向下层平滑清晰过渡。

Br1: 60～90 cm，浊黄橙色（10YR 6/4，干），橄榄黄色（5Y 6/3，润），粉壤土，紧实，块状结构，无石灰反应，中量铁锰胶膜和斑纹，夹杂有 5%左右的砾石，无根系，向下层平滑清晰过渡。

Br2: 90～120 cm，浊黄橙色（10YR 6/4，干），黄棕色（2.5Y 5/4，润），粉黏壤土，紧实，块状结构，无石灰反应，中量铁锰胶膜和斑纹，具有明显冲积层理，无根系。

官沟系代表性单个土体物理性质

土层	深度/cm	砾石（>2mm，体积分数)/%	细土颗粒组成(粒径: mm)/(g/kg)			质地	容重/(g/cm³)
			砂粒 2～0.05	粉粒 0.05～0.002	黏粒 <0.002		
Ap	0～20	0	196	528	276	粉黏壤土	1.54
AB	20～60	0	232	527	241	粉壤土	1.40
Br1	60～90	5	262	504	234	粉壤土	1.62
Br2	90～120	0	78	634	288	粉黏壤土	1.57

官沟系代表性单个土体化学性质

深度/cm	pH(H₂O)	有机质/(g/kg)	全氮(N)/(g/kg)	全磷(P)/(g/kg)	全钾(K)/(g/kg)	CEC/(cmol/kg)	CaCO₃/(g/kg)	游离氧化铁/(g/kg)
0～20	7.0	12.1	0.77	0.06	4.92	21.6	7.6	10.8
20～60	6.7	12.9	0.54	0.21	4.60	20.4	8.3	11.2
60～90	6.5	10.3	0.54	0.15	4.58	20.4	6.5	8.9
90～120	7.0	5.7	0.30	0.16	3.22	22.2	7.7	7.6

8.11.8 武侯系（Wuhou Series）

土　族：黏壤质混合型非酸性热性-斑纹简育湿润雏形土
拟定者：齐雁冰，常庆瑞，刘梦云

分布与环境条件　分布于陕西秦巴山区汉中地区的西乡、洋县、勉县等县的丘陵低山坡腰，海拔 550～1143 m，地面坡度 8°～25°。成土母质为泥质岩风化物。多为坡耕地或梯田，部分海拔高、坡度大处为林草地。北亚热带湿润季风气候，年日照时数 1600～1800 h，年均温 13.5～14.5 ℃，≥10℃年积温 3400～4400 ℃，年均降水量 800～1200 mm，无霜期 242 d。

武侯系典型景观

土系特征与变幅　诊断层包括淡薄表层、雏形层；诊断特性包括热性土壤温度状况、湿润土壤水分状况、氧化还原特征、石质接触面。该土系成土母质为泥质岩风化物，耕作层浅薄，粉砂质黏壤土，块状结构，较疏松，少量砾石；雏形层浅黄褐色，粉砂质黏壤土，块状结构，结构面有少量锈纹锈斑。全剖面质地均一，黏重，黏粒无明显移动。全剖面无石灰反应，粉壤土-粉黏壤土，中性土，pH 6.5～7.5。

对比土系　小河庙系，同一亚类，所处位置均为秦巴山地低丘坡麓，但所处位置低下，母质来源复杂，土壤质地为粗骨壤质，无石质接触面，为不同土族。

利用性能综述　该土系地势较平缓，水热条件良好，土层较厚，质地黏重，保水稳肥，有机质及养分含量较高，速效磷含量较低。利用中应注重平整土地，修筑水平梯田，控制水土流失，进行深耕深翻，秸秆还田，以逐渐改良土壤结构和培肥地力。

参比土种　厚层扁砂土。

代表性单个土体　位于陕西省汉中市勉县武侯镇龙王沟村，33°07′06″ N，106°32′51″ E，海拔 631 m，丘陵石质山地坡腰梯田，坡度 8°，成土母质为泥质岩风化物，种植小麦/玉米。表层受到耕作影响形成明显的耕作层和犁底层，表层松软，团粒状结构，雏形层稍紧实，70 cm 以下即为石质接触面。50 cm 深度土壤温度 16.0 ℃。野外调查时间为 2016 年 4 月 20 日，编号 61-059。

武侯系代表性单个土体剖面

Ap: 0～20 cm，浊黄橙色（10YR 6/4，干），灰橄榄色（7.5Y 5/3，润），粉黏壤土，耕作层发育中等，团粒状结构，疏松，少量直径大于 5 mm 的砾石，无石灰反应，大量草本植物根系，向下层平滑清晰过渡。

AB: 20～30 cm，浊黄橙色（10YR 6/4，干），浊黄色（2.5Y 6/3，润），粉黏壤土，老耕层发育中等，块状结构，稍紧实，无石灰反应，少量草本植物根系，向下层平滑清晰过渡。

Br1: 30～42 cm，浊黄橙色（10YR 6/4，干），橄榄黄色（5Y 6/3，润），粉壤土，块状结构，紧实，无石灰反应，少量直径大于 5 mm 的砾石，结构面可见少量锈纹锈斑，少量草本植物根系，向下层平滑清晰过渡。

Br2: 42～70 cm，浊黄橙色（10YR 6/4，干），淡黄色（5Y 7/4，润），粉黏壤土，块状结构，稍松软，无石灰反应，结构面可见少量锈纹锈斑，少量直径大于 5 mm 的砾石，少量草本植物根系。

武侯系代表性单个土体物理性质

| 土层 | 深度 /cm | 砾石 (>2mm，体积分数)/% | 细土颗粒组成(粒径：mm)/(g/kg) | | | 质地 | 容重 /(g/cm³) |
			砂粒 2～0.05	粉粒 0.05～0.002	黏粒 <0.002		
Ap	0～20	3	83	639	278	粉黏壤土	1.19
AB	20～30	5	75	651	274	粉黏壤土	1.39
Br1	30～42	10	85	647	268	粉壤土	1.62
Br2	42～70	15	18	710	272	粉黏壤土	1.47

武侯系代表性单个土体化学性质

深度 /cm	pH (H₂O)	有机质 /(g/kg)	全氮(N) /(g/kg)	全磷(P) /(g/kg)	全钾(K) /(g/kg)	CEC /(cmol/kg)	CaCO₃ /(g/kg)	游离氧化铁 /(g/kg)
0～20	6.5	16.4	0.94	0.24	14.06	27.64	13.0	12.24
20～30	6.7	14.2	0.73	0.31	16.40	27.93	9.0	12.12
30～42	7.3	6.3	0.36	0.30	14.22	29.28	11.8	12.21
42～70	7.5	6.6	0.37	0.20	14.06	25.68	6.2	12.23

8.11.9 石门系（Shimen Series）

土　族：黏壤质混合型非酸性热性-斑纹简育湿润雏形土
拟定者：齐雁冰，常庆瑞，刘梦云

分布与环境条件　分布于陕西省安康市和商洛市的高阶地和塬坡地，海拔 750～1200 m，地面波状起伏，地面坡度 5°～15°，成土母质为黄土状物质。北亚热带湿润季风气候，年日照时数 2000～2300 h，年均温 11.5～14.5 ℃，≥10 ℃年积温 3500～4200 ℃，年均降水量 750～950 mm，无霜期 195 d。

石门系典型景观

土系特征与变幅　诊断层包括淡薄表层、雏形层；诊断特性包括热性土壤温度状况、湿润土壤水分状况、氧化还原特征。该土系成土母质为黄土状物质，全剖面黏粒的淋溶淀积未形成明显黏化层，土层厚度多在 1 m 左右，剖面中下部结构面上可看到明显暗褐色铁锰胶膜，耕作层疏松多孔，壤质黏土或粉砂质黏壤土，雏形层深厚，可达 40 cm 以上，黏重紧实，棱块状结构，粉壤土，微碱性土，pH 7.3～7.8。

对比土系　竹场庵系，同一土族，成土母质为黄土，土体中均有铁锰斑纹，但土体中夹杂有砾石，为不同土系。夜村系，不同土纲，所处位置均为秦巴山地低丘坡麓，成土母质为黄土，具有明显的黏化层，为淋溶土纲。

利用性能综述　该土系土层深厚，水热条件好，土壤表层疏松，中、下部黏重紧实，有较强的蓄水保肥能力，因地面有一定的坡度且灌溉水源不足，多为旱耕地，宜种植小麦、玉米，一年两熟，但土壤质地黏重，口紧，耕性差，易耕期短，通透性较差，抗寒能力弱。利用上应深翻，增施有机肥，扩耕养地作物，实行合理轮作倒茬，还可采用掺沙、掺米灰的办法改良土壤结构。

参比土种　黄泥土。

代表性单个土体　位于陕西省商洛市洛南县石门镇二十里铺村，34°10′19″ N，110°09′27″ E，海拔 997 m，塬坡地顶部，成土母质为黄土状物质，坡耕地，坡度 5°～10°，旱地，小麦/油菜-玉米轮作，原为水旱轮作，近年弃耕。表层疏松多孔，仍保留氧化还原特征，黏重，结构面中下部有明显的暗褐色铁锰胶膜，通体无石灰反应。50 cm 深度土壤温度 15.0 ℃。野外调查时间为 2016 年 7 月 29 日，编号 61-176。

Ap1：0～15 cm，黄棕色（10YR 5/6，干），黑棕色（7.5YR 3/2，润），粉壤土，团粒状结构，疏松，无石灰反应，大量草本植物根系，向下层平滑清晰过渡。

Ap2：15～30 cm，亮黄棕色（10YR 6/6，干），暗红棕色（5YR 3/3，润），粉壤土，块状结构，结构面可见锈纹锈斑，无石灰反应，少量草本植物根系，向下层平滑清晰过渡。

Br：30～60 cm，浊黄橙色（10YR 6/4，干），浅淡橙色（5YR 8/4，润），粉壤土，紧实，棱块状结构，无石灰反应，多量铁锰胶膜，少量根系，向下层平滑清晰过渡。

Cr：60～120 cm，浊黄棕色（10YR 5/4，干），浊红棕色（5YR 4/3，润），粉壤土，单粒，无结构，有裂隙，多量铁锰胶膜，无石灰反应，无根系。

石门系代表性单个土体剖面

石门系代表性单个土体物理性质

土层	深度 /cm	砾石 (>2mm，体积分数)/%	细土颗粒组成(粒径：mm)/(g/kg)			质地	容重 /(g/cm³)
			砂粒 2～0.05	粉粒 0.05～0.002	黏粒 <0.002		
Ap1	0～15	0	58	722	220	粉壤土	1.29
Ap2	15～30	0	28	755	217	粉壤土	1.43
Br	30～60	0	19	776	205	粉壤土	1.55
Cr	60～120	0	20	761	219	粉壤土	1.59

石门系代表性单个土体化学性质

深度 /cm	pH (H₂O)	有机质 /(g/kg)	全氮(N) /(g/kg)	全磷(P) /(g/kg)	全钾(K) /(g/kg)	CEC /(cmol/kg)	游离氧化铁 /(g/kg)
0～15	7.5	13.4	0.72	0.22	10.89	31.88	12.83
15～30	7.3	4.7	0.25	0.24	11.92	30.36	13.24
30～60	7.5	8.3	0.44	0.28	10.76	28.28	12.51
60～120	7.8	2.5	0.13	0.23	11.30	26.85	12.29

8.11.10 溢水系（Yishui Series）

土　　族：黏壤质混合型石灰性热性-斑纹简育湿润雏形土
拟定者：齐雁冰，常庆瑞，刘梦云

分布与环境条件　　分布于陕西省秦岭南麓汉江谷地汉中市所辖的南郑、洋县、城固等县区的丘陵坡麓，海拔 550～650 m，地面坡度 3°～10°，成土母质为坡积黏黄土。坡度较缓区域用作农地。年日照时数 1700～1800 h，≥10 ℃年积温 4400～4500 ℃，年均温 14～15 ℃，年均降水量 800～900 mm，无霜期 239 d。

溢水系典型景观

土系特征与变幅　　诊断层包括淡薄表层、雏形层；诊断特性包括热性土壤温度状况、湿润土壤水分状况、氧化还原特征、石灰性。该土系成土母质为坡积黏黄土，土层深厚，土体中夹杂有坡积料姜石，料姜石含量在 25%～35%。全剖面质地黏重，耕作层碎块状结构，壤质黏土或粉砂质黏壤土；雏形层深厚，厚 30～50 cm，块状结构，结构体表面有铁锈斑纹及铁锰胶膜，质地黏重。土层厚度在 1.2 m 以上，粉黏壤土-粉壤土，碱性土，pH 8.2～8.6。

对比土系　　五郎沟系，同一土族，所处位置均为秦巴山地低山丘陵区，成土母质均为黄土，但土体内无料姜石，为不同土系。

利用性能综述　　该土系土层深厚，通透性良好，养分释放较快，但所处位置坡度大，通常修筑梯田，收种困难。在利用上应增施有机肥，不断改善土壤结构，培肥地力，加固边坡以防水土流失。

参比土种　　料姜红黄泥。

代表性单个土体　　位于陕西省汉中市洋县溢水镇西山村，33°16′35″ N，107°25′24″ E，海拔 580 m，低丘陵坡麓中部，成土母质为坡积物，黏黄土，旱地，小麦/油菜-玉米轮作。表层疏松多孔，雏形层深厚，黏重，下部结构面有铁锈斑纹及铁锰胶膜，剖面通体有料姜石，含量 25%左右，通体弱石灰反应。50 cm 深度土壤温度 15.9 ℃。野外调查时间为 2016 年 4 月 23 日，编号 61-072。

溢水系代表性单个土体剖面

Ap： 0～15 cm，浊黄橙色（10YR 6/4，干），浊棕色（7.5YR 5/3，润），粉黏壤土，团块状结构，疏松，弱石灰反应，大量草本植物根系，料姜石含量5%左右，向下层平滑清晰过渡。

AB： 15～25 cm，浊黄橙色（10YR 6/4，干），浅淡橙色（5YR 8/3，润），粉黏壤土，稍紧实，块状结构，弱石灰反应，结构面有少量腐殖质胶膜，料姜石含量5%左右，少量草本植物根系，向下层平滑清晰过渡。

Br1： 25～60 cm，浊黄橙色（10YR 6/4，干），暗红棕色（2.5YR 3/4，润），粉黏壤土，紧实，块状结构，弱石灰反应，料姜石含量 25%左右，少量铁锰斑纹，向下层平滑清晰过渡。

Br2： 60～120 cm，浊黄橙色（10YR 6/4，干），淡黄橙色（10YR 8/4，润），粉壤土，紧实，块状结构，弱石灰反应，料姜石含量30%左右，少量铁锰斑纹。

溢水系代表性单个土体物理性质

| 土层 | 深度 /cm | 砾石 (>2mm，体积分数)/% | 细土颗粒组成(粒径: mm)/(g/kg) | | | 质地 | 容重 /(g/cm³) |
			砂粒 2～0.05	粉粒 0.05～0.002	黏粒 <0.002		
Ap	0～15	5	29	687	284	粉黏壤土	1.32
AB	15～25	5	36	664	300	粉黏壤土	1.33
Br1	25～60	25	18	704	278	粉黏壤土	1.59
Br2	60～120	30	23	743	234	粉壤土	1.62

溢水系代表性单个土体化学性质

深度 /cm	pH (H₂O)	有机质 /(g/kg)	全氮(N) /(g/kg)	全磷(P) /(g/kg)	全钾(K) /(g/kg)	CEC /(cmol/kg)	CaCO₃ /(g/kg)	游离氧化铁 /(g/kg)
0～15	8.2	19.1	1.08	0.62	6.11	27.88	8.9	10.23
15～25	8.4	15.2	0.69	0.39	6.98	29.28	9.2	10.23
25～60	8.6	6.3	0.35	0.23	5.92	29.86	10.3	10.79
60～120	8.6	6.5	0.28	0.29	6.17	28.92	11.9	11.01

8.11.11 竹场庵系（Zhuchang'an Series）

土　族：黏壤质混合型石灰性热性-斑纹简育湿润雏形土

拟定者：齐雁冰，常庆瑞，刘梦云

分布与环境条件　分布于陕西省汉中、安康、商洛等市的浅山坡麓，海拔 380～880 m，地面波状起伏，一般坡度较缓，成土母质为黏质黄土垆坡积物。北亚热带湿润季风气候，年日照时数 1500～1600 h，年均温 13.5～14.5 ℃，≥10 ℃年积温 4200～4500 ℃，年均降水量 700～900 mm，无霜期 230 d。

竹场庵系典型景观

土系特征与变幅　诊断层包括淡薄表层、雏形层；诊断特性包括热性土壤温度状况、湿润土壤水分状况、氧化还原特征。该土系成土母质为黏质黄土垆坡积物，土中夹有多量砾石，通透性能好，土层深厚。耕作层疏松多孔，壤质黏土或粉砂质黏壤土；雏形层深厚，可达 40 cm，黏重紧实，棱块状结构，有多量铁锰斑纹，全剖面质地较黏重，土层厚度在 1.2 m 以上，粉壤土-粉黏壤土，微碱性土，pH 7.5～8.1。

对比土系　溢水系，同一土族，所处位置均为秦巴山地低丘坡麓，成土母质均为黄土，尽管土体内均有砾石，但溢水系为料姜石，而竹场庵系为砾石，为不同土系。夜村系，不同土纲，所处位置均为秦巴山地低丘坡麓，成土母质均为黄土，但夜村系形成明显的黏化层，为淋溶土纲。

利用性能综述　该土系土层较深厚，多处地势较为平缓，水热条件较好，土壤富含砾石，加之土质黏重，耕性稍差，以种植旱作小麦、玉米、油菜为主。在改良利用上应结合深耕深翻，增施有机肥，扩种绿肥，实行粮肥间套，加深耕作层，培肥地力，对于坡度较陡的地块应修筑梯田，防止土壤侵蚀。

参比土种　夹石黄泥。

代表性单个土体　位于陕西省汉中市南郑区新集镇竹场庵村，33°02′20.5″ N，106°47′0.4″ E，海拔 585 m，丘陵坡麓，成土母质为黏质黄土垆坡积物，旱地，小麦/油菜-玉米轮作。表层疏松多孔，雏形层深厚，黏重，结构面夹杂有少量直径 5 mm 以上的砾石，通体弱石灰反应。50 cm 深度土壤温度 16.1 ℃。野外调查时间为 2016 年 4 月 3 日，编号 61-042。

竹场庵系代表性单个土体剖面

Ap: 0~20 cm，浊黄棕色（10YR 5/4，干），浊橙色（2.5YR 6/4，润），粉黏壤土，耕作层发育强，团粒状结构，疏松，弱石灰反应，大量草本植物根系，夹杂有少量直径大于 5 mm 的砾石，向下层平滑清晰过渡。

AB: 20~40 cm，浊棕色（7.5YR 5/4，干），灰紫色（7.5RP 4/3，润），粉壤土，犁底层较紧实，块状结构，弱石灰反应，夹杂有少量直径大于 5 mm 的砾石，少量草本植物根系，向下层平滑清晰过渡。

Br1: 40~70 cm，浊棕色（7.5YR 5/3，干），灰紫色（10RP 4/2，润），粉壤土，紧实，块状结构，弱石灰反应，中量铁锰锈斑，夹杂有少量直径大于 5 mm 的砾石，向下层平滑清晰过渡。

Br2: 70~90 cm，浊棕色（7.5YR 5/3，干），灰红紫色（10RP 4/4，润），粉壤土，紧实，块状结构，弱石灰反应，中量铁锰锈斑，夹杂有少量直径大于 5 mm 的砾石，向下层平滑清晰过渡。

Br3: 90~120 cm，浊棕色（7.5YR 5/4，干），灰棕色（7.5YR 6/2，润），粉壤土，紧实，块状结构，弱石灰反应，中量铁锰斑纹，夹杂有少量直径大于 5 mm 的砾石。

竹场庵系代表性单个土体物理性质

土层	深度 /cm	砾石 (>2mm，体积分数)/%	细土颗粒组成(粒径：mm)/(g/kg)			质地	容重 /(g/cm³)
			砂粒 2~0.05	粉粒 0.05~0.002	黏粒 <0.002		
Ap	0~20	6	19	659	322	粉黏壤土	1.50
AB	20~40	8	35	717	248	粉壤土	1.53
Br1	40~70	10	8	732	260	粉壤土	1.50
Br2	70~90	12	9	733	258	粉壤土	1.54
Br3	90~120	10	11	722	267	粉壤土	1.54

竹场庵系代表性单个土体化学性质

深度 /cm	pH (H₂O)	有机质 /(g/kg)	全氮(N) /(g/kg)	全磷(P) /(g/kg)	全钾(K) /(g/kg)	CEC /(cmol/kg)	CaCO₃ /(g/kg)	游离氧化铁 /(g/kg)
0~20	7.5	20.2	1.04	0.76	11.89	27.82	5.2	11.11
20~40	7.9	10.1	0.55	0.23	10.86	28.11	4.8	11.50
40~70	8.1	8.6	0.47	0.13	11.71	26.65	4.8	11.64
70~90	7.9	6.9	0.40	0.13	11.64	26.83	5.2	11.94
90~120	8.1	10.5	0.54	0.25	11.61	13.12	4.4	11.69

8.11.12　牛耳川系（Niu'erchuan Series）

土　族：壤质长石混合型石灰性热性-斑纹简育湿润雏形土
拟定者：齐雁冰，常庆瑞，刘梦云

分布与环境条件　分布于陕西省商洛市下辖的商州、丹凤、商南、山阳等县区海拔低于1200 m 的石质低山区，海拔700～1200 m，地面坡度 10°～25°，成土母质为砂砾岩风化物。坡度较缓区域用作农耕地，较陡处一般用作林地。北亚热带湿润季风气候，年日照时数 1700～1900 h，年均温 12.5～13.3 ℃，年均降水量 800～900 mm，无霜期 200 d。

牛耳川系典型景观

土系特征与变幅　诊断层包括淡薄表层、雏形层；诊断特性包括热性土壤温度状况、湿润土壤水分状况、氧化还原特征、石灰性。该土系成土母质为砂砾岩风化物，残积坡积物，全剖面富含砾石，粒径 5～20 mm 不等，剖面中下部有铁锈斑纹，全剖面质地均一，多为粉砂质黏壤土，土层厚度在 1.0 m 以上，粉壤土，碱性土，pH 8.3～8.5。

对比土系　甘露沟系，同一亚类，地形均为中低山坡麓，但成土母质为洪积物，且不具有石灰性，为不同土族。陈塬系，不同土纲，虽然在发生分类的土种中归于同一土种，但具有明显黏化层，为不同土纲。

利用性能综述　该土系所处地形坡度大，海拔越高土层越薄，砂砾多，土体松散，蓄水保肥能力弱，土壤侵蚀严重。在利用上应因地制宜，推行水土保持耕作方式，缓坡修筑条田，陡坡挖坑田，塬地垄作，以保持水土。

参比土种　砾质黄泡土。

代表性单个土体　位于陕西省商洛市山阳县牛耳川镇西钟岭村，33°28′30″ N，109°38′45″ E，海拔 773 m，中低山宽沟谷坡地中上部，成土母质为残积坡积物，旱地，玉米-油菜轮作，近几年改为核桃园。表层疏松多孔，雏形层深厚，黏重，母质层富含较多直径 5～20 mm 的砾石。50 cm 深度土壤温度 15.6 ℃。野外调查时间为 2016 年 7 月 27 日，编号 61-167。

牛耳川系代表性单个土体剖面

Au: 0～20 cm，浊黄棕色（10YR 5/4，干），亮红棕色（2.5YR 5/6，润），粉壤土，人为堆垫层次，团块状结构，疏松，中石灰反应，填充有少量直径 5～20 mm 的砾石，大量草本植物根系，向下层平滑清晰过渡。

Abk: 20～45 cm，浊黄棕色（10YR 5/4，干），浊红色（2.5R 5/6，润），粉壤土，团块状结构，疏松，中石灰反应，填充有少量直径 5～20 mm 的砾石，大量草本植物根系，向下层平滑清晰过渡。

Bk: 45～80 cm，浊黄橙色（10YR 6/4，干），浊红棕色（2.5YR 5/4，润），粉壤土，紧实，块状结构，中石灰反应，可见少量直径 5～20 mm 的砾石，无根系，向下层平滑清晰过渡。

Cr: 80～120 cm，浊黄橙色（10YR 6/4，干），淡棕灰色（7.5YR 7/2，润），粉壤土，紧实，无明显结构，弱石灰反应，可见少量铁锈斑纹及中量直径 5～20 mm 的砾石，无根系。

牛耳川系代表性单个土体物理性质

| 土层 | 深度/cm | 砾石(>2mm，体积分数)/% | 细土颗粒组成(粒径: mm)/(g/kg) | | | 质地 | 容重/(g/cm³) |
			砂粒 2～0.05	粉粒 0.05～0.002	黏粒 <0.002		
Au	0～20	10	97	764	139	粉壤土	1.20
Abk	20～45	20	9	820	171	粉壤土	1.45
Bk	45～80	25	19	824	157	粉壤土	1.49
Cr	80～120	35	18	814	168	粉壤土	1.63

牛耳川系代表性单个土体化学性质

深度/cm	pH(H₂O)	有机质/(g/kg)	全氮(N)/(g/kg)	全磷(P)/(g/kg)	全钾(K)/(g/kg)	CEC/(cmol/kg)	CaCO₃/(g/kg)	游离氧化铁/(g/kg)
0～20	8.3	16.3	0.70	0.39	14.49	30.39	90.2	8.17
20～45	8.4	22.9	1.26	0.37	11.79	24.27	108.7	8.51
45～80	8.5	16.7	0.86	0.26	11.06	22.50	121.3	8.43
80～120	8.5	12.9	0.70	0.08	11.75	20.91	21.0	7.42

8.11.13　杏坪系（Xingping Series）

土　　族：壤质混合型石灰性热性-斑纹简育湿润雏形土
拟定者：齐雁冰，常庆瑞，刘梦云

分布与环境条件　分布于陕西省秦岭山地汉中、安康地区的丘陵坡麓，海拔 500～800 m，多为缓坡地，地面坡度 2°～4°，成土母质为黏质黄土的坡积物。用作旱作农业较多。北亚热带湿润季风气候，年日照时数 1700～1900 h，年均温 13.5～14.5 ℃，≥10 ℃年积温 4400～4500 ℃，年均降水量 700～1000 mm，无霜期 209 d。

杏坪系典型景观

土系特征与变幅　诊断层包括淡薄表层、雏形层；诊断特性包括热性土壤温度状况、湿润土壤水分状况、氧化还原特征。该土系成土母质为黏质黄土的坡积物，土层深厚，质地较均一，耕作层疏松多孔，粉质壤土或粉砂质黏壤土；雏形层深厚，厚 30～50 cm，块状结构，结构体表面多有铁锰胶膜，质地黏重。土层厚度在 1.2 m 以上，粉壤土，中性土，pH 7.6～8.0。

对比土系　溢水系，不同土族，所处位置均为秦巴山地低山丘陵区，成土母质均为黄土，内含料姜石，所处地形坡度较陡，侵蚀较轻，为不同土系。五郎沟系，同一亚类，所处位置均为丘陵浅山宽谷区，但成土母质为冲积黄土，土壤质地为黏壤质，为不同土族。

利用性能综述　该土系大多分布在地势稍平缓的丘陵坡麓地带，土层深厚，保肥性较好，但质地黏重，结构不良，通透性差，适耕期短。利用上应结合深耕深翻，增施有机肥，培肥土壤，对于坡度较陡的地块应修筑水平梯田，防止水土流失。

参比土种　红黄泥。

代表性单个土体　位于陕西省商洛市柞水县杏坪镇樊家庄，33°29′17″ N，109°28′30″ E，海拔 610 m，低丘陵岗地宽沟坡麓，成土母质为黄土坡积物，灌木林地。表层疏松多孔，雏形层深厚，黏重，结构面有明显的黏粒胶膜，通体无石灰反应。50 cm 深度土壤温度 15.7 ℃。野外调查时间为 2016 年 7 月 27 日，编号 61-166。

Ah: 0~20 cm，浊黄棕色（10YR 5/4，干），极暗红棕色（2.5YR 2/4，润），粉壤土，腐殖质层发育强，粒状结构，疏松，无石灰反应，大量草本植物根系，向下层波状清晰过渡。

Br1: 20~60 cm，浊黄橙色（10YR 6/4，干），浅淡橙色（5YR 8/4，润），粉壤土，紧实，块状结构，无石灰反应，少量铁锰胶膜，少量中粗根系，向下层平滑清晰过渡。

Br2: 60~90 cm，浊黄橙色（10YR 6/4，干），浊橙色（7.5YR 7/4，润），粉壤土，紧实，棱块状结构，无石灰反应，有裂隙，少量铁锰胶膜，少量中粗根系，向下层平滑清晰过渡。

Bw: 90~120 cm，浊黄橙色（10YR 6/4，干），浅淡红橙色（2.5YR 7/4，润），粉壤土，紧实，棱块状结构，无石灰反应，有裂隙，少量中粗根系。

杏坪系代表性单个土体剖面

杏坪系代表性单个土体物理性质

| 土层 | 深度/cm | 砾石(>2mm，体积分数)/% | 细土颗粒组成(粒径：mm)/(g/kg) | | | 质地 | 容重/(g/cm³) |
			砂粒 2~0.05	粉粒 0.05~0.002	黏粒 <0.002		
Ah	0~20	0	34	827	139	粉壤土	1.39
Br1	20~60	0	29	835	136	粉壤土	1.45
Br2	60~90	0	21	829	150	粉壤土	1.55
Bw	90~120	0	36	831	133	粉壤土	1.61

杏坪系代表性单个土体化学性质

深度/cm	pH(H₂O)	有机质/(g/kg)	全氮(N)/(g/kg)	全磷(P)/(g/kg)	全钾(K)/(g/kg)	CEC/(cmol/kg)	游离氧化铁/(g/kg)
0~20	7.7	14.9	0.74	0.23	12.13	30.56	11.15
20~60	7.6	6.4	0.30	0.22	11.26	28.03	10.39
60~90	8.0	5.3	0.26	0.23	12.64	32.11	10.26
90~120	8.0	4.4	0.26	4.52	13.01	39.76	10.76

8.11.14　曾溪系（Zengxi Series）

土　　族：壤质混合型非酸性热性-斑纹简育湿润雏形土
拟定者：齐雁冰，常庆瑞，刘梦云

分布与环境条件　分布于陕西省秦巴山区汉中、安康、商洛、宝鸡等市的石质山地沟道坡面，多为林草地，坡度在 15°以上，海拔 450～1680 m，成土母质为板岩、页岩等泥质岩类风化物的坡积、残积母质。北亚热带湿润季风气候，年日照时数 1500～1800 h，年均温 12.5～14.5 ℃，≥10 ℃年积温 2500～3700 ℃，年均降水量 600～1000 mm，无霜期 240 d。

曾溪系典型景观

土系特征与变幅　诊断层包括淡薄表层、雏形层、暗沃表层；诊断特性包括热性土壤温度状况、湿润土壤水分状况、准石质接触面、氧化还原特征。该土系所处位置坡度大，成土母质为板岩、页岩等泥质岩类风化物的坡积、残积母质，成土时间短，剖面无发育，表层植被茂盛，有机物质积累多，形成暗沃表层；全剖面含有多量石片、石渣，常在 20% 以上，有效土层薄厚不均，薄的 30 cm 左右，厚的可达 100 cm 以上，以下为砂砾层，全剖面无石灰反应，砂砾质粉黏壤土，中性到弱碱性土，pH 7.3～8.3。

对比土系　火地塘系，同一亚类，所处位置均为秦巴山地低丘坡麓，成土母质为花岗片麻岩，但具有暗沃表层，土壤质地为粗骨壤质，为不同土族。双石铺系，同一亚纲，所处位置均为秦巴山地低丘坡麓，但成土母质为石灰岩风化物的坡积、残积母质，为不同土类。

利用性能综述　该土系地面坡度大，水土流失严重，土层薄，砾石多，较难耕作，土质较黏，有一定的保水保肥能力，腐殖质含量较高，但因土层浅薄及质地过粗而不宜农垦，坡度稍缓处可通过修筑梯田等方式进行保护性利用，坡度较大处不宜农用，以发展林果为主要利用方向，同时注重地表植被保护，防止水土流失。

参比土种　灰扁石渣土。

代表性单个土体　位于陕西省安康市石泉县曾溪镇油坊湾村，33°00′00″ N，108°08′53″ E，海拔 504 m，石质低山地中下坡，坡度 30°左右，成土母质为坡积、残积物。林草地，缓坡处用于少量或零星种植玉米和蔬菜，表层受到植被生长及枯落物分解影响，腐殖质积累较多，颜色暗褐，有机质含量高，质地砂砾质黏壤土，砾石含量为 20% 左右；中下部则基本保持坡残积物特征，剖面通体有 10%～30% 的砾石，有效土层厚 1.0 m 左右，全剖面无石灰反应。50 cm 深度土壤温度 16.2 ℃。野外调查时间为 2016 年 5 月 24 日，编号 61-082。

曾溪系代表性单个土体剖面

Ah：0～15 cm，浊黄棕色（10YR 5/3，干），暗绿灰色（10GY 4/1，润），粉黏壤土，团块状结构，疏松，无石灰反应，大量植物根系，夹杂有 10% 左右直径大于 5 mm 的砾石，向下层平滑清晰过渡。

AB：15～30 cm，浊黄棕色（10YR 5/3，干），浅淡黄色（7.5Y 8/3，润），粉黏壤土，粒块状结构，松软，无石灰反应，中量植物根系，夹杂有 10% 左右直径大于 5 mm 的砾石，向下层平滑清晰过渡。

Bw：30～70 cm，浊黄棕色（10YR 5/3，干），灰色（10Y 6/1，润），粉黏壤土，粒块状结构，松软，无石灰反应，少量植物根系，夹杂有 20% 左右直径大于 5 mm 的砾石，向下层平滑清晰过渡。

Br：70～110 cm，浊黄棕色（10YR 5/3，干），淡灰色（5Y 7/1，润），粉黏壤土，粒块状结构，松软，无石灰反应，可见少量锈纹锈斑，无植物根系，夹杂有 30% 左右直径大于 5 mm 的砾石。

曾溪系代表性单个土体物理性质

土层	深度 /cm	砾石 (>2mm，体积分数)/%	细土颗粒组成(粒径：mm)/(g/kg)			质地	容重 /(g/cm³)
			砂粒 2～0.05	粉粒 0.05～0.002	黏粒 <0.002		
Ah	0～15	10	1	628	371	粉黏壤土	1.68
AB	15～30	10	5	611	384	粉黏壤土	1.69
Bw	30～70	20	27	626	347	粉黏壤土	1.77
Br	70～110	30	171	478	351	粉黏壤土	1.87

曾溪系代表性单个土体化学性质

深度 /cm	pH (H₂O)	有机质 /(g/kg)	全氮(N) /(g/kg)	全磷(P) /(g/kg)	全钾(K) /(g/kg)	CEC /(cmol/kg)	游离氧化铁 /(g/kg)
0～15	7.3	27.8	1.62	0.61	1.97	26.59	11.64
15～30	7.6	12.4	0.68	0.50	1.70	25.42	12.52
30～70	7.6	6.7	0.33	0.48	1.47	26.12	11.55
70～110	8.3	9.6	0.53	0.46	1.75	26.65	12.59

8.12　普通简育湿润雏形土

8.12.1　窦家湾系（Doujiawan Series）

土　族：粗骨壤质长石混合型非酸性热性-普通简育湿润雏形土
拟定者：齐雁冰，常庆瑞，刘梦云

分布与环境条件　分布于陕西省安康、汉中和商洛三市海拔 1470 m 以下的秦巴山区，地面坡度 15°～25°，成土母质为花岗片麻岩风化物。坡度较缓区域用作农耕地，较陡处一般用作林地。北亚热带湿润季风气候，年日照时数 1600～1800 h，≥10 ℃年积温 3200～4000 ℃，年均温 12.5～13.5 ℃，年均降水量 790～1100 mm，无霜期 238 d。

窦家湾系典型景观

土系特征与变幅　诊断层包括淡薄表层、雏形层；诊断特性包括热性土壤温度状况、湿润土壤水分状况、准石质接触面。该土系成土母质为花岗片麻岩风化物，残积坡积物，全剖面均含有砾石，粒径 5～20 mm 不等，全剖面质地均一，多为粉砂质黏壤土，粉黏壤土，中性土，pH 6.3～7.5。

对比土系　色河铺系，同一土族，均位于秦岭中山丘陵区，但成土母质为泥质岩类风化物，为不同土系。牛耳川系，同一土类，成土母质及地形部位类似，但土层明显深厚，且剖面中下部有一定的铁锈锈斑，为不同亚类。陈塬系，不同土纲，成土母质为砂砾岩岩风化物，由于具有明显黏化层，为不同土纲。

利用性能综述　该土系土层较厚，坡度较缓处可零星用作农地，质地适中，肥力中等，适宜于多种作物和林特生产，但由于所处部位坡度较大，水土流失严重。在利用上，对于缓坡地，应修筑梯田，增施有机肥，提高地力；对于陡坡区域，应退耕还林，发展林特生产。

参比土种　厚层黄麻土。

代表性单个土体　位于陕西省安康市岚皋县民主镇农田村，32°24′8.7″ N，108°43′39.7″ E，海拔 413 m，低山丘陵区的中坡，坡度 20°左右，成土母质为花岗片麻岩风化物，林草地，坡脚稍平缓处经过平整已被开垦为农耕地，种植油菜、水稻、小麦、玉米等。剖面表层受到茂密植被生长影响，腐殖化程度高和深度深，自中部起就可见到半风化岩石，且中部虽然有黏粒移动但未形成明显黏化层，中下部基本保持母质特征，有较多半风化砾石。全剖面无石灰反应，粉黏壤土。50 cm 深度土壤温度 16.7 ℃。野外调查时间为 2016 年 5 月 25 日，编号 61-086。

窦家湾系代表性单个土体剖面

Ah：　0～18 cm，淡黄色（2.5Y 7/3，干），暗紫灰色（5P 4/1，润），粉黏壤土，团块状结构，疏松，无石灰反应，填充有少量直径大于 5 mm 的砾石，大量草本植物根系，向下层波状清晰过渡。

AB：18～40 cm，淡黄色（2.5Y 7/3，干），浊橙色（5YR 6/3，润），粉黏壤土，稍紧实，块状结构，无石灰反应，填充有少量直径大于 5 mm 的砾石，中量草本及树木根系，向下层波状清晰过渡。

Bw：40～85 cm，淡黄色（2.5Y 7/3，干），浊棕色（7.5YR 5/3，润），粉黏壤土，稍紧实，块状结构，无石灰反应，填充有中量直径大于 5 mm 的砾石及大块状半风化砾石，少量草本及树木根系，向下层波状清晰过渡。

C：　85～120 cm，淡黄色（2.5Y 7/3，干），灰黄色（2.5Y 7/2，润），粉黏壤土，稍紧实，无明显结构，无石灰反应，填充有大量直径大于 5 mm 的砾石，大量块状半风化砾石，无根系。

窦家湾系代表性单个土体物理性质

| 土层 | 深度 /cm | 砾石 (>2mm，体积 分数)/% | 细土颗粒组成(粒径：mm)/(g/kg) | | | 质地 | 容重 /(g/cm³) |
			砂粒 2～0.05	粉粒 0.05～0.002	黏粒 <0.002		
Ah	0～18	10	42	662	296	粉黏壤土	1.34
AB	18～40	25	10	655	335	粉黏壤土	1.45
Bw	40～85	40	61	633	306	粉黏壤土	1.66
C	85～120	65	10	646	344	粉黏壤土	1.69

窦家湾系代表性单个土体化学性质

深度 /cm	pH (H₂O)	有机质 /(g/kg)	全氮(N) /(g/kg)	全磷(P) /(g/kg)	全钾(K) /(g/kg)	CEC /(cmol/kg)	游离氧化铁 /(g/kg)
0～18	6.3	24.4	1.36	0.30	9.36	14.70	10.22
18～40	7.5	12.5	0.67	0.25	9.42	12.57	9.79
40～85	7.4	8.6	0.47	0.20	7.73	12.40	9.00
85～120	6.9	6.2	0.32	0.15	6.70	13.28	8.56

8.12.2 色河铺系（Sehepu Series）

土　族：粗骨壤质长石混合型石灰性热性-普通简育湿润雏形土
拟定者：齐雁冰，常庆瑞，刘梦云

分布与环境条件　分布于陕西省商洛地区海拔 1000 m 左右的秦岭山地区，主要分布在商南县、山阳县、镇安县及柞水县，地面坡度 15° 左右，成土母质为泥质岩类风化物。坡度较缓区域用作农耕地，较陡处一般用于林地。北亚热带湿润季风气候，年日照时数 1800～2200 h，≥10 ℃ 年积温 3500～3900 ℃，年均温 12～14 ℃，年均降水量 700～800 mm，无霜期 207 d。

色河铺系典型景观

土系特征与变幅　诊断层包括淡薄表层、雏形层；诊断特性包括热性土壤温度状况、湿润土壤水分状况。该土系成土母质为泥质岩类风化物，残积坡积物，全剖面中下部富含砾石，粒径 5～20 mm 不等，全剖面质地均一，多为粉砂质黏壤土，中部尽管有黏粒移动，但未形成明显的黏化层，粉壤土，弱碱性土，pH 8.0～8.5。

对比土系　窦家湾系，同一土族，均位于秦岭中山丘陵区，但成土母质为花岗片麻岩风化物，残积坡积物，为不同土系。牛耳川系，同一土类，成土母质及地形部位类似，剖面中下部有一定的锈纹锈斑，为不同亚类。

利用性能综述　该土系土层较厚，养分含量较高，有较强的水肥保持性能，是秦巴山区中下部主要的耕种土壤之一。但质地黏重，富含砾石，故耕性差，作物不宜出苗，改良利用上可通过深翻改土、捡石子，以加厚活土层，提高土壤蓄水保肥性能，对于坡度较陡处，可以发展经济果树。

参比土种　厚层润扁砂泥。

代表性单个土体　位于陕西省商洛市山阳县色河铺镇峒峪河村，33°31′20″ N，109°46′11″ E，海拔 622 m，秦岭中山丘陵中坡，坡度 15°，成土母质为残积坡积物，林草地，坡脚稍平缓处经过平整已被开垦为农耕地，种植油菜、水稻、小麦、玉米等。剖面表层受到茂密植被生长影响，腐殖化程度高和深度深，自中部起就可见到砾石，且中部虽然有黏粒移动但未形成明显黏化层，中下部砾石较多。全剖面无石灰反应。50 cm 深度土壤温度 15.7 ℃。野外调查时间为 2016 年 7 月 27 日，编号 61-168。

色河铺系代表性单个土体剖面

Ah: 0～20 cm，浊黄橙色（10YR 6/4，干），黑棕色（2.5Y 3/2，润），粉壤土，发育强的团块状结构，疏松，无石灰反应，少量粒径大于 5 mm 的砾石，大量草本植物根系，向下层波状清晰过渡。

Bw: 20～45 cm，浊黄橙色（10YR 6/4，干），橄榄棕色（2.5Y 4/3，润），粉壤土，发育中等的块状结构，紧实，无石灰反应，填充有少量直径大于 5 mm 的砾石，少量草本植物根系，向下层波状清晰过渡。

BC: 45～80 cm，浊黄橙色（10YR 6/4，干），灰橄榄色（5Y 5/3，润），粉壤土，发育弱的块状结构，紧实，无石灰反应，填充有中量直径大于 5 mm 的砾石，无植物根系，向下层波状清晰过渡。

C: 80～120 cm，浊黄橙色（10YR 6/4，干），黄棕色（2.5Y 5/3，润），粉壤土，无明显结构，紧实，无石灰反应，填充有多量直径大于 5 mm 的砾石，无植物根系。

色河铺系代表性单个土体物理性质

土层	深度/cm	砾石(>2mm，体积分数)/%	细土颗粒组成(粒径：mm)/(g/kg)			质地	容重/(g/cm³)
			砂粒 2～0.05	粉粒 0.05～0.002	黏粒 <0.002		
Ah	0～20	5	93	769	138	粉壤土	1.47
Bw	20～45	15	57	800	143	粉壤土	1.63
BC	45～80	50	96	770	134	粉壤土	1.70
C	80～120	65	197	697	106	粉壤土	1.12

色河铺系代表性单个土体化学性质

深度/cm	pH(H₂O)	有机质/(g/kg)	全氮(N)/(g/kg)	全磷(P)/(g/kg)	全钾(K)/(g/kg)	CEC/(cmol/kg)	游离氧化铁/(g/kg)
0～20	8.5	10.9	0.50	0.18	11.26	28.82	8.69
20～45	8.3	3.9	0.21	0.32	13.35	28.60	8.53
45～80	8.0	6.3	0.29	0.45	13.05	34.64	9.79
80～120	8.2	3.5	0.16	0.45	12.51	24.22	7.35

8.12.3　资峪系（Ziyu Series）

土　族：黏壤质混合型非酸性热性–普通简育湿润雏形土
拟定者：齐雁冰，常庆瑞，刘梦云

分布与环境条件　分布于陕西省商洛市下辖的商州区、丹凤县、商南县、山阳县、镇安县、柞水县等的石质低山区，海拔 400～1200 m，地面波状起伏，地面坡度 5°～25°，成土母质为砂砾岩风化物。北亚热带湿润季风气候，年日照时数 1900～2100 h，年均温 13.5～14.5 ℃，≥10 ℃ 年积温 3800～4200 ℃，年均降水量 700～900 mm，无霜期 217 d。

资峪系典型景观

土系特征与变幅　诊断层包括淡薄表层、雏形层；诊断特性包括热性土壤温度状况、湿润土壤水分状况。该土系成土母质为砂砾岩风化物，剖面下部富含砾石，土层厚度多在 1.0 m 左右，通透性能好。耕作层疏松多孔，壤质黏土或粉砂质黏壤土；雏形层深厚，可达 40 cm，黏重紧实，棱块状结构，粉壤土，微碱性土，pH 7.2～7.4。

对比土系　中厂系，同一亚类，所处地形部位相近，但成土母质为花岗片麻岩风化物，土壤质地为壤质，为不同土族。

利用性能综述　该土系土层所处位置坡度大，土层薄，有一定的砂砾含量，土体松软，蓄水保肥能力稍弱，土壤侵蚀严重，农业利用上以小麦-玉米间作套种为主，也有部分用于种植核桃、桑树等，多种在房前屋后，路旁道边。改良利用上应因地制宜，推行水土保持耕作方式，即缓坡修筑条田、陡坡挖坑田、塬地垄作等，以保持水土。

参比土种　砾质黄泡土。

代表性单个土体　位于陕西省商洛市丹凤县资峪乡张沟村，33°40′01″ N，110°21′33″ E，海拔 580 m，秦岭南坡石质低山丘陵区，坡耕地，坡度 5°～10°，成土母质为砂砾岩风化物，残积坡积物，旱地，小麦/油菜-玉米轮作。表层疏松多孔，雏形层深厚，黏重，结构面中下部夹杂有少量直径 5 mm 以上的砾石，通体无石灰反应。50 cm 深度土壤温度 16.6 ℃。野外调查时间为 2016 年 7 月 28 日，编号 61-172。

Ap1：0～20 cm，浊黄棕色（10YR 5/4，干），暗橄榄灰色（5GY 4/1，润），粉壤土，团粒状结构，疏松，无石灰反应，大量草本植物根系，向下层平滑清晰过渡。

Ap2：20～40 cm，浊黄棕色（10YR 5/4，干），橄榄灰色（5GY 5/1，润），粉壤土，较紧实，块状结构，无石灰反应，少量草本植物根系，向下层平滑清晰过渡。

Bw1：40～80 cm，浊黄棕色（10YR 5/4，干），暗绿灰色（10G 3/1，润），粉壤土，紧实，棱块状结构，无石灰反应，夹杂有少量直径大于 5 mm 的砾石，向下层平滑清晰过渡。

Bw2：80～120 cm，浊黄棕色（10YR 5/4，干），暗橄榄灰色（2.5GY 3/1，润），粉壤土，紧实，无明显结构，无石灰反应，夹杂有少量直径大于 5 mm 的砾石。

资峪系代表性单个土体剖面

资峪系代表性单个土体物理性质

| 土层 | 深度 /cm | 砾石 (>2mm，体积分数)/% | 细土颗粒组成(粒径：mm)/(g/kg) | | | 质地 | 容重 /(g/cm³) |
			砂粒 2～0.05	粉粒 0.05～0.002	黏粒 <0.002		
Ap1	0～20	0	102	668	230	粉壤土	1.35
Ap2	20～40	0	72	710	218	粉壤土	1.43
Bw1	40～80	5	54	705	241	粉壤土	1.59
Bw2	80～120	10	40	691	269	粉壤土	1.60

资峪系代表性单个土体化学性质

深度 /cm	pH (H₂O)	有机质 /(g/kg)	全氮(N) /(g/kg)	全磷(P) /(g/kg)	全钾(K) /(g/kg)	CEC /(cmol/kg)	游离氧化铁 /(g/kg)
0～20	7.2	16.9	0.78	0.63	11.94	23.98	8.19
20～40	7.2	8.9	0.46	0.57	11.70	23.05	7.94
40～80	7.2	8.7	0.54	0.56	12.44	23.31	8.35
80～120	7.4	8.0	0.43	0.63	12.00	21.74	9.00

8.12.4 中厂系（Zhongchang Series）

土　　族：壤质混合型非酸性热性–普通简育湿润雏形土
拟定者：齐雁冰，常庆瑞，刘梦云

分布与环境条件　分布于陕西秦巴山区汉中、安康及宝鸡市海拔 960 m 以下的低山丘陵区，地面坡度一般在 25°以上。成土母质为花岗片麻岩风化物。多为林草地，坡脚底部平缓处有少量农耕地。北亚热带湿润季风气候，年日照时数 1700～1900 h，年均温 13.0～14.5 ℃，≥10 ℃年积温 3600～3900 ℃，年均降水量 850～1000 mm，无霜期 264 d。

中厂系典型景观

土系特征与变幅　诊断层包括淡薄表层、雏形层、暗沃表层；诊断特性包括热性土壤温度状况、湿润土壤水分状况、石质接触面。该土系所处位置坡度大，土层深厚，一般在 60 cm 以上，表层受林草枯落物生长影响腐殖质积累较厚，达到暗沃表层，下部土体较松软，未形成明显黏化层，全剖面无石灰反应，砂壤土-壤土，中性或微碱性土，pH 7.2～8.0。

对比土系　资峪系，同一亚类，所处地形部位相近，但成土母质为砂砾岩风化物，土壤质地为黏壤质，为不同土族。

利用性能综述　该土系以坡度较大的荒坡地为主，部分是撂荒轮休地，水土流失严重，有机质和养分含量高。在改良利用上，坡度小于 25°的可修水平梯田，发展粮油生产，海拔 700 m 以下的发展茶园；坡度较大的保持林木生长，防止人为破坏，保持水土。

参比土种　灰黄麻泥。

代表性单个土体　位于陕西省安康市白河县中厂镇顺利村，32°37′53″ N，110°08′34″ E，海拔 820 m，中低山的中坡处，坡度 30°左右，成土母质为花岗片麻岩风化物，林地。表层枯落物腐解强，腐殖质层深厚，达到暗沃表层，中下部土质疏松，夹有少量砾石。剖面通体无石灰反应。50 cm 深度土壤温度 16.3 ℃。野外调查时间为 2016 年 5 月 27 日，编号 61-091。

Ah1：0～10 cm，黄棕色（2.5Y 5/3，干），暗灰紫色（7.5RP 3/3，润），砂壤土，团粒状结构，疏松，无石灰反应，夹杂有少量直径大于 5 mm 的砾石，大量草本植物根系，向下层平滑清晰过渡。

Ah2：10～30 cm，浊黄色（2.5Y 6/4，干），黑棕色（10Y 2/2，润），壤土，团块状结构，疏松，无石灰反应，大量草本植物根系，夹杂有少量直径大于 5 mm 的砾石，向下层平滑清晰过渡。

Bw：30～70 cm，浊黄色（2.5Y 6/3，干），灰橄榄色（5Y 5/2，润），壤土，雏形层稍紧实，块状结构，无石灰反应，少量植物根系，夹杂有少量直径大于 5 mm 的砾石，向下层平滑清晰过渡。

C1：70～90 cm，黄棕色（2.5Y 5/3，干），暗灰黄色（2.5Y 5/2，润），壤土，稍松软，无明显结构，无石灰反应，少量植物根系，夹杂有少量直径大于 5 mm 的砾石，向下层平滑清晰过渡。

中厂系代表性单个土体剖面

C2：90～110 cm，黄棕色（2.5Y 5/3，干），灰橄榄色（5Y 6/2，润），壤土，稍松软，无明显结构，无石灰反应，少量植物根系，夹杂有少量直径大于 5 mm 的砾石。

中厂系代表性单个土体物理性质

土层	深度 /cm	砾石 (>2mm，体积分数)/%	细土颗粒组成（粒径：mm）/(g/kg)			质地	容重 /(g/cm³)
			砂粒 2～0.05	粉粒 0.05～0.002	黏粒 <0.002		
Ah1	0～10	5	591	345	64	砂壤土	1.28
Ah2	10～30	5	464	435	101	壤土	1.66
Bw	30～70	10	432	458	110	壤土	1.59
C1	70～90	15	506	396	98	壤土	1.53
C2	90～110	15	449	444	107	壤土	1.58

中厂系代表性单个土体化学性质

深度 /cm	pH (H₂O)	有机质 /(g/kg)	全氮(N) /(g/kg)	全磷(P) /(g/kg)	全钾(K) /(g/kg)	CEC /(cmol/kg)	游离氧化铁 /(g/kg)
0～10	8.0	12.4	0.70	0.66	18.20	15.58	7.30
10～30	7.6	9.6	0.52	0.22	13.25	14.13	7.56
30～70	7.5	9.6	0.49	0.14	12.19	16.73	8.17
70～90	7.5	7.0	0.36	0.35	12.97	18.71	7.78
90～110	7.2	12.9	0.66	0.16	12.40	18.24	7.73

8.12.5 青岗树系（Qinggangshu Series）

土　族：黏壤质长石混合型非酸性温性-普通简育湿润雏形土
拟定者：齐雁冰，常庆瑞，刘梦云

分布与环境条件　分布于秦岭北麓渭河、泾河及其支流灞河、浐河、黑河、涝河、沙河、石川河等河流的河漫滩及一级阶地，地面坡度一般在 5°~8°。成土母质为河流冲积物。多为林草地，坡脚底部平缓处有少量农耕地。暖温带半湿润季风气候，年日照时数 1800~2000 h，年均温 13~14 ℃，≥10 ℃年积温 4100~4400 ℃，年均降水量 600 mm，无霜期 208 d。

青岗树系典型景观

土系特征与变幅　诊断层包括淡薄表层、雏形层；诊断特性包括温性土壤温度状况、湿润土壤水分状况、石质接触面。该土系位于河漫滩上，成土于近代河流冲积物，表层经过人类平整，修成梯田，土层较深厚，上部与下部为黏壤土，中部夹有 10 mm 以上的砾石，含量在 10%左右，全剖面无石灰反应，粉黏壤土-粉壤土，弱酸性土，pH 5.6~7.0。

对比土系　资峪系，同一亚类，土壤质地均为黏壤质，但所处地形部位为石质低山丘陵区，成土母质为残积坡积物，为不同土族。

利用性能综述　该土系土层中夹有砂砾石，影响植物根系下扎，常出现吊根、漏水漏肥，不耐干旱，但表土层质地适中，易于耕作，通透性好。该土系位于河漫滩，易遭受洪水冲蚀，应以退耕种植林草为主。

参比土种　腰砾石淤泥土。

代表性单个土体　位于陕西省西安市长安区滦镇街道青岗树村东南坡地，33°53′53.10″ N，108°51′08.15″ E，海拔 1346 m，丘陵岗地宽沟谷地带，成土母质为河流冲积物，旱地，小麦-玉米轮作。中下部物质杂乱，夹有砾石，有石质接触面，剖面通体无石灰反应。50 cm 深度土壤温度 14.7 ℃。野外调查时间为 2016 年 3 月 19 日，编号 61-027。

青岗树系代表性单个土体剖面

Ap: 0~25 cm，浊黄橙色（10YR 6/3，干），橄榄灰色（5GY 6/1，润），粉黏壤土，发育中等的团块状结构，疏松，无石灰反应，夹杂有少量直径大于 5 mm 的砾石，大量草本植物根系，向下层平滑清晰过渡。

Bw: 25~55 cm，浊黄橙色（10YR 6/3，干），灰红色（2.5YR 6/2，润），粉壤土，发育中等的块状结构，紧实，无石灰反应，中量草本植物根系，夹杂有少量直径大于 5 mm 的砾石，向下层平滑清晰过渡。

C1: 55~85 cm，浊黄橙色（10YR 6/3，干），淡紫灰色（5P 7/1，润），粉壤土，稍紧实，块状结构，无石灰反应，少量植物根系，夹杂有 10%左右直径大于 5 mm 的砾石，向下层平滑清晰过渡。

C2: 85~110 cm，浊黄橙色（10YR 6/3，干），灰色（10Y 5/1，润），粉黏壤土，紧实，无明显结构，无石灰反应，无根系，夹杂有少量直径大于 5 mm 的砾石。

青岗树系代表性单个土体物理性质

| 土层 | 深度/cm | 砾石(>2mm，体积分数)/% | 细土颗粒组成(粒径：mm)/(g/kg) | | | 质地 | 容重(g/cm³) |
			砂粒 2~0.05	粉粒 0.05~0.002	黏粒 <0.002		
Ap	0~25	2	118	611	271	粉黏壤土	1.18
Bw	25~55	3	82	649	269	粉壤土	1.50
C1	55~85	10	132	600	268	粉壤土	1.48
C2	85~110	10	108	621	271	粉黏壤土	1.47

青岗树系代表性单个土体化学性质

深度/cm	pH(H₂O)	有机质/(g/kg)	全氮(N)/(g/kg)	全磷(P)/(g/kg)	全钾(K)/(g/kg)	CEC/(cmol/kg)	CaCO₃/(g/kg)	游离氧化铁/(g/kg)
0~25	5.6	23.3	1.08	0.80	10.52	16.17	2.0	6.4
25~55	6.5	17.7	0.79	0.62	10.23	15.16	1.9	4.1
55~85	6.8	27.9	1.24	0.91	10.00	17.56	1.5	6.6
85~110	7.0	22.6	1.10	0.91	9.66	15.68	2.3	7.4

8.12.6 黎元坪系（Liyuanping Series）

土　族：砂质混合型非酸性温性-普通简育湿润雏形土
拟定者：齐雁冰，常庆瑞，刘梦云

分布与环境条件　分布于陕西省西安市秦岭北坡中低石质山地沟谷的坡麓及坡脚处，海拔 500～1000 m，地面坡度在 10°～15°，成土母质为坡积物，通常为林草地，农用时通常人为推拢堆厚。暖温带半湿润、半干旱季风气候，年日照时数 2400～2500 h，年均温 12.5～13.5 ℃，≥ 10 ℃ 年积温 4200 ～ 4400 ℃；年均降水量 650～750 mm，无霜期 215 d。

黎元坪系典型景观

土系特征与变幅　诊断层包括淡薄表层、雏形层；诊断特性包括温性土壤温度状况、半干润土壤水分状况。成土母质为坡积物，为在林草植被影响下形成的土壤，成土时间短，剖面无发育，自然条件下有效土层厚度在 50 cm 以下，农用时通常人为推拢堆厚，土层可达 1.0 m 以上，土体内含一定量的石片、石渣等，质地一般为壤砂土-粉壤土-壤土-粉黏壤土，较疏松，无石灰反应。弱酸-中性土，pH 5.8～6.8。

对比土系　中厂系，同一亚类，所处地形部位相似，但土壤质地为壤质，为不同土族。

利用性能综述　该土系由于坡度较大，土层较薄，土层中有一定量的石片、砾石，较难耕作，土质较黏，有一定的保水保肥能力，有机质含量较高，适宜造林，因此应加强土壤保护，保持水土，防止滥垦滥牧，可发展栎林。

参比土种　灰扁石渣土。

代表性单个土体　位于陕西省西安市长安区喂子坪乡黎元坪村，33°59′26″ N，108°49′26″ E，海拔 688 m，石质山地沟谷坡脚处，坡度 15°左右，成土母质为坡积物，农业地，种植桃子、核桃等。在坡脚处，人为推拢堆厚，剖面通体松软，质地为砂砾质壤土，内有少量砾石，通体无石灰反应。50 cm 深度土壤温度 15.3 ℃。野外调查时间为 2016 年 3 月 19 日，编号 61-028。

Ah: 0～10 cm，灰黄棕色（10YR 4/2，干），灰色（5Y 5/1，润），5%岩石碎屑，壤砂土，发育中等的粒状结构，松散，无石灰反应，大量桃树和草被根系，向下层平滑清晰过渡。

Bw1: 10～20 cm，浊黄棕色（10YR 5/3，干），棕灰色（5YR 4/1，润），粉壤土，发育弱的小块状结构，稍坚实，无石灰反应，中量草本根系，向下层平滑清晰过渡。

Bw2: 20～40 cm，浊黄棕色（10YR 5/3，干），淡灰色（2.5Y 7/1，润），粉壤土，发育弱的小块状结构，稍坚实，无石灰反应，少量草本根系，向下层平滑清晰过渡。

Bw3: 40～80 cm，浊黄棕色（10YR 5/3，干），棕灰色（10YR 5/1，润），壤土，发育弱的小块状结构，稍坚实，无石灰反应，少量草本根系，向下层平滑清晰过渡。

黎元坪系代表性单个土体剖面

Ab: 80～120 cm，浊黄棕色（10YR 4/3，干），紫灰色（5P 6/1，润），10%岩石碎屑，粉黏壤土，发育中等的弱块状结构，稍坚实，无石灰反应，少量桃树根系。

黎元坪系代表性单个土体物理性质

土层	深度 /cm	砾石 (>2mm，体积分数)/%	细土颗粒组成(粒径：mm)/(g/kg)			质地	容重 /(g/cm³)
			砂粒 2～0.05	粉粒 0.05～0.002	黏粒 <0.002		
Ah	0～10	5	799	124	77	壤砂土	1.60
Bw1	10～20	8	88	653	259	粉壤土	1.48
Bw2	20～40	10	72	662	266	粉壤土	1.65
Bw3	40～80	10	448	388	164	壤土	1.77
Ab	80～120	10	88	613	299	粉黏壤土	1.66

黎元坪系代表性单个土体化学性质

深度 /cm	pH (H₂O)	有机质 /(g/kg)	全氮(N) /(g/kg)	全磷(P) /(g/kg)	全钾(K) /(g/kg)	CEC /(cmol/kg)	CaCO₃ /(g/kg)	游离氧化铁 /(g/kg)
0～10	6.0	43.6	1.98	0.41	4.81	12.21	1.4	5.27
10～20	5.8	19.5	0.89	0.35	4.42	10.61	1.1	4.93
20～40	6.5	11.9	0.51	0.22	4.45	10.22	2.2	5.30
40～80	6.7	11.3	0.36	0.23	2.76	8.09	1.4	4.31
80～120	6.8	22.7	0.87	0.35	4.10	12.04	1.7	4.96

第9章 新 成 土

9.1 弱盐淤积人为新成土

9.1.1 三川口系（Sanchuankou Series）

土 族：壤质混合型石灰性温性-弱盐淤积人为新成土
拟定者：齐雁冰，常庆瑞，刘梦云

分布与环境条件 分布于陕西省陕北地区黄土丘陵及沟壑区的沟坝地上，主要分布在榆林及延安市的一些县市区，海拔800～1200 m，地面坡度较缓，一般小于3°，通常用作农用地。中温带-暖温带半湿润、半干旱季风气候，年日照时数2100～2400 h，年均温8～11℃，≥10 ℃年积温2917～3828 ℃，年均降水量450～630 mm，无霜期164 d。

三川口系典型景观

土系特征与变幅 诊断层为淡薄表层；诊断特性包括温性土壤温度状况、潮湿土壤水分状况、人为淤积物质、盐积现象、氧化还原特征、潜育特征、石灰性。该土系是在黄土高原沟道内，人工筑坝后自然淤积而成的土壤。全剖面淤积层次明显，质地较轻，粉壤土-壤土，由于耕种时间长短不一，土壤肥力水平差异较大。全剖面强石灰反应，碱性土，pH 8.6～9.8。

对比土系 王家门系，同一土类，均是由于人为坝淤形成的，均有氧化还原特征，但水分条件较差，无潜育特征，为不同亚类。寺沟系，不同土纲，上层均为人为作用形成的层次，但形成明显的雏形层，为雏形土纲。

利用性能综述 该土系所处地形较为平坦，土质结构相对较好，水文条件好，质地适中，是黄土丘陵沟壑区群众创造的高产土壤，但由于地表坡度很小，个别低洼处易排水不畅，发生盐渍化。改良利用上要建立排水系统，特别是汛期应加固溢洪道，同时增施有机肥，深翻改土。

参比土种 坝淤绵土。

代表性单个土体　　位于陕西省榆林市子洲县三川口镇文家窑村，37°41′33″ N，109°56′55″ E，海拔 925 m，黄土丘陵沟道坝淤地，成土母质为人工淤积物质，地表平缓，坡度小于 2°。水浇地，近几年撂荒，成荒草地。该剖面位于原河床上，因此地下水位较高，全剖面淤积层次明显，中下部有氧化还原特征，底部有潜育特征。全剖面质地均一，粉壤土-壤土，强石灰反应。50 cm 深度土壤温度 12.4 ℃。野外调查时间为 2016 年 7 月 1 日，编号 61-129。

三川口系代表性单个土体剖面

Ahz：0～25 cm，浊黄橙色（10YR 6/3，干），浊黄棕色（10YR 5/3，润），粉壤土，团块状结构，疏松，强石灰反应，大量草本植物根系，向下层平滑清晰过渡。

Cr1：25～40 cm，浊黄橙色（10YR 6/3，干），浊黄棕色（10YR 5/4，润），壤土，单粒，无结构，淤积层次明显，稍紧实，强石灰反应，大量草本植物根系，向下层平滑清晰过渡。

Cr2：40～85 cm，浊黄橙色（10YR 6/4，干），浊黄棕色（10YR 5/3，润），粉壤土，无明显结构，淤积层次明显，稍紧实，结构面可见明显锈纹锈斑，强石灰反应，中量草本植物根系，向下层平滑清晰过渡。

Cg：85～120 cm，浊黄橙色（10YR 6/3，干），橄榄黑色（5Y 3/2，润），粉壤土，无明显结构，淤积层次明显，稍紧实，呈青蓝色，有铁锰还原物质，强石灰反应，无植物根系。

三川口系代表性单个土体物理性质

| 土层 | 深度/cm | 砾石（>2mm，体积分数)/% | 细土颗粒组成（粒径：mm)/(g/kg) | | | 质地 | 容重/(g/cm³) |
			砂粒 2～0.05	粉粒 0.05～0.002	黏粒 <0.002		
Ahz	0～25	0	206	605	189	粉壤土	1.52
Cr1	25～40	0	506	378	116	壤土	1.40
Cr2	40～85	0	268	571	161	粉壤土	1.43
Cg	85～120	0	256	586	158	粉壤土	1.53

三川口系代表性单个土体化学性质

深度/cm	pH(H₂O)	有机质/(g/kg)	全氮(N)/(g/kg)	全磷(P)/(g/kg)	全钾(K)/(g/kg)	CEC/(cmol/kg)	CaCO₃/(g/kg)	易溶性盐总量/(g/kg)
0～25	8.6	12.0	0.57	0.58	8.06	10.57	86.9	3.12
25～40	9.8	2.7	0.14	0.53	5.54	5.64	59.5	1.22
40～85	9.4	5.3	0.28	0.47	7.11	8.00	79.1	0.40
85～120	9.2	4.0	0.21	0.47	6.47	6.83	84.6	1.10

9.2 斑纹淤积人为新成土

9.2.1 王家门系（Wangjiamen Series）

土　族：壤质混合型石灰性温性-斑纹淤积人为新成土
拟定者：齐雁冰，常庆瑞，刘梦云

分布与环境条件　分布于陕西省陕北地区黄土丘陵及沟壑区的沟坝地上，海拔 800～1200 m，地面坡度 3°～20°，通常用作农用地。中温带半干旱季风气候，年日照时数 2100～2400 h，年均温 8～11℃，年均降水量 350～450 mm，无霜期 180～200 d。

王家门系典型景观

土系特征与变幅　诊断层为淡薄表层；诊断特性包括温性土壤温度状况、半干润土壤水分状况、人为淤积物质、氧化还原特征、钙积现象、石灰性。该土系是由人工在沟道筑坝，拦蓄洪水所携带泥土淤积而成，全剖面淤积层次明显，上部为壤质土层，砂壤土，下部为粉壤土，全剖面强石灰反应，碱性土，pH 8.4～8.9。

对比土系　三川口系，同一土类，均是由于人为坝淤形成的，均有氧化还原特征，但水分条件较好，具有潜育特征和盐积现象，为不同亚类。寺沟系，不同土纲，上层均为人为作用形成的层次，但具有明显的雏形层，为雏形土纲。

利用性能综述　该土系所处地形较为平坦，土质结构相对较好，上层砂壤土，中下层壤土-粉壤土，保水保肥性能较好，土层深厚，水分条件较好，疏松易耕，通气透水，产量较为稳定，但整体养分含量较低，虽然位于沟谷，但已发生干旱，不适宜于机械化收耕。在利用上应注重增施有机肥和修筑生产道路，不断提高地力和方便生产。

参比土种　底泥坝淤绵沙土。

代表性单个土体　位于陕西省榆林市府谷县古城镇王家门村，39°31′11.5″ N，110°59′1.8″ E，海拔 960 m，沟坝地，地面坡度 3°～5°，成土母质为人为淤积物质，农耕地，弃耕地，原种植玉米或高粱等。剖面淤积层次明显，表层因耕作、翻耕等原因淤积层理不明显，疏松，中下部则呈现明显的淤积层理，剖面上有明显的锈纹锈斑，全剖面强石灰反应。50 cm 深度土壤温度 11.0 ℃。野外调查时间为 2015 年 8 月 23 日，编号 61-012。

Ap1：0～15 cm，浊棕色（7.5YR 5/3，干），灰红色（2.5YR 5/2，润），砂壤土，团块状结构，疏松，强石灰反应，大量草本植物根系，向下层平滑清晰过渡。

Ap2：15～26 cm，浊棕色（7.5YR 5/3，干），棕灰色（5YR 4/1，润），粉壤土，块状结构，稍紧实，强石灰反应，大量草本植物根系，向下层平滑清晰过渡。

AC：26～36 cm，浊黄棕色（10YR 5/4，干），浊黄橙色（10YR 6/3，润），粉壤土，无明显结构，稍紧实，强石灰反应，少量草本植物根系，向下层平滑渐变过渡。

Crk：36～73 cm，浊黄棕色（10YR 5/4，干），灰橄榄色（7.5Y 6/2，润），粉壤土，无明显结构，稍紧实，强石灰反应，结构面可见少量锈纹锈斑，无植物根系，向下层平滑渐变过渡。

王家门系代表性单个土体剖面

Cr1：73～85 cm，浊黄棕色（10YR 5/4，干），灰棕色（5YR 4/2，润），粉壤土，碎块状结构，稍紧实，强石灰反应，结构面可见少量锈纹锈斑，无植物根系，向下层平滑渐变过渡。

Cr2：85～120 cm，浊黄棕色（10YR 5/4，干），黑棕色（2.5Y 3/2，润），粉壤土，无明显结构，稍紧实，强石灰反应，结构面可见少量锈纹锈斑，无植物根系。

王家门系代表性单个土体物理性质

土层	深度/cm	砾石（>2mm，体积分数)/%	细土颗粒组成（粒径：mm)/(g/kg)			质地	容重/(g/cm³)
			砂粒 2～0.05	粉粒 0.05～0.002	黏粒 <0.002		
Ap1	0～15	0	638	292	70	砂壤土	1.12
Ap2	15～26	0	166	721	113	粉壤土	1.32
AC	26～36	0	208	691	101	粉壤土	1.41
Crk	36～73	0	249	661	90	粉壤土	1.60
Cr1	73～85	0	86	795	119	粉壤土	1.38
Cr2	85～120	0	246	643	111	粉壤土	1.39

王家门系代表性单个土体化学性质

深度/cm	pH(H₂O)	有机质/(g/kg)	全氮(N)/(g/kg)	全磷(P)/(g/kg)	全钾(K)/(g/kg)	CEC/(cmol/kg)	CaCO₃/(g/kg)	易溶性盐总量/(g/kg)
0～15	8.4	12.4	0.45	0.38	4.36	8.28	70.9	0.58
15～26	8.4	14.3	0.63	0.45	8.95	20.60	42.6	0.74
26～36	8.5	7.0	0.21	0.33	8.36	13.43	19.4	0.43
36～73	8.9	2.3	0.03	0.19	2.61	3.64	102.6	0.86
73～85	8.4	10.7	0.52	0.55	10.45	25.25	10.0	0.11
85～120	8.7	3.0	0.02	0.21	4.75	5.04	28.1	0.33

9.3 石灰淤积人为新成土

9.3.1 金明寺系（Jinmingsi Series）

土　族：壤质混合型温性-石灰淤积人为新成土
拟定者：齐雁冰，常庆瑞，刘梦云

分布与环境条件　分布于陕西省陕北地区黄土丘陵及沟壑区的沟坝地上，主要分布在榆林及延安市的一些县市区，海拔 800～1200 m，地面坡度较缓，一般小于 3°，通常用作农用地。中温带-暖温带半湿润、半干旱季风气候，年日照时数 2100～2400 h，年均温 8～11℃，≥10 ℃年积温 2917～3828 ℃，年均降水量 450～630 mm，无霜期164 d。

金明寺系典型景观

土系特征与变幅　诊断层为淡薄表层、钙积层；诊断特性包括温性土壤温度状况、半干润土壤水分状况、人为淤积物质。该土系是在黄土高原沟道内，人工筑坝后自然淤积而成的土壤。全剖面淤积层次明显，质地较轻，粉壤土，由于耕种时间长短不一，土壤肥力水平差异较大。全剖面强石灰反应，碱性土，pH 8.2～9.2。

对比土系　宽州系，同一土族，均是由于人为坝淤形成的，但剖面上下质地均一，为不同土系。三川口系，同一土类，具有氧化还原特征和潜育特征，为不同亚类。

利用性能综述　该土系所处地形较为平坦，土质结构相对较好，水文条件好，质地适中，是黄土丘陵沟壑区群众创造的高产土壤，但由于地表坡度很小，个别低洼处易排水不畅，发生盐渍化。改良利用上要建立排水系统，特别是汛期应加固溢洪道，同时增施有机肥，深翻改土。

参比土种　坝淤绵土。

代表性单个土体　位于陕西省榆林市佳县金明寺镇王石畔村，38°03′38″N，110°16′25″E，海拔 1016 m，黄土丘陵沟道坝淤地，成土母质为人工淤积物质，地表平缓，坡度小于 2°。旱地，种植玉米或谷子等，一年一熟。剖面淤积层次明显，可分为三个层次，表层淤积物质质地较细，中间层次颜色呈浅黄色，底层则呈灰黄色。50 cm 深度土壤温度 11.8 ℃。野外调查时间为 2016 年 6 月 30 日，编号 61-125。

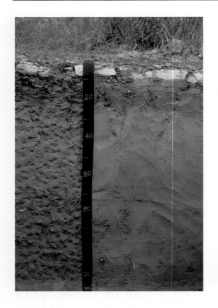

Apk：0~20 cm，浊黄橙色（10YR 6/4，干），浊红棕色（5YR 4/3，润），粉壤土，团块状结构，疏松，强石灰反应，大量草本植物根系，向下层平滑清晰过渡。

C1：20~72 cm，浊黄橙色（10YR 6/4，干），浊黄橙色（10YR 7/3，润），粉壤土，无明显结构，稍紧实，强石灰反应，少量草本植物根系，向下层平滑清晰过渡。

C2：72~120 cm，浊黄橙色（10YR 6/4，干），暗灰黄色（2.5Y 5/2，润），粉壤土，无明显结构，稍松软，强石灰反应，少量草本植物根系。

金明寺系代表性单个土体剖面

金明寺系代表性单个土体物理性质

| 土层 | 深度 /cm | 砾石 (>2mm，体积分数)/% | 细土颗粒组成(粒径：mm)/(g/kg) | | | 质地 | 容重 /(g/cm³) |
			砂粒 2~0.05	粉粒 0.05~0.002	黏粒 <0.002		
Apk	0~20	0	36	757	207	粉壤土	1.38
C1	20~72	0	339	535	126	粉壤土	1.41
C2	72~120	0	333	535	132	粉壤土	1.38

金明寺系代表性单个土体化学性质

深度 /cm	pH (H₂O)	有机质 /(g/kg)	全氮(N) /(g/kg)	全磷(P) /(g/kg)	全钾(K) /(g/kg)	CEC /(cmol/kg)	CaCO₃ /(g/kg)
0~20	8.2	9.7	0.47	0.72	13.00	20.33	173.5
20~72	9.2	3.4	0.18	0.46	7.83	10.12	81.2
72~120	9.2	3.9	0.20	0.50	7.07	9.05	78.8

9.3.2 宽州系（Kuanzhou Series）

土　族：壤质混合型温性-石灰淤积人为新成土
拟定者：齐雁冰，常庆瑞，刘梦云

分布与环境条件　分布于陕西省陕北地区黄土丘陵及沟壑区的沟坝地上，主要分布在榆林及延安市的一些县市区，海拔 800～1200 m，地面坡度较缓，一般小于 3°，通常用作农用地。中温带-暖温带半湿润、半干旱季风气候，年日照时数 2100～2400 h，年均温 8～11 ℃，≥10 ℃年积温 2917～3828 ℃，年均降水量 450～630 mm，无霜期 164 d。

宽州系典型景观

土系特征与变幅　诊断层为淡薄表层；诊断特性包括温性土壤温度状况、半干润土壤水分状况、人为淤积物质、石灰性。该土系是在黄土高原沟道内，人工筑坝后自然淤积而成的土壤。全剖面淤积层次明显，质地较轻，粉壤土，由于耕种时间长短不一，土壤肥力水平差异较大。全剖面强石灰反应，碱性土，pH 8.9～9.2。

对比土系　金明寺系，同一土族，均是由于人为坝淤形成的，但剖面上下质地差异明显，为不同土系。王家门系，同一土类，均为坝淤形成的人为淤积物质，但淤积层次由洪积所形成，为不同土系。三川口系，同一土类，均为坝淤形成的人为淤积物质，但剖面具有氧化还原特征及潜育特征，为不同亚类。

利用性能综述　该土系所处地形较为平坦，土质结构相对较好，水文条件好，质地适中，是黄土丘陵沟壑区群众创造的高产土壤，但由于地表坡度很小，个别低洼处易排水不畅，发生盐渍化。改良利用上要建立排水系统，特别是汛期应加固溢洪道，同时增施有机肥，深翻改土。

参比土种　坝淤绵土。

代表性单个土体　位于陕西省榆林市清涧县宽州镇李家沟村，37°28′41″ N，108°05′61″ E，海拔 923 m，黄土丘陵沟道坝淤地，成土母质为人工淤积物质，地表平缓，坡度小于 2°。旱地，种植玉米、黄豆、绿豆、高粱等农作物。剖面表层由于耕作较松软，全剖面淤积层次明显，质地均一，粉壤土，强石灰反应。50 cm 深度土壤温度 12.6 ℃。野外调查时间为 2016 年 7 月 2 日，编号 61-133。

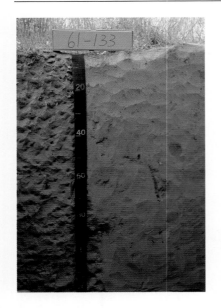

Ap: 0~22 cm，浊黄橙色（10YR 6/3，干），灰黄色（2.5Y 6/2，润），粉壤土，团块状结构，疏松，强石灰反应，大量草本植物根系，向下层平滑清晰过渡。

C1: 22~58 cm，浊黄橙色（10YR 6/4，干），暗灰黄色（2.5Y 4/2，润），粉壤土，无明显结构，紧实，强石灰反应，少量草本植物根系，向下层平滑清晰过渡。

C2: 58~80 cm，浊黄橙色（10YR 6/4，干），灰黄棕色（10YR 4/2，润），粉壤土，无明显块状结构，紧实，强石灰反应，无植物根系，向下层平滑清晰过渡。

C3: 80~120 cm，浊黄橙色（10YR 6/4，干），黑棕色（5YR 3/1，润），粉壤土，无明显块状结构，稍松软，强石灰反应，可见少量砾石，无植物根系。

宽州系代表性单个土体剖面

宽州系代表性单个土体物理性质

| 土层 | 深度/cm | 砾石(>2mm，体积分数)/% | 细土颗粒组成(粒径：mm)/(g/kg) | | | 质地 | 容重/(g/cm³) |
			砂粒 2~0.05	粉粒 0.05~0.002	黏粒 <0.002		
Ap	0~22	0	257	559	184	粉壤土	1.35
C1	22~58	0	324	511	165	粉壤土	1.56
C2	58~80	0	243	576	181	粉壤土	1.54
C3	80~120	5	60	708	232	粉壤土	1.47

宽州系代表性单个土体化学性质

深度/cm	pH(H₂O)	有机质/(g/kg)	全氮(N)/(g/kg)	全磷(P)/(g/kg)	全钾(K)/(g/kg)	CEC/(cmol/kg)	CaCO₃/(g/kg)	易溶性盐总量/(g/kg)
0~22	8.9	10.8	0.55	0.58	7.86	13.46	87.9	1.68
22~58	9.1	4.6	0.26	0.58	7.50	10.84	87.7	0.65
58~80	9.2	4.5	0.25	0.49	7.86	11.99	92.8	0.42
80~120	9.2	3.5	0.18	0.67	7.62	10.65	80.8	0.57

9.3.3　许庄系（**Xuzhuang Series**）

土　　族：壤质混合型温性-石灰淤积人为新成土
拟定者：齐雁冰，常庆瑞，刘梦云

分布与环境条件　　分布于陕西省西安市、渭南市的洪积扇、盐碱滩以及引泾、引洛灌区，海拔350～800 m，地面坡度较缓，一般小于 2°，通常用作农用地。暖温带半湿润、半干旱季风气候，年日照时数 2300～2400 h，年均温 14～15 ℃，≥10 ℃年积温 4300～4500 ℃，年均降水量 450～550 mm，无霜期 212 d。

许庄系典型景观

土系特征与变幅　　诊断层为灌淤表层；诊断特性包括温性土壤温度状况、半干润土壤水分状况、人为淤积物质、盐积现象、石灰性。该土系是在原盐碱滩地之上经人工引洪灌淤在原土壤上出现较厚的灌淤土层而形成的。通过引洪漫淤使土壤盐碱化程度大大降低。剖面可明显分为上下两个层次，上层漫淤层一般厚 50～80 cm，粉壤土，下层为原土壤，粉壤土。土壤肥力较高，水分条件较好。全剖面强石灰反应，碱性土，pH 8.2～8.4。

对比土系　　宽州系，同一土族，均为在原土壤上经人为淤积形成的淤积层，但表层的淤积层次很厚且为人工旱作淤积的，为不同土系。朝邑系，不同土纲，均为河流冲积物母质发育而来的土壤，但土壤有一定的发育且形成了明显的雏形层，无灌淤表层，为不同土纲。

利用性能综述　　该土系所处地形较为平坦，土质结构相对较好，水肥气热协调，水利条件适宜，是在原河流低洼地带经引洪漫淤后改良利用较好的土壤类型，肥力较高，产量高。在利用上应注意排水，以防下部盐分上翻，同时注重有机肥的施用以不断提高地力。

参比土种　　漫淤土。

代表性单个土体　　位于陕西省渭南市大荔县许庄镇叶家村一组南 600 m，34°51′14.8″N，109°56′9.9″E，海拔 362 m，渭河二级阶地，引洛灌区，成土母质为人为灌淤物质，水浇地，果园，农作物种植为小麦-玉米轮作。上部灌淤层 60 cm，质地为粉壤土，灌淤层次明显，表层受耕作影响具有明显的耕作层，疏松，60 cm 以下为原土壤层，冲积物特征明显，质地粉壤土。全剖面质地上重下轻，强石灰反应。50 cm 深度土壤温度 14.9 ℃。

野外调查时间为 2015 年 7 月 14 日，编号 61-005。

Ap: 0～20 cm，浊黄橙色（10YR 6/3，干），灰棕色（7.5YR 4/2，润），粉壤土，团块状结构，疏松，强石灰反应，可见少量炭渣等侵入体，大量草本植物根系，向下层平滑清晰过渡。

AC：20～45 cm，浊黄橙色（10YR 6/3，干），浅淡红橙色（2.5YR 7/3，润），粉壤土，块状结构，稍紧实，强石灰反应，可见少量炭渣等侵入体，中量草本植物根系，向下层平滑清晰过渡。

C1：45～60 cm，浊黄橙色（10YR 6/3，干），暗红棕色（5YR 3/3，润），粉壤土，无明显结构，稍紧实，强石灰反应，少量草本植物根系，向下层平滑清晰过渡。

C2：60～80 cm，浊黄橙色（10YR 6/3，干），浊黄棕色（10YR 4/3，润），粉壤土，无明显结构，稍紧实，强石灰反应，无植物根系，向下层平滑清晰过渡。

许庄系代表性单个土体剖面

C3：80～140 cm，浊黄橙色（10YR 6/3，干），灰黄棕色（10YR 5/2，润），粉壤土，无明显块状结构，稍疏松，强石灰反应，无植物根系。

许庄系代表性单个土体物理性质

土层	深度 /cm	砾石 (>2mm，体积分数)/%	细土颗粒组成（粒径：mm）/(g/kg)			质地	容重 /(g/cm³)
			砂粒 2～0.05	粉粒 0.05～0.002	黏粒 <0.002		
Ap	0～20	0	110	748	142	粉壤土	1.35
AC	20～45	0	96	766	138	粉壤土	1.65
C1	45～60	0	78	783	139	粉壤土	1.57
C2	60～80	0	107	757	136	粉壤土	1.51
C3	80～140	0	114	753	133	粉壤土	1.58

许庄系代表性单个土体化学性质

深度 /cm	pH (H₂O)	有机质 /(g/kg)	全氮(N) /(g/kg)	全磷(P) /(g/kg)	全钾(K) /(g/kg)	CEC /(cmol/kg)	CaCO₃ /(g/kg)	易溶性盐总量 /(g/kg)
0～20	8.4	19.0	1.01	1.08	10.93	18.94	123.9	1.64
20～45	8.2	7.7	0.46	0.47	10.47	17.42	114.6	2.13
45～60	8.2	6.9	0.46	0.33	11.77	20.09	125.0	2.08
60～80	8.3	6.8	0.50	0.38	10.49	20.63	115.5	1.47
80～140	8.3	5.2	0.43	0.59	9.18	14.23	96.9	1.59

9.4 石灰潮湿砂质新成土

9.4.1 盐场堡系（Yanchangbu Series）

土　　族：硅质型温性-石灰潮湿砂质新成土
拟定者：齐雁冰，常庆瑞，刘梦云

分布与环境条件　分布于陕西省北部榆林、延安等市的下湿滩地、沟滩地，地下水埋深 1.5～2 m，海拔 800～1300 m，地面坡度较缓，一般小于 5°。中温带半干旱季风气候，年日照时数2700～2800 h，≥10 ℃年积温2900～3100 ℃，年均温 10～11 ℃，年均降水量 300～400 mm，无霜期 141 d。

盐场堡系典型景观

土系特征与变幅　诊断层为淡薄表层；诊断特性包括温性土壤温度状况、潮湿土壤水分状况、砂质沉积物岩性特征、盐积现象、氧化还原特征。该土系成土母质为风沙沉积物及冲积物，表层土壤矿化度高，中部可见铁锰斑纹，底部保留冲积物或湖积物母质。全剖面强石灰反应，碱性土，pH 9.4～9.9。

对比土系　堆子梁系，同一亚纲，均具有砂质沉积物岩性特征，但无盐积现象且为半干润土壤水分状况，为不同土类。贺圈系，同一土纲，成土母质及地形部位类似，均处于风沙滩区，但成土母质以冲积物为主，质地为壤质，因此为冲积新成土。孟家湾系，同一土类，母质均以冲积物为主，但表层无积盐现象，为不同亚类。

利用性能综述　该土系土层深厚，地势低平，地下水矿化度高，土壤表层含盐量高，且多为氯化物，影响作物出苗及生长，养分含量低，保肥性差，有机质含量较低。利用上可通过井灌井排方式降低土壤盐分，或者发展牧草，引洪灌淤，拉沙压碱，增施有机肥等。

参比土种　中度白盐潮土。

代表性单个土体　位于陕西省榆林市定边县盐场堡镇，37°41′19″ N，107°31′49″ E，海拔1269 m，湖泊高阶地，沟滩地，底部母质为冲积物，上部为风沙沉积物。盐碱荒草滩地，有盐蒿、碱蓬等植被。剖面上部为风沙沉积物，砂质土，质地均一，松软，底部为冲积物，颜色暗，质地砂壤土，全剖面强石灰反应。50 cm 深度土壤温度 11.3 ℃。野外调查时间为 2016 年 6 月 28 日，编号 61-114。

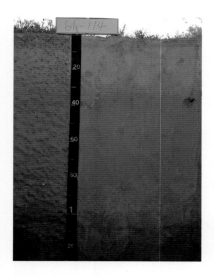

Ahz：0～10 cm，浊黄橙色（10YR 6/4，干），浊红棕色（2.5YR 4/3，润），壤土，粒状结构，松软，强石灰反应，中量孔隙，中量草本植物根系，向下层平滑清晰过渡。

AC：10～80 cm，浊棕色（7.5YR 6/3，干），浊红棕色（5YR 5/4，润），砂壤土，单粒，无结构，强石灰反应，中量孔隙，少量草本植物根系，向下层平滑清晰过渡。

Cr1：80～110 cm，浊棕色（7.5YR 6/3，干），浊红棕色（5YR 4/4，润），壤土，块状结构，松软，强石灰反应，少量铁锰斑纹，中量孔隙，无植物根系，向下层平滑清晰过渡。

Cr2：110～130 cm，浊棕色（7.5YR 6/3，干），红黑色（2.5YR 2/1，润），砂壤土，块状结构，松软，强石灰反应，中量孔隙，无植物根系，少量铁锰斑纹。

盐场堡系代表性单个土体剖面

盐场堡系代表性单个土体物理性质

土层	深度/cm	砾石(>2mm，体积分数)/%	细土颗粒组成(粒径：mm)/(g/kg)			质地	容重/(g/cm³)
			砂粒 2～0.05	粉粒 0.05～0.002	黏粒 <0.002		
Ahz	0～10	0	464	371	165	壤土	1.54
AC	10～80	0	804	73	123	砂壤土	1.52
Cr1	80～110	0	432	380	188	壤土	1.64
Cr2	110～130	0	561	312	127	砂壤土	1.48

盐场堡系代表性单个土体化学性质

深度/cm	pH(H₂O)	有机质/(g/kg)	全氮(N)/(g/kg)	全磷(P)/(g/kg)	全钾(K)/(g/kg)	CEC/(cmol/kg)	CaCO₃/(g/kg)	易溶性盐总量/(g/kg)
0～10	9.4	15.0	0.80	0.17	4.93	6.68	55.8	41.67
10～80	9.9	3.0	0.14	0.19	2.58	3.55	32.3	1.63
80～110	9.6	3.3	0.19	0.17	4.34	4.71	71.6	1.60
110～130	9.5	3.1	0.15	0.36	4.64	4.41	51.8	1.71

9.5　石灰干润砂质新成土

9.5.1　堆子梁系（Duiziliang Series）

土　族：硅质型温性-石灰干润砂质新成土

拟定者：齐雁冰，常庆瑞，刘梦云

分布与环境条件　分布于陕西省北部毛乌素沙地南缘、长城沿线的风沙滩地和黄土梁峁盖沙地段，地形呈波状起伏的沙地，较为平缓，通常为固定风沙土，与半固定风沙土和流动风沙土交错分布。海拔 1000～1500 m，地面坡度一般小于 5°，植被覆盖度大于 40%。中温带半干旱季风气候，年日照时数 2650～2850 h，≥10 ℃年积温 2900～3400 ℃，年均温 8～10 ℃，年均降水量 310～450 mm，无霜期 141 d。

堆子梁系典型景观

土系特征与变幅　诊断层为淡薄表层；诊断特性包括温性土壤温度状况、半干润土壤水分状况、砂质沉积物岩性特征、石灰性。该土系成土母质为风积沙。通体为壤砂土-砂土质地，地表常形成 1～2 cm 厚的结皮层，砂面较紧，表层开始有腐殖质累积，通体质地均一，浅黄或灰黄色，砂质土，轻-中石灰反应，碱性土，pH 8.6～8.8。

对比土系　贾家梁系，同一土类，均为风积沙，但为半固定沙丘，所处位置为黄土丘陵坡面上，水分相对稍差，从砂物质的松紧性上来说，质地更疏松，石灰性不明显，为不同亚类。

利用性能综述　该土系质地粗，松散，通透性强，保水性能差，养分极缺，风蚀严重，地表裸露处的沙粒遇大风而移动，所处位置坡度稍大，通常不宜农用。在利用上应尽量减少人为干扰，封沙育草，人工种植草灌，增加地表覆盖度，严禁放牧和不合理的砍伐垦殖。

参比土种　紧沙土。

代表性单个土体　位于陕西省榆林市定边县堆子梁镇郭家梁，37°35′46″ N，108°08′15″ E，海拔 1370 m，风沙滩地固定沙丘，成土母质为风积沙，地面坡度 3°～5°。固定风沙土，有沙柳、沙蒿等灌草植被。受表层结皮层及植被的影响，沙面处于固定状态，土壤表层有微弱发育，除表层外其下通体均一，能看出风积的不同层次。全剖面质地均一，壤砂土-砂土，松软但稍紧实，全剖面轻-中石灰反应。50 cm 深度土壤温度 11.1 ℃。野外调查时间为 2016 年 6 月 29 日，编号 61-119。

Ah：0～20 cm，浊黄棕色（10YR 5/4，干），淡红灰色（10R 7/1，润），壤砂土，粒状结构，疏松，地表可见 1～2 cm 厚度的生物结皮，中石灰反应，大量灌草植物根系，向下层平滑清晰过渡。

AC：20～60 cm，浊橙色（7.5YR 6/4，干），淡黄色（2.5Y 7/3，润），砂土，单粒，无结构，疏松，紧沙土，轻石灰反应，少量灌草植物根系，向下层平滑清晰过渡。

C：60～120 cm，浊橙色（7.5YR 6/4，干），浊红棕色（2.5YR 5/3，润），砂土，粒状结构，疏松，紧沙土，轻石灰反应，少量灌草植物根系。

堆子梁系代表性单个土体剖面

堆子梁系代表性单个土体物理性质

土层	深度/cm	砾石(>2mm，体积分数)/%	细土颗粒组成(粒径：mm)/(g/kg)			质地	容重/(g/cm³)
			砂粒 2～0.05	粉粒 0.05～0.002	黏粒 <0.002		
Ah	0～20	0	831	95	74	壤砂土	1.52
AC	20～60	0	922	20	58	砂土	1.62
C	60～120	0	935	9	56	砂土	1.56

堆子梁系代表性单个土体化学性质

深度/cm	pH(H₂O)	有机质/(g/kg)	全氮(N)/(g/kg)	全磷(P)/(g/kg)	全钾(K)/(g/kg)	CEC/(cmol/kg)	CaCO₃/(g/kg)	易溶性盐总量/(g/kg)
0～20	8.7	3.9	0.19	0.26	2.29	3.84	21.9	0.30
20～60	8.8	2.6	0.12	0.09	1.61	3.14	11.3	0.50
60～120	8.6	1.8	0.09	0.15	1.80	3.38	11.1	0.36

9.6　普通干润砂质新成土

9.6.1　贾家梁系（Jiajialiang Series）

土　族：硅质型石灰性温性–普通干润砂质新成土
拟定者：齐雁冰，常庆瑞，刘梦云

分布与环境条件　分布于陕西省北部毛乌素沙地南缘，长城沿线的风沙滩地和黄土梁峁盖沙地段，地形为波状起伏的沙地，较为平缓，海拔 1000～1500 m，地面一般小于 5°，植被覆盖度 15%～35%。中温带半干旱季风气候，年日照时数 2750～2850 h，≥10 ℃年积温 2600～3400 ℃，年均温 8～9 ℃，年均降水量 316～440 mm，无霜期 169 d。

贾家梁系典型景观

土系特征与变幅　诊断层为淡薄表层；诊断特性包括温性土壤温度状况、半干润土壤水分状况、砂质沉积物岩性特征。该土系成土母质为风积沙。通体为砂土质地，随着地表植被覆盖度的增加，沙粒基本稳定呈半固定状态。地表开始形成薄的结皮，沙面变紧。剖面表层开始分化但发育仍不明显。通体质地均一，壤砂土–砂土，强石灰反应，碱性土，pH 8.5～8.8。

对比土系　解家堡系，同一土族，成土母质均为风积沙，半固定沙丘，但所处位置为黄土丘陵坡面上，水分相对稍差，从砂物质的松紧性上来说，质地更疏松，为不同土系。

利用性能综述　该土系质地粗，松散，通透性强，保水性能差，养分极缺，风蚀严重，地表裸露处的沙粒遇大风而移动。在利用上应尽量减少人为干扰，封沙育草，人工种植草灌，增加地表覆盖度，严禁放牧和不合理的砍伐垦殖，在积极保护自然植被的同时，努力增加人工植被，促进其向固定沙土转化。

参比土种　松沙土。

代表性单个土体　位于陕西省榆林市神木市尔林兔镇贾家梁村，39°05′16.5″N，109°57′30.5″E，海拔 1244 m，风沙滩地半固定沙丘，地面坡度 3°～5°，成土母质为风积沙。受表层结皮层及植被的影响，沙面处于半固定状态，表层有微弱发育，除表层外其下通体均一，能看出风积的不同层次。全剖面强石灰反应。50 cm 深度土壤温度 10.5 ℃。

野外调查时间为 2015 年 8 月 25 日，编号 61-016。

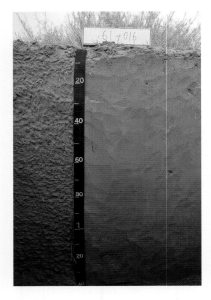

Ah：0～10 cm，棕色（7.5YR 4/4，干），浅淡红橙色（2.5YR 7/3，润），壤砂土，粒状结构，疏松，地表可见少量生物结皮，强石灰反应，大量草本植物根系，向下层平滑清晰过渡。

AC：10～30 cm，棕色（7.5YR 4/4，干），浊黄橙色（10YR 7/3，润），砂土，粒状结构，疏松，强石灰反应，少量草本植物根系，向下层平滑清晰过渡。

C1：30～70 cm，棕色（7.5YR 4/4，干），橙色（2.5YR 6/6，润），壤砂土，粒状结构，疏松，强石灰反应，少量草本植物根系，向下层平滑清晰过渡。

C2：70～140 cm，棕色（7.5YR 4/4，干），暗红棕色（2.5YR 3/4，润），砂土，粒状结构，疏松，强石灰反应，少量草本植物根系。

贾家梁系代表性单个土体剖面

贾家梁系代表性单个土体物理性质

| 土层 | 深度/cm | 砾石(>2mm，体积分数)/% | 细土颗粒组成(粒径：mm)/(g/kg) | | | 质地 | 容重/(g/cm³) |
			砂粒2～0.05	粉粒0.05～0.002	黏粒<0.002		
Ah	0～10	0	847	128	25	壤砂土	1.59
AC	10～30	0	876	106	18	砂土	1.50
C1	30～70	0	802	126	72	壤砂土	1.56
C2	70～140	0	878	102	20	砂土	1.56

贾家梁系代表性单个土体化学性质

深度/cm	pH(H₂O)	有机质/(g/kg)	全氮(N)/(g/kg)	全磷(P)/(g/kg)	全钾(K)/(g/kg)	CEC/(cmol/kg)	CaCO₃/(g/kg)	易溶性盐总量/(g/kg)
0～10	8.8	7.2	0.08	0.24	0.54	4.70	3.9	0.52
10～30	8.8	2.7	0.00	0.20	0.18	2.72	3.7	1.03
30～70	8.5	2.0	0.00	0.24	0.42	5.65	5.0	1.44
70～140	8.7	2.4	0.00	0.22	0.37	2.74	5.9	0.36

9.6.2 解家堡系（Xiejiabu Series）

土　族：硅质型石灰性温性-普通干润砂质新成土
拟定者：齐雁冰，常庆瑞，刘梦云

分布与环境条件　分布于陕西省北部毛乌素沙地南缘，长城沿线的风沙滩地和黄土梁峁盖沙地段，地形为波状起伏的沙地，较为平缓，海拔 980～1500 m，地面坡度 5°～10°，植被覆盖度 15%～35%。中温带半干旱季风气候，年日照时数 2750～2850 h，≥10 ℃年积温 2600～3400 ℃，年均温 8～9 ℃，年均降水量 316～440 mm，无霜期 169 d。

解家堡系典型景观

土系特征与变幅　诊断层为淡薄表层；诊断特性包括温性土壤温度状况、半干润土壤水分状况、砂质沉积物岩性特征。该土系成土母质为风积沙。通体为壤土-砂土质地，随着地表植被覆盖度的增加，沙粒基本稳定呈半固定状态。地表开始形成薄的结皮，沙面变紧。剖面表层开始分化但发育仍不明显。通体质地均一，弱石灰反应，碱性土，pH 8.8～9.0。

对比土系　贾家梁系，同一土族，但所处位置一般为风沙滩区，水分相对稍好，从砂物质的松紧性上来说，紧实性稍高，为不同土系。

利用性能综述　该土系质地粗，松散，通透性强，保水性能差，养分极缺，风蚀严重，地表裸露处的沙粒遇大风而移动，所处位置坡度稍大。在利用上应尽量减少人为干扰，封沙育草，人工种植草灌，增加地表覆盖度，严禁放牧和不合理的砍伐垦殖，在积极保护自然植被的同时，努力增加人工植被，促进其向固定沙土转化。

参比土种　松沙土。

代表性单个土体　位于陕西省榆林市神木市解家堡乡解家堡村，38°42′34.9″ N，110°29′29.3″ E，海拔 997 m，位于黄土丘陵与风沙滩地的交错地带，黄土丘陵的坡面上，坡度 8°～10°。成土母质为风积沙，地表植被以草灌为主。该处风积沙为黄土丘陵的迎风坡面接受风蚀沉积沙而形成的。除表层由于结皮及草灌的枯落物分解有轻微的发育外，土壤通体质地、颜色均一，无发育，粒状结构，松散，弱石灰反应。50 cm 深度土壤温度 11.6 ℃。野外调查时间为 2015 年 8 月 27 日，编号 61-020。

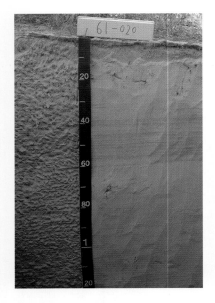

解家堡系代表性单个土体剖面

Ah：0～10 cm，浊黄棕色（10YR 5/4，干），灰色（5Y 4/1，润），壤土，粒状结构，疏松，地表可见少量生物结皮，弱石灰反应，大量草本植物根系，向下层平滑清晰过渡。

AC：10～30 cm，浊黄棕色（10YR 5/4，干），黄灰色（2.5Y 5/1，润），砂土，单粒，无结构，弱石灰反应，少量草本植物根系，向下层平滑清晰过渡。

C1：30～60 cm，浊黄棕色（10YR 5/4，干），暗灰黄色（2.5Y 5/2，润），砂土，单粒，无结构，弱石灰反应，向下层平滑清晰过渡。

C2：60～78 cm，浊黄棕色（10YR 5/4，干），橄榄黄色（5Y 6/3，润），砂土，粒状结构，疏松，弱石灰反应，无植物根系，向下层平滑清晰过渡。

C3：78～120 cm，浊黄棕色（10YR 5/4，干），暗灰黄色（2.5Y 5/2，润），砂土，粒状结构，疏松，弱石灰反应，无植物根系。

解家堡系代表性单个土体物理性质

土层	深度/cm	砾石(>2mm，体积分数)/%	细土颗粒组成(粒径：mm)/(g/kg) 砂粒 2～0.05	粉粒 0.05～0.002	黏粒 <0.002	质地	容重/(g/cm³)
Ah	0～10	0	394	428	178	壤土	1.73
AC	10～30	0	899	66	35	砂土	1.71
C1	30～60	0	916	46	38	砂土	1.69
C2	60～78	0	899	66	35	砂土	1.69
C3	78～120	0	911	51	38	砂土	1.65

解家堡系代表性单个土体化学性质

深度/cm	pH(H₂O)	有机质/(g/kg)	全氮(N)/(g/kg)	全磷(P)/(g/kg)	全钾(K)/(g/kg)	CEC/(cmol/kg)	CaCO₃/(g/kg)	易溶性盐总量/(g/kg)
0～10	8.8	3.7	0.27	0.31	1.33	3.43	8.6	0.61
10～30	9.0	2.2	0.16	0.39	0.59	2.32	5.3	0.89
30～60	9.0	1.1	0.09	0.19	0.64	1.35	5.4	0.07
60～78	9.0	0.9	0.07	0.15	0.03	1.28	7.2	0.53
78～120	8.9	0.7	0.05	0.12	0.21	1.21	4.0	0.37

9.7 潜育潮湿冲积新成土

9.7.1 孟家湾系（Mengjiawan Series）

土　族：硅质型石灰性温性-潜育潮湿冲积新成土
拟定者：齐雁冰，常庆瑞，刘梦云

分布与环境条件　分布于陕西省北部榆林市下辖的榆阳、横山、靖边、定边等县区的河漫滩、沙湾和下湿滩地中部。海拔900～1300 m，地面坡度较缓，一般小于 3°，通常用作农用地。中温带半干旱季风气候，年日照时数 2700～2800 h，年均温8.0～8.8 ℃，≥10 ℃年积温1800～2400 ℃；年均降水量300～450 mm，无霜期 149 d。

孟家湾系典型景观

土系特征与变幅　诊断层为淡薄表层；诊断特性包括温性土壤温度状况、潮湿土壤水分状况、冲积沉积物岩性特征、氧化还原特征、石灰性。该土系发育于冲积物，通体为砂壤土-砂土质地，表层受到耕作及腐殖质影响，颜色稍暗，中部因长期或季节性积水，随着地下水的升降，土壤氧化还原过程交替进行，在根孔处产生锈纹锈斑，底部因长期积水，形成蓝灰或浅灰色。全剖面中石灰反应，碱性土，pH 8.3～8.8。

对比土系　贺圈系，同一土类，均为冲积物母质，均为潮湿土壤水分状况，但冲积物为绵壤土，而孟家湾系为砂质冲积物，为不同亚类。贾家梁系，同一土纲，成土母质为风积沙，但土壤水分为半干润土壤水分，为不同亚纲。

利用性能综述　该土系虽然所处地形较为平坦，但地势冷凉，通常为自然植被，生长芦苇等，土壤养分含量低，多用作牧业用地，作农用时产量不高。改良利用上应开沟排水，降低地下水位，提高土壤的通气性，通过客土改良质地。

参比土种　绵沙缁泥土。

代表性单个土体　位于陕西省榆林市榆阳区孟家湾乡王家圪堵村圪堵滩，38°30′37.5″N，109°38′31.5″ E，海拔 1135 m，河漫滩，风沙沉积物，地下水位 0.8 m，农用地，种植玉米、谷子或高粱等。表层由于耕作，腐殖质积累较多，颜色暗，植物根系茂密，松软，中部稍紧实，颜色黄亮，受到地下水位影响，可见少量锈纹锈斑，底部也受到地下水位影响，颜色浅灰。通体中石灰反应。50 cm 深度土壤温度 11.2 ℃。野外调查时间为 2015年 8 月 29 日，编号 61-023。

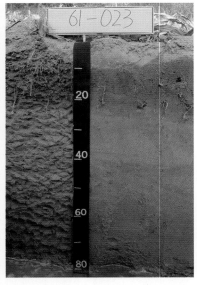

Ap1: 0～18 cm, 浊黄棕色（10YR 5/3, 干）, 灰黄色（2.5Y 7/2, 润）, 壤砂土, 粒状结构, 疏松, 中石灰反应, 大量草本植物根系, 向下层平滑清晰过渡。

Ap2: 18～25 cm, 浊黄棕色（10YR 5/3, 干）, 暗灰黄色（2.5Y 5/2, 润）, 砂土, 粒状结构, 疏松, 中石灰反应, 大量草本植物根系, 向下层平滑清晰过渡。

Cr: 25～49 cm, 浊黄橙色（10YR 6/3, 干）, 黄棕色（2.5Y 5/3, 润）, 砂土, 粒状结构, 疏松, 中石灰反应, 少量草本植物根系, 可见少量锈纹锈斑, 向下层平滑清晰过渡。

Cg1: 49～80 cm, 浊黄橙色（10YR 6/3, 干）, 灰橄榄色（7.5Y 5/2, 润）, 砂土, 粒状结构, 疏松, 中石灰反应, 无植物根系, 向下层平滑清晰过渡。

Cg2: 80～120 cm, 浊黄橙色（10YR 6/3, 干）, 灰橄榄色（7.5Y 5/2, 润）, 砂土, 粒状结构, 疏松, 中石灰反应, 无植物根系。

孟家湾系代表性单个土体剖面

孟家湾系代表性单个土体物理性质

土层	深度 /cm	砾石 (>2mm, 体积分数)/%	砂粒 2～0.05	粉粒 0.05～0.002	黏粒 <0.002	质地	容重 /(g/cm³)
Ap1	0～18	0	838	93	69	壤砂土	1.41
Ap2	18～25	0	923	19	58	砂土	1.74
Cr	25～49	0	908	43	49	砂土	1.63
Cg1	49～80	0	914	36	50	砂土	1.64
Cg2	80～120	0	925	17	58	砂土	1.54

细土颗粒组成(粒径：mm)/(g/kg)

孟家湾系代表性单个土体化学性质

深度 /cm	pH (H₂O)	有机质 /(g/kg)	全氮(N) /(g/kg)	全磷(P) /(g/kg)	全钾(K) /(g/kg)	CEC /(cmol/kg)	CaCO₃ /(g/kg)
0～18	8.3	13.9	0.54	0.43	0.79	8.09	12.8
18～25	8.5	6.0	0.24	0.35	1.11	5.39	13.3
25～49	8.8	1.2	0.03	0.25	0.52	0.22	12.0
49～80	8.7	1.0	0.03	0.26	0.23	0.16	13.2
80～120	8.7	1.8	0.02	0.26	1.02	2.77	12.2

9.8 石灰潮湿冲积新成土

9.8.1 贺圈系（Hejuan Series）

土　族：壤质混合型温性-石灰潮湿冲积新成土
拟定者：齐雁冰，常庆瑞，刘梦云

分布与环境条件　分布于榆林市的风沙滩地、沟谷地、盐池洼低湿地，通常地下水埋深 1～3 m，海拔 1300～1400 m，温带干旱季风气候，年日照时数 2700～2800 h，≥10 ℃年积温 2900～3100℃，年均温 10～11 ℃，年均降水量 300～400 mm，无霜期 141 d。

贺圈系典型景观

土系特征与变幅　诊断层包括淡薄表层；诊断特性包括温性土壤温度状况、潮湿土壤水分状况、冲积沉积物岩性特征、氧化还原特征、石灰性。该土系成土母质为冲积物，质地较粗，砂性大，通体为壤土质地，剖面能看出冲积物分层特征，但整个剖面基本无发育，无层次分异，保持粗黄土的特征。由于地下水位较高，土壤含盐量较高，地表可见盐斑。全剖面质地均一，强石灰反应，壤土，碱性土，pH 9.0～9.2。

对比土系　向阳沟系，同一土族，但位于河滩，土壤水分好，且具有石灰性和潜育特征，为不同土系。

利用性能综述　该土系土壤瘠薄，保肥供肥性差，土壤含盐量高，且主要为氯化钠，对农作物危害较重，利用上易种植牧草，用于农作物种植时易发生干旱，应发展灌溉。

参比土种　重度白盐潮土。

代表性单个土体　位于陕西省榆林市定边县贺圈镇东杨圈村，37°32′24″ N，109°34′48″ E，海拔 1366 m，地面平整，地势低平。成土母质为冲积物，荒草地，弃耕地，近几年弃耕，附近地块种植旱作玉米。表层由于耕作，土质稍松软，心土层稍紧实，底土层受到地下水位高的影响而潮湿，较松软，通体质地均一，结构层次分化不明显，强石灰反应。50 cm 深度土壤温度 11.1℃。野外调查时间为 2016 年 6 月 28 日，编号 61-111。

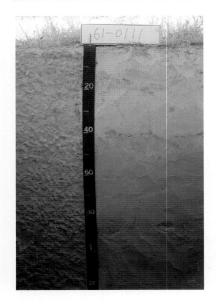

贺圈系代表性单个土体剖面

Ap: 0～22 cm，浊黄橙色（10YR 6/4，干），淡灰色（5Y 7/2，润），壤土，块状结构，疏松，强石灰反应，中量孔隙，中量草本植物根系，向下层平滑清晰过渡。

AC: 22～45 cm，浊黄橙色（10YR 6/4，干），黄灰色（2.5Y 6/1，润），壤土，单粒，无结构，紧实，强石灰反应，少量孔隙，少量草本植物根系，向下层平滑清晰过渡。

Cr1: 45～85 cm，浊黄橙色（10YR 6/4，干），灰黄棕色（10YR 6/2，润），壤土，无明显结构，稍紧实，强石灰反应，结构面隐约可见锈纹锈斑，少量草本植物根系，向下层平滑清晰过渡。

Cr2: 85～120 cm，浊黄橙色（10YR 6/3，干），灰黄棕色（10YR 6/2，润），壤土，无明显结构，保持冲积物层状节理，松软，强石灰反应，结构面隐约可见锈纹锈斑，无植物根系。

贺圈系代表性单个土体物理性质

| 土层 | 深度 /cm | 砾石 (>2mm，体积分数)/% | 细土颗粒组成(粒径：mm)/(g/kg) | | | 质地 | 容重 /(g/cm³) |
			砂粒 2～0.05	粉粒 0.05～0.002	黏粒 <0.002		
Ap	0～22	0	487	374	139	壤土	1.38
AC	22～45	0	514	352	134	壤土	1.48
Cr1	45～85	0	423	435	142	壤土	1.55
Cr2	85～120	0	436	422	142	壤土	1.48

贺圈系代表性单个土体化学性质

深度 /cm	pH (H₂O)	有机质 /(g/kg)	全氮(N) /(g/kg)	全磷(P) /(g/kg)	全钾(K) /(g/kg)	CEC /(cmol/kg)	CaCO₃ /(g/kg)	易溶性盐总量 /(g/kg)
0～22	9.0	7.8	0.44	0.42	6.79	6.61	59.4	0.83
22～45	9.2	4.6	0.25	0.39	6.70	7.31	70.4	0.42
45～85	9.1	4.1	0.23	0.62	7.12	7.11	72.8	1.22
85～120	9.1	4.6	0.24	0.51	6.81	6.42	79.4	0.55

9.8.2　向阳沟系（Xiangyanggou Series）

土　族：壤质混合型温性-石灰潮湿冲积新成土
拟定者：齐雁冰，常庆瑞，刘梦云

分布与环境条件　分布于延安
市延河、洛河的河漫滩等区域，
海拔 1000～1300 m，地形平坦，
水源充足，通常用作农用地，种
植玉米等农作物。暖温带半湿
润、半干旱季风气候，年日照时
数 2300～2400 h，≥10 ℃年积
温 4000～4400 ℃，年均温 8.1～
9.1 ℃，年均降水量 410～
530 mm，无霜期 142 d。

向阳沟系典型景观

土系特征与变幅　诊断层包括淡薄表层；诊断特性包括温性土壤温度状况、潮湿土壤水
分状况、冲积沉积物岩性特征、氧化还原特征、石灰性、潜育特征。该土系成土母质为
冲积物。地下水位多在 3 m 以下，1 m 土体内不再受地下水位升降的影响，但剖面中下
部有较明显的锈纹锈斑，全剖面质地均一，多为粉壤土-壤土，碱性土，pH 8.6～8.9。

对比土系　贺圈系，同一土族，均具有冲积沉积物岩性特征和氧化还原特征，但通常位
于风沙滩地，不具有潜育特征，为不同土系。

利用性能综述　该土系土层深厚，质地均一，水分条件好，不砂不黏，耕性良好，通透
性好，无板结现象，易于精耕细作，易发苗，具有良好的土体构型和丰富的水分条件。
改良利用上应进一步培肥土壤，提高土壤有机质和氮磷等养分含量，秸秆还田，增施有
机肥。

参比土种　脱潮土。

代表性单个土体　位于陕西省延安市志丹县双河镇向阳沟村，36°43′14″ N，108°46′26″ E，
海拔 1224 m，北洛河河漫滩，地表平坦，成土母质为黄土性河流冲积物，水浇地，种植
玉米、高粱、绿豆等农作物，一年一熟。表层受到耕作的影响具有耕作层和犁底层，中
下部基本无发育，结构面隐约可见锈纹锈斑，结构面有虫孔，底部有潜育特征。50 cm
深度土壤温度 12.1℃。野外调查时间为 2016 年 7 月 3 日，编号 61-140。

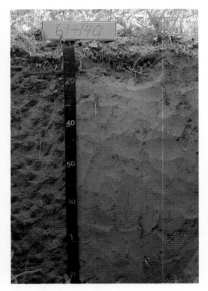

Ap: 0~20 cm，浊黄橙色（10YR 6/3，干），灰黄棕色（10YR 5/2，润），粉壤土，耕作层发育中等，团粒状结构，松软，强石灰反应，中量孔隙，大量草本植物根系，向下层平滑清晰过渡。

AC: 20~50 cm，浊黄橙色（10YR 6/4，干），暗灰黄色（2.5Y 5/2，润），粉壤土，块状结构，紧实，强石灰反应，中量孔隙，少量草本植物根系，向下层平滑清晰过渡。

Cr: 50~100 cm，浊黄橙色（10YR 6/3，干），灰棕色（7.5YR 4/2，润），壤土，无明显结构，紧实，强石灰反应，中量孔隙，少量植物根系，结构面可见少量蚯蚓洞，洞壁上有少量蚯蚓排泄物，结构面可见少量铁锈斑纹痕迹，向下层平滑清晰过渡。

Cg: 100~120 cm，浊黄橙色（10YR 6/3，干），黑棕色（7.5YR 3/1，润），壤土，无明显结构，紧实，强石灰反应，中量孔隙，少量植物根系，土壤颜色稍深，保留有原潜育层的特征。

向阳沟系代表性单个土体剖面

向阳沟系代表性单个土体物理性质

| 土层 | 深度/cm | 砾石(>2mm，体积分数)/% | 细土颗粒组成(粒径：mm)/(g/kg) | | | 质地 | 容重/(g/cm³) |
			砂粒 2~0.05	粉粒 0.05~0.002	黏粒 <0.002		
Ap	0~20	0	266	549	185	粉壤土	1.29
AC	20~50	0	207	603	190	粉壤土	1.43
Cr	50~100	0	387	456	157	壤土	1.43
Cg	100~120	0	387	456	157	壤土	1.43

向阳沟系代表性单个土体化学性质

深度/cm	pH(H₂O)	有机质/(g/kg)	全氮(N)/(g/kg)	全磷(P)/(g/kg)	全钾(K)/(g/kg)	CEC/(cmol/kg)	CaCO₃/(g/kg)
0~20	8.7	13.5	0.61	0.70	8.02	10.13	76.5
20~50	8.6	4.9	0.24	0.28	7.73	9.20	85.9
50~100	8.9	4.9	0.24	0.46	5.86	7.23	82.9
100~120	8.9	4.9	0.24	0.46	5.86	7.23	82.9

9.8.3 三道洪系（**Sandaohong Series**）

土　族：粗骨砂质混合型热性-石灰潮湿冲积新成土
拟定者：齐雁冰，常庆瑞，刘梦云

分布与环境条件　分布于陕西省秦巴山地河流交汇处及河漫滩或河流拐弯宽平处，通常是在河流冲积物质基础上人为平整耕种，成土母质为河流粗骨质冲积物，海拔 350～1000 m，地面坡度较大，为 15°～35°。通常是零星分布的旱地。年日照时数 1600～1800 h，年均温 12～16 ℃，≥10 ℃年积温 3000～4100 ℃，年均降水量 600～1000 mm，无霜期 264 d。

三道洪系典型景观

土系特征与变幅　诊断层包括淡薄表层；诊断特性包括热性土壤温度状况、潮湿土壤水分状况、冲积沉积物岩性特征、钙积现象。成土母质为河流粗骨质冲积物，有效土层厚度较薄，薄的不足 30 cm，缓坡沟谷底部可达 60 cm。剖面含有大小不等的粗骨性砾石，土壤无发育，性状接近母质，粉壤土，富含砾质，中石灰反应，pH 8.1～8.8。

对比土系　向阳沟系，同一亚类，均具有冲积沉积物岩性特征和潮湿土壤水分状况，但具有明显的粗骨性，土壤温度为温性，矿物类型为混合型，为不同土系。堰口系，不同土纲，均为河漫滩处零星分散的土地，但成土母质为紫色砂岩的风化物，为不同亚纲。

利用性能综述　该土系富含砂砾和砾石，质地粗，土层浅，渗透性强，蓄水能力差，不耐旱，耕作困难，养分含量不高，保肥力弱，物理化学性质差。在改良利用上可以通过捡拾大砾石，改善土壤结构，甚至在一些坡度很大、地块非常零碎处应逐渐退耕，保持水土。

参比土种　卵石土。

代表性单个土体　位于陕西省安康市白河县茅坪镇朝阳村（邻近三道洪村），32°42′01″ N，109°54′14″ E，海拔 358 m，深切沟谷底部，河流河漫滩地，地面坡度 35°，成土母质为河流冲积物，旱地，油菜-玉米轮作，通常零星分布于河岸高平处。全剖面粗骨质，砾石含量超过 80%，除表层由于翻耕及人为捡拾，砾石含量稍低外，中下部砾石含量较高，全剖面无发育，无明显沉积特征，全剖面中石灰反应。50 cm 深度土壤温度 16.5 ℃。野外调查时间为 2016 年 5 月 27 日，编号 61-092。

三道洪系代表性单个土体剖面

Ah：　0～20 cm，暗灰黄色（2.5Y 5/2，干），暗绿灰色（7.5GY 3/1，润），粉壤土，粒状结构，疏松，中石灰反应，大量草本植物根系，少量砾石，向下层平滑清晰过渡。

Cr1：20～40 cm，暗灰黄色（2.5Y 4/2，干），暗橄榄灰色（2.5GY 4/1，润），粉壤土，块状结构，稍紧实，中石灰反应，少量草本植物根系，少量砾石，向下层平滑清晰过渡。

Cr2：40～60 cm，暗灰黄色（2.5Y 4/2，干），灰黄色（2.5Y 6/2，润），粉壤土，无结构，疏松，中石灰反应，无植物根系，大量砾石，向下层平滑清晰过渡。

Cr3：60～90 cm，暗灰黄色（2.5Y 4/2，干），暗橄榄灰色（2.5GY 3/1，润），粉壤土，无结构，疏松，中石灰反应，无植物根系，大量砾石，向下层平滑清晰过渡。

Cr4：90～120 cm，暗灰黄色（2.5Y 4/2，干），灰色（5Y 5/1，润），粉壤土，无结构，疏松，中石灰反应，无植物根系，大量砾石，向下层平滑清晰过渡。

三道洪系代表性单个土体物理性质

| 土层 | 深度 /cm | 砾石 (>2mm，体积分数)/% | 细土颗粒组成(粒径：mm)/(g/kg) | | | 质地 | 容重 /(g/cm³) |
			砂粒 2～0.05	粉粒 0.05～0.002	黏粒 <0.002		
Ah	0～20	30	214	636	150	粉壤土	1.62
Cr1	20～40	35	315	551	134	粉壤土	1.32
Cr2	40～60	65	265	606	129	粉壤土	1.29
Cr3	60～90	80	148	711	141	粉壤土	1.29
Cr4	90～120	80	227	610	163	粉壤土	1.39

三道洪系代表性单个土体化学性质

深度 /cm	pH (H₂O)	有机质 /(g/kg)	全氮(N) /(g/kg)	全磷(P) /(g/kg)	全钾(K) /(g/kg)	CEC /(cmol/kg)	CaCO₃ /(g/kg)	游离氧化铁 /(g/kg)
0～20	8.1	15.5	0.83	0.36	15.00	10.91	23.7	9.11
20～40	8.3	19.9	0.99	0.47	19.38	15.86	23.8	9.75
40～60	8.7	15.3	0.76	0.38	20.45	16.35	16.3	10.07
60～90	8.7	12.4	0.70	0.32	19.10	16.07	11.1	9.69
90～120	8.8	14.2	0.77	0.40	15.07	17.65	49.8	8.92

9.9　普通紫色正常新成土

9.9.1　牟家庄系（Moujiazhuang Series）

土　族：壤质混合型非酸性热性-普通紫色正常新成土
拟定者：齐雁冰，常庆瑞，刘梦云

分布与环境条件　分布于陕西省秦巴山区汉中地区的低山丘陵区，海拔 500～1500 m，所处地势通常为宽谷缓坡，多为林草地，低海拔地区丘陵中下部坡度稍缓处被人为平整后用为农地，坡度在 5°～25°，成土母质为中性泥质岩风化残积物。北亚热带湿润季风气候，年日照时数 1600～1750 h，年均温 14～15 ℃，≥10 ℃年积温 3200～4100 ℃，年均降水量 800～1200 mm，无霜期 246 d。

牟家庄系典型景观

土系特征与变幅　诊断层包括暗瘠表层；诊断特性包括热性土壤温度状况，湿润土壤水分状况，石质接触面，紫色砂、页岩岩性特征。该土系所处位置一般为低丘缓坡地，是在紫红色泥质岩风化物母质上及草灌植被下发育的岩成土壤，有效土层较薄，生物积累弱。剖面自上而下土壤质地较均一，土质松软，基本无发育，有少量砾石，全剖面无石灰反应，粉黏壤土，弱酸性土，pH 6.5～6.6。

对比土系　堰口系，不同土纲，均具有紫色砂、页岩岩性特征，但土层深厚，具有氧化还原特征，形成明显雏形层，土壤质地为黏壤质，为不同土纲。

利用性能综述　该土系土层浅薄，绵软，易侵蚀，砾石多，土壤有机质及养分含量较高，沟谷底部坡度稍缓处可通过修筑梯田等方式进行保护性利用，坡度较大处不宜农用，应以发展林果为主要利用方向，同时注重地表植被保护，防止水土流失。

参比土种　淡灰紫泥土。

代表性单个土体　位于陕西省汉中市西乡县堰口镇牟家庄村委会附近，32°59′48″N，107°53′05″ E，海拔 539 m，低山丘陵坡麓，地面坡度 5°～8°，成土母质为紫红色泥质岩风化物，灌草地，坡度低缓处人为平整后通常用作旱耕地，种植玉米、油菜等农作物。剖面深度 40 cm 左右，上下质地均一，内有少量砾石。50 cm 深度土壤温度 16.2 ℃。野外调查时间为 2016 年 5 月 23 日，编号 61-079。

Ah：0～20 cm，暗灰紫色（2.5RP 3/3，干），紫黑色（5RP 2/1，润），粉黏壤土，粒块状结构，疏松，无石灰反应，大量植物根系，夹杂有 10% 左右直径大于 5 mm 的砾石，向下层波状清晰过渡。

AC：20～42 cm，暗灰紫色（2.5RP 3/3，干），紫黑色（5RP 2/1，润），粉黏壤土，粒块状结构，疏松，无石灰反应，大量植物根系，夹杂有 15% 左右直径大于 5 mm 的砾石。

牟家庄系代表性单个土体剖面

牟家庄系代表性单个土体物理性质

土层	深度/cm	砾石(>2mm，体积分数)/%	细土颗粒组成(粒径：mm)/(g/kg)			质地	容重/(g/cm³)
			砂粒 2～0.05	粉粒 0.05～0.002	黏粒 <0.002		
Ah	0～20	10	104	538	358	粉黏壤土	1.59
AC	20～42	15	111	545	344	粉黏壤土	1.63

牟家庄系代表性单个土体化学性质

深度/cm	pH(H₂O)	有机质/(g/kg)	全氮(N)/(g/kg)	全磷(P)/(g/kg)	全钾(K)/(g/kg)	CEC/(cmol/kg)	游离氧化铁/(g/kg)
0～20	6.6	26.8	1.32	0.68	12.63	19.72	12.46
20～42	6.5	15.8	1.10	0.51	10.25	15.36	12.41

9.10 石质湿润正常新成土

9.10.1 蒿滩沟系（Haotangou Series）

土　族：粗骨质长石混合型非酸性温性-石质湿润正常新成土
拟定者：齐雁冰，常庆瑞，刘梦云

分布与环境条件　分布于陕西省秦岭北麓西安、宝鸡、渭南等市的中山区，海拔 1200～2200 m，所处地势通常沟深坡陡，土壤侵蚀严重，多为林草地，缓平坡中下部被人为平整后用为农地，坡度在 25°以上，成土母质为花岗片麻岩残积物。暖温带到山地温带湿润季风气候，年日照时数 1800～2100 h，年均温 5.4～7.0 ℃，≥10 ℃年积温 1400～2500 ℃，年均降水量 670～1000 mm，无霜期 208 d。

蒿滩沟系典型景观

土系特征与变幅　诊断层包括暗沃表层；诊断特性包括温性土壤温度状况、湿润土壤水分状况、准石质接触面。该土系所处位置一般为中山陡坡地，多分布于坡面中上部，是在花岗岩、片麻岩等残积、坡积堆积物母质上及草灌植被下发育的土壤，土层浅薄，土壤发育微弱，含有大量的岩石风化碎屑，表层生物积累强。剖面自上而下均有较多砾石，土质松软，全剖面无石灰反应，粉壤土-壤土，中性到弱碱性土，pH 7.4～7.9。

对比土系　牟家庄系，同一亚纲，所处地貌部位类似，成土母质以风积物和残积物为主，但成土岩石为紫色砂、页岩，为不同亚纲。火地塘系，不同土纲，所处位置均为秦巴山地中高山沟谷地，成土母质均为花岗片麻岩风化物的坡积、残积母质，土壤质地虽然同为粗骨质，但土壤形成明显的雏形层，为雏形土。

利用性能综述　该土系地面坡度大，水土流失严重，质地较粗，砾石含量高，土体疏松，一般所处区域林木草类生长茂盛，肥力较高，但土层薄，不宜农用；必须退耕还林，植树种草，尽快恢复植被覆盖，保持水土，促进土壤发育，保持生态平衡；平缓处可发展林特菌类生产，但利用时应注意林木管理，防止水土流失。

参比土种　冷麻石土。

代表性单个土体　位于陕西省西安市长安区引镇街道板庙子村（蒿滩沟东），33°55′54″ N，

109°07′23″ E，海拔 1425 m，山地中下坡，坡度 25°，成土母质为残积、坡积物，林草地。剖面表层受到植被生长及枯落物分解影响，腐殖质积累较多，较厚，形成暗沃表层，颜色暗褐，有机质含量高，质地为粉壤土-壤土，宽谷平缓处被人为平整后粗放利用为农地，退耕还林后大部分退耕，表层砾石含量为 15%～20%，下部砾石含量在 80%以上；中下部则基本保持坡残积物特征，全剖面无石灰反应。50 cm 深度土壤温度 13.3 ℃。野外调查时间为 2016 年 3 月 20 日，编号 61-030。

Ah1：0～5 cm，黑棕色（10YR 2/2，干），红黑色（5R 2/1，润），含 20%岩石碎屑，粉壤土，发育强的粒状结构，松散，无石灰反应，多量树灌根系，向下层波状渐变过渡。

Ah2：5～30 cm，灰黄棕色（10YR 5/2，干），灰色（5Y 4/1，润），含 45%岩石碎屑，粉壤土，发育强的粒状-小块状结构，松散-稍坚实，无石灰反应，多量树灌根系，向下层波状突变过渡。

2C：30～65 cm，浊黄棕色（10YR 5/3，干），暗灰黄色（2.5Y 5/2，润），含 90%岩石碎屑，壤土，单粒，无结构，无石灰反应，少量树灌根系。

蒿滩沟系代表性单个土体剖面

蒿滩沟系代表性单个土体物理性质

| 土层 | 深度/cm | 砾石(>2mm，体积分数)/% | 细土颗粒组成(粒径：mm)/(g/kg) | | | 质地 | 容重/(g/cm³) |
			砂粒 2～0.05	粉粒 0.05～0.002	黏粒 <0.002		
Ah1	0～5	20	194	605	201	粉壤土	0.48
Ah2	5～30	45	73	692	235	粉壤土	1.36
2C	30～65	90	495	344	161	壤土	1.45

蒿滩沟系代表性单个土体化学性质

深度/cm	pH(H₂O)	有机质/(g/kg)	全氮(N)/(g/kg)	全磷(P)/(g/kg)	全钾(K)/(g/kg)	CEC/(cmol/kg)	CaCO₃/(g/kg)	游离氧化铁/(g/kg)
0～5	7.4	235.5	21.56	0.68	7.87	29.02	3.8	6.39
5～30	7.6	59.7	2.76	1.07	8.75	22.42	5.7	7.59
30～65	7.9	12.0	0.27	0.86	4.32	4.37	2.9	3.01

9.11　普通干润正常新成土

9.11.1　冯官寨系（Fengguanzhai Series）

土　族：粗骨质混合型非酸性温性-普通干润正常新成土
拟定者：齐雁冰，常庆瑞，刘梦云

分布与环境条件　分布于陕西省渭南、西安、宝鸡等市的秦岭北坡山前洪积扇前缘，海拔 334～742 m，地面通常平缓，坡度在 5°以下，成土母质为山洪沉积物；通常用作旱地；暖温带半湿润、半干旱季风气候，年日照时数 2000～2100 h，年均温 12.5～13.5℃，≥10 ℃年积温 4245～4410 ℃，年均降水量 650～750 mm，无霜期 225 d。

冯官寨系典型景观

土系特征与变幅　诊断层包括淡薄表层；诊断特性包括温性土壤温度状况、半干润土壤水分状况、冲积沉积物岩性特征。成土母质为山洪沉积物，有效土层厚度通常在 30～60 cm，团块状或块状结构，黏壤土，土体内含极少量砾石，较疏松，无石灰反应。有效土层以下为砾石层，砾石含量超过 40%，呈深褐色，壤土-粉壤土。全剖面无石灰反应。中性弱酸性土，pH 5.7～7.3。

对比土系　二曲系，属于不同土纲，所处地形部位类似，成土母质均为冲积-洪积物，结构面有一定含量的砾石，但剖面砾石含量相对较低，上部堆垫层次明显而为人为土。广济系，不同土纲，地形部位为山前丘陵，成土母质为次生黄土，土层深厚，淋溶过程强烈，表层人为堆垫明显，为旱耕人为土。

利用性能综述　该土系所处地形较平坦，虽然有效土层较薄，但质地适中，耕性良好，适耕期长，底部为砾石层，漏水漏肥，适宜秋季作物生长，更适宜桃、杏等杂果栽培。改良上应加厚有效土层厚度，通过秸秆还田、增施有机肥等途径培肥地力，合理灌溉施肥。

参比土种　中层洪泥土。

代表性单个土体　位于陕西省西安市鄠邑区石井镇冯官寨村，34°01′38.129″N，108°37′14.542″E，海拔 505 m，秦岭北坡山前洪积扇前缘，地面较平坦，坡度 2°～3°，成土母质为山洪沉积物，旱耕地，小麦-玉米轮作，或用作核桃园、果园等。有效土层厚度 30～40 cm，受到耕作影响，疏松多孔，黏壤土，40 cm 以下即为砾石层，紧实，暗褐色。50 cm 深度土壤温度 15.4 ℃。野外调查时间为 2016 年 3 月 18 日，编号 61-025。

Ap1：0～18 cm，浊黄棕色（10YR 5/4，干），橙色（5YR 7/6，润），粉黏壤土，耕作层发育强，团粒状结构，疏松，无石灰反应，大量草本植物根系，向下层平滑清晰过渡。

Ap2：18～33 cm，浊黄棕色（10YR 5/4，干），橙色（2.5YR 6/8，润），粉黏壤土，犁底层较紧实，块状结构，无石灰反应，少量草本植物根系，向下层不规则清晰过渡。

C1：33～100 cm，浊黄棕色（10YR 4/3，干），灰黄棕色（10YR 4/2，润），壤土，砾石层，较紧实，无结构，砾石含量超过 80%，无石灰反应，无根系，向下层平滑清晰过渡。

C2：100～120 cm，浊黄棕色（10YR 5/4，干），黑棕色（10YR 2/2，润），粉壤土，砾石层，含有一定的壤质土壤，较紧实，无结构，砾石含量 50%，无石灰反应，无根系。

冯官寨系代表性单个土体剖面

冯官寨系代表性单个土体物理性质

土层	深度 /cm	砾石 (>2mm，体积分数)/%	细土颗粒组成(粒径：mm)/(g/kg)			质地	容重 /(g/cm³)
			砂粒 2～0.05	粉粒 0.05～0.002	黏粒 <0.002		
Ap1	0～18	5	19	678	303	粉黏壤土	1.47
Ap2	18～33	8	27	689	284	粉黏壤土	1.62
C1	33～100	85	309	471	220	壤土	—
C2	100～120	50	174	607	219	粉壤土	—

冯官寨系代表性单个土体化学性质

深度 /cm	pH (H₂O)	有机质 /(g/kg)	全氮(N) /(g/kg)	全磷(P) /(g/kg)	全钾(K) /(g/kg)	CEC /(cmol/kg)	CaCO₃ /(g/kg)
0～18	5.8	21.8	0.93	0.63	11.68	18.02	1.7
18～33	5.7	19.8	0.79	0.69	10.81	18.45	1.7
33～100	6.9	9.2	0.22	0.59	9.68	15.67	2.2
100～120	7.3	6.6	0.14	0.70	11.97	18.67	1.3

参 考 文 献

常庆瑞, 闫湘, 雷梅, 等. 2001. 关于塿土分类地位的讨论. 西北农林科技大学学报(自然科学版), 29(3): 48-52.

杜娟. 2014. 关中平原土壤耕作层形成过程研究. 西安: 陕西师范大学.

冯学民, 蔡德利. 2004. 土壤温度与气温及纬度和海拔关系的研究. 土壤学报, 41(3): 489-491.

龚子同. 1999. 中国土壤系统分类: 理论·方法·实践. 北京: 科学出版社.

贾恒义, 雍绍萍, 田积莹, 等. 1993. 塿土的诊断特性刍议//《中国土壤系统分类研究丛书》编委会. 中国土壤系统分类进展. 北京: 科学出版社: 311-316.

李德成, 张甘霖. 2016. 中国土壤系统分类土系描述的难点与对策. 土壤学报, 53(6): 1563-1567.

刘姣姣, 齐雁冰, 陈洋, 等. 2017. 陕西省土壤温度和水分状况估算. 土壤通报, 48(2): 335-342.

齐雁冰, 常庆瑞, 黄洋, 等. 2019. 关中塿土发生特性与分类研究进展. 土壤, 51(2): 211-216.

陕西省农业勘察设计院. 1982. 陕西农业土壤. 西安: 陕西科学技术出版社.

陕西省土壤普查办公室. 1992. 陕西土壤. 北京: 科学出版社.

史成华, 龚子同. 1994. 塿土的诊断层和诊断特性//《中国土壤系统分类研究丛书》编委会. 中国土壤系统分类新论. 北京: 科学出版社: 158-162.

闫湘, 常庆瑞, 潘靖平. 2004. 陕西关中地区塿土在系统分类中的归属. 土壤, 36(3): 318-322.

闫湘, 常庆瑞, 王晓强, 等. 2005. 陕西关中土垫旱耕人为土样区的基层分类研究. 土壤学报, 42(4): 537-544.

张甘霖, 龚子同. 2012. 土壤调查实验室分析方法. 北京: 科学出版社.

张甘霖, 李德成. 2016. 野外土壤描述与采样手册. 北京: 科学出版社.

张甘霖, 王秋兵, 张凤荣, 等. 2013. 中国土壤系统分类土族和土系划分标准. 土壤学报, 50(4): 826-834.

张相麟, 喻建波. 1993. 陕西土种志. 西安: 陕西科学技术出版社.

中国科学院南京土壤研究所土壤系统分类课题组, 中国土壤系统分类课题研究协作组. 2001. 中国土壤系统分类检索. 3版. 合肥: 中国科学技术大学出版社.

朱显谟. 1964. 塿土. 北京: 农业出版社.

附录 陕西省土系与土种参比表（按土系检索顺序排序）

土系	土种	土系	土种
阳平关系	烂泥田	虢镇系	红紫土
铁炉沟系	脱潜沙泥田	相虎系	灰土
高台系	黄胶泥田	凤州系	灰马肝土
阜川系	青泥田	文家坡系	马肝土
中所系	墡土田	界头庙系	红胶土
驿坝系	胶泥田	磻溪系	红紫土
黄官系	冷锈黄泥田	雨金系	马肝泥
黄营系	锈胶泥田	临平系	红油土
老道寺系	锈墡土田	店头系	暗马肝土
老君系	锈黄泥田	棋盘系	淡马肝土
勉阳系	锈墡土田	柿沟系	马肝土
同沟寺系	胶泥田	林皋系	料姜肝黄土
武乡系	沙泥田	许家庙系	黄墡泥
周家山系	黄泥田	新店子系	厚层黄砂泥
午子山系	锈沙泥田	陈塬系	砾质黄泡土
桔园系	沙田	夜村系	马肝泥
虢王系	黑紫土	南石槽系	暗泡土
上狼沟系	塿墡土	吕河系	料姜黄泥巴
杨凌系	红油土	饶峰系	灰黄泥土
普集系	斑斑黑油土	桐车系	黄泥巴
曹家堡系	表砾质立茬土	文笔山系	灰黄泥巴
二曲系	腰砾石淤泥土	四皓系	暗冷砂砾土
西泉系	油墡土	咀头系	厚层扁砂马肝泥
到贤系	塿墡土	龙村系	厚层润麻石土
杜曲系	黑油土	试马系	厚层黄麻泥
横渠系	红立茬土	卤泊滩系	松盐土
蜀仓系	夹砂砾紫土	原任系	轻度松盐潮土
广济系	黑立茬土	袁家圪堵系	缩泥土
贞元系	红油土	朝邑系	表砂泥潮土
平路庙系	红塿土	华西系	底砂泥潮土
安边系	干白土	罗敷系	泥潮土
瑶镇系	黄盖泥炭土	阳春系	厚层淤泥土
鱼河系	沙田	张家沟系	沙质湿潮土
胡家庙系	垆墡土	中坝系	泥潮土
可仙系	灰肝黄泥	姜家沟系	淤沙土

续表

土系	土种	土系	土种
回民沟系	厚层淤泥土	水口峁系	塬绵沙土
龙亭系	中层锈石底田	四十里铺系	梯黄绵土
终南系	中层脱潮土	寺沟系	厚层堆垫土
周台子系	表泥潮沙土	王村系	塬黄墡土
崔木系	灰黏黑垆	文安驿系	坡黄绵土
大池埝系	坡黄墡土	席麻湾系	塬绵沙土
凤栖系	黄盖黏黑垆	玉家湾系	坡黄绵土
甘义沟系	淡灰石渣土	张家滩系	塬黄绵土
桥上系	垆墡土	赵圈系	塬绵沙土
黄堆系	灰青石肝土	砖窑湾系	料姜黄绵土
老高川系	淡灰绵沙土	中沟系	坡绵沙土
柳枝系	洪积砂土	乔沟系	坡黄绵土
七里村系	硬黄绵土	麻黄梁系	坝淤泥土
桐峪系	中层洪泥土	小金系	马肝泥
土基系	川台黄墡土	斜峪关系	厚层堆垫土
五里系	料姜灰黄墡土	光雾山系	麻骨石渣土
嵝崄系	锈壤黑垆	双石铺系	灰石渣土
王家砭系	川台绵沙土	平梁系	灰棕石灰土
叱干系	红垆土	堰口系	紫砂土
道镇系	料姜红土	西岔河系	润麻石土
三道沟系	锈黑焦土	甘露沟系	砾质泥土
天成系	马肝土	火地塘系	灰麻骨石渣土
程王系	黏黑垆	小河庙系	灰杂石渣土
阳峪系	塬黄墡土	马桑坪系	杂石渣土
后峁系	栗土	五郎沟系	白墡泥
韦林系	耕种沙苑土	官沟系	白墡泥
羊圈湾则系	黄盖黑焦土	武侯系	厚层扁砂土
斗门系	脱潮土	石门系	黄泥土
刘家塬系	坝淤绵土	溢水系	料姜红黄泥
骆驼湾系	表砾石淤泥土	竹场庵系	夹石黄泥
大昌汗系	坡绵沙土	牛耳川系	砾质黄泡土
坊镇系	塬黄墡土	杏坪系	红黄泥
红柳沟系	黑焦土	曾溪系	灰扁石渣土
三皇庙系	梯绵沙土	窦家湾系	厚层黄麻土
楼坪系	黄盖黑焦土	色河铺系	厚层润扁砂泥
麻家塔系	淤绵沙土	资峪系	砾质黄泡土
牛家塬系	灰黄墡土	中厂系	灰黄麻泥
石洞沟系	残余松白盐土	青岗树系	腰砾石淤泥土

续表

土系	土种	土系	土种
黎元坪系	灰扁石渣土	解家堡系	松沙土
三川口系	坝淤绵土	孟家湾系	绵沙缩泥土
王家门系	底泥坝淤绵沙土	贺圈系	重度白盐潮土
金明寺系	坝淤绵土	向阳沟系	脱潮土
宽州系	坝淤绵土	三道洪系	卵石土
许庄系	漫淤土	牟家庄系	淡灰紫泥土
盐场堡系	中度白盐潮土	蒿滩沟系	冷麻石土
堆子梁系	紧沙土	冯官寨系	中层洪泥土
贾家梁系	松沙土		

索 引

(S-0015.01)

ISBN 978-7-5088-5706-0

9 787508 857060 >

定价：268.00 元